电 子 陶 瓷
化学法构建与物性分析

Chemical Synthesis and
Property Analysis of Electroceramics

侯育冬　朱满康　著

北 京

冶 金 工 业 出 版 社

2022

内 容 提 要

化学法作为重要的材料制备方法,在电子陶瓷微结构优化及元器件性能提升方面有着重要应用。本书基于作者十余年来在电子陶瓷领域的工作积累,重点对介电、压电和铁电陶瓷材料的化学法构建与物性分析进行系统介绍。全书内容包括:第1章绪论,第2章高能球磨法合成电子陶瓷与物性,第3章共沉淀法合成电子陶瓷与物性,第4章溶胶凝胶法合成电子陶瓷与物性,第5章水热法合成电子陶瓷与物性,第6章熔盐法合成电子陶瓷与物性。本书内容新颖,案例丰富,有益于读者深入了解新型电子陶瓷材料的各类化学合成方法和结构与性能的关系。

本书适用于材料科学与工程、材料化学、电子材料与元器件专业的高年级本科生和研究生阅读,也可供电子信息材料、功能陶瓷与器件等领域的研究人员与工程技术人员参考。

图书在版编目(CIP)数据

电子陶瓷化学法构建与物性分析/侯育冬,朱满康著. —北京:冶金工业出版社,2018.8(2022.2重印)

ISBN 978-7-5024-7839-1

Ⅰ.①电…　Ⅱ.①侯…　②朱…　Ⅲ.①电子陶瓷器件—表面化学　Ⅳ.①TN6

中国版本图书馆 CIP 数据核字(2018)第 195208 号

电子陶瓷化学法构建与物性分析

出版发行	冶金工业出版社	电　话	(010)64027926
地　址	北京市东城区嵩祝院北巷 39 号	邮　编	100009
网　址	www.mip1953.com	电子信箱	service@mip1953.com

责任编辑　夏小雪　美术编辑　彭子赫　版式设计　孙跃红
责任校对　李　娜　责任印制　李玉山
北京虎彩文化传播有限公司印刷
2018 年 8 月第 1 版,2022 年 2 月第 2 次印刷
710mm×1000mm　1/16;20.25 印张;402 千字;313 页
定价 76.00 元

投稿电话　(010)64027932　投稿信箱　tougao@cnmip.com.cn
营销中心电话　(010)64044283
冶金工业出版社天猫旗舰店　yjgycbs.tmall.com
(本书如有印装质量问题,本社营销中心负责退换)

前　言

电子陶瓷是应用于电子技术中的功能陶瓷材料，在构建量大面广的先进电子元器件方面有重要应用，被誉为电子信息装备的基石。近年来，各类高性能电子整机的设计需求带动电子元器件向"轻薄短小"和高可靠性方向快速发展。电子元器件的小型化、片式化和集成化对电子陶瓷及其制备技术提出更高的要求。传统电子陶瓷固相合成法一般需要高温煅烧成相，不仅能耗高，而且制备的粉体颗粒度大，均匀性差，且难于精确掺杂改性，已无法满足高可靠电子元器件的制造需要。相比固相法而言，化学法可以实现反应物在分子或原子尺度的均匀混合，且反应速率快，成相温度低，特别有利于高活性电子陶瓷超细粉体的高效合成。此外，一些化学法还能够有效实现纳米产物的形貌调制，如构筑一维纳米棒、二维纳米片等特殊形貌的功能氧化物，这对于制造纳米电子器件也是极为重要的。因而，发展可替代传统固相法的先进电子陶瓷化学法合成技术，实现粉体产物的纳米化与形貌可调性，进而提升目标电子元器件的电学品质，具有重要的科学研究意义与工程应用价值。

本书作者在十余年来电子陶瓷化学合成技术探索、粉体烧结行为解析与陶瓷电学性能表征方法研究的基础上，针对当前电子陶瓷的研究热点与发展动态，重点对在电子元器件领域有着广泛应用的介电、铁电和压电陶瓷材料的化学法合成及相关物性分析进行系统介绍。本书涉及的电子陶瓷化学合成方法主要有高能球磨法、共沉淀法、溶胶凝胶法、水热法和熔盐法，作者在撰写过程中力求做到理论与实验相结合，结构与性能相关联，深入分析各类化学方法内在的反应机制及其在不同晶体结构电子陶瓷制备中的应用。书中所有案例均由本研究室独立完成，这些具有自主知识产权的相关工作在报道后引起国内外同行广泛关注与高度评价，一些新材料技术已用于高新电子元器件产品开发。同时，本书中给出大量参考文献，希望能为读者提供清晰与全面的电子陶瓷化学合成领域的最新研究进展与发展趋势。我国拥有全球规模最大、增长最快的电子信息市场，是国际上电子陶瓷材料与元器件的主要消费大国。电子陶瓷现已被国家列为新一代信息技术产业中重点发展的关键战略材料之一，但是要赶超发达国家成为工业制造强国，尚需各方共同努力。目前，国内外鲜有以电子陶瓷化学合成与物性研究为核心的专著，希望本书的出版能为我国新型电子陶瓷材料研发与器件应用提供一些理论指导与技术参考。

全书共分6章，第1、2、4、5、6章由侯育冬执笔，第3章由朱满康执笔，全书由侯育冬负责统稿。参与各章具体实验工作的研究生主要包括：第2章（高能球磨法），朝鲁门、郑木鹏、艾志荣、岳云鸽；第3章（共沉淀法），唐剑兰、钟涛；第4章（溶胶凝胶法），侯磊、张立娜、荣井阳、王超、张云溪、郑木鹏；第5章（水热法），侯磊、章进；第6章（熔盐法），葛海燕、杨建锋、王赛、付靖。书中部分插图绘制和修订由付靖、晏晓东和于肖乐完成。本书的出版得益于电子陶瓷研究室全体研究生的共同努力，在此向他们的辛勤工作深表谢意。

在本书出版之际，深深感谢引领我进入电子陶瓷与材料化学殿堂的两位导师——田长生教授和高胜利教授，他们的谆谆教诲时刻萦绕在耳边，使我不敢懈怠，努力向前。感谢与我长期合作的朱满康老师，朱老师在材料测试与物性解析方面经验丰富，我们在关于电子陶瓷设计合成与性能优化的不断讨论中共同享受着科研的乐趣。感谢郑木鹏老师，对于电子陶瓷在新能源领域中应用所做的拓展工作丰富了研究室的科研方向。电子陶瓷的最终工程化应用离不开电子元器件的考量，这里感谢本领域相关高新技术企业对于研究室器件试制所提供的工业化设备与技术协作。最后，还要特别感谢严辉教授对于电子陶瓷研究室发展所给予的长期关心与支持！

这些年来，作者在电子陶瓷方向上的科研工作持续得到国家基金委、教育部和北京市各级科研项目的资助，在此一并致谢。同时，对书中所引用文献资料的所有作者致以诚挚的谢意！

电子陶瓷学科交叉性强，知识涉及面广，由于作者的学术水平和研究视野所限，书中难免存在不足或不妥之处，在此热忱欢迎广大读者批评指正。

侯育冬

2018 年 3 月

目　录

1 绪 论

电子陶瓷是先进陶瓷的重要组成部分，是指检测、转换、耦合、传输及存储电、光、声、热、力、化学和生物等信息的功能陶瓷材料，在国民经济生产中占有重要地位。本书主要介绍具有代表性的介电、铁电、压电等类型先进电子陶瓷化学法构建与物性分析。

图 1-1 给出了陶瓷材料的发展历程。传统陶瓷是由黏土类物料经成型、干燥、高温处理而成的制品。从发展历程看，先有陶器，后有瓷器，而瓷器的发明正是得益于中国汉代陶瓷工艺的技术进步。中国是公认的世界古陶中心，对传统陶瓷发展做出了重大贡献。到了近代，工业革命和自然科学进步推动传统陶瓷向应用面更为宽广的先进陶瓷领域发展。所谓先进陶瓷，是相对于传统陶瓷而言，指采用高度精选的原料，具有能精确控制的化学组成，按照便于控制的制造技术加工的，便于进行结构设计，并具有优异特性的陶瓷。与先进陶瓷同义的概念包括精细陶瓷、特种陶瓷、高技术陶瓷和高性能陶瓷等[1~4]。

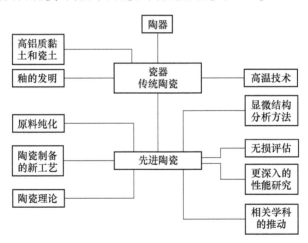

图 1-1 陶瓷材料的发展历程

先进陶瓷主要包括结构陶瓷和功能陶瓷两大类，其中结构陶瓷是以力学、热学、化学性能应用为主，而功能陶瓷是以电、磁、声、光、生物等功能应用为主。电子陶瓷是特指应用于电子技术中的各种功能陶瓷。关于电子陶瓷有多种分类方法，例如，可以根据电子陶瓷的导电特性分为绝缘性、半导性、导电性和超导陶瓷；根据电子陶瓷的能量转换和耦合特性分为压电、光电、磁电和热释电陶瓷；根据电子陶瓷对外场的敏感效应分为热敏、气敏、湿敏、压敏、光敏等敏感陶瓷。电子陶瓷是构建各类电子元器件的基础材料，在电子信息、自动控制、航空航天、海洋超声、激光技术、精密仪器、机械工业和生物医学等领域有着重要应用。统计数据显示全球电子陶瓷规模逐年快速增长，2014 年全球电子陶瓷市场规模已经达到约 206 亿美元。

　　随着电子元器件向高性能、高可靠性和"轻薄短小"方向的快速发展，器件制造工艺对电子陶瓷粉体质量提出了更高的要求，例如，织构化与片式化成型的关键工艺——流延技术和复合化与集成化的关键工艺——共烧技术均要求电子陶瓷粉体能够实现在微纳尺度上的形貌可调与均匀掺杂，以构建出高质量的片式叠层细晶陶瓷器件，而传统的固相粉体技术，即高温煅烧粉体技术已经不能满足需求，因此迫切需要发展新型的电子陶瓷化学法粉体合成技术。在本书中，将重点介绍几类重要的电子陶瓷化学合成技术，包括高能球磨法，共沉淀法，溶胶凝胶法，水热法和熔盐法。此外，书中在分析不同化学法粉体合成机理的同时，还系统介绍不同形貌粉体的致密化烧结行为及相关材料电学性能。将前驱微纳粉体制备与陶瓷致密化烧结及物性进行关联研究，对于发展新型电子陶瓷及器件是十分重要的，这也是本书的一个特色。

　　本章绪论部分主要介绍电子陶瓷结构基础，电子陶瓷工艺原理，电子陶瓷主要类型，并给出本书研究方法与内容安排。

1.1　电子陶瓷结构基础

1.1.1　钙钛矿相及稳定性

　　在电子陶瓷的晶格结构中，参与密堆的是各种正负离子。通常，负离子半径要比正离子半径大很多，从而形成不等径球密堆。常见情况是负离子以某种形式堆积，正离子填充于其堆积间隙之中。因而可以得到如下结论，负离子与负离子之间的配位数越大，则其堆积密度越大，堆积间隙越小，可容纳正离子的半径越小。实用化的电子陶瓷有多种类型的晶体结构，如钙钛矿、尖晶石、钨青铜、焦绿石、钛铁矿和铋层等，其中，基于钙钛矿相结构的电子陶瓷品种最多，应用面最广，占据了电子陶瓷的主体地位。例如，一些重要的介电与压铁电材料，包括钛酸钡（$BaTiO_3$）、钛酸钙（$CaTiO_3$）、锆钛酸铅（$Pb(Zr, Ti)O_3$）、钛酸铋钠（$(Bi_{0.5}Na_{0.5})TiO_3$）、铌酸钾钠（$(K_{0.5}Na_{0.5})NbO_3$）、铌镁酸铅（$Pb(Mg_{1/3}Nb_{2/3})O_3$）等，都是钙钛矿型氧化物，这些材料已经广泛用于构建陶瓷电容器、铁电存储器、微波谐振器、压电滤波器、压电换能器和致动器等多种电子元器件，相关应用深入到军事与民用的各个领域。

钙钛矿型氧化物的化学通式为 ABO_3，以 $BaTiO_3$ 为例，其典型晶体结构如图 1-2 所示。

由图 1-2 可见，A 位通常都是低价、半径较大的离子，如 Ba^{2+}，其配位数为 12，与氧离子一起按面心立方密堆排列；B 位通常为高价、半径较小的离子，如 Ti^{4+}，其配位数为 6，与氧离子一起形成 [BO_6] 八面体基元[5,6]。在钙钛矿结构中，这些氧八面体基元互相以

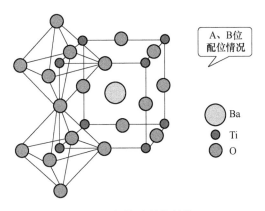

图 1-2　钙钛矿晶体结构

顶角形式连接，并在空间延展成八面体网络，如图 1-3 所示。但是，[BO_6] 八面体基元的拼装形式如果发生转变，则会衍生出铋层、钨青铜等多种不同于钙钛矿的晶体结构形式，利用这一点，通过化学法在分子层面进行八面体等基元的定向组装，就能够设计和构建出多种不同结构类型的新型电子陶瓷材料，满足高性能电子元器件的应用需求[7,8]。

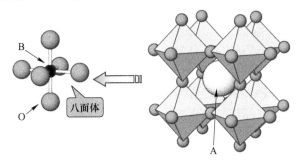

图 1-3　钙钛矿结构中 [BO_6] 八面体基元排列

需要说明的是，并非所有具有 ABO_3 化学式的化合物均具有钙钛矿结构，人们引入容差因子（也称作容忍因子）t 作为钙钛矿相是否能够稳定形成的经验判据[2,9]。从简单的几何关系可以推导出，在 ABO_3 型晶格中，代表三种不同离子的刚性球半径 r_A、r_B 和 r_O 恰好相切的条件关系为：

$$r_A + r_O = \sqrt{2}(r_B + r_O) \tag{1-1}$$

但是，在实际情况中，A 位和 B 位离子半径匹配容许一定差异，在式（1-1）中引入容差因子 t 作为稳定性判据，即：

$$r_A + r_O = \sqrt{2}(r_B + r_O)t \tag{1-2}$$

若 $t=0.8\sim1.1$，形成稳定钙钛矿型结构；$t<0.8$，形成钛铁矿型结构；$t>1.1$，则转变为方解石或纹石型结构。

1.1.2 陶瓷多晶多相结构

图1-4给出了不同尺度对应的电子陶瓷研究关注点示意图。宏观尺度层面主要关注于电子陶瓷元器件的工程应用，包括线路组装与服役行为等；在纳米甚至更低尺度的研究主要关注于晶体点阵结构及缺陷态；而作为中间桥接的微米和亚微米尺度是电子陶瓷材料科学家的研究重点，在这一尺度范围内，电子陶瓷呈现出多晶多相的微观组织形态。

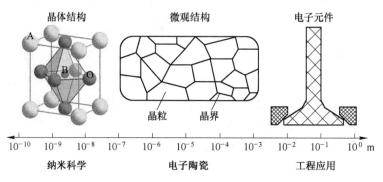

图1-4 不同尺度对应的电子陶瓷研究关注点

电子陶瓷属于无机多晶体，其电物理行为取决于成分构成与组织结构。在电子陶瓷微观组织中，主要包括晶相、晶界、相界、气相和玻璃相等特征结构类型[10~13]。晶相是陶瓷结构中的主体，由晶粒所组成。晶粒体内质点规则排布，属于基本完整的有序结晶体，通常对陶瓷的电学特性起主导作用。晶界与相界都属于边界结构，概念有所差异，其中晶界是指同类物质的晶粒间界，偏离原晶格规律的过渡性结构，一般为原子无序区，而相界则特指不同类物质（异相）的晶粒间界。晶粒间界是物质扩散传输的重要通道，在陶瓷的致密化烧结过程中起着重要作用。随着晶粒尺度的下降，特别是当晶粒尺度进入亚微米甚至纳米尺度以下时，晶粒间界浓度将显著增大，结构的有序与无序部分所占体积可以相互比较，此时晶粒间界对陶瓷电学性能的影响变大。例如，一些研究发现当钙钛矿型电子陶瓷晶粒尺度由微米级进入到纳米级时，晶界应力、相结构、电畴类型、介电、压电与铁电性能都将发生显著变化[14,15]。

气相是陶瓷烧结体内的气孔，一般是陶瓷在烧结致密化过程中没有排除干净而残留的密闭气孔。这类气孔的存在不仅影响电子陶瓷的力学加工特性，而且通常形成损耗与散射中心，影响电子陶瓷的电学与光学特性。对于大多数实用化的电子陶瓷，人们希望烧结体的气孔率越低越好，这样有利于获得力电特性优异的高致密度陶瓷材料。一般采用阿基米德排水法测试烧结体的实际体积密度，并通过将实测数值与理论密度相比较来评价电子陶瓷的致密程度。但是，需要说明的是在一些特殊情况下，出于构建多孔陶瓷发展相关元器件的目的，也会人为制造一些有序气孔来实现特定功能。

玻璃相是无定型体，通常能润湿、包裹于晶粒周围，使之黏结成致密结构。在电子陶瓷烧结过程中，有时人为在陶瓷基体中引入适量低烧玻璃相，利用液相烧结机制，在尽量保证陶瓷电学品质的同时大幅降低体系的烧结温度，这不仅有利于生产上的节能降耗，而且可以同时满足多层片式电子元器件制造过程中匹配低成本全银内电极或银钯内电极的共烧需要。但是，电子陶瓷体内的玻璃相含量一般不宜过高，否则会对电学性能产生不利影响。

图 1-5 所示是一张代表性的钙钛矿型压电陶瓷显微组织照片[16]，可以用于分析电子陶瓷微区的不同特征结构。由于电子陶瓷工艺制度的控制问题，可以看到在钙钛矿相基体中还同时存有"钻石"形貌的焦绿石相。这里，具有相同组成的钙钛矿相晶粒之间形成的晶粒间界称之为晶界，而不同组成的钙钛矿相晶粒与焦绿石相晶粒之间形成的晶粒间界称之为相界。由于焦绿石相的电学性能很差，在钙钛矿型压电陶瓷的制备过程中是要尽量避免其出现的。此外，在照片中还可以观察到无定形的玻璃相和烧结不致密所产生的密闭气孔等特征结构。

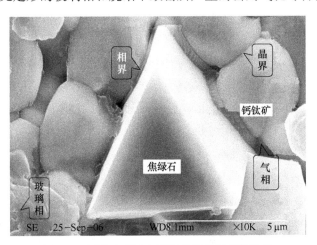

图 1-5　钙钛矿型压电陶瓷显微组织示例照片

以上主要介绍了典型的全无机电子陶瓷内部显微组织结构特征。近年来，随着电子信息材料与器件的迅猛发展，以无机陶瓷为重要组元的复合材料得到了越来越多的关注与应用。电子信息领域代表性的复合材料主要包括无机/有机复合材料，如 $BaTiO_3$/PVDF（如图 1-6a 所示）[17]，无机/金属复合材料，如 $Pb(Zn_{1/3}Nb_{2/3})O_3$-$Pb(Zr_{0.5}Ti_{0.5})O_3$/Ag（缩写为 PZN-PZT/Ag）（如图 1-6b 所示）[18]。基于界面极化、微电容模型和渗流效应等机制，此类材料在保持优异力学特性的同时，往往具有极高的介电常数，在新型储能电子器件等领域有着重要应用[19]。复合材料的组元设计与微结构特征解析极大丰富了电子陶瓷显微组织的研究内容，一些相关工作在本书中也有系统介绍。

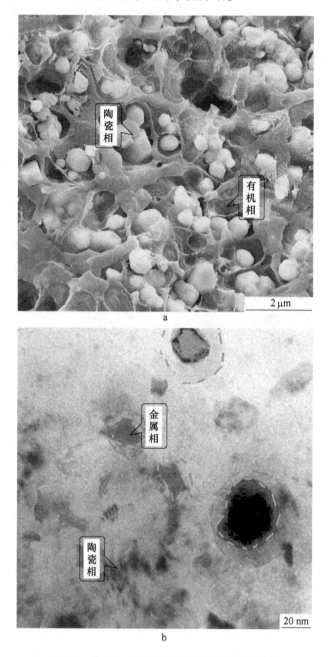

图 1-6　代表性的复合材料显微组织示例照片

a—BaTiO$_3$/PVDF；b—PZN-PZT/Ag

1.2 电子陶瓷工艺原理

电子陶瓷材料的改性，通常需要从以下两方面入手：（1）内部组成：调节材料的组成配方，包括不同组元的复合与元素掺杂等，以达到优化电子陶瓷内在品质，实现特定功能的目的。（2）外界条件：改变工艺条件，如粉体、成型、烧结和后处理工艺等，实现微观组织与缺陷态的调整，以改善和提高陶瓷材料性能，达到获得优质电子陶瓷材料的目的[10,11]。

图 1-7 所示为典型 PZT 基压电陶瓷元件（包括压制元件与多层元件）制作工艺流程图。从图中可以看到，电子陶瓷材料的工艺流程主要包括粉体工艺、成型工艺和烧结工艺三个主要部分，下文将对这三部分工艺原理做一简要介绍。

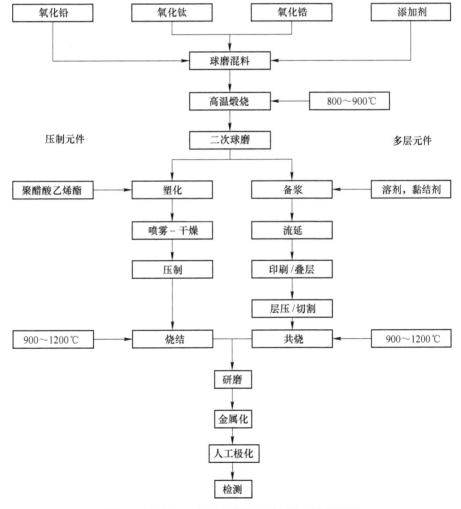

图 1-7 典型 PZT 基压电陶瓷元件制作工艺流程图

1.2.1 陶瓷粉体技术

电子陶瓷粉体技术主要包括常规固相法（也称作传统固相法）和化学法两大类技术。在对粉体制备技术介绍之前，首先要明确选取电子陶瓷原料的注意事项。电子陶瓷原料主要可分为天然原料和化工原料两大类。天然原料是直接来源于大自然未经精细化工提炼的原料，如黏土、石英、菱镁矿和刚玉矿等，其特点是含杂质较多，但价格便宜。目前，在电子陶瓷工业生产中，天然原料的使用并不多，但是在一些特定情况下，只要产品性能符合相应的技术标准和应用要求，生产中也会挑选和使用纯度尽可能高的天然原料，以降低生产成本。与天然原料不同，化工原料是经由专业厂家通过化学方法提炼和提纯而得到的原料，通常标有多个等级和含杂量，是当前电子陶瓷工业生产中最常用的原料。特别是随着电子陶瓷工业的进步，一些专用的电子级化工原料应运而生并得到快速发展。相比于天然原料，化工原料的特点是纯度和物理特性可控，工艺一致性好。此外，需要注意的是化工原料中的杂质并非都有害，有的能与主成分形成低共熔物促进烧结，有的则能基于缺陷化学机制作为离子补偿剂提高陶瓷电学性能。

原料物性对电子陶瓷的工艺特性及最终的元器件性能都至关重要。对于科研与生产中使用的电子陶瓷原料，必须了解其物相成分、纯度、杂质种类、粒度分布和结构缺陷等因素。例如，钛酸盐陶瓷工业生产中常用的原料二氧化钛（TiO_2），主要有三种晶相：锐钛矿、板钛矿和金红石，其中以金红石在电子陶瓷生产中的工艺特性最好。如果原料选取不当，会对后续工艺乃至产品性能造成诸多不良影响[20]。

常规固相法是电子陶瓷工业生产中最常用的粉体制备技术，其合成原理是经过一次或多次高温煅烧作用，使各氧化物原料之间产生必要的预反应，形成所需晶相，以保证最终产品的质量。例如，铁电体 $BaTiO_3$、反铁电体 $PbZrO_3$ 和微波介质 $ZnNb_2O_6$ 粉体的常规固相法合成可以按照如下反应式进行：

$$BaCO_3 + TiO_2 \Longrightarrow BaTiO_3 + CO_2 \uparrow \tag{1-3}$$

$$2Pb_3O_4 + 6ZrO_2 \Longrightarrow 6PbZrO_3 + O_2 \uparrow \tag{1-4}$$

$$ZnO + Nb_2O_5 \Longrightarrow ZnNb_2O_6 \tag{1-5}$$

通常，在进行高温煅烧反应之前，需要将按计量比称量的不同原料进行混料和磨细，这可以通过球磨机等研磨粉碎机械完成。该过程是机械能转换为表面能的能量转化过程，即粉碎机械的动能或所做的机械功，通过粉料之间的撞击、碾压、摩擦，将粉料砸碎、破裂或磨去棱角等，使粉碎颗粒的比表面积增加，因而表面自由能增大，同时，不同原料在研磨过程中也实现了均匀混合。

根据化学热力学原理，原料间一般的固-固相反应在常温常压下很难进行，或者反应很慢，因此需要高温热处理加速反应进行。对于固-固相反应，首先是在反应物颗粒界面上或与界面邻近的晶格中生成产物晶核。但是，由于生成的晶核与反应物的结构不同，成核反应需要通过反应物界面结构的重新排列完成，实现该过程是相当困难的。同样，要进一步实现在晶核上的产物，晶体生长也有相当大的难度，因为原料晶格中的离子分别需要通过各自的晶体界面进行定向扩散才有可能在产物晶核上进行晶体生长并使原料界面间的产物层加厚。对于常规固相法，高温煅烧有利于这些扩散和反应过程的进行，因此大多数固-固相反应需要在高温下完成。

常规固相法的优点是工艺简单，成本低廉，但是缺点是由于固相反应在粒子界面上进行，常出现反应不完全和成分不均匀的情况，同时，高温煅烧往往会导致产物颗粒尺寸较大，难以获得高活性的纳米晶相。此外，对于电子陶瓷改性中常用的掺杂取代，基于常规固相法的掺杂也很难做到均匀一致，尤其微量掺杂，不可能达到完全均匀。针对固相法的各种缺点，在分子和原子层面能够精确调控材料体系组成与结构的化学法引起广泛关注，并已在高品质电子陶瓷粉体制备方面得到一定应用。采用化学法不仅可以实现高活性微细粉料，特别是形貌可控纳米晶相的高效合成，而且能够在电子陶瓷掺杂改性中确保微量添加物在基体中的均匀分布[21~32]。本书重点选取五大类常用的电子陶瓷化学合成方法：高能球磨法、共沉淀法、溶胶凝胶法、水热法和熔盐法，以不同组成，结构与功能的电子陶瓷材料制备为例，详细介绍这些化学方法的工艺过程，技术原理及所合成粉体的致密化烧结与陶瓷电学性能。

1.2.2 陶瓷成型技术

无论是采用常规固相法还是化学法制备的电子陶瓷粉体，在进行陶瓷体致密化烧结之前，还必须完成素坯体的成型步骤。因为与金属材料不同，陶瓷材料一般硬且脆，故烧成后的瓷件加工非常困难，所以电子瓷件在烧结之前都必须按照其尺寸和功能的要求，预先塑制成必要的形状（注意考虑收缩形变）。陶瓷成型要求瓷料必须具备一定的可塑性。但是，采用精细化粉体技术合成的电子陶瓷粉料一般为缺乏塑性的瘠性粉体，需要外加塑化剂来增大可塑性[10,11]。塑化剂主要有无机塑化剂和有机塑化剂两大类。无机塑化剂包括黏土（$xAl_2O_3 \cdot ySiO_2 \cdot zH_2O$）、水玻璃（$Na_2SiO_3$）和磷酸铝（$AlPO_4$）等无机物，虽然外加此类塑化剂能够增强电子陶瓷粉体的可塑性，但是由于无机塑化剂中含有金属离子，在成型和烧结后，难以排除陶瓷体外，往往会以掺杂形式影响陶瓷电学特性，因而在电子陶瓷工业生产中此类塑化剂应用较少。与无机塑化剂不同，有机塑化剂主要是由碳氢氧等元素构成的长链有机物，如聚乙烯醇、聚醋酸乙烯酯和石蜡等。有机塑化剂不仅能够显著提升电子陶瓷粉体的可塑性，而且相对于无机塑化剂的突出优点是不含有金属离子，在后续排胶和烧结过程中的高温氧化作用下，可燃尽排出瓷体外，不留有害成分。因而，有机塑化剂是当前电子陶瓷工业中用于成型的主要塑化剂类型。

电子陶瓷的成型方式较多，典型的成型方式如粉压成型、塑法成型和流延成型三类。

粉压成型主要有干压成型和等静压成型等方式，其中干压成型工艺相对简单，广泛用于对形状尺寸要求不高的电子陶瓷器件成型方面。在干压成型前，首先要对电子陶瓷粉体进行造粒。造粒就是外加塑化剂于电子陶瓷粉体，做成流动性好，可塑性强，便于成型的较粗团聚颗粒的过程。造粒方法有加压造粒、球磨造粒和喷雾造粒等方式，其中喷雾造粒具有产量大，可连续生产，制得的球状团粒均匀性与流动性好等优点，是目前工业化大生产的主要造粒方法。喷雾造粒采用造粒塔设备完成，其具体过程是先将混合好塑化剂的粉料做成料浆，然后用喷雾器喷入造粒塔中进行雾化。当雾滴与造粒塔中的热气流相遇混合时，雾滴干燥成与塑化剂结合良好的干粉，整个造粒过程完成。

造粒完成后，可以通过压力机对塑化粉料进行干压成型，具体过程是将经过造粒、流动性好、粒配合适的粉料，倒入一定形状的钢制模具内，借助于压力机外加压力于模塞，将粉料压制成一定形状的素坯体。

图 1-8 给出了干压成型过程示意图，主要步骤包括加料、冲压和脱膜等。

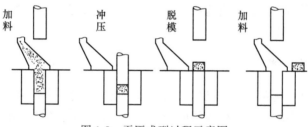

图 1-8   干压成型过程示意图

干压成型的加压模式与素坯体密度有密切关系。在单向加压、双向同时加压和双向先后加压三种模式中，以最后一种模式的压力传递最为彻底，素坯体内部密度分布最为均匀。干压成型适合于生产简单形状的电子陶瓷制品，如圆片、圆柱、方片等，具有成型设备低廉、适用性广、成本低等特点。

在干压成型工艺中，由于一般的机械压机仅沿一维方向施加压力，存在素坯体内部结构和强度各向异性的缺点。等静压成型则是将电子陶瓷坯体包封于弹性塑料或橡皮胶套内，置于高压容器中，以液体（水、甘油或重油等）为传压介质，用高压泵加压使胶套内的工件受均匀大小的压力成型。因而，与干压成型相比，等静压成型制作的素坯体强度极高，均匀性好，无分层现象，特别适用于薄壁及异型结构，如火花塞和高压瓷等工件的高质量成型。

与上述粉压成型不同，塑法成型的特点是要求电子陶瓷粉料有充分的可塑性，故粉料中含有的有机塑化剂（黏合剂）或水分含量显著高于粉压成型，一般也称之为泥料。塑法成型主要包括挤制成型和轧膜成型两大类。挤制成型依靠真空挤制机完成，在该工艺中炼泥与成型分步进行，先进行炼泥，然后将炼好并通过真空除气的泥料，置于挤制筒内，借助活塞给泥料施加压力，在另一侧通过不同结构设计的机嘴挤制出各种形状的素坯件。与挤制成型不同，轧膜成型工艺中炼泥与成型同时进行，一般采用轧膜机先进行粗轧，形成厚膜，再减小轧辊间距进行精轧，最终形成致密均匀的素坯膜片。轧膜成型的素坯膜片中气孔率低，陶瓷层料分布均匀，在当前电子陶瓷行业中具有重要应用，适合生产厚度要求不高的片式电子陶瓷元器件。

与粉压成型和塑法成型相比，流延成型更有利于薄片素坯体的成型，是当前先进片式电子元器件的主要成型技术。流延成型由 Glenn N. Howatt 首次提出应用于陶瓷成型领域，并于 1952 年获得专利。流延成型与轧膜成型的区别主要在于浆料的稀释程度与坯膜厚度的控制精度。流延成型自发明以来就用于生产单层或多层薄片陶瓷材料，目前，已发展成为生产多层陶瓷电容器，多层压电致动器和多层陶瓷基片等先进电子元器件的必要技术。此外，流延成型工艺还广泛用于造纸、塑料和涂料等行业。流延成型工艺通过流延机完成，要求电子陶瓷浆料具有足够的流动性与均匀性，因而在制作浆料时一般需要同时添加黏结剂、塑性剂和稀释剂，如聚乙烯醇 PVA、丙三醇和聚丙烯酸酯等。

图 1-9 给出了流延成型过程示意图。

由图 1-9 可见，流延成型时，稀释的浆料首先从流延机料斗下部流至基带上，通过基带与刮刀的相对运动形成坯膜，坯膜的厚度由精确设置的刮刀间隙控制。因而，流延成型也称为刮刀法。接着，将坯膜连同基带一起送入烘干室，待溶剂蒸发，有机黏结

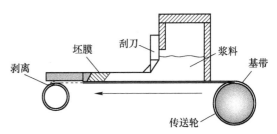

图 1-9 流延成型过程示意图

剂在陶瓷颗粒间构成网络结构，形成具有一定强度和柔韧性的坯片。然后，按照所需形状和功能对坯片进行后续切割、冲片、打孔以及内电极的丝网印刷等，最后经过烧结工序得到电子陶瓷元器件成品。流延成型自动化程度高，工艺稳定，可连续大规模生产，但是由于外加有机助剂含量高，因而收缩率大，在实际生产时需要加以注意。

1.2.3 陶瓷烧结技术

从传统陶瓷到先进陶瓷，烧结都是不可或缺的关键步骤。烧结是使陶瓷粉末

转变成一种通过晶界相互联结的致密多晶体结构的过程。完成成型的素坯体是疏松、多孔、低强度的粉粒集合体，在高温烧结作用下，经过一段时间转变为机械强度高，脆而致密的多晶体[12]。在陶瓷烧结过程中主要发生晶粒形状，尺寸大小与气孔率的变化。另外，从能量角度对烧结过程进行分析，可以看到烧结是一种在高温作用下体系表面自由能逐步降低的稳定化过程，该过程中，使疏松素坯体向致密陶瓷体转变的推动力是粉粒表面自由能的下降趋势。此处的表面自由能，包括固相与气相之间的表面能和固相与固相之间的界面能。素坯体状态时内部气孔多，粉体颗粒比表面积大，属于表面自由能高的介稳状态；陶瓷体状态时，气孔减少，比表面积显著下降，属于表面自由能降低到极低的稳定状态。整个烧结过程是一个不可逆过程，烧结后系统将转变为热力学更稳定的状态。

电子陶瓷功能的实现离不开烧结的有效进行。根据烧结过程中物质传递方式的不同，可以划分为三类烧结机制：固相烧结，气相烧结和液相烧结。固相烧结是典型的扩散传质模式，是实现陶瓷致密化烧结的主要方式。在固相烧结过程中，构成粉粒自身的原子、离子或空格点缺位等在高温下通过表面扩散，界面扩散或体内扩散，达到物质定向输运传递的效果。气相烧结则主要基于蒸发—凝结过程进行传质。以简单的气相传质双球模型为例，依据气体动力学原理，球状粉粒的球面与粉粒相互接触的颈部存在一定压强差，受该压强差推动，会有大量质点从高压的球面处蒸发，再扩散到低压的颈部并在该处凝结从而完成定向传质。因而，气相烧结致密化的推动力是固气界面的消除而产生的表面积减小和表面能下降。气相传质对粉料具有选择性，主要对于一些挥发性较强的粉料起作用，此外还需要注意的是单独依靠气相传质机理难以获得致密陶瓷，这是因为在气相传质过程中，坯体中原有的粉粒间距离保持不变，气孔外形从多角形向圆形转化，或呈分隔状态，但气孔率基本不变。与固相和气相烧结机制均不同，液相烧结主要基于溶入—析出过程进行传质，其必要条件是烧结过程中需要有液相出现，同时液相对固相能起润湿作用且固相在液相中有适当的溶解度。液相烧结进行时，液相润湿固态粉粒，由于初始粉粒的表面状况不同及毛细管压的作用，粉粒进一步靠拢与挤紧。其中，曲率半径小的粉粒，活性大，表面自由能高，易溶入液相，其相邻液体中平衡浓度高；曲率半径大的粉粒则相反。在浓度差的推动下，质点在液相中做定向扩散，陶瓷在致密化的同时出现大粒长大，小粒变小或消失的现象。

液相烧结作为重要的传质模式在电子陶瓷工业中有着广泛应用。例如，对于经典的 PZN-PZT 三元系压电陶瓷，其致密化烧结温度为 1100℃。但是若要匹配低成本的全银内电极构建多层压电器件，必须要将陶瓷体致密化烧结温度进一步降低到 950℃以下。侯育冬等人研究发现，选择 Li_2CO_3 作为低烧助剂，可以在保持陶瓷压电品质的前提下，基于过渡液相烧结机制实现 PZN-PZT 压电陶瓷的低温致密化[33]。该液相烧结过程的基本原理如图 1-10 所示。Li$_2$CO$_3$ 烧结助剂（液相助剂）的熔点为 723℃，在烧结升温过程中，当温度高于 Li$_2$CO$_3$ 助剂的熔点时，体系中出现大量液相。液相以液膜形式润湿和包裹在基体粉粒表面，在毛细管压的推动下，基于溶入—析出机制，质点出现定向扩散并逐步实现 PZN-PZT 陶瓷的致密化。在烧结后期，液膜中的 Li$^+$ 离子回吸入晶粒主晶格，并以掺杂形式改善陶瓷电学品质。

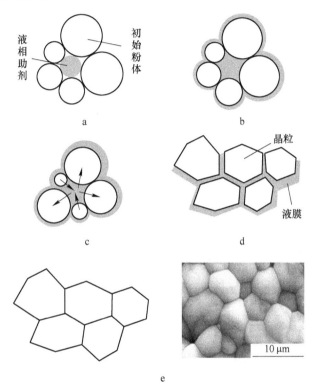

图 1-10 液相烧结过程基本原理图
a—素坯体；b—液相生成；c—溶入—析出；d—致密化；e—烧结体

通常，为确保电子陶瓷元器件具有优良的电学品质与力学特性，需要陶瓷体完成高致密度烧结。从气体排出角度，素坯体烧结过程可以划分为三个排气阶段：第一阶段是开孔排气阶段，相当于烧结的前期和中期，所有气孔相互连通，气体可以畅通排出；第二阶段是闭孔形成阶段，相当于烧结的中期向后期过渡，开口气孔开始迅速下降，闭口气孔逐渐形成；第三阶段是闭孔排气阶段，相当于烧结后期，气孔呈现全封闭状态，主要存在于粒界或晶粒之中。此时，气孔消失的过程主要是通过粒界上的气孔向表面迁移实现。电子陶瓷能否最终获得高致密度与内部闭口气孔的消除密切相关，而要能够有效减少闭口气孔，获得低气孔率的高致密度陶瓷，必须要针对不同陶瓷材料组成与结构特点，进行相关烧结技术的优化。

电子陶瓷烧结技术主要可划分为三种类型：常规烧结，压力烧结和电磁烧结，如图1-11所示。

（1）常规烧结。陶瓷坯体在常规条件下进行高温烧结的工艺，包括气氛烧结和反应烧结。在不做特殊要求的情况下，常规烧结一般在大气环境下进行，依靠发热体将热能通过对流、传导或辐射方式传递至被加热物而使其达到某一温度，推动致密化过程进行。常规烧结一般使用普通的高温箱式电阻炉或工业窑炉完成，设备简单，工艺方便，适用于大规模生产。通过烧结工艺曲线的合理设计（包括烧结温度，保温时间，升温与降温速率等），可以实现陶瓷致密度、晶粒尺度与显微组织形貌等的调控，进而实现陶瓷体电学性能的优化。由于常规烧结工艺中，温度制度是唯一可以调控的因素，因而在控制晶粒生长的前提下，实现素坯体的致密化对于制备晶粒尺度在纳米级的电子陶瓷有一定技术难度。这主要是因为一般的常规烧结都是采用等速烧结模式进行，即控制一定的升温速率，到达预定温度后保温一段时间获得烧结体。但是，很多陶瓷的致密化过程和晶粒生长过程常常重叠在同一温度区间，特别是在烧结后期，晶粒生长非常迅速，因而即使采用电子陶瓷纳米粉体为前驱体进行烧结，结果也常常是陶瓷材料在实现致密化后晶粒也长大到亚微米级甚至更大尺度[34]。

二步烧结法通过巧妙的设计烧结工艺制度，基于烧结动力学理论，有效避开烧结后期晶粒的快速生长过程，同时实现陶瓷的致密化。目前，二步烧结法在一些纳米陶瓷的常规烧结制备中取得成功[35]。如图1-12所示，该方法将纳米陶瓷烧结分为两步进行：首先，快速将烧结温度升至较高温度 T_1，使素坯体内部形成亚稳气孔的均匀分布结构，陶瓷的相对密度一般控制在70%以上，然后，在第

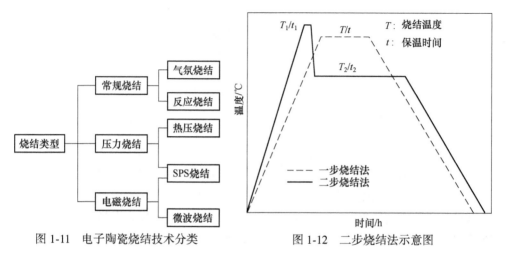

图1-11 电子陶瓷烧结技术分类　　　　　图1-12 二步烧结法示意图

二步将烧结温度降至较低温度 T_2 并长时间保温，此阶段晶界扩散起主导作用排除气孔，同时陶瓷体内整个细晶颗粒网络结构不发生变化，最终实现有效抑制晶界迁移与晶粒生长，完成纳米陶瓷的致密化烧结。二步烧结法的提出与发展对于采用低成本的常规烧结技术制备纳米电子陶瓷及器件具有重要意义。

大多数电子陶瓷在大气环境下即可以完成常规致密化烧结，但是，有一些电子陶瓷材料需要特殊的气氛控制才能完成致密化，这通常需要使用密闭良好的气氛烧结炉完成。例如，匹配贱金属镍电极的 $BaTiO_3$ 基多层陶瓷电容器的烧结制备就需要在还原气氛下进行，以防止镍电极的氧化失效[36]。此外，生产高质量的透明 Al_2O_3 陶瓷需要在 H_2 气氛中烧结，这是由于氢气易于渗入素坯体内，在密闭气孔中，氢气的扩散速率比其他气体大，易通过 Al_2O_3 坯体彻底排除密闭气孔，从而实现高致密度透明陶瓷的制备。

另外，需要说明的是对于含有易挥发性元素（如铅、钾、钠和铋等）的氧化物电子陶瓷，如 $Pb(Zr，Ti)O_3$、$(Bi_{0.5}Na_{0.5})TiO_3$ 和 $(K_{0.5}Na_{0.5})NbO_3$ 等的烧结，需要施加元素保护气氛，以防止烧结过程中易挥发性元素的大量逸出造成陶瓷计量比失配和微观结构劣化，影响电学性能。一般可以通过在密闭坩埚内添加元素气氛保护粉体或叠片埋粉的方法控制陶瓷体内外挥发性元素的蒸气压平衡，从而确保符合化学计量比的电子陶瓷高致密烧结。

对于 $Pb(Zr，Ti)O_3$ 基压电陶瓷，侯育冬等人通过设计不同的气氛保护构型（如图 1-13 所示），研究了 $PbZrO_3$ 气氛粉体施加与否陶瓷烧结特性的差异[37]。

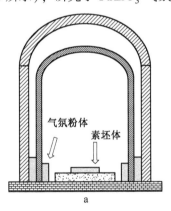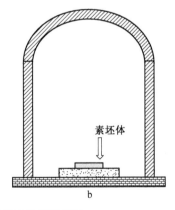

图 1-13 不同气氛保护构型示意图

a—双层坩埚铅气氛保护模式；b—单层坩埚非铅气氛保护模式

图 1-14 示出不同气氛保护模式烧结制备的 $Pb(Zr，Ti)O_3$ 基陶瓷断面 SEM 照片。从实验结果可以看到，采用 $PbZrO_3$ 粉体作气氛保护的陶瓷烧结体内部微观组织结构均匀，晶粒发育良好，晶界清晰（如图 1-14a 所示），而未进行铅气氛保护烧结的样品内部组织形态混沌，晶粒晶界结构不清晰，且呈现穿晶断裂模式

（如图 1-14b 所示）。进一步的电学性能测试揭示，铅气氛保护烧结的试样各项技术指标显著优于未进行铅气氛保护烧结的样品。

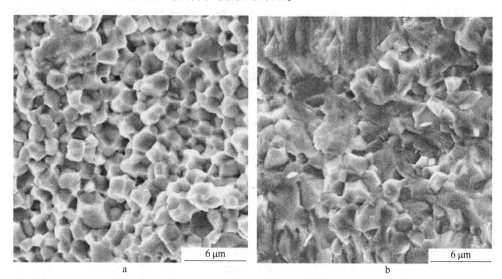

图 1-14　不同气氛保护构型烧结样品 SEM 照片对比

a—双层坩埚铅气氛保护模式；b—单层坩埚非铅气氛保护模式

常规烧结中还有一种特殊类型是反应烧结。反应烧结属于活化烧结，其原理是让原料混合物发生固相反应或原料混合物与外加气（液）体发生固-气（液）反应，以合成目标陶瓷体。在反应烧结过程中，反应和烧结是同时进行的。需要说明的是，虽然反应烧结时表面能下降的推动力依旧存在，但已经不是主要推动力。反应烧结或活化烧结过程的主要推动力来源于烧结反应所导致的化学势降低[12]，主要体现在反应烧结引起新化合物出现，固溶体形成以及晶相转变等。一些理论计算分析表明，反应烧结中化学势降低所产生的推动力数值要远远大于一般常规烧结过程中表面能的下降值。在合理的工艺制度下，反应烧结有利于在低温下制备高性能电子陶瓷材料。

（2）热压烧结。热压烧结是压力辅助烧结方法。在热压烧结过程中，对样品同时加温和加压，有助于粉末颗粒的接触与扩散，特别是热压时，粉料处于热塑性状态，形变阻力小，易于塑性流动和致密化，因而，热压烧结通常有利于降低烧结温度和缩短烧结时间，同时抑制晶粒的长大，易获得高致密度，高机械强度和高透明度的电子陶瓷产品。需要说明的是热压烧结需要使用具有良好力学特性和化学稳定性的热压模具（如石墨模具），而受限于模具结构设计，一般陶瓷样品很难制作成复杂形状。此外，热压烧结样品有一定各向异性，垂直与平行热压方向性能有差异。以钙钛矿型 $Pb(Mg_{1/3}Nb_{2/3})O_3$-$PbTiO_3$（缩写为 PMN-PT）

细晶陶瓷的热压烧结为例，选用纳米粉体为前驱体，热压烧结实验条件：压力 60MPa，烧结温度 700~1000℃，保温时间 1h，可以制备出致密且晶粒尺寸在纳米到亚微米范围可调的 PMN-PT 细晶陶瓷[38]。

（3）微波烧结。微波烧结是一种电磁烧结技术，利用微波加热来对材料进行致密化烧结。微波烧结的原理是采用特殊的微波烧结炉进行供能加热，工作时待处理材料直接吸收微波能，基于介质的介电损耗（包括电导损耗和极化损耗，高温下电导损耗将占主要地位），将微波能转化热能来实现陶瓷体的自加热烧结。与传统烧结方式相比，微波烧结高效节能且安全无污染。

图 1-15 给出了微波加热与传统加热方式的区别。

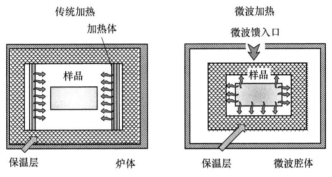

图 1-15　微波加热与传统加热方式的区别

传统加热是依靠加热体将热能通过对流、传导或辐射方式传递至被加热物而使其达到某一温度，热量传递方向从外向内，烧结时间长，能耗大，且很难制得细晶陶瓷。微波烧结利用材料自身的介电损耗特性加热，能够有效降低活化能，加快材料的烧结进程，缩短烧结时间。短时间烧结的优点是利于晶粒尺度的控制，因此微波烧结有利于制备出均匀致密的细晶电子陶瓷。与传统加热方式相比，微波加热升温速率快、能源利用率高，但是需要注意的是由于不同材料对微波的吸收存在差异，因此微波烧结对陶瓷制备有选择性，一般介电损耗大的材料升温快。利用微波可对物相进行选择性加热的特点，可以通过在烧结体系中添加吸波物相来控制加热区域的差异分布，从而获得新材料和新结构。

（4）SPS 烧结。SPS 烧结即放电等离子烧结，SPS 是英文 Spark Plasma Sintering 的缩写[39]。图 1-16 是 SPS 烧结装置结构示意图。可以看到，整个烧结系统结构较为复杂，除了包含有热压和气氛控制等单元外，还有 SPS 脉冲发生器及相关控制系统。

从烧结方式看，SPS 烧结兼具压力烧结与电磁烧结的特点（如图 1-11 所示）。但是，由于 SPS 烧结的中间过程和现象十分复杂，关于其具体烧结机理仍不清晰，目前的主流观点认为 SPS 烧结过程中除了热压烧结的焦耳热和加压造成

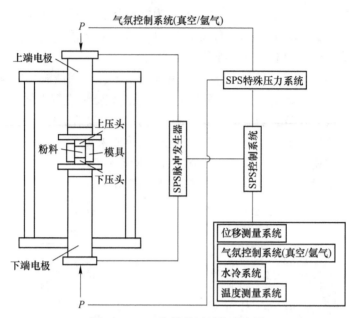

图 1-16   SPS 烧结装置结构示意图

的塑性变形促进烧结进行外，还通过特殊电源系统给承压导电模具施加可控直流脉冲电流，在粉末表面及颗粒间产生活化作用，并基于粉体颗粒间火花放电产生的自发热和电场辅助扩散等机制实现陶瓷材料的均匀致密化（如图 1-17 所示）。SPS 烧结的优势是样品同时被内外加热，可以在极低的温度下超快速烧结制备高致密度细晶材料，因此特别适用于纳米晶电子陶瓷的高效制备。

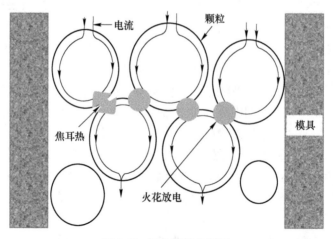

图 1-17   SPS 烧结机制图

侯育冬等人采用 SPS 烧结方法成功制备出 $NaNbO_3$ 纳米陶瓷。实验选用高能球磨合成的平均粒径为 15nm 的 NaNbO₃ 纳米粉体为前驱体进行放电等离子烧结，具体实验条件为：压力 80MPa，烧结温度 960℃，保温时间 1min。SPS 烧结后的样品需要在 960℃氧气气氛中退火 5h 以排除残留碳和消除氧空位。显微结构测试结果显示 SPS 烧结的 NaNbO₃ 陶瓷平均晶粒尺寸仅为 50nm，且具有高达 98% 的相对密度，电测量结果证实纳米陶瓷具有宏观铁电与压电特性，在微机电器件方面有潜在应用[15]。

1.3　电子陶瓷主要类型

电子陶瓷是应用于电子技术中的各种功能陶瓷的总称，其类型众多，本节将重点介绍在电子陶瓷与元器件领域中研究较多与应用广泛的介电、铁电和压电陶瓷材料，这些材料也是本书中化学法构建与物性分析的主要电子陶瓷材料类型。

1.3.1　介电陶瓷材料

介电陶瓷属于无机电介质，主要是基于材料介电性能及其应用的电子陶瓷材料[2,40~42]。

电介质的物理概念与极化相关，是指在电场作用下，能够建立极化的一切物质。通常所说的极化是由于外电场作用，导致介质内质点（原子、分子、离子）正负电荷重心分离，从而转变成偶极子的现象。如图 1-18 所示，以平行板电容器为例，当在一个真空平行板电容器的两电极板间嵌入一块高绝缘的陶瓷电介质时（即单板陶瓷电容器），如果在电极之间施加外电场，可以发现在介质表面感应出电荷，这种表面电荷称为感应电荷或束缚电荷，束缚电荷不会形成漏导电流。电介质极化的特点就是以感应方式而非传导方式传递电的作用。

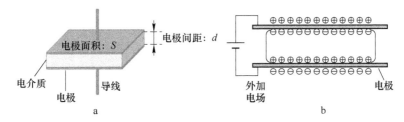

图 1-18　平行板电容器与电介质极化

a—单板陶瓷电容器结构；b—电介质极化示意图

对于单板陶瓷电容器（如图 1-18a 所示），其电容 C 值大小包含器件几何尺寸和材料自身介电特性两种贡献，具体数值可由下式计算：

$$C = \varepsilon \frac{S}{d} = \varepsilon_0 \varepsilon_r \frac{S}{d} \tag{1-6}$$

式中，S 和 d 是几何尺寸因素，代表电极面积和电极间距，ε_0 和 ε 分别是真空介电常数和电介质的介电常数。此外，ε_r 是电介质的相对介电常数，是一个没有单位的纯数，表征电介质存贮电荷能力大小的量度，是综合反映电介质内部电极化行为的宏观物理量。

电介质极化包括多种类型，如电子极化、离子极化、偶极子转向极化和空间电荷极化等。此外，还有一类特殊的极化类型是自发极化，这种极化状态并非由外电场引起，而是与材料自身结构的对称性相关，这部分内容将在下一节铁电陶瓷材料部分做详述。

首先，在这里区分一下电子位移极化、离子位移极化和偶极子转向极化三种类型。电子位移极化是指在外电场作用下，原子或离子外围的负电电子云相对于带正电的原子核发生位移，产生感应偶极矩的现象。离子位移极化是指组成介质的正负离子，在外电场作用下，正负离子偏移平衡位置出现相对位移，而产生感应偶极矩的现象。偶极子转向极化则主要发生在极性分子介质中。极性分子是具有恒定偶极矩的分子。无外加电场时，这些极性分子的取向在各方向的几率相等，因而就介质整体看，宏观偶极矩等于零。当施加外电场作用时，这些极性分子的偶极子发生转向，趋于和外电场方向一致。但是，热运动会抵抗这种趋势，最后介质体系会建立一个新的统计平衡，这时由于沿外场方向取向的偶极子比和它反向的偶极子数目多，所以电介质呈现出宏观偶极矩的现象。

此外，介电陶瓷材料中空间电荷极化也是一种常见的极化类型，但是起因与上述极化不同，其产生与材料内部的结构均匀性相关。通常，空间电荷极化发生在结构不均匀的介电陶瓷材料中，实际上晶界、相界、晶格畸变、杂质、气孔等缺陷区都会成为自由电荷（间隙离子、空位、引入的电子等）运动的障碍，在这些障碍处，自由电荷积聚，形成空间电荷极化。空间电荷极化与温度和频率均关系密切，一方面，随温度升高，离子扩散运动加剧，空间电荷极化减弱；另一方面，由于空间电荷极化的建立需要较长时间，因此只对直流和低频介电性质有影响。

图 1-19 给出了各种极化类型的频率响应范围及其对介电性能的贡献。可以看到，不同极化形式的强度和频率响应范围有很大差异。由于介电陶瓷材料的主要用途是制作不同频率段工作的片式陶瓷电容器，因而明确材料组成结构与极化响应的关系，从而设计高介电常数陶瓷材料对于发展大容量高品质陶瓷电容器至关重要。一般认为，介电常数大的陶瓷材料所应具备的基本条件是：具有特殊的晶格点阵结构，需要含有尺寸大、电价低、电子壳层易变形的阴离子（如 O^{2-}）和尺寸小、电价高、易产生离子位移极化的阳离子（如 Ti^{4+}）。在外电场作用下，这两类离子通过晶体内的附加内电场产生强烈的极化，因而导致相当高的介电常数。高介电常数陶瓷材料的典型结构如金红石（TiO_2）和钙钛矿（$CaTiO_3$）等。

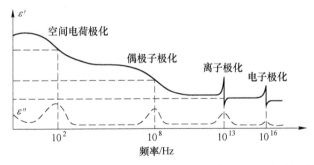

图 1-19　各种极化类型的频率响应范围及其对介电性能的贡献

介电陶瓷材料主要应用于电容器等电子元器件，除了介电常数外，需关注的电学参数还有介电损耗和介电强度等。

介电损耗是所有应用于交变电场中电介质的重要品质指标之一，其数值可以直接由实验测定，而和样品大小与形状无关。介电损耗是指电介质在电场作用下，单位时间因发热而消耗的能量，常用介电损耗角正切 $\tan\delta$ 表示。介电陶瓷在电子工业中的重要作用是隔直流绝缘和储存能量，介电损耗不但消耗电能，而且由于温度上升而影响元器件的正常工作，介电损耗过大时甚至会导致介质过热而破坏电绝缘特性。因而，通常对介电陶瓷的介电损耗要求是越小越好。

介电损耗主要来源于电导损耗和极化损耗。实际应用的介电陶瓷虽然具有良好的绝缘特性，但是其电阻也不可能无穷大，在外电场作用时，总有一些带电质点，如弱束缚电子和弱联系离子以及空穴和缺位等，会发生移动而形成漏导电流，从而引起电介质发热损耗电能。同时，介电陶瓷在电场中会呈现出极化现象，而需要说明的是建立稳态电子位移极化和离子位移极化所需的时间极短（$10^{-16} \sim 10^{-12}$ s），几乎不消耗能量；但是，偶极子转向极化和空间电荷极化等类型，在电场作用下则需要经过相当长的时间（10^{-10} s 或更长）才能达到其稳态，这类极化损耗能量。因此，降低介电陶瓷的介电损耗主要应考虑基于材料组分设计与制备工艺优化，同时从降低电导损耗和极化损耗入手。一般要求介电陶瓷材料设计时应尽量选取结构紧密且相稳定的晶体作为主晶相，减少高损耗玻璃相的加入量；工艺方面需要严格控制烧结气氛以防止元素变价与溢出，以及通过合理的烧结制度避免"生烧"与"过烧"现象出现，最终获得低气孔率且组织均匀的高致密度陶瓷体。

介电陶瓷材料的介电与绝缘特性都是在一定的电场强度范围内保持的物理特性。当电场强度超过某一临界值时，电介质会由介电状态转变为导电状态，这种现象是介质的击穿，相应的临界电场强度称为介电强度，也称为击穿电场强度。对于具有绝缘特性的介电陶瓷材料，已有研究表明，击穿并不是由于电场对材料原子或分子的直接作用所导致，而是一种集体现象，能量通过一些粒子，如已经从电场中获得足够能量的电子和离子，传输到被击穿组分中的原子或分子上，引起击穿现象发生。通常可以将击穿类型分为三种：热击穿、电击穿和局部放电击穿[42]。与降低介电陶瓷材料的介电损耗方法相似，提升介电强度也需要从材料设计与工艺优化两方面入手，必须严格控制材料晶相组成、微观结构均匀性与晶粒尺度大小，减少容易诱发气体放电的密闭气孔含量。此外，为了消除表面放电与边缘击穿现象，还要注意电子陶瓷元器件的结构与电极形状设计。

介电陶瓷材料主要用于小型高容量陶瓷电容器的制造[43]。陶瓷电容器是电子信息装备的关键电子元器件，在电子设备和线路中发挥的功能主要有储存能量的放电、直流电流的阻断、电路元件的耦合、交流信号的旁路、鉴频以及瞬时电压和飞弧抑制。

用于制造电容器的介电陶瓷材料，一般应具有如下性能：

（1）介电常数要高。介电常数越高，储能密度越高，且有利于电容器的小型化设计。

（2）介电损耗要低。低介电损耗有利于降低电容器的发热量，在高频电路中稳定工作。

（3）绝缘电阻要高。绝缘电阻率一般要求不能小于 $10^{12}\Omega\cdot m$，以保证电容器绝缘特性。

（4）介电强度要高。高介电强度可以确保电容器在高压和大功率状态下工作不被击穿。

此外，在高温、高压、高湿等一些极端或恶劣环境下还要求介电陶瓷材料电学性能要稳定可靠，以确保电容器能够正常工作，这对于航空航天和军事领域的特种陶瓷电容器应用尤为重要。

当前，世界上生产的电容器约有 80% 是应用介电陶瓷材料制作的贴片型陶瓷电容器，且该比例还在逐年增长。仅以智能手机和笔记本电脑为例，陶瓷电容器在智能手机中的用量为 400~500 个，在笔记本电脑上的用量为 700~800 个，而随着不同功能模块在相关电子设备中的引入，陶瓷电容器的用量还在逐渐增大。因而，作为电子线路中不可或缺的关键元器件，陶瓷电容器为各类电子设备的小型化、轻量化和升级换代做出了巨大的贡献。

在陶瓷电容器中，多层陶瓷电容器（也称独石电容器，英文名称 Multilayer Ceramic Capacitor，缩写为 MLCC）是世界上用量最大，发展最快的片式元件[43,44]。MLCC 技术是当前贴片型陶瓷电容器的主流技术，该技术最早诞生于 20 世纪 60 年代，最先由美国企业研制成功，后来在日本企业（如村田、TDK、太阳诱电等）迅速发展及产业化，至今日本企业依然在全球 MLCC 领域保持技术领先优势。

早期使用的陶瓷电容器主要为单板结构。根据图 1-18 和式（1-6），对于单板结构电容器，电容量 C 与电极面积 S 成正比，与单板电极间距 d（即介质层厚度）成反比。因此，要获得大电容量，在材料介电常数一定时，只有改变单板电容器尺寸设计，即增大电极面积和减小介质层厚度。但是，增大电极面积背离电子整机设备小型化的要求，而陶瓷由于自身脆性特点，单纯减小介质层厚度会造成单片陶瓷介质的可加工性变差，也不可行。因而，单片结构设计的陶瓷电容器已经难以满足现代电子信息设备对大容量小型电容器的需求。

多层陶瓷电容器技术是在单板陶瓷电容器技术基础上发展起来的新技术。图1-20 给出了多层陶瓷电容器结构、等效电路与实物照片。

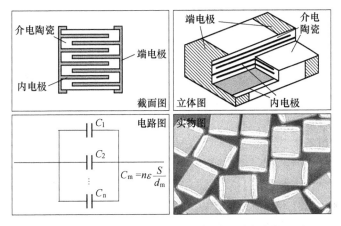

图 1-20　多层陶瓷电容器结构、等效电路与实物照片

多层陶瓷电容器通过器件立体结构设计思想巧妙地实现了在确保器件小型化与机械强度的同时增大电极面积与减小介质层厚度的目的，具体设计原理是用并联的方法把单板电容器堆积起来，产生一个每个单元体积具有更多电容的坚实的电容器。剖析多层陶瓷电容器的内部结构可以看到，印刷有内电极（Ag/Pd 或Ni）的陶瓷介质层交替排列，两端的端电极（Cu 或 Ag，Ni，Sn）连接内电极从而形成器件整体的并联结构。

多层陶瓷电容器的电容量可以根据式（1-7）计算得到，即：

$$C_m = n\varepsilon_0\varepsilon_r \frac{S}{d_m} \tag{1-7}$$

式中，S 是内电极正对面积；d_m 是单片陶瓷介质层厚度；ε_0 和 ε_r 分别是真空介电常数和介电陶瓷材料的相对介电常数；n 是陶瓷介质层数。

从上式可以看出，提高多层陶瓷电容器的电容量，一方面需要研发高介电常数的新型介电陶瓷材料（如铁电陶瓷材料，见下节介绍），另一方面需要从改进片式元器件制造工艺入手，主要包括减小介质层厚度，提高叠层数等。

图 1-21 给出了工业制造多层陶瓷电容器的工艺流程图。

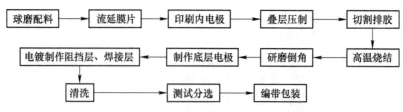

图 1-21　工业制造多层陶瓷电容器的工艺流程图

在整个 MLCC 制造工艺流程中，流延膜片与高温烧结是核心关键技术。在电容器小尺寸与大容量的要求下，若要提高叠层数必须要减小介质层厚度。因而，只有采用粒径为亚微米甚至纳米级的电子陶瓷粉体才能够基于流延成型技术获得极薄的介质膜厚度，而这类电子陶瓷粉体通常需要采用化学法合成。此外，多层陶瓷电容器在烧结时是将印刷有内电极的介质膜叠合体整体进行共烧，因此共烧工艺的精确控制极为重要，要防止烧结过程中介质层与电极界面的开裂和内电极的扩散渗漏。此外，对于用贱金属镍做内电极的多层陶瓷电容器还要采用还原气氛烧结以避免内电极的氧化失效[36]。

介电陶瓷材料的主要应用对象以 MHz 频率以下 MLCC 电容器居多。但近几十年来，随着移动通信和卫星通信的迅猛发展，用于制造微波电路元件的微波介质陶瓷得到广泛关注并已逐步实现实用化。微波介质陶瓷是特指应用于微波频段（300MHz~3000GHz）电路中的介电陶瓷材料，可以用作微波电路中的绝缘基片及电容材料，也是制造介质谐振器的关键材料。其中，介质谐振器是微波介质陶瓷的主要应用领域，具有体积小、重量轻、品质因数高、稳定性好等优点，是组成微波电路的基本元件，微波电路的全集成化与小型化极大地依赖于新型微波介质陶瓷的开发。

微波介质陶瓷应用主要有三大指标体系要求[2,45]：

（1）介电常数要高。在微波频率下，介电常数越高，介质元件的尺寸可以做得越小。

（2）品质因数要高。在微波频率下，低介电损耗确保高品质因数，保证优良选频特性。

（3）谐振频率温度系数要小。谐振频率温度系数要近于零，这样可保证元器件的中心频率不随温度变化而产生漂移，提高器件的工作稳定性。

已经实用化的微波介质陶瓷有钙钛矿，类钙钛矿和钛铁矿等多种结构类型。从材料设计角度出发，可以基于谐振频率温度系数的加和性，通过调整正负谐振频率温度系数组元的相对含量，构建谐振频率温度系数为零的多组元微波介质陶瓷体系。此外，微波介质陶瓷的品质因数对材料结构和缺陷极为敏感，通常在微波介质陶瓷的制造中，必须使用高纯原料，并严格控制工艺以制出杂质少、缺陷少且晶粒均匀分布的高致密度陶瓷。

1.3.2 铁电陶瓷材料

在 1.3.1 节中介绍了电介质的一些典型极化类型，需要说明的是这些极化都是电介质在外电场激励下的物理性质。如果不施加外电场，介质的极化强度将为零，而一旦施加外电场，介质的极化强度与宏观电场强度将形成正比关系，因而，物理学上称这些电介质为线性介质。另外，还有一些特殊的电介质，其极化强度与外加电场的关系是非线性的，这些电介质被称作非线性介质[42]。铁电陶瓷材料就是一类典型的非线性介质。

铁电陶瓷材料属于铁电体的一个分支。铁电体是一个大家族，既包含无机铁电陶瓷材料，也包含有机聚合物铁电体和铁电单晶等。铁电陶瓷材料特指具有自发极化，且自发极化方向为外电场所转向的一类陶瓷，其非线性特征与自发极化的产生及电学响应相关[46,47]。

自发极化是铁电体特有的一种极化形式。在某一温度范围内，当不存在外加电场时，原胞中的正负电荷重心不互相重合，每一个原胞具有一定的固有偶极矩，由于这种晶体的极化形式是在外电场为零时自发建立起来的，因而称作自发极化。自发极化出现的必要条件是晶体不具有对称中心。根据对称性，晶体可以被划分为 32 个点群。在 32 个点群中，有 21 个不具有对称中心，其中 20 个呈现压电效应，而这 20 个压电晶体中的 10 个为极性晶体，具有自发极化现象。又因此类材料受热会产生电荷，也称为热释电体。热释电体的自发极化强度一般很高，处于极度极化状态，外电场即使是击穿电场，也很难使热释电体自发极化沿着空间的任意方向定向。但是，仍有少数热释电体，其自发极化强度矢量在外电场作用下能够由原来取向转变到其他能量较低的方向，这些热释电体就是铁电体。

图 1-22 给出了介电、压电、热释电与铁电的关系。可以得出如下结论：具有铁电性的极性晶体，必定有热释电性和压电性，有热释电性的晶体也必定有压电性，但却不一定有铁电性。铁电体是热释电体的一个亚族，热释电体是压电体的一个亚族，而压电体必须是介电体。

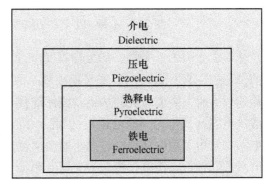

图 1-22 介电、压电、热释电与铁电的关系

由于铁电陶瓷材料的自发极化强度较大，且可以通过外电场进行调制，因而在电子元器件领域有着重要应用，如用于构建大容量低频陶瓷电容器、铁电薄膜存储器、具有电光效应的透明

铁电器件等。此外，进行人工极化处理后的铁电陶瓷转变为呈现宏观压电效应的压电陶瓷，在压电致动器和换能器等领域有着广泛应用，这部分内容将在1.3.3节进行介绍。

铁电体的自发极化一般在一定的温度范围内呈现，当温度高于某一临界温度时，自发极化消失，铁电体从铁电相转变为非铁电的顺电相，该临界温度称为居里温度（T_c）。一般情况下，从高温到低温是从顺电相转变为铁电相。实用的钙钛矿型铁电体属于位移型铁电体，其自发极化的产生原因与有序-无序型铁电体不同。有序-无序型铁电体的自发极化同个别离子的有序化相关，例如，磷酸二氢钾的铁电性与质子的有序运动相联系；位移型铁电体的自发极化则同化合物中一类离子的亚点阵相对于另一类亚点阵的整体位移相联系[42,46]。

以典型的铁电体钛酸钡（$BaTiO_3$）为例，分析钙钛矿型氧化物自发极化的起因。图1-23示出$BaTiO_3$中与离子位移相关的自发极化变化。$BaTiO_3$居里温度T_c为120℃，在该温度以上时为立方对称结构，$[TiO_6]$八面体中的Ti^{4+}离子稳定偏向某一个氧离子的几率为零，此时无自发极化；但是在T_c以下，晶体结构畸变为非对称的四方结构，八面体中的Ti^{4+}离子由于热涨落，偏离一方，导致正负电荷中心分离，形成电偶极矩。这些自发形成的电偶极矩按氧八面体三维方向相互传递，耦合，形成自发极化方向一致的若干微小区域，即电畴。

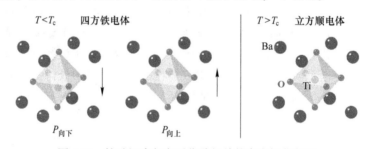

图1-23   钛酸钡中与离子位移相关的自发极化起因

从以上分析可以看到，居里温度T_c是自发极化稳定程度的量度。T_c反映了ABO_3钙钛矿型铁电体中B^{4+}离子偏离氧八面体中心后的稳定程度高低。B-O间互作用能较大时，需要较大的热运动能才能使B^{4+}离子恢复到对称平衡位置，从而摧毁铁电态（铁电相→顺电相），因此T_c高，反之亦然。此外，一般认为晶体的铁电结构是由其顺电结构经过微小畸变而得，所以铁电相的对称性总是低于顺电相的对称性，即由铁电相转变为非铁电相是一种结构相变。当然，如果铁电体存在两个或多个铁电相时，只有顺电—铁电相变温度才被称为居里温度，而从一个铁电相过渡到另一个铁电相的转变温度称为相变温度。铁电体的电学、力学、光学和热学性能等在居里温度附近都会呈现出反常现象，如大多数铁电体的介电常数在居里点附近具有很高的数值，其数量级可达 $10^3 \sim 10^5$，此即铁电体在临界温度的"介电反常"。基于该现象可以用来确定铁电陶瓷材料 T_c 的具体位置。以钙钛矿型铁电体铌酸钾 KNbO$_3$ 介温谱分析为例，图 1-24 给出了 KNbO$_3$ 相对介电常数 ε_r 与介电损耗 tanδ 随温度的变化关系图[48]。从图中可以看到有两个转变温度，分别位于 415℃ 和 220℃，其中：415℃ 是居里温度 T_c，对应四方-立方相变（铁电-顺电相变）；220℃ 是相变温度，对应正交-四方相变。

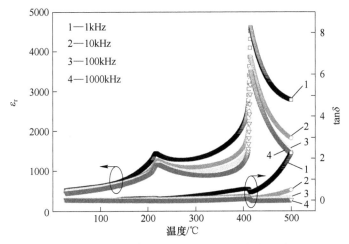

图 1-24　KNbO$_3$ 陶瓷 ε_r 与 tanδ 随温度的变化关系

铁电体在 T_c 附近出现的介电常数显著变化源于结构相变引起的自发极化突变。大量实验研究揭示，当温度高于 T_c 时，介电常数随温度的变化服从居里-外斯定律（Curie-Weiss law），即：

$$\varepsilon_r = \frac{C}{T - \theta_0} + \varepsilon_\infty \tag{1-8}$$

式中，C 为居里常数；θ_0 为特征温度，一般比 T_c 略低或者等于 T_c；ε_∞ 代表电子位移极化对介电常数的贡献，由于数值极小，在居里点附近可以忽略。

ABO$_3$ 型钙钛矿铁电氧化物（如 BaTiO$_3$、PbTiO$_3$、KNbO$_3$ 等）中 BO$_6$ 八面体基元以顶角相连的形式在空间延展成三维 BO$_6$ 八面体族。铁电态时，由于八面体内 B 位离子位移出现电偶极矩，通过其间的彼此传递、耦合乃至相互制约，形成电畴结构，即铁电体内出现若干自发极化方向一致的微小区域。铁电体通常是多电畴体，不同电畴间存在边界，即畴壁。如图 1-25 所示，在四方 BaTiO$_3$ 铁电相中存在两类畴壁：180° 畴壁和 90° 畴壁。为了使体系的能量最低，各电畴的极化方向一般呈现出"首尾相连"。

铁电体中的畴壁类型与晶体结构对称性相关。仍以 BaTiO$_3$ 为例，室温四方对称时，自发极化方向沿 [001] 取向，有 90° 和 180° 畴壁；当温度下降到 5℃

时，BaTiO$_3$ 晶胞结构转变为正交
对称，但仍为铁电相，此时自发
极化沿［011］取向，有 60°和
120°畴壁；当温度继续降到
−80℃附近，晶胞结构又转变为
三方对称，自发极化沿［111］
取向，有 71°和 109°畴壁。

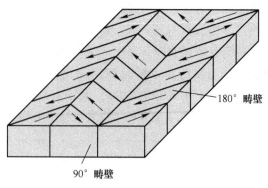

图 1-25　四方 BaTiO$_3$ 铁电相中的两类畴壁

　　在多晶铁电陶瓷材料中，电
畴尺寸与晶粒尺寸相关，一般情
况下每个晶粒包含有多个电畴。
由于常规工艺制备的多晶陶瓷内
部晶粒排列无规则，因而各取向电畴也分布混乱，对外不显示极性。但是，在外
电场作用下，电畴总是要趋于与外电场方向一致。铁电体的电滞回线（或称铁电
回线）就是电畴在外电场作用下运动的宏观描述，其物理图像是铁电体的极化强
度 P 随外加电场强度 E 的变化轨迹。

　　图 1-26a 和图 1-26b 分别示出铁电体的典型电滞回线和外电场作用下电畴取
向转变过程的示意图。电滞回线是铁电体的重要物理特征，是判别铁电性的重要
标志。从图 1-26a 可以看到，电滞回线表明铁电体的极化强度与外电场之间呈现
非线性关系，而且极化强度随外电场反向而反向，这说明铁电体中存在电畴结
构。以只含有 90°和 180°畴壁的四方 BaTiO$_3$ 铁电体为例，其在外电场作用下电畴
取向转变的过程，如图 1-26b 所示。在没有外加电场时，铁电体的宏观极化强度
为零，体系能量最低。当电场施加于铁电体时，沿电场方向的电畴扩展变大，而
与电场方向不同的电畴则逐渐减小。因而，极化强度随外电场增加而增加，最后
铁电体内电畴方向都趋于外电场方向，即呈现单畴化，此时极化强度达到饱和。
继续增加电场，只有电子位移极化和离子位移极化效应，P 随 E 的变化成线性关
系。参考图 1-26a 所示，在极化强度饱和位置做切线（线性部分的延长线）外推
至 $E=0$ 时，纵轴上的截距即为饱和极化强度或自发极化强度 P_s。如果继续减小
外电场强度，铁电体的极化强度也随之减小，但并不会沿初始轨迹回零。在电场
强度为零时，尽管部分电畴由于内应力作用会偏离极化方向，但大部分电畴仍能
够保持极化方向，因而宏观上仍保留一定极化强度，称作剩余极化强度 P_r。继续
反方向施加外电场，极化强度逐渐减小，当反向电场足够大时，极化强度归为
零，此时铁电体内沿电场方向和逆电场方向极化强度相互抵消，该外电场强度称
作矫顽电场强度 E_c。之后，反向电场继续增加，极化强度也开始反向，最后循
环形成完整闭合的电滞回线。以上是铁电体电滞回线的一些基本描述与特征说
明。需要注意的是，在 P-E 电滞回线实测过程中，随循环外加电场强度增大，电

畴转向程度不断提升，剩余极化强度也会逐渐变大，最终电滞回线在一定外加电场强度之后呈现出饱和形状（如图 1-27 所示）[49]。此外，如果铁电体内部有杂质或空位等缺陷形成的缺陷偶极子，会形成一类内建电场——内偏场 E_i，导致电滞回线沿横轴发生偏移[50]。

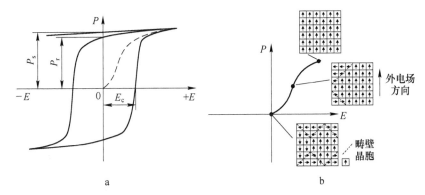

图 1-26 铁电体的典型电滞回线和外电场作用下电畴取向转变过程的示意图
a—铁电体的典型电滞回线；b—外电场作用下电畴取向转变过程

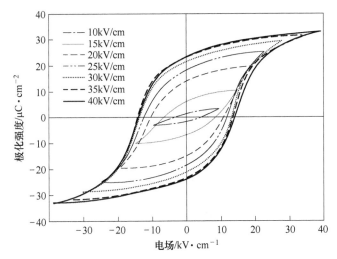

图 1-27 PZT 基陶瓷电滞回线形状随外加电场强度增加变化图
（测试条件：室温，1Hz）

铁电陶瓷材料中应用最多的是 ABO_3 型钙钛矿铁电体。从结构上看，钙钛矿铁电体可分为简单型和复合型两大类。简单型铁电体 ABO_3 结构中，A 位和 B 位仅有一个离子占据，如 $BaTiO_3$、$PbTiO_3$、$KNbO_3$ 等；复合型铁电体结构中，在满足电价平衡的条件下，A 位和 B 位会有多个离子占据，形成特殊的复合钙钛矿结构。研究较多的是化学式为 $Pb(B'B'')O_3$ 的铅基弛豫铁电体，其中 A 位被 Pb^{2+}

离子占据，B 位由 B′和 B″两类离子占据，以平衡电价+4 为参考，B′为较低价阳离子，如 Mg^{2+}、Zn^{2+}、Ni^{2+}、Fe^{3+} 和 Sc^{3+} 等，B″为较高价阳离子，如 Nb^{5+}、Ta^{5+} 和 W^{6+} 等。在等同的晶格位置上存在一种以上的离子，是铅基弛豫铁电体的结构特点[51~53]。典型的铅基弛豫铁电体有 $Pb(Mg_{1/3}Nb_{2/3})O_3$（PMN）、$Pb(Zn_{1/3}Nb_{2/3})O_3$（PZN）、$Pb(Mn_{1/3}Nb_{2/3})O_3$（PMnN）、$Pb(Ni_{1/3}Nb_{2/3})O_3$（PNN）、$Pb(Sc_{1/2}Nb_{1/2})O_3$（PSN）、$Pb(Sc_{1/2}Ta_{1/2})O_3$（PST）、$Pb(Fe_{1/2}Nb_{1/2})O_3$（PFN）、$Pb(Mg_{1/2}W_{1/2})O_3$（PMW）等。

与简单钙钛矿结构的正常铁电体 $BaTiO_3$ 等相比，铅基弛豫铁电体一般具有极高的介电常数极值 ε_m，如 PZN 为 22000、PST 为 28000、PSN 为 38000 等。此外，铅基弛豫铁电体还呈现出特殊的介电弛豫行为，具体表现为弥散相变与频率色散特征。

图 1-28 给出了不同频率下弛豫铁电体 PMN 的介电常数实部与虚部随温度的变化曲线。

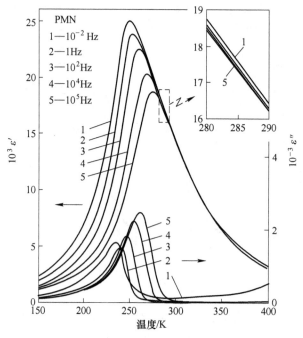

图 1-28　不同频率下弛豫铁电体 PMN 的介电常数实部与虚部随温度的变化曲线

由图 1-28 可以明确观察到两个现象：（1）弥散相变，即介温谱中介电峰呈现宽化特征，说明铁电-顺电相变是渐变而非突变，由于此类弛豫铁电体没有一个确定的居里温度 T_c，通常将介电常数极值对应的温度 T_m 作为特征温度，在高于 T_m 附近仍存在自发极化和电滞回线；（2）频率色散，表现为介温谱中低温侧介电峰和损耗峰随测试频率的升高向高温方向移动，而介电峰值和损耗峰值分别略有降低和增加。

对铅基弛豫铁电体的极化行为研究一直是物理学领域的重要课题，自从苏联科学家 Smolensky 首次合成复合钙钛矿型铁电体 PMN 以来的五十年间，国际上已有诸多理论模型解释弛豫现象的起因和机制[54,55]，并取得一定的进展。这些代表性的理论诸如成分起伏理论、有序-无序理论、宏畴-微畴理论、超顺电理论、玻璃态理论等。但是已有的理论模型均有局限性，相互间仍存在许多矛盾之处，因而目前依然缺乏统一的普适模型对此类材料弛豫现象给出明确解释，有待于介电理论及相关微结构解析技术的进一步发展。

在应用方面，因为铅基弛豫铁电体不仅具有高介电常数和由弥散相变引起的较低电容温度变化率等特点，而且此类材料通常烧结温度较低，因而非常有利于制造大容量的多层陶瓷电容器 MLCC。当前国际上已有一些基于铅基弛豫铁电体的商用 X7R、Y5V、Z5U 等型号的 MLCC 电容器应用，典型的高介电材料如 PMN-PT、PMN-PFN、PMN-PZN、PMW-PT-ST 等。不过这里需要明确的是，尽管铁电介质瓷的介电常数很高，但是介电常数随温度的变化是非线性关系，且由于电畴运动和自发极化定向消耗大量电能导致介电损耗比顺电介质大很多，因而此类材料主要适用于低频陶瓷电容器领域，而在高频陶瓷电容器应用方面，仍以非铁电的线性电介质为主，例如 TiO_2、$MgTiO_3$、$CaTiO_3$ 等。此外，铅基弛豫铁电体的一个突出优点是电致伸缩效应大、滞后小，因此在高精密微位移器和致动器等领域有诸多应用[53]。

尽管铅基弛豫铁电体电学性能优异，但是其钙钛矿结构稳定性差，采用常规一步固相法制备过程中伴随钙钛矿相的形成总会有大量结构极其稳定且电学性能较差的焦绿石相出现，这对于此类材料性能的提升极为不利。一个较为有效的方法是 Swartz 和 Shrout 提出的二次合成法（又称铌铁矿预产物合成法或两步合成法）[56]。以 $Pb(Mg_{1/3}Nb_{2/3})O_3$ 合成为例，常规一步法难以制备出纯钙钛矿相的主要原因是三种原料 PbO、MgO 和 Nb_2O_5 的反应能力不同所致，因为同时对三种氧化物进行混料煅烧，由于其中 MgO 的反应活性最差，因而反应活性强的 PbO 总是易于与 Nb_2O_5 先反应生成焦绿石相，而该杂相的出现很难在后续反应中完全消除，影响 $Pb(Mg_{1/3}Nb_{2/3})O_3$ 纯钙钛矿相的获得。二次合成法的巧妙之处在于采用分步反应实验设计思路，通过改变化学反应历程，来抑制焦绿石相生成，具体工艺步骤是第一步先将 MgO 与 Nb_2O_5 反应合成铌铁矿结构的 $MgNb_2O_6$ 先驱体，第二步再在反应体系中引入活性强的 PbO，让 $MgNb_2O_6$ 与 PbO 反应生成 $Pb(Mg_{1/3}Nb_{2/3})O_3$。二次合成法在许多铅基弛豫铁电体的制备中取得成功，现在已广泛用于相关电子陶瓷元器件的制造。

但是，二次合成法的劣势是该工艺基于高温固相扩散反应机制，难以实现粒度分布可控的超细弛豫铁电纳米粉体合成。相比而言，化学法在这方面极具优势。近些年来，一些新颖的化学制备方法，如高能球磨法[14,25,57]、共沉淀法[58~60]、溶胶–凝胶法[61~63]、水热法[64~66]和熔盐法[67~69]等被提出，这些化学法通常能够提高反应物的活性和混合均匀度，有效避开形成焦绿石相的反应环境，在复合钙钛矿结构弛豫铁电体的可靠合成与晶形控制方面取得许多重要进展。相关化学法的技术原理将在1.4.1节中作具体介绍。

1.3.3　压电陶瓷材料

压电陶瓷材料属于压电体的一个类型，其应用与压电效应相关[70~72]。压电效应本征是一种机电耦合效应，包括正压电效应和逆压电效应。正压电效应是指当对一块压电体施加作用力时，会在其两个端面上产生等量的正、负电荷，且电荷的面密度与施加作用力的大小成正比，可以用介质电位移 D 和应力 T 的关系式表达：

$$D = dT \tag{1-9}$$

式中，D 的单位为 C/m^2；T 的单位为 N/m^2；d 称为压电常数，单位为 C/N。

逆压电效应是指当对一块压电体施加电场作用时，会使其发生形变，且形变的大小与电场强度成正比，可以用应变 S 与电场强度 $E(V/m)$ 的关系式表达：

$$S = dE \tag{1-10}$$

对于正压电效应和逆压电效应，比例常数 d 在数值上是相等的。根据电介质理论，可以用压电方程表示压电体的压电效应中力学量（T，S）和电学量（D，E）的关系。由于压电体沿极化方向的性质与其他方向性质有所差异，因而其弹性、介电常数等在各个方向也不一样，并且与边界条件有关。

自从1880年居里兄弟首先在 α 石英上观察到压电效应以来，人们相继发现了许多压电材料，并在其应用方面进行了广泛研究。压电效应的本质是对晶体施加作用力时，改变了晶体内的电极化特性，这种电极化只能在不具有对称中心的晶体内才能出现。在32种点群中，有21种无对称中心，其中有一种（点群43）压电常数为零，其余20种都具有压电效应。钛酸钡是具有压电效应的铁电体，是继 α 石英晶体之后发现的另一类重要的压电材料。不过，虽然同为压电体，二者的压电性起源却不相同：钛酸钡晶体属于钙钛矿结构，由于正负电荷重心不重合，所以存在自发极化，这一点与 α 石英晶体不同，石英晶体有压电效应，但无自发极化现象，所以它是压电体，而不是铁电体。

压电陶瓷材料是由铁电陶瓷材料经过高压人工极化而获得的，因而实质上压电陶瓷材料属于铁电陶瓷材料范畴，有时也把这一类具有电场可调自发极化特性的陶瓷材料统称为压铁电陶瓷。常规工艺烧结制备的铁电陶瓷材料没有压电性，这是因为铁电陶瓷材料中虽存在自发极化，但是与单晶体不同，陶瓷的多晶结构使得内部各晶粒间自发极化方向杂乱，因此宏观无极性。只有将铁电陶瓷材料预先经过强直流电场作用，才可以使各晶粒的自发极化方向都择优取向成为有规则的排列，这一过程称为人工极化。

图 1-29 所示为压电陶瓷材料人工极化过程示意图。

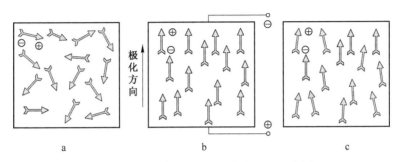

图 1-29　压电陶瓷材料人工极化过程示意图
a—人工极化前；b—人工极化；c—人工极化后

人工极化前，多晶铁电陶瓷的内部自发极化随机取向，强度相互抵消，因而宏观上不显示极性。当对其施加强直流电场作用时，陶瓷体各晶粒内的自发极化方向将平均地取向于外电场方向，因而具有近似于单晶体的极性。从电畴变化的角度分析，在人工极化过程中，与外电场方向一致的电畴是稳定的，而与外电场方向不一致的电畴（如 180°电畴和 90°电畴等）是不稳定的，这些电畴将在强直流电场作用下，尽可能趋于外电场方向，因而人工极化处理也常被称作单畴化处理。当直流电场去除后，由于应力释放与系统能量降低等因素影响，部分电畴取向出现偏转，但是陶瓷材料整体仍保留相当的宏观极化强度，即经人工极化处理后的铁电陶瓷材料具有宏观极性，转变成了压电陶瓷材料[42,73]。

人工极化压电陶瓷材料的影响因素主要包括三点：极化电场，极化温度和极化时间。

（1）极化电场：极化电场是极化条件中的主要因素。外加极化电场越高，促使电畴取向排列的作用越大，人工极化就越充分。可以根据电滞回线做出判断，通常极化电场为矫顽场的 2~3 倍。但是，极化电场过高容易引起铁电陶瓷材料的击穿，这点需要加以注意。

（2）极化时间：极化时间长有利于提升电畴取向排列程度。以四方钛酸钡为例，极化初期主要是 180°电畴反转，之后的变化是 90°电畴转向。90°电畴转向由于内应力阻碍较难进行，因而适当延长极化时间，可以提高极化程度，一般极化时间从几分钟到几十分钟不等。

（3）极化温度：极化温度升高，电畴运动活性增强，在外电场作用下易取向排列，极化效果好。但是，极化温度过高，直流电阻率降低导致击穿场强减小，影响外加电场强度提升。此外，对于硅油介质中进行的压电陶瓷人工极化，温度一般控制在 200℃ 以内防止挥发。

　　总而言之，在进行压电陶瓷材料人工极化时，极化电场、极化温度和极化时间三者互有影响，必须统一考虑，应通过预实验选取最佳极化条件，这对于压电陶瓷器件制造与应用极为重要。以经典的 PZT 基压电陶瓷材料人工极化为例，硅油浴中的极化条件设定范围一般为：极化场强 3~5kV/mm，温度 100~150℃，时间 20~30min[74~78]。

　　除了常用的硅油极化模式，还有一类以空气为媒介的人工极化模式——空气极化。对于一些大尺寸压电陶瓷器件（例如，长条形压电变压器），按通常的硅油极化工艺需要数万伏以上高压。这种高压源不仅设备复杂，且操作不安全，故目前一般采用空气中高温极化的方法[79]。空气极化的原理是在居里点附近的高温施加外电场，使顺电—铁电相变与电畴形成在外电场定向作用下进行。由于高温下电畴活性高，陶瓷矫顽场低，因而只需要很低的外加电场就可以得到在低温时很高电场才能达到的极化效果。冷却过程中一般仍然保持带电加压，这样可以有效防止高温下已经定向排列的电畴取向因降温过程中的热运动扰动而转向。需要注意要保证高温空气极化有效进行，铁电陶瓷材料首先必须要具有良好的高温电阻特性，以防止电击穿现象发生。

　　经过人工极化处理的铁电陶瓷材料具有宏观压电效应，转变为压电陶瓷材料。但是刚完成人工极化的压电陶瓷内部处于电畴能量较高的状态，会自发向能量较低的状态转变，这是一个与时间相关的不可逆过程，被称为压电陶瓷材料的老化。老化是压电陶瓷微观状态自发改变过程的宏观表现，极化后的压电陶瓷材料处于亚稳态，通过老化过程，压电性能逐渐趋于稳定。由于老化过程需要克服多晶陶瓷内部的摩擦阻尼，而这又和材料组成与结构相关，因而老化速率可以一定程度上人工控制。常用的老化控制方法有两种：一种是通过材料组成设计，如复合组元与掺杂等，寻找性能比较稳定的压电陶瓷材料；另一种是人工老化处理，如对极化好的压电陶瓷加交变电场或作温度循环等，人为加速自然老化过程，以便短时间内，达到相对稳定阶段。

　　压电陶瓷是各向异性材料，几何形状不同的样品可以形成不同的振动模式。图 1-30 所示为一些典型压电振子（即涂覆电极的压电体，是最基本的压电元件）的几何形状与振动模式关系图。例如，极化方向与电极面垂直的圆形薄片振子，振动模式主要为沿径向伸缩的平面振动。压电陶瓷在具体应用时，需要根据所针对器件要求的振动模式进行合理的几何尺寸设计与人工极化处理。

　　压电陶瓷材料除了具备压电与铁电性能，还具备一般电介质所具有的介电性能，因而通常需要较多的电学参数来描述压电陶瓷材料的各项物理性能。有关介电与铁电性能的电学参数前文已有所介绍，以下重点讨论与压电性能相关的几个重要电学参数：压电应变常数，机电耦合系数和机械品质因数。

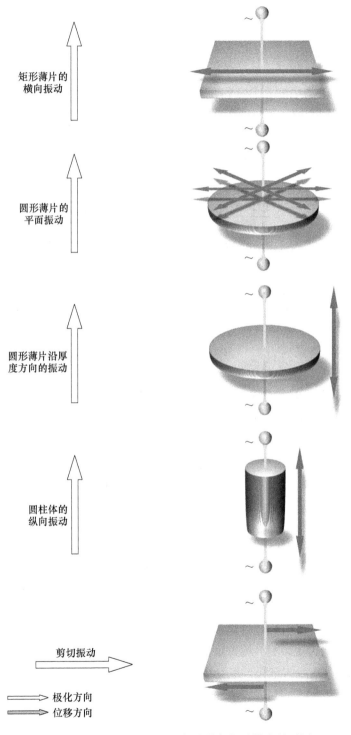

矩形薄片的
横向振动

圆形薄片的
平面振动

圆形薄片沿厚
度方向的振动

圆柱体的
纵向振动

剪切振动

极化方向
位移方向

图 1-30 典型压电振子的几何形状与振动模式关系图

压电应变常数 d 是压电陶瓷材料最为重要的特性参数，反映应力与电位移间相互耦合的线性响应系数。以常见的圆形薄片压电振子为例，当沿压电陶瓷的极化方向（z 轴）施加压应力 T_3 时，在电极面上产生电荷，则有以下关系式：

$$D_3 = d_{33}T_3 \tag{1-11}$$

式中，d_{33} 为压电应变常数，角标中第一个数字表示电学量的方向，第二个数字表示力学量的方向；T_3 为压应力；D_3 为电位移。

机电耦合系数 k 是一个综合反映压电陶瓷材料的机械能与电能之间耦合关系的物理量，是压电陶瓷材料进行机电能量转换能力的反映。

机电耦合系数 k 的定义为：

$$k^2 = \frac{由机械能转换的电能}{输入的总机械能} （正压电效应） \tag{1-12}$$

$$k^2 = \frac{由电能转换的机械能}{输入的总电能} （逆压电效应） \tag{1-13}$$

机电耦合系数没有量纲，从能量守恒定律可知，k 恒小于 1。此外，不同形状与振动方式的压电振子所对应的机电耦合系数也不相同，例如，圆形薄片的平面径向伸缩振动模式的耦合系数为 k_p（平面机电耦合系数），矩形薄片的横向伸缩振动模式的耦合系数为 k_{31}（横向机电耦合系数），圆柱体的纵向伸缩振动模式的耦合系数为 k_{33}（纵向机电耦合系数）等。

机械品质因数 Q_m 是表征压电陶瓷在机械振动时，内部能量消耗程度的一个物理量，这种能量消耗的原因主要在于机械损耗。Q_m 越大，机械损耗越小。

机械品质因数 Q_m 的定义为：

$$Q_m = 2\pi \times \frac{谐振时振子储存的机械能}{每一谐振周期振子所消耗的机械能} \tag{1-14}$$

对于一个压电振子，如果外加电场的频率与压电陶瓷的谐振频率相一致时，就会基于逆压电效应而产生显著的机械谐振，将电能转变为机械能。机械谐振时，由于克服晶格形变时产生的内摩擦而需要消耗能量，因而造成机械损耗。机械品质因数没有量纲，对于大功率压电陶瓷器件，通常要求材料的机械品质因数 Q_m 越大越好，以保证器件的工作稳定性[75]。

压电陶瓷材料从晶体结构划分，有钙钛矿型、钨青铜型和铋层结构等多种类型，其中钙钛矿型压电陶瓷材料一般具有高压电活性，在压电陶瓷器件领域应用最为广泛。对于钙钛矿型、钨青铜型和铋层结构的三种压电材料，其晶体结构均包含有 [BO_6] 八面体基元，但是拼装形式却有很大差异，这直接影响了各自的电学特性。以同样具有 [NbO_6] 八面体基元的 $KNbO_3$、$KSr_2Nb_5O_{15}$ 和 $K_{0.5}Bi_{2.5}Nb_2O_9$ 三种铌酸盐为例，分析其晶体结构差异。图 1-31 所示给出了三种铌酸盐不同方向晶体结构的投影图。

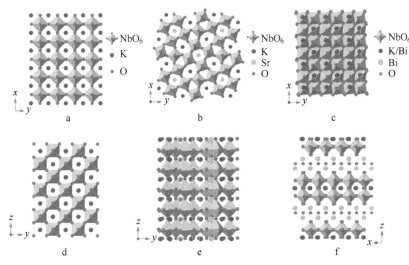

图 1-31　三种铌酸盐压电材料晶体结构比较（不同方向的投影图）
a, d—$KNbO_3$; b, e—$KSr_2Nb_5O_{15}$; c, f—$K_{0.5}Bi_{2.5}Nb_2O_9$

由图 1-31 可以看到，$KNbO_3$ 属于四方钙钛矿型结构，其 [NbO_6] 八面体基元以顶角形式相互连接，并在空间延展成三维八面体簇，这种构型有利于远程力的相互作用及自发极化的耦合，因而压电活性较大[32]，如将 $KNbO_3$ 与 $NaNbO_3$ 等钙钛矿型氧化物复合，获得的材料压电性能甚至可与 PZT 相媲美[80]；$KSr_2Nb_5O_{15}$ 属于典型的填满型四方钨青铜型结构，该结构与钙钛矿型结构不同，[NbO_6] 八面体骨架之间形成三种不同的空隙 A1、A2 和 C，其中 Sr^{2+} 填充 A1 位置，K^+ 填充 A2 位置，C 为未填充离子的空穴，这种构型使得其自发极化耦合较钙钛矿偏弱[41]；$K_{0.5}Bi_{2.5}Nb_2O_9$ 属于正交铋层结构，由 Bi_2O_2 层和两个 [NbO_6] 八面体基元沿 c 轴有规则的相互交替排列而成。低对称的二维晶体结构限制自发极化只能在平面内转向，因而压电活性较低且电学性能呈现出各向异性。但是铋层结构的 $K_{0.5}Bi_{2.5}Nb_2O_9$ 居里温度高，改性后一般大于 500℃，因而在高温压电传感器等领域有应用前景[81]。

目前，在商用压电陶瓷器件中应用最为广泛与成熟的陶瓷材料是钙钛矿型的锆钛酸铅及其改性陶瓷体系[73,82]。锆钛酸铅的化学式为 $Pb(Zr_xTi_{1-x})O_3(0<x<1)$，简称 PZT，20 世纪 50 年代研制成功。PZT 是由 $PbTiO_3$ 和 $PbZrO_3$ 两种钙钛矿结构的氧化物形成的连续固溶体系，其介电与压电性能随 Zr/Ti 比不同而发生变化。已有研究指出，PZT 的高压电活性与准同型相界（Morphotropic Phase Boundary，缩写为 MPB）这一特殊结构相关。图 1-32 为 PZT 准同型相界示意图。从该图可以看到，在居里温度线以下，富锆区一侧为三方相，富钛区一侧为四方相，中间区域存在一条与组成有类垂直关系的同质异晶相界（$x=0.53\sim0.54$），该相

界即称为准同型相界。实验表明，在准同型相界附近，PZT 压电陶瓷材料呈现出高压电活性。更为重要的是，MPB 相界只取决于组成，几乎不随温度发生变化，这有利于在宽温区内利用材料相界处压电性能大的特性，满足压电陶瓷器件工作稳定性的要求。仍以 PZT 为例，关于 MPB 处具有高压电活性的经典物理解释是在该相界附近，三方相与四方相两相间的自由能差小，出现两相共存现象。由于四方结构沿 [001] 有 6 个可能的极化方向，三方结构沿 [111] 有 8 个可能的极化方向，两相共存的 MPB 附近有 14 个可能的极化方向，导致该相界组成材料在极化处理时内部电偶极矩容易取向，因而呈现出高压电活性，例如机电耦合系数和相对介电常数等电学参数均出现极值。

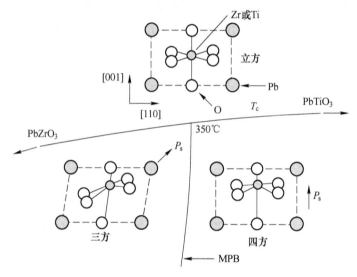

图 1-32　PZT 准同型相界示意图

近年来，关于 MPB 处高压电活性的起因研究又有一些新进展，研究人员基于物相精细结构解析发现，在 PZT 体系 MPB 组成附近的低温区域存在有低对称性的单斜相，该相被认为有可能作为四方相与三方相的桥接相松弛极化，从而增强材料压电活性，相关理论工作进一步丰富了人们对 PZT 体系 MPB 结构高压电性能起源的认知[83]。

PZT 压电陶瓷相对于 $BaTiO_3$ 压电陶瓷，不仅压电活性强，而且居里温度高，工作温区宽，这些优势使得该体系材料很快在压电陶瓷器件制造领域处于垄断地位。从图 1-32 可以看出，PZT 二元体系的 MPB 组成仅是锆钛比接近 1∶1 的一个点，可供调控的范围仍然有限。20 世纪 60 年代，研究人员发现将铅基弛豫铁电体 Pb(B′B″)O_3 作为外加组元与 PZT 二元体系复合，可以构建出新颖的 Pb(B′B″)O_3-PbZrO$_3$-PbTiO$_3$ 三元系压电陶瓷材料。1965 年，日本松下公司首先

报道性能优异的 $Pb(Mg_{1/3}Nb_{2/3})O_3$-$PbZrO_3$-$PbTiO_3$ 体系 （商品名为 PCM）[84]，随后又有一大批三元系压电陶瓷材料相继问世并成功用于各类商业压电陶瓷器件的制造，代表性的材料如 $Pb(Zn_{1/3}Nb_{2/3})O_3$-$PbZrO_3$-$PbTiO_3$、$Pb(Ni_{1/3}Nb_{2/3})O_3$-$PbZrO_3$-$PbTiO_3$、$Pb(Mn_{1/3}Nb_{2/3})O_3$-$PbZrO_3$-$PbTiO_3$ 等[2,6,41,73,76]。这些三元体系的相图具有相似性，均呈现出组成范围宽广的准同型相界线结构。

图 1-33 给出 $Pb(B'B'')O_3$-$PbZrO_3$-$PbTiO_3$ 三元系压电陶瓷准同型相界示意图。

从图 1-33 可以看出，整个三元相图主要划分为三个区域：富 $Pb(B'B'')O_3$ 区域为赝立方相，富 $PbZrO_3$ 区域为三方相，富 $PbTiO_3$ 区域为四方相。此外，相图中存在两类相界结构，一类是前文中所述的 $PbTiO_3$ 与 $PbZrO_3$ 形成的第一类准同型相界 MPB（I），另一类是 $Pb(B'B'')O_3$ 与 $PbTiO_3$ 形成的第二类准同型相界 MPB（II）[53,85,86]。两类准同型相界均是由相图一侧的准同型相界点

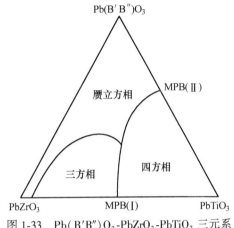

图 1-33　$Pb(B'B'')O_3$-$PbZrO_3$-$PbTiO_3$ 三元系压电陶瓷准同型相界示意图

出发，向相图内部延展形成准同型相界线。因而，相对于 PZT 二元体系，三元系压电陶瓷组成的设计范围变宽，调节自由度增高，在 PZT 体系中难以获得的高电学参数或难以兼备的几种压电性能，均可以较大程度地通过三元系的组成设计来满足。

此外，三元体系压电陶瓷的工艺特性也极为优异。相对于 PZT 二元体系，制备过程中 $Pb(B'B'')O_3$-$PbZrO_3$-$PbTiO_3$ 三元体系的计量比更易于控制，烧结窗口较宽，致密化温度也显著降低，因此非常适于发展片式多层压电陶瓷器件。分析工艺特性优异的原因主要是因为三元体系中用到多种氧化物，可以促使体系最低共熔点降低，有利于低温液相烧结过程进行并减少主成分元素铅的挥发量；同时，在多种化合物形成固溶体的过程中，自由能降低，也能够促进烧结进行。此外，在固相反应完成前，各种异相物质的存在可以抑制局部晶粒过度生长，因而三元体系通常容易获得微观组织均匀致密、气孔率少、机械强度高的压电陶瓷材料。在三元系的基础上，研究人员又进一步设计发展了更为复杂的四元系压电陶瓷材料，如 $Pb(Mn_{1/3}Nb_{2/3})O_3$-$Pb(Zn_{1/3}Nb_{2/3})O_3$-$PbZrO_3$-$PbTiO_3$[37,74] 和 $Pb(Ni_{1/3}Nb_{2/3})O_3$-$Pb(Zn_{1/3}Nb_{2/3})O_3$-$PbZrO_3$-$PbTiO_3$[14,87] 等。在这些体系中，钙钛矿 $[BO_6]$ 八面体基元中的 B 位离子种类更加多样化，组成与相结构调节自由度更高，有利于发展新型高性能压电陶瓷材料与器件。

对于 PZT 基压电陶瓷材料改性，除了基体组元设计与组成调控，还有一种重要的技术手段是掺杂[2,41,88~92]，其中研究与应用最多的两类掺杂模式分别是施主掺杂与受主掺杂。

施主掺杂又称为"软性掺杂"，其原理是外加高价正离子取代 PZT 基体中与其半径相近的 A 位或 B 位的低价正离子，如 La^{3+}、Sm^{3+}、Nd^{3+} 取代 A 位的 Pb^{2+}；Nb^{5+}、Ta^{5+}、W^{6+} 取代 B 位的 Zr^{4+} 或 Ti^{4+}。为了保持电价平衡，基体晶格中出现 A 位空缺，即铅缺位进行补偿。铅缺位的出现，使逆压电效应所产生的机械应力与几何形变在一定空间范围内得到缓冲，畴壁易于运动，矫顽场强 E_c 降低，压电陶瓷易于极化，电学性能变"软"，即相对介电常数 ε_r 增大，机电耦合系数 k 升高。但是，铅空位的存在增大了陶瓷内部弹性波的衰减，引起机械品质因数 Q_m 降低，介电损耗 $\tan\delta$ 升高。

受主掺杂又称为"硬性掺杂"，其改性原理与施主掺杂完全不同，是利用外加低价正离子取代 PZT 基体中与其半径相近的 A 位或 B 位的高价正离子，如 K^+ 或 Na^+ 取代 A 位的 Pb^{2+}；Fe^{3+}、Co^{2+}、Mn^{2+} 取代 B 位的 Zr^{4+} 或 Ti^{4+}。为了保持电价平衡，基体晶格中出现负离子空位，即氧空位进行补偿。一方面，氧空位与受主离子形成的缺陷偶极子会产生内偏场 E_i，对自发极化有稳定作用，使得样品难于极化；另一方面，氧空位的出现会引起钙钛矿氧八面体结构发生畸变，晶胞产生收缩，从而抑制畴壁运动。这些作用都会导致压电陶瓷材料矫顽场 E_c 升高，电学性能变"硬"，即相对介电常数 ε_r 减小，机电耦合系数 k 降低，介电损耗 $\tan\delta$ 下降。但是，电畴转向困难也降低了机械损耗，因而受主掺杂材料的机械品质因数 Q_m 得到大幅提升，有利于大功率压电陶瓷器件的设计制造。

近年来的一些最新研究揭示，对于 $Pb(B'B'')O_3$-$PbZrO_3$-$PbTiO_3$ 三元体系压电陶瓷材料，掺杂行为较 PZT 更为复杂，改性过程中可能同时存在几种机制的共同作用。以 $Pb(Zn_{1/3}Nb_{2/3})O_3$-$PbZrO_3$-$PbTiO_3$ 三元系压电陶瓷掺杂研究为例，侯育冬等人用 MnO_2 对其进行改性时发现在一定的掺杂浓度范围内，机电耦合系数 k_p 和机械品质因数 Q_m 同时升高，介电损耗 $\tan\delta$ 降低，这种变化趋势非常有利于发展大功率压电陶瓷变压器材料。但是，这一现象难以用单一的受主掺杂机制解释，因为受主掺杂在大幅提升 Q_m 的同时通常也会引起 k_p 降低，侯育冬等人推测实验中出现的 Q_m 与 k_p 同升现象可能与锰掺杂引起的"晶粒尺寸增大效应"和"硬性掺杂效应"的共同作用相关[75]。此外，侯育冬等人在对 $Pb(Zn_{1/3}Nb_{2/3})O_3$-$PbZrO_3$-$PbTiO_3$ 三元系压电陶瓷进行第Ⅷ族氧化物 Fe_2O_3、Co_2O_3 和 NiO 掺杂改性时发现，+2 和+3 两种混合价态的掺杂离子进入基体会同时产生两种取代机制：一种机制是低价掺杂离子取代 B 位高价 Ti^{4+}、Zr^{4+} 和 Nb^{5+} 离子的非等价掺杂，即受主掺杂，另一种机制是+2 价掺杂离子取代 B 位 Zn^{2+} 离子的等价掺杂。复合掺杂模式有利于压电陶瓷材料换能系数 $d_{33} \times g_{33}$ 的提升，能够满足压电能量收集器件的使用要求[90]。

总之,掺杂作为重要的材料改性手段对于发展高性能压电陶瓷材料及器件至关重要,但是限于当前压电理论发展水平与微结构解析条件所限,对于复杂多元系压电陶瓷体系中的掺杂改性机制研究仍不充分,还有待于进一步深入。

前述压电陶瓷材料主要集中于 PZT 基陶瓷的设计与改性。目前,PZT 基压电陶瓷材料以其优异的电学特性仍在压电器件应用领域占据主导地位,但是,此类材料的最大问题是含有重金属铅,在制备、使用与回收过程中,会污染生态环境和损害人类健康,因而随着各国政府对环保和经济可持续发展的日益重视与立法限制,迫切需要发展可替代 PZT 铅基材料的高性能无铅压电陶瓷。无铅压电陶瓷材料体系中的研究热点是两类钙钛矿结构材料:钛酸铋钠($Na_{0.5}Bi_{0.5}$)TiO_3(缩写为 NBT)和铌酸钾钠(Na,K)NbO_3(缩写为 NKN)。

首先,探讨($Na_{0.5}Bi_{0.5}$)TiO_3 强铁电性的起因。众所周知,$PbTiO_3$ 相对于 $BaTiO_3$ 具有强铁电性的一个重要原因是 A 位的 Pb^{2+} 离子含有 $6s^2$ 孤电子对,该电子对有很强的立体化学活性,能够显著增强钙钛矿结构中的极化位移。在化学元素周期表中,铋与铅紧邻,特别是 Bi^{3+} 与 Pb^{2+} 具有相同的 $6s^2$ 孤电子对构型,因而可以推断含铋钙钛矿材料应该适于发展无铅压电陶瓷。但是,具有简单 ABO_3 钙钛矿结构的含铋化合物大多难以采用常规陶瓷工艺合成纯相,限制了其推广应用。例如,$BiAlO_3$ 是居里温度高于 520℃ 的高温无铅压电陶瓷,但是纯相材料需采用极端高压方法(6GPa,1000℃)才能成功合成[93]。($Na_{0.5}Bi_{0.5}$)TiO_3 也是含铋钙钛矿材料,然而其结构上属于 A 位离子复合型钙钛矿铁电体(A 位同时为 Bi^{3+} 和 Na^+ 占据),其制备技术难度小于简单钙钛矿型含铋化合物。NBT 室温下为三方对称,居里温度 320℃。NBT 的室温剩余极化强度 $P_r = 38\mu C/cm^2$,具有强铁电性,但问题是高矫顽场 $E_c = 7.3kV/mm$ 和铁电相区的高电导率使得纯 NBT 陶瓷难以极化;同时,纯 NBT 陶瓷的烧结温度范围较窄,尽管可用常规陶瓷工艺制备,但是致密性欠佳,这些问题都限制了纯 NBT 压电陶瓷的实用化[94]。现有对 NBT 材料的改性研究主要集中于复合第二组元(如 $BaTiO_3$、$SrTiO_3$、$NaNbO_3$、($K_{0.5}Bi_{0.5}$)TiO_3 等)或掺杂来优化相组成,提升材料烧结特性,降低体系电导率和矫顽场,从而提高压电性能[95~97]。一些工作已经取得一定进展,且有基于 NBT 基改性压电陶瓷的压电器件问世。但是仍存的重要难题是 NBT 基压电陶瓷在 200℃ 左右存在明显的退极化温度,这严重影响压电器件的工作稳定性,因而如何进一步通过材料设计与工艺优化改善退极化温度较低的问题是此类材料未来发展的重要方向。

(Na,K)NbO_3 是另一类研究较多的无铅压电陶瓷材料,是由铁电体 $KNbO_3$ 与反铁电体 $NaNbO_3$ 形成的钙钛矿结构固溶体系,具有与其组元 $KNbO_3$ 相似的相变序列。根据 $NaNbO_3$-$KNbO_3$ 二元相图,NKN 固液相共存区与常规烧结温区重叠，且由于碱金属钾钠高温下的严重挥发，导致常规烧结工艺难以制备致密的计量比 NKN 压电陶瓷。国内外研究人员围绕 NKN 改性做了大量工作，主要方法包括材料组成设计与制备工艺改进两方面：（1）从组成设计角度，通过在 NKN 体系中引入其他组元或掺杂，在提升材料烧结特性的同时，或将 220℃ 左右的正交-四方铁电相变点迁移到室温来提升极化效果，或构建出新颖的三方-四方相界基于电畴工程来提升压电性能[98,99]；（2）从制备工艺角度，采用新颖的化学法合成高活性纳米粉体，并结合特种烧结技术制备高密度的 NKN 基陶瓷[100,101]，或基于模板诱导晶粒取向生长技术构建压电织构陶瓷[102]。此外，依据缺陷化学理论，通过时效-多次人工极化也能够一定程度提升 NKN 无铅陶瓷的压电性能[80]。现有 NKN 基陶瓷的最优压电应变常数 d_{33} 已超过 500pC/N，可与 PZT 材料相媲美。但是限制该类材料大规模应用的一个关键问题是压电性能的温度稳定性，这主要与 NKN 基体系相界结构特征相关[103]。从图 1-34 可以看到，PZT 体系中的准同型相界 MPB 与组成呈现类垂直关系，几乎不受温度影响，但是 NKN 基体系的多型相转变 PPT 相界（Polymorphic Phase Transition，缩写为 PPT）是倾斜的，与组成和温度均相关，导致室温附近相界处获得的优良压电性能难以维持到其他温区。因而，如何设计出类似 PZT 的 MPB 相界是未来 NKN 基压电陶瓷发展的重要方向。

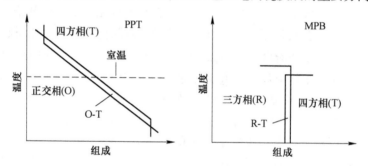

图 1-34　NKN 基体系 PPT 相界与 PZT 体系 MPB 相界对比示意图

　　压电陶瓷材料主要是利用正逆压电效应原理来设计和制造品类繁多的各种压电器件，现在这些器件已经遍布人们日常生活的方方面面，典型的压电器件包括传感器、致动器、换能器、谐振器、滤波器、变压器和压电能量收集器等。下面以在电子信息和新能源领域有重要应用的压电变压器和压电能量收集器为例，介绍其工作原理及对压电材料性能要求。

　　压电变压器是用压电陶瓷材料制作的一体式固体变压器，相对于传统线绕式电磁变压器，压电变压器具有高升压比、高转换效率、耐高压高温与短路烧毁、抗电磁干扰、节约有色金属且体积小、重量轻等诸多优点，特别适应电子元器件片式化与集成化的发展趋势。压电变压器根据结构设计不同，可以实现升压与降压等功能。

图 1-35 给出了典型的 Rosen 型压电变压器结构与工作原理图。

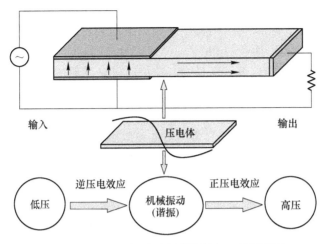

图 1-35   Rosen 型压电变压器结构与工作原理图

由图 1-35 可见，Rosen 型压电变压器从结构上可以看作是压电致动器与压电传感器的组合，其中左半部分输入端作为驱动单元，上下两面烧渗有电极，沿厚度方向极化；右半部分输出端作为发电单元，右端面烧渗有电极，沿长度方向极化。压电变压器工作时，在输入端施加与压电陶瓷谐振频率一致的正弦交变电压，基于逆压电效应，陶瓷片产生沿长度方向的伸缩振动，将输入的电能转换为机械能；机械振动传导至另一侧的输出端时，发电部分则通过正压电效应将机械能转换为电能，产生连续的正弦波电压。由于压电陶瓷片的长度远大于厚度，故输出端阻抗远大于输入端阻抗，因而输出端电压也远大于输入端电压，即 Rosen 型压电变压器能够通过机电能量的二次转换，实现升压功能。一般输入几伏到几十伏的交变电压，可以获得几千伏以上的高压输出。压电变压器在空载时，其谐振状态下的升压比为[72]：

$$A_\infty \approx \frac{4}{\pi^2}Q_\mathrm{m}k_{31}k_{33}\frac{l}{t} \tag{1-15}$$

式中，Q_m 为材料的机械品质因数；k_{31}、k_{33} 为材料的机电耦合系数；l 为压电变压器发电部分的长度；t 为压电变压器的厚度。

由式（1-15）可见，要获得高升压比的高品质压电变压器，必须选择机电耦合系数 k_{31}、k_{33} 和机械品质因数 Q_m 均高的压电陶瓷材料。同时，介电损耗 $\tan\delta$ 要小，以减小压电变压器工作时的发热量。还需注意的是压电陶瓷材料的谐振频率温度稳定性也要好，以保证压电变压器在变化的温度和长期使用过程中，性能稳定[104]。此外，如果将压电变压器设计成类似于多层陶瓷电容器的独石结构（如图 1-20 所示），则根据元器件厚度一定时，升压比与电极层数成比例这一原理，多层压电变压器的升压比和输出功率还可以大大提高，满足超薄型电源的应用需求。从材料设计角度，根据压电变压器对陶瓷材料的性能要求，通过组元复合与掺杂改性技术，可以实现钙钛矿结构压电陶瓷材料多个电学参数的平衡调控[74,75]。例如，MnO_2 掺杂的 $Pb(Zn_{1/3}Nb_{2/3})O_3$-$PbZrO_3$-$PbTiO_3$ 压电陶瓷材料不仅可于 1000℃ 低温烧结致密，而且同时获得高机械品质因数 $Q_m = 1360$，高机电耦合系数 $k_p = 0.62$ 和高居里温度 $T_c = 320℃$，且介电损耗 $\tan\delta$ 低至 0.002，完全满足多层压电变压器的应用需求[105]。另一四元系压电陶瓷材料 $Pb(Mn_{1/3}Nb_{2/3})O_3$-$Pb(Zn_{1/3}Nb_{2/3})O_3$-$PbZrO_3$-$PbTiO_3$ 在具有高机电耦合系数 $k_p = 0.55$ 和低介电损耗 $\tan\delta = 0.003$ 的同时，机械品质因数 Q_m 高达 2528，可用于大功率压电变压器的制造[74]。

　　化石能源的日益枯竭迫切需要发展新型的能源采集与利用方式。压电能量收集器是以压电陶瓷材料为核心的新型能量采集器件，是新能源材料与器件领域的重要发展方向[106~108]。压电能量收集器从结构上有悬臂梁和叠堆等多种模式，主要基于压电陶瓷所特有的正压电效应，采集环境中的振动能并转换为电能进行发电。由于压电陶瓷本身具有低成本、易小型化的特点，因而用其制造的压电能量收集器特别适合作为集成发电模块为低功耗微电子器件，如微型无线传感器等进行自供电。以物联网技术为例，当前物联网发展的一个瓶颈问题是如何实现为组网的大量传感器实现自供电，提高其服役寿命。特别是在一些恶劣极端的特殊环境下，由于传感器布线或二次更换电池困难，且采用其他能量收集方式（如光伏技术、风能技术、热电技术等）又不可行的情况下，利用压电能量收集器采集环境中的振动能发电，驱动传感器稳定工作就有突出的实用价值。图 1-36 给出了代表性的悬臂梁型压电能量收集器的工作原理图。

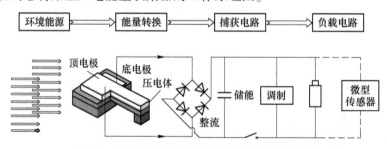

图 1-36　悬臂梁型压电能量收集器工作原理图

　　由图 1-36 可见，压电能量收集器的工作过程主要包含三个环节：过程 1，通过特定机械装置将环境中的振动转换成周期性振荡的机械能。在该过程中，部分能量由于机械阻抗失配、能量衰减等因素而损失掉。过程 2，利用压电陶瓷材料的正压电效应将周期性振动的机械能转换为电能。在该过程中，由于压电陶瓷材料自身机电换能效率等问题，部分能量损失掉。过程 3，转换得到的电能经过整流、AC/DC 和 DC/DC 转换为可以使用的电能，最终实现为微型传感器自供电。在该过程中，由于电路损耗，导致部分能量损失掉。上述压电能量收集器的工作过程中，过程 1 和过程 3 的损耗问题可以通过机械结构和电源管理线路优化加以解决，而过程 2 的机电转换损耗问题必须通过高换能系数压电陶瓷材料设计与制备加以解决。

根据压电理论，压电陶瓷材料在谐振状态下输出功率最大，此时需要高机电耦合系数 k 和高机械品质因数 Q_m 确保高的能量转换效率。但是，环境中的振动通常为远离谐振频率的低频振动，因而电学参数要求有所不同。研究表明，可以将压电能量收集器简化为低频下的压电电容平行板，在交变应力作用下，其能量密度 u 为[106]：

$$u = \frac{1}{2}(d \cdot g)\left(\frac{F}{A}\right)^2 \tag{1-16}$$

式中，d 为压电应变常数；g 为压电电压常数。可以看到，u 与 $d \cdot g$ 成正比，因而 $d \cdot g$ 被称为换能系数（或机电转换系数），其与材料发电功率特性直接相关。

利用掺杂技术，可以构建高换能系数压电能量收集材料，例如，侯育冬等人用 Fe_2O_3 和 Co_2O_3 掺杂 $Pb(Zn_{1/3}Nb_{2/3})O_3$-$PbZrO_3$-$PbTiO_3$ 压电陶瓷，基于复合掺杂机理，换能系数 $d_{33} \times g_{33}$ 可以分别达到 10693×10^{-15} m^2/N 和 13120×10^{-15} m^2/N[90]。此外，用 CuO 掺杂改性的 $Ba(Zr,Ti)O_3$-$(Ba,Ca)TiO_3$ 压电陶瓷因形成 R-O-T 三相共存区，也具有良好的能量收集特性，构建的悬臂梁型压电能量收集器（如图 1-37 所示）在低频 90Hz 和加速度 $10m/s^2$ 的测试条件下，输出功率为 $70\mu W$，而当加速度进一步升高到 $50m/s^2$ 时，压电能量收集器仍可以稳定工作，输出功率可达 $700\mu W$[109]。

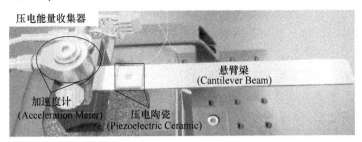

图 1-37　$Ba(Zr,Ti)O_3$-$(Ba,Ca)TiO_3$ 基悬臂梁型压电能量收集器

1.4　本书研究方法与内容安排

1.4.1　电子陶瓷化学制备法

电子陶瓷制备过程中，粉体合成技术极为关键，特别是随着电子元器件进一

步向微型化与集成化方向的快速发展，对高质量超细电子陶瓷粉体的可靠制备提出了更高的要求。电子陶瓷粉体的化学法合成技术是近年来发展较快的新型陶瓷粉体制备技术，相对于常规固相法，化学法有利于精确控制各原料组分的含量，实现原子、分子水平的精确混合，反应速率快并能够保证微量组分的均匀掺杂。此外，化学法的一大突出优势是易于实现目标粉体产物的形貌调控与低尺度化，特别是纳米化，这非常有利于后续烧结制备高品质的细晶陶瓷体。这里以在电子元器件领域应用量大面广的多层陶瓷电容器 MLCC 为例，小尺寸大容量是其发展趋势，为了提高器件叠层数，降低流延膜厚，势必要求电子陶瓷粉体颗粒尺度进入纳米级，这对于常规固相法是一个很大的挑战，而化学法在这方面优势凸显，利用化学法技术合成的超细电子陶瓷粉体已经在各国先进电子元器件制造业领域获得广泛应用。

电子陶瓷粉体的化学合成方法种类繁多，各有特点[21,22]，本书将重点关注在科研和生产中常用的五类方法：高能球磨法、共沉淀法、溶胶凝胶法、水热法和熔盐法。

1.4.1.1　高能球磨法

高能球磨法是一种机械化学合成方法，可实现纳米陶瓷粉体的快速高效率制备[23,24]。传统的筒式低能球磨主要用于实现原料均匀混合与低速研磨的功能。由于磨球的动能是质量与速度的函数，高能球磨机通过合理的机械结构设计（包括几何学和传动比率的设计），大幅提升转速（最大转速超过 1000r/min），在显著增强磨球动能的同时磨球与物料的撞击频率也大幅增加。在高速球磨过程中，球磨罐中的硬质磨球（如碳化钨或氧化锆等磨球）沿着一定的轨迹运动，对原料产生强烈的撞击、研磨和搅拌作用，结果使原料粉末迅速细化，产生形变，在形成复合粉体的同时，基于碰撞点温升和同时伴随产生的空位、位错、晶界及成分浓度梯度等因素影响，诱发机械化学反应发生，甚至能够免煅烧一步直接合成目标纳米物相。高能球磨制备过程中的反应机理是非常复杂的，通常认为颗粒的快速细化和局部碰撞点升温起到关键作用。原料粉末在磨球碰撞中反复破碎和焊合，缺陷密度增加，颗粒快速细化至纳米级，产生晶格缺陷、晶格畸变，并出现一定程度的无定形化。同时，表面化学键断裂而产生不饱和键、自由离子和电子等原因，使矿物晶体内能增高，导致物质反应的平衡常数和反应速率常数显著增大。此外，虽然磨罐内温度一般不超过 70℃，但高速磨球撞击的局部碰撞点温度要大大高于 70℃，在这样的温度下将很容易引起纳米粉体的化学反应。需要说明的是，高能球磨是一个无外部热能供给的高能干磨过程，纳米目标产物的可靠合成与原料的粉末结构与缺陷态、球磨机转速与球磨时间、磨介尺寸与球料比等因素有关。此外，对于一些电子陶瓷材料，如果高能球磨过程中供给的能量无法超过反应活化势垒值，此时高能球磨仅能起到对原料的活化作用，生成目标相仍然需要后续的高温煅烧处理来实现，这也被称作高能球磨辅助煅烧法。

图 1-38 所示为简化的高能球磨法合成原理图，包括高能球磨一步合成法和高能球磨辅助煅烧法。同时，图中也给出了固相煅烧法原理图作为对比参考[110]。

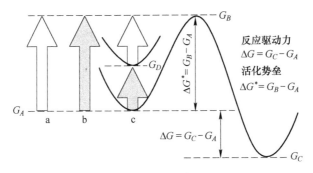

图 1-38　高能球磨法合成原理图

a—固相煅烧法（作参照）；b—高能球磨一步合成法；c—高能球磨辅助煅烧法

图 1-38 中，假设 A 和 C 分别代表反应过程中的初始态和终止态（产物），根据热力学原理，可以用 G_A 和 G_C 分别表示反应物和产物的自由能，则化学反应的驱动力 $\Delta G = G_C - G_A$。对于电子陶瓷粉体合成，因为反应过程中一般要经历活化态 G_B，即必须获得高于活化势垒 $\Delta G^* = G_B - G_A$ 的能量才能使得反应向右进行生成目标产物。传统固相煅烧法通过高温热处理提供热能用于克服活化势垒 ΔG^*，促进固相反应完成。对于高能球磨法则存在两种情况：一种情况是当高能球磨的累积动能等于或大于活化势垒 ΔG^* 时（图中假设不同合成方法的活化势垒 ΔG^* 是相同的，实际情况会有所不同），生成目标产物的化学反应可以被诱发进行，这就是高能球磨一步合成法，即常说的高能球磨法；另一种情况是高能球磨达到中间态 D 时累积的动能 $G_D - G_A$ 仍不足以克服活化势垒 ΔG^*，这时仅能得到通常为非晶态的活化前驱体。若要进一步获得目标产物，还需要一定温度的煅烧补偿缺失的能量，因此该方法也被称作高能球磨辅助煅烧法。但是，相对于常规固相煅烧法，由于活化前驱体的反应活性较高，高能球磨辅助煅烧法的热处理温度会有所降低[111]。需要说明的是，高能球磨一步法和高能球磨辅助煅烧法主要用于目标化合物，特别是纳米相合成，但有时也会直接用高能球磨设备来进行单一电子陶瓷粉体的纳米化研磨处理。

以 MnO_2 掺杂 $Pb(Zn_{1/3}Nb_{2/3})O_3$-$PbZrO_3$-$PbTiO_3$ 三元系压电陶瓷纳米粉体的高能球磨法合成为例进行分析，侯育冬等人选用 Pb_3O_4、ZrO_2、TiO_2、ZnO、Nb_2O_5、MnO_2 为原料，以 3mm 直径的碳化钨球为磨介，在球料比 20∶1 和转速

800r/min 的条件下，90min 可以免煅烧高能球磨一步合成出平均粒径仅为 10nm 的高品质钙钛矿相三元系纳米粉体[25]。而对于相同体系，如果采用常规固相煅烧法，则需要 850℃ 的高温热处理才能够合成出纯钙钛矿相，且粉体粒径为微米级[75]。进一步，对高能球磨合成的三元系纳米粉体进行成型，采用无压烧结可于 1000℃ 获得平均粒径为 0.95μm 的致密细晶压电陶瓷，其换能系数 $d_{33} \times g_{33}$ 可以达到 $9627 \times 10^{-15} m^2/N$，同时机械品质因数 Q_m 保持较高数值 774，适宜于作为多层压电能量收集器材料使用[25]。对于更为复杂的四元体系 $Pb(Ni_{1/3}Nb_{2/3})O_3$-$Pb(Zn_{1/3}Nb_{2/3})O_3$-$PbZrO_3$-$PbTiO_3$ 压电陶瓷，侯育冬等人也系统研究了高能球磨法合成及材料物性。研究发现，采用高能球磨法可以于 150min 一步合成出平均粒径 15nm 的钙钛矿相陶瓷粉体，结合放电等离子烧结技术，进一步能够制备出平均粒径 130nm 的纳米压电陶瓷，其压电应变常数 $d_{33} = 65pC/N$，适宜于作为微型压电器件材料使用[14]。此外，对于无铅陶瓷材料 $NaNbO_3$，侯育冬等人的研究揭示，将高能球磨粉体技术与放电等离子烧结技术相结合，可以构建出平均粒径仅为 50nm 的高致密度纳米陶瓷，且首次观察到 $NaNbO_3$ 纳米陶瓷内部具有纳米畴结构，并表现出宏观电滞回线特征[15]。尽管采用高能球磨技术可以一步合成 $NaNbO_3$ 单元纳米相，但是侯育冬等人研究发现如果将 $(Na_{0.5}Bi_{0.5})TiO_3$ 与 $NaNbO_3$ 复合构成 $(Na_{0.5}Bi_{0.5})TiO_3$-$NaNbO_3$ 二元体系，则由于反应阈值的升高，高能球磨一步合成法很难诱发机械化学反应，仅得到非晶相中间产物，要获得二元钙钛矿相仍需要后续煅烧处理补充能量。

1.4.1.2 共沉淀法

共沉淀法属于一类液相合成方法，目前在电子陶瓷粉体工业生产中已获得广泛应用。相对于其他化学方法，共沉淀法不需要昂贵的制备设备、原料易得、工艺相对简单、生产成本较低，便于推广和工业化生产，另外该方法可以制备出高纯度的产物，从分子级别上提供化学计量比和结构均一的材料。化学共沉淀法的原理是针对目标电子陶瓷材料的化学元素组成，选取含有多种金属阳离子的易溶性化学原料并将这些原料以溶液状态混合，然后向溶液中加入适当的含有 OH^-、CO_3^{2-}、SO_4^{2-} 和 $C_2O_4^{2-}$ 等阴离子的沉淀剂（注：也可以反向加入），使已经混合均匀的各个金属阳离子按化学计量比共同沉淀出来，或者在溶液中先反应沉淀出一种中间产物，之后经过固液分离，再把沉淀物煅烧分解从而制备出微细目标电子陶瓷粉料[22,24]。化学共沉淀法的关键步骤是如何使组成材料的多种金属阳离子同时沉淀出来。基于化学溶度积（K_{sp}），一个有效的方法是可以通过调节 pH 值实现沉淀反应过程的有效控制。当一个溶液体系满足 $[M^+][OH^-] \geq K_{sp}$ 时，出现微核。进一步当微核长大到某一临界尺寸，开始形成沉淀。化学共沉淀法的优点是该方法相对简单，能够低成本实现生产高品质电子陶瓷粉体的目的，但是技术难点主要是整个沉淀的动力学过程十分复杂，颗粒成核与生长不易控制。此外，对于含金属阳离子种类较多的复杂结构电子陶瓷材料，选取沉淀剂与沉淀工艺条件仍有一定难度。

沉淀法反应通常有如下特征：（1）沉淀反应的产物在高度过饱和的溶液中形成，并且沉淀产物不会溶解；（2）成核过程，即大量小颗粒的形成是沉淀过程中的关键一步；（3）产物的尺寸、形貌和特性会受到奥斯特瓦尔德熟化和团聚等后续反应的影响；（4）导致沉淀发生的过饱和条件通常都是化学反应的结果；（5）任何影响混合过程的反应条件，如反应物的添加顺序、添加速率、搅拌速率、溶液 pH 值等，都会影响产物计量比控制，尺寸分布和形貌。

关于沉淀法的生长动力学过程可以简单概括为：成核、生长、粗化和/或团聚等几个过程，对于每个过程都有相应的晶体学生长理论。

（1）成核。任何沉淀过程发生的关键在于过饱和度 S，可以由下式确定：

$$S = \frac{a_A a_B}{K_{sp}} = \frac{C}{C_{eq}} \tag{1-17}$$

式中，a_A 和 a_B 是溶液中 A 和 B 的活度；K_{sp} 是溶度积常数；C 和 C_{eq} 分别是溶液的饱和浓度和平衡浓度。实际上，实现沉淀的驱动力即为 $\Delta C = C - C_{eq}$。

当形核在过饱和溶液中开始时，存在一个平衡临界半径 R^*，该数值与过饱和度、温度、固液界面的表面张力等因素有关。如果 $R > R^*$，形核的颗粒继续长大，$R < R^*$ 颗粒将溶解。

（2）生长。与成核过程一样，沉淀物颗粒的生长过程也较为复杂。在这个过程中，扩散和反应受到限制。决定生长速率的主要因素是浓度梯度和温度，新的成分需要通过长程的物质传递才能被输送到粒子表面。通常，生长速率 G 和过饱和度 S 之间的关系可以用如下关系式表达：

$$G = \frac{dL}{dt} = k_G S^g \tag{1-18}$$

式中，k_G 是生长速率常数；g 是生长顺序。

（3）奥斯特瓦尔德熟化。奥斯特瓦尔德熟化描述了一种非均匀结构随时间流逝所发生的变化，这个以热力学为基础的过程是由于大颗粒能量低于小颗粒而产生的。由于热力学系统会不断释放能量，溶液中的小尺寸结晶颗粒因曲率较大，能量较高，会逐渐溶解到周围的溶剂介质中，然后在低能量的较大尺寸的结晶颗粒表面重新析出，即出现小颗粒不断被大颗粒湮灭，大颗粒逐渐长大的现象。对于一个扩散受到控制的过程，沉淀粒子的平均半径与时间有比例关系，因而为了合成纳米颗粒，一般要求成核的过程必须相对较快，而生长过程要尽量缓慢。对于制备尺寸分布窄的粒子则进一步要求所有的组分要同时成核，不出现小颗粒断断续续形核的过程。

（4）生长终止和纳米颗粒的稳定化。自从制备纳米颗粒的热潮兴起后，粉末的团聚问题就成为研究人员所关注的焦点。在缺少稳定剂的情况下，从溶液中沉淀出来的小颗粒总是不可避免地发生团聚，从而导致后续煅烧出来的电子陶瓷粉体难于形成分散性良好的纳米颗粒。

基于粉体理论研究，在液相中阻碍两个粒子互相碰撞形成团聚体的势垒可以表达为：

$$V_b = V_a + V_e + V_c \tag{1-19}$$

式中，V_a 起源于范德华引力，为负值；V_e 起源于静电斥力，为正值；V_c 起源于微粒表面吸附有机大分子的形状贡献，其值可正可负，大小和符号主要与有机大分子的特性如链长、亲水亲油基团等因素相关。因此，根据表面化学原理可以通过采用表面活性剂、聚合物或其他有机大分子吸附前驱体形成稳定的保护层，基于空间位阻等效应，实现粉体抗团聚功能。

共沉淀法在电子陶瓷粉体制备方面有着广泛应用，例如，一些企业制造多层陶瓷电容器的主要原料 $BaTiO_3$ 粉体就是选用共沉淀法制备。对于铁电陶瓷粉体 $BaTiO_3$，通常可以采用草酸盐沉淀法和碳酸盐沉淀法两种方法完成制备[22,112]。草酸盐沉淀法一般选用 $BaCl_2$ 和 $TiCl_4$ 为原料，以草酸 $H_2C_2O_4$ 为沉淀剂。首先制备含有计量比 $BaCl_2$ 和 $TiCl_4$ 的水溶液，然后将其与含有 $H_2C_2O_4$ 沉淀剂的溶液相混合，此时发生沉淀反应生成一种单相中间产物 $BaTiO(C_2O_4)_2 \cdot 4H_2O$。收集单相沉淀，并进行煅烧处理，最终得到 $BaTiO_3$ 超细粉体。另一种共沉淀法——碳酸盐沉淀法以 $BaCl_2$ 和 $TiCl_4$ 为原料，以 NH_4HCO_3 和 $NH_3 \cdot H_2O$ 为沉淀剂。首先，将等摩尔的 $BaCl_2$ 和 $TiCl_4$ 以溶液形式混合，加入到含有 NH_4HCO_3 和 $NH_3 \cdot H_2O$ 沉淀剂的溶液中，通过控制 pH 值，形成沉淀前驱体。需要说明的是该方法实际得到的沉淀产物并非单相前驱体，而是由 $BaCO_3$ 和 $Ti(OH)_4$ 组成的吸附型混合物。最后，经固液分离，对沉淀物煅烧处理合成出 $BaTiO_3$ 超细粉体。

相对于 $BaTiO_3$，结构更为复杂的钙钛矿型弛豫铁电体 $Pb(B'B'')O_3$ 在介电、铁电、压电和电滞伸缩器件等领域有着广泛应用，寻找低成本的共沉淀法合成相关弛豫体化合物超细粉体引起人们极大的兴趣。朱满康等人对 $Pb(Sc_{1/2}Nb_{1/2})O_3$ 粉体的共沉淀法合成进行了系统的研究[59,60]。首先，将 Nb_2O_5 通过化学路线转化为可溶性铌溶液作为铌源，然后将其与 $Pb(NO_3)_2 \cdot 3H_2O$ 和 $Sc(NO_3)_3$ 溶解在稀释的硝酸溶液中，充分混合并加入适量的 H_2O_2 作为助剂。接着，将 $NH_3 \cdot H_2O$ 滴入上述混合溶液中并调整 pH 值为 8.1，实现 Nb^{5+}、Sc^{3+} 和 Pb^{2+} 离子的共沉淀。离心分离得到的沉淀物，洗涤、干燥后，于 800℃ 下煅烧 2h，得到平均粒径 400nm 的纯钙钛矿相 $Pb(Sc_{1/2}Nb_{1/2})O_3$ 粉体。相比较，采用常规固相方法合成纯钙钛矿相 $Pb(Sc_{1/2}Nb_{1/2})O_3$ 粉体需要至少 950℃ 的高温，因而共沉淀法的节能效果显著[59]。此外，朱满康等人还发现，如果进一步采用表面活性修饰的共沉淀法，甚至可以在更低温度 700℃ 获得平均粒径 80nm 左右，分散程度良好的 $Pb(Sc_{1/2}Nb_{1/2})O_3$ 纳米粉体[60]。在该方法中，引入表面活性剂十六烷基三甲基溴化铵（CTAB，$C_{16}H_{33}N^+(CH_3)_3 \cdot Br^-$），基于胶团效应和空间位阻效应，有效降低沉淀物的团聚程度；同时，引入沉淀剂四甲基氢氧化铵（TMAH，$(CH_3)_4N^+ \cdot OH^-$），起到阻止沉淀颗粒熟化长大的作用，提高了沉淀物的反应活性，降低了钙钛矿相的生成能。对该 $Pb(Sc_{1/2}Nb_{1/2})O_3$ 纳米粉体进行放电等离子烧结，可以于 900℃ 构建出平均粒径约为 400nm 的致密细晶陶瓷体[113]。

1.4.1.3 溶胶凝胶法

溶胶凝胶法是基于金属有机化学原理的一类液相合成方法[21,22,114]。考虑到有机溶剂中原料的溶解性，在该方法中，常会用到金属醇盐作为阳离子源。金属醇盐是指有机醇 R-OH 上的羟基 H 原子为金属 M 所取代的一类有机化合物 $M(OR)_n$，具有易水解和易溶于有机溶剂的特性。根据醇盐分子中所含不同金属原子的数目，金属醇盐可以分为单金属醇盐、双金属醇盐和三元金属醇盐等。金属醇盐与一般金属有机化合物的区别是金属醇盐是以 M—O—C 键的形式结合，金属有机化合物则是以 M—C 键结合。此外，在一些特定情况下，如特殊结构的醇盐制备困难，醇盐溶解性较差或出于降低生产成本的目的，有时也会使用金属盐（有机或无机盐）来代替醇盐作为阳离子源。通常会选择那些易溶于有机溶剂，易热分解而且分解后残留物较少的金属盐。在无机盐中，优选硝酸盐，因为其热稳定性低于硫酸盐和氯化物等其他盐类，有利于凝胶煅烧过程中去除阴离子；在有机盐中，乙酸盐最常被选择用来提供相应的金属离子，其应用较为广泛。

此外，溶胶凝胶技术中需要明确溶胶与凝胶的物性有所不同。溶胶（sol）又称胶体溶液，指在液体介质中悬浮分散了纳米粒子（基本单元），且在分散体系中保持固体物质不沉淀的胶体体系，而凝胶（gel）是溶胶失去流动性后，一种富含液体的半固态物质，通常是含有亚微米孔和聚合链的相互连接的坚实的胶体网络。溶胶凝胶法制备电子陶瓷粉体的工艺流程一般是先将金属醇盐和其他有机或无机盐溶于共同的有机溶剂中，通过部分水解和聚合反应形成均匀稳定的溶胶体系，然后使溶胶进一步聚合凝胶化，再将凝胶干燥、煅烧去除有机成分，最终得到微细尺度的目标电子陶瓷粉体。此外，如果采用甩胶、浸渍、喷雾等技术将溶胶均匀涂覆在衬底材料上，经过适当的热处理去除有机成分，还能够得到特定晶相结构的无机功能薄膜[115]。由于溶胶凝胶法热处理所需温度低，与硅半导体工艺兼容性好，且可在较大衬底上制备均匀电子薄膜，因而在微电子技术特别是集成电子器件领域有着重要应用。此外，溶胶凝胶技术还能够用于复杂结构坯体成型和纤维以及多孔陶瓷等的制备。

溶胶凝胶法的关键步骤是均匀稳定溶胶的可靠制备，要防止沉淀和成分偏析的出现。溶胶凝胶法的优点是由于各种原料以分子间水平相混合，不仅化学均匀性好，有利于精确控制计量比与掺杂物含量，而且在热处理过程中获取热力学稳定相所需扩散距离缩短，也有利于降低陶瓷粉体或薄膜的合成温度。具有实用价值的电子陶瓷材料大多含有两个或两个以上金属离子，在采用溶胶凝胶法制备此类材料时，为了保证高度均匀的混合性，使用双金属或多金属醇盐作为原料较为有利。但是，实际工作中可能因制备成本太高或无法合成特定的双金属醇盐或多金属醇盐，经常会使用金属醇盐和普通金属盐同时作为金属离子的来源。需要注意的是，通常情况下，与金属盐相比，金属醇盐的水解速度要快很多，容易造成产物中金属离子分布的不均匀，因而需要精确控制实验条件如 pH 值、温度和水量等因素，防止成分偏析发生。一般选用乙酸盐和醇盐搭配制备电子陶瓷材料较为有利（如乙酸钡—钛醇盐、乙酸铅—钛醇盐、乙酸镁—铝醇盐等），因为根据式（1-20），二者反应能够形成固定组分的化合物，从而避免水解速度差异造成的均匀性问题。

$$M(OR)_n + M'(CH_3COO)_m \longrightarrow (RO)_{n-1}M\text{-}O\text{-}M'(CH_3COO)_{m-1} + CH_3COOR \uparrow$$

$$(1\text{-}20)$$

整个溶胶凝胶制备过程的化学反应非常复杂，但是一般都包含水解反应和聚合反应。溶胶凝胶制备过程主要包括以下工艺步骤：

（1）均相溶液的配制：构建包含金属醇盐和其他有机或无机盐、有机溶剂、水以及催化剂组成的低黏度均相溶液，以确保水解反应能够在分子级水平上进行。为保证溶液的均匀性，配制过程需对混合溶液施以搅拌。此外，有机溶剂的选择和加水量十分重要。在配制过程中常用有机醇作为溶剂，因为有机醇既能与金属醇盐互溶，又与水互溶。需要注意的是有机醇的加入量要适中，太少会使溶液不均匀产生不相溶区，加入量过多则对水解反应有抑制作用。

（2）稳定溶胶的制备：溶胶凝胶技术路线中的关键步骤是高质量溶胶的制备，后续工艺步骤的顺利完成及最终产品质量与溶胶性质直接相关。水解和缩聚反应促使均相溶液转变为溶胶，因而精确控制水解和缩聚条件是获得高质量溶胶的前提，这些条件因素包括加水量、反应温度、溶液 pH 值、催化剂种类、醇盐品种以及溶液浓度等。

（3）凝胶化过程与干燥：溶胶向凝胶的转变过程，即聚合反应形成的聚合物或粒子簇逐渐相互连接形成三维网络结构，最后凝胶硬化，失去流动性。对湿凝胶进一步干燥处理可以获得多孔结构的干凝胶，该过程表现为凝胶的收缩与硬固。为了防止干燥过程中内部应力所导致的凝胶开裂，维持住凝胶结构，干燥速度要尽量慢些，对环境温度和湿度也要严格控制。此外，也可以通过外加化学添加剂，采用超临界干燥技术或冷冻干燥技术进行凝胶干燥控制。

（4）干凝胶热解与成相：干凝胶实质上是无机高分子化合物，只有加热使之热解，去除有机物，才能得到相结构和显微形貌满足要求的电子陶瓷粉体。在热处理过程中，干凝胶首先在低温下脱去吸附在表面的水和醇，之后在 260～300℃发生—OR 基的氧化，在 300℃以上更高温度脱去结构中的—OH 基。由于热处理过程伴随有较大的气体（CO_2、H_2O、ROH 等）释放与体积收缩，而且—OR 基在非充分氧化时还可能会碳化成单质碳，所以升温速率不宜过快。此外，干凝胶具有高比表面积与高活性，煅烧温度要严格控制，在保证有机物去除及化学反应充分进行的前提下，煅烧温度尽可能低。因为随着煅烧温度升高，粉末间很容易发生部分烧结黏连现象，从而产生严重的硬团聚，导致无法实现制备超细电子陶瓷粉体的目的。可以通过热分析与变温 X 射线衍射技术来确定干凝胶在不同升温阶段的吸放热效应、热失重曲线和物相结构演化，解析干凝胶于热处理过程中发生的物理与化学变化。

基于高纯原料在分子尺度的均匀混合与凝胶的强反应活性，用溶胶凝胶法能够制备一些固相法难以合成的纯相氧化物电子陶瓷粉体。例如，对于微波介质陶瓷粉体 $ZnTiO_3$，常规固相法由于反应扩散路径长，化学均匀性差，很难合成出纯六方钛铁矿相。侯育冬等人研究了 $ZnTiO_3$ 六方钛铁矿相粉体的溶胶凝胶法合成技术[116]，实验以 $Zn(NO_3)_2 \cdot 6H_2O$ 和 $Ti(OC_4H_9)_4$ 为原料，CH_3CH_2OH 为溶剂，用 CH_3COOH 调节 pH 值 2 左右，经充分加热搅拌上述混合溶液，可得到淡黄色透明溶胶，静置陈化稳定 12h 后，溶胶转变为凝胶。将凝胶进一步于 80℃干燥处理，之后于 800℃煅烧 3h，可以获得纯六方钛铁矿相的 $ZnTiO_3$ 粉体。此外，对于铌酸盐系无铅压电陶瓷粉体的溶胶凝胶法合成，以往研究多以铌醇盐作为铌源，但是高昂的原料价格限制了此类技术的推广应用。针对铌醇盐的高成本问题，侯育冬等人研究发现可以将氧化铌先期通过化学反应转变成可溶性铌来代替铌醇盐作为铌源，进一步基于水基溶胶凝胶技术路线合成铌酸盐系无铅压电陶瓷粉体[26,27]。以（$Li_{0.06}Na_{0.47}K_{0.47}$）$NbO_3$（缩写为 LNKN）无铅压电陶瓷粉体的合成为例，按化学计量比将可溶性铌与 Li_2CO_3、Na_2CO_3 和 K_2CO_3 溶液混合，以柠檬酸 $C_6H_8O_7 \cdot H_2O$ 为螯合剂，用 CH_3COOH 调节 pH 值，可以制得高质量稳定的黄色透明溶胶，进而经过干燥凝胶化和 500℃低温热处理，得到平均粒径 30nm 的纯钙钛矿相 LNKN 立方块状纳米粉体。此外，升高煅烧温度，LNKN 平均粒径持续增长，到 650℃时，达到 60nm。同时，实验分析揭示 LNKN 粉体正交-四方相变的临界尺寸在 35nm 左右[26,27]。对于溶胶凝胶法，还需要说明的是凝胶热处理过程中的升温速率与产物形貌也有着密切关系，仍以水基溶胶凝胶法合成 LNKN 粉体为例，侯育冬等人研究发现，在凝胶煅烧过程中改变升温速率，可以实现 LNKN 粉体形貌由单一立方块状纳米颗粒向纳米棒与纳米块的复合粉体转变。以这种粒棒复合粉体为前驱体进行高温烧结，能够基于异常晶粒生长机制获得毫米尺度的 LNKN 晶体，整套工艺简便易行，晶体制备周期短，有一定推广价值[117]。

1.4.1.4 水热法

水热一词源于地质学,用于描述高温、高压条件下地壳中的热液演化与岩石矿物形成。在材料合成方面,水热法特指一类人工高压合成技术,其原理是在特制的密闭反应器,即高压釜中,采用含有原料的水溶液作为反应体系,通过对反应体系加热、加压(或自生蒸气压),人为地创造一个相对高温、高压的反应环境,使得通常难溶或不溶的物质溶解并且重结晶从而进行无机合成与材料处理[22,31,118]。水热反应物可以是金属盐、氧化物、氢氧化物以及金属粉末的水溶液或者液相悬浮液等。水热法按反应温度可以划分为低温水热法和超临界水热法两类。低温水热法的合成温度范围一般在 100~250℃ 之间,超临界水热法则主要利用作为反应介质的水在超临界状态(即在水的临界温度 374℃,临界压力 22.1MPa 以上条件时)的性质和反应物在高温高压水热条件下的特殊物性进行合成反应。相比而言,低温水热法由于整个反应在相对温和的条件下完成,易于控制,能耗低,且合成设备相对简单,因而在科研与工业生产中应用较多。

与常温常压下的液相合成和传统的高温固相合成相比,水热合成具有三个典型特征:离子间反应加速,水解反应加剧和氧化还原电势发生明显变化。水热条件下,反应釜内物质的化学行为与反应介质——水的物理化学性质(蒸气压、扩散系数、黏度、介电常数和表面张力等)有密切关系。在高温高压水热体系中,水的物性主要发生下列变化:(1)水的离子积,电离常数与蒸气压变高。水热条件下,随反应温度升高而增大的离子积、电离常数和蒸气压能够加剧水解反应与离子反应进行。即使是常温常压下不溶于水的物质,在水热环境中也能诱发离子反应或促进水解反应进行。(2)水的黏度、密度与表面张力变低。水热体系中,随温度升高而降低的水的黏度与密度促进反应溶液中分子与离子扩散能力的增强,同时水的表面张力也减小,因而相较于其他条件,水热环境下晶体生长具有较快的生长速率。(3)水的介电常数减小。水的介电常数随温度的升高而减小,随着压力的增大而增大,其中温度对水的介电常数影响更为明显。水热条件下,水的介电常数减小对于水作为溶剂介质的极化能力产生影响。通常情况下,完全离解的电解质将随温度的升高而重新发生聚合。

各类化合物在水热溶液中的溶解度是采用水热法合成电子陶瓷材料时必须首先考虑的因素。化合物在水热溶液中的溶解度可以用一定温度、压力下其在溶液中的平衡浓度来表示。由于许多化合物在水中的溶解度有限,水热合成工艺中通常会引入矿化剂来促进反应进行。矿化剂特指一类在水中的溶解度随温度的升高而持续增大的物质,如一些低熔点的盐、酸和碱,常用的矿化剂有 NaCl、KCl、K_2CO_3、HCl、HNO_3、NaOH 和 KOH 等。在水热反应体系中加入矿化剂不仅能够提高溶质的溶解度,而且可以改变其溶解度温度系数,包括其正负温度系数数值的转变，这对于定向设计合成一些电子陶瓷材料至关重要。

水热合成电子陶瓷粉体的一般工艺流程如下：首先，根据目标化合物元素组成确定原料配方与矿化剂种类，加水混料搅拌后以一定填充度装入高压反应釜中。填充度是反应混合物占密闭反应釜空间的体积分数，工作条件下，内部压强大小与填充度密切相关，一般填充度控制在 50%~80% 之间。封釜后，按预设反应温度、保温时间、升温速率、冷却方式和工作状态模式（静态或动态晶化）进行水热处理。反应结束后，开釜取样，对产物进行过滤洗涤和干燥，并取部分样品鉴定物相与形貌特征，以评估水热法合成目标的达成度。

总结水热法的优点如下：（1）可以通过控制反应条件（溶液组分、温度、压力、矿化剂、pH 值等），形成适宜的氧化还原环境，合成出其他方法无法得到的某些新物相，特别是亚稳相和高温不稳定相。（2）水热条件下，溶液黏度降低，扩散传质较为便利，反应物的活性有大幅提升，反应温度大大低于高温固相反应，因而可替代一些高能耗的固相粉体合成工艺。（3）与一些化学法，如共沉淀法和溶胶凝胶法等相比，水热法的最大优势是不用高温煅烧与研磨，因而产物的结晶性与分散性好，且易实现形貌的规则调控。（4）水热反应在密闭高压釜中进行，有利于完成一些对人体健康有害的反应过程，显著减少合成制备对环境的污染。因此，水热法也被看作是环境协调性的"绿色软化学合成技术"的典型代表。

此外，需要说明的是水热法主要适用于氧化物材料或少数对水不敏感的硫属化合物的制备与处理，而对其他一些对水敏感，如与水反应、水解、分解或不稳定的化合物，该制备方法则不适用，在这些情况下一般选用溶剂热法合成相关材料。溶剂热法的合成原理与水热法有一定相似性，其区别主要是将水热法中的介质水换成有机溶剂或非水溶媒，如有机胺、醇、氨、四氯化碳或苯等，在一定温度和压力下合成在水溶液中无法生长，易氧化、易水解或对水敏感的材料，如 Ⅲ~Ⅴ 族化合物、碳（硅）化物、硼化物、氟化物等。有机溶剂种类繁多，性质差异很大，这为溶剂热合成提供了更多的选择机会。不过，由于大多数实用的电子陶瓷材料都是氧化物材料，因而本书重点集中于介绍水热法合成电子陶瓷材料及相关物性分析。

水热法不仅可以用于合成电子陶瓷粉体，而且可以用于环保方面废弃物质的无污染处理。此外，水热法也用于电子薄膜沉积和单晶体的生长，如人工水晶就是水热法规模制造晶体材料中最为成功的例子。这里主要列举一些水热法合成电子陶瓷粉体的研究实例。侯育冬等人系统研究了无铅铁电陶瓷粉体 $(K_{0.5}Bi_{0.5})TiO_3$（缩写为 KBT）的水热法合成，实验选用聚四氟乙烯内衬的高压水热反应釜为反应容器，以 $Bi(NO_3)_3 \cdot 5H_2O$、TiO_2 和 KOH 为原料（注：KOH 同时作为原料与矿化剂），按 80% 反应容器填充度装载，在 KOH 浓度

12mol/L，温度 200℃，时间 48h 条件下水热合成出纯钙钛矿相 KBT 粉体，晶体形貌呈规则立方形，粒径约 40nm[28]。此外，侯育冬等人研究还发现，如果将溶胶凝胶法与水热法联用，还可以发展出一类新颖的溶胶凝胶水热法，用于取向形貌的电子陶瓷粉体可控制备[29]。在该方法中，凝胶前驱体的链状骨架可以作为软模板和微反应器，在水热环境中基于原位结晶机制诱导生成具有规则取向形貌的纳米晶产物。以 KBT 铁电纳米线的溶胶凝胶水热法合成为例，首先采用溶胶凝胶工艺制备 KBT 干凝胶，然后将干凝胶置于水热反应釜中，在温度 160℃ 和矿化剂 KOH 浓度 6mol/L 条件下，水热反应可以制备出分散性好、高长径比和规则形貌的 KBT 纳米线[29,30]。与此相对比，如果采用溶胶凝胶法直接合成 KBT，则至少需要 700℃ 的高温煅烧才能获得纯钙钛矿相，且产物形貌为有一定团聚度的球形颗粒[119]。侯育冬等人采用溶胶凝胶水热法，在合成更为复杂的二元系铁电纳米线（$Na_{0.8}K_{0.2}$）$_{0.5}Bi_{0.5}TiO_3$（缩写为 KBT-NBT）时也获得成功，且合成温度较溶胶凝胶法降低约 500℃。KBT-NBT 纳米线具有优良的可成型性与烧结活性，以其为前驱粉体烧结制备的陶瓷体相对密度高达 98%，介电与压电性能优于常规固相法与溶胶凝胶法制备的同组分陶瓷材料[120]。

1.4.1.5 熔盐法

熔盐法属于化学法中液相合成方法的一种，但是与前文介绍的以水或有机溶剂作为液相媒介的共沉淀法，溶胶凝胶法和水热法等不同，熔盐法是使用熔融的熔盐作为液相媒介，促进化学反应进行[31,67,121]。熔盐法的原理是将反应物与熔盐（如 KCl、NaCl、NaOH-KOH 等）按照一定的比例配制，混合均匀后加热使之熔化，反应物在熔盐形成的液相环境中溶解、扩散并发生反应，生成目标产物，待冷却至室温后，分离熔盐（一般以水洗方式）从而得到纯净的目标产物。熔盐法合成过程中，熔盐起到熔剂和反应介质的作用，反应成分在液相中实现分子和原子尺度的混合，且流动性强，扩散速率高。熔盐法是合成高纯度电子陶瓷粉体的简便方法，同时熔盐形成的液相环境能够有效抑制化合物中易挥发性元素的缺失，有利于产物计量比控制。此外，熔盐法也常用于单晶体、半导体、碳材料等的可靠制备[121]。

熔盐化学合成技术与熔盐的物理化学性质密不可分。熔盐是在标准温度和大气压下呈固态，而温度升高后转变成熔融液相的盐类。通常把熔融无机盐称为熔盐，由金属阳离子和非金属阴离子组成，其固态大部分为离子晶体，在高温下熔化后形成离子熔体。典型的熔盐包括碱金属、碱土金属的卤化物、硝酸盐、硫酸盐的熔融体。近代熔盐理论认为熔盐结构的液态（熔点附近）与固态（结晶状态）特征相似，即当盐类晶体熔融后，晶体结构中的质点（粒子）在一定程度或在一定距离范围内仍保留着原有规律性，即所谓近程有序；而在较远的范围内，原有的规律性消失，即所谓远程无序。同时，晶体熔融后形成的熔盐由于具有孔穴、空位或自由体积的不完整结构，导致熔融体中的质点能够发生移动，即具有流动性，这是熔盐区别于固体的特征之一。熔融的无机盐具有许多不同于水溶液的性质，如高温稳定性好，蒸气压低、黏度低、导电性好、离子迁移速度和扩散速度快、热容量高和具有溶解各种不同物质的能力等，因而熔盐作为熔剂和反应介质有利于电子陶瓷粉体的高效合成。熔盐法的合成温度一般选择在熔盐熔点附近，具体熔点数据可以依据热力学相图获得。需要说明的是熔盐类型不同，熔点会有很大差异，通过选取具有低共熔点的二元系熔盐能够显著降低熔盐法的合成温度（见表 1-1）[121,122]。此外，考虑到熔盐的沸点、蒸气压和分解温度，熔盐法的合成温度也不宜过高，以免引起熔盐缺失和对环境的影响（除非采用特殊装置形成密闭环境）。综合各方面影响因素，常用的熔盐法合成温度一般选择在 100~1000℃ 之间。最后，还要特别注意熔盐的引进尽量不要给整个反应体系带来过多的杂质元素，且反应结束后熔盐本身应易于去除而不在产物中残留。因而，熔盐法一般选取水溶性的无机盐作为熔盐介质，这些熔盐可以用最简单、无污染的水洗方法除去，且可以重结晶回收利用，不仅有利于降低工业生产成本，而且有利于节约资源。

表 1-1　一些常用熔盐体系的组成和熔点

熔盐体系	组成（摩尔分数）/%	熔点/℃
NaCl	100	801
KCl	100	770
LiCl-KCl	59/41	352
NaCl-KCl	50/50	657
$AlCl_3$-NaCl	50/50	154
LiF-NaF-KF	46.5/11.5/42	459
LI-KI	63/37	286
NaOH-KOH	51/49	170
$LiNO_3$-KNO_3	43/57	132
$NaNO_3$-KNO_3	50/50	228
$LiNO_3$-$NaNO_3$-KNO_3	30/17/53	120
Li_2SO_4-K_2SO_4	71.6/28.4	535
Li_2CO_3-K_2CO_3	50/50	503

这里以常见的钙钛矿型电子陶瓷粉体合成为例，介绍熔盐法反应基本历程。如图 1-39 所示，熔盐法反应基本历程分为三个阶段[67]：第一阶段，均匀混合反

应物原料（一般为氧化物）与熔盐。选取合适的熔盐至关重要，熔盐种类和含量不同对原料的溶解性和产物结构与形貌均有重要影响。第二阶段，对反应体系加热，当温度升高达到熔盐熔点（或熔盐与反应物形成的低共熔点）以上时，熔盐开始熔化，整个反应体系充满液相熔盐。在高温液相环境中，熔盐起到浸润与溶解反应物的作用，易溶的反应物会以离子形式存在，在熔盐环境中快速扩散与重组。第三阶段，经过一段时间，一些新生成的钙钛矿相产物在熔盐液相中形核，而剩余反应物经过熔盐的传输，包裹在这些产物的表面，通过界面扩散作用，产物继续在熔盐中长大，熔盐能够起到降低表面能和界面能的作用。反应结束，目标钙钛矿相产物形成，冷却至室温后，以水洗方式除去熔盐，获得纯净产物。

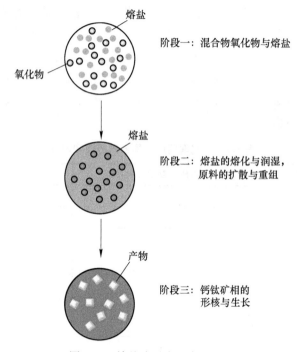

图 1-39　熔盐法反应基本历程图

　　熔盐合成过程中目标电子陶瓷粉体的构建主要包括粉体颗粒的形成过程和生长过程。颗粒的形成过程依赖于反应物在液相熔盐中溶解速率的差异，温度越高，体系反应性和流动性越好，化学反应进行的越完全。因此，粉体形态最初由形成过程控制，而后由生长过程控制。通常认为，由扩散机制控制的晶体生长过程易形成球形产物，而在界面机制控制下晶体则会按照一定取向进行生长。

　　对于含有多种金属元素的电子陶瓷粉体，根据各组分氧化物在熔盐中的溶解性差异，可以将熔盐合成机理分为两类：

（1）各组分氧化物在熔盐液相中都有很好的溶解性。在这种情况下，由于氧化物粒子在熔盐中的扩散速率（$1×10^{-5}～1×10^{-8}$ cm^2/s）比在固相中（$1×10^{-18}$ cm^2/s）高，因而能在短时间内扩散接触并发生反应。当反应生成的化合物超过其溶解度，达到过饱和时即会沉淀出来。根据熔盐在反应中作用不同，可以分为两类模式：一种是熔盐助剂模式，即在熔盐合成过程中，熔盐仅起到熔剂媒介作用，不直接参与氧化物反应，整个合成过程可以看作是简单的"溶解—沉淀"平衡过程。由于产物在熔盐中的溶解度小于反应物的溶解度，因而产物会不断析出，并推动反应持续进行。另一种模式是熔盐反应模式，即在一些电子陶瓷粉体的熔盐合成过程中，熔盐直接参与了反应，与氧化物原料形成含熔盐离子的中间体，到了反应后期，中间体转变成产物时熔盐离子又从目标相结构中消除。此外，不同熔盐离子对于产物晶体的极性面吸附能力有差异，从而会调节不同晶体面的生长速率并影响最终产物的形貌。

（2）各组分氧化物在熔盐液相中的溶解性差异较大。在这种情况下，溶解度大的氧化物易于溶解并扩散到难溶氧化物的表面，与其进一步发生化合反应生成目标产物。熔盐法中，通过选取不同溶解度的原料，调节合成温度以及熔盐的种类可以控制产物颗粒的形貌和尺寸。目前，该技术已成功发展出一类拓扑合成取向结构电子陶瓷材料的新方法——熔盐拓扑化学法[8,123]。熔盐拓扑化学法是利用局部化学反应思想构建形貌可控的氧化物粉体的一类熔盐合成方法。在该方法中，最为重要的是具有定向功能的前驱模板的选取。根据目标产物的形貌要求，通常选择与产物具有相似形貌的难溶反应物或中间体作为模板，利用熔盐环境下易溶反应物离子在模板晶格中的扩散、插入与基团消除，通过特定的化学反应和较小范围内的结构重组，最终形成继承模板形貌的目标产物。钙钛矿型电子陶瓷材料以钛酸盐和铌酸盐居多，其结构基元分别是［TiO$_6$］八面体和［NbO$_6$］八面体。熔盐拓扑合成取向形貌的钙钛矿型钛酸盐和铌酸盐化合物，由于是在局部范围内基于［TiO$_6$］八面体和［NbO$_6$］八面体组装方式的结构重整，一般要求选择的模板与产物应有相同的［TiO$_6$］或［NbO$_6$］基元，且空间对称性相近，以避免拓扑反应过程中大范围的结构重整而导致模板形貌难以在目标产物中维持。

总结熔盐法的优点如下：（1）与常规固相法相比，熔盐合成过程中由于反应体系形成熔融液相环境，氧化物成分的挥发性得以减弱，且流动性增强，扩散速率提升，有利于在较低温度和较短的反应时间内高效合成符合化学计量比的目标电子陶瓷粉体。（2）相比于其他化学法，熔盐法不使用有机试剂和贵重原料，且合成装置较为简单，与固相法相似，因而易于与一般工业产线接轨大批量生产高质量电子陶瓷粉体。（3）熔盐类型的选取是熔盐法的关键之一。一般选择具有较低熔点的水溶性熔盐，这样既有利于低温下形成熔盐液相加速反应进行，也有利于后期通过水洗方式从产物中完全去除熔盐。此外，水洗熔盐还可以经过重结晶处理重复利用，因而节能环保。(4) 熔盐法有利于产物形貌和尺度的控制，特别是通过熔盐拓扑化学法可以合成出具有特殊形貌（如片状、棒状）与不同尺度的非对称微晶，而以这些非对称微晶为模板籽晶还能够进一步构建出晶粒取向排列且性能优异的织构陶瓷。(5) 熔盐法有利于降低产物团聚度，提升粉体分散性。由于反应中熔盐介质贯穿于生成的粉体颗粒之间，有效阻碍了颗粒间的结合与团聚，因此熔盐法合成的电子陶瓷粉体分散性通常特别好，这非常有利于后续高品质电子陶瓷的烧结制备。

　　熔盐法在电子陶瓷粉体合成中有着广泛应用。侯育冬等人系统研究了铁电陶瓷粉体 $KNbO_3$ 的熔盐法合成，实验选用 K_2CO_3 和 Nb_2O_5 为原料，以具有较低熔点 770℃ 的 KCl 为熔盐，首先将按摩尔比 1∶1∶6 称量的 K_2CO_3、Nb_2O_5 和 KCl 熔盐球磨混料，然后将混合物在 800℃ 煅烧 4h，冷却后采用热水去除产物中的 KCl 熔盐，最终得到分散性良好，平均粒径为 300nm 的钙钛矿相 $KNbO_3$ 立方颗粒[32]。侯育冬等人还发现，以这些 $KNbO_3$ 立方颗粒为前驱体成型，进一步通过常规烧结工艺可以制备出具有高致密度（>97%）和对水稳定的高性能 $KNbO_3$ 压电陶瓷，室温 $d_{33}=105pC/N$，$k_p=0.34$，同时该材料还呈现出优异的抗退极化特性，在高温压电器件领域具备一定应用潜力[50]。另外，特殊取向形貌的功能氧化物可靠合成也是熔盐法的研究热点之一。一维 $BaTiO_3$ 纳米棒在纳米铁电器件领域有着重要应用，侯育冬等人研究发现可以通过熔盐拓扑化学法合成结晶性良好的一维 $BaTiO_3$ 纳米棒[8]。熔盐拓扑化学法合成 $BaTiO_3$ 纳米棒具体通过两步熔盐技术路线实现。首先，应用熔盐法合成具有一维结晶习性的 $BaTi_2O_5$ 纳米棒，然后，以 $BaTi_2O_5$ 纳米棒为前驱模板，二次使用熔盐法，基于拓扑转变过程中 $[TiO_6]$ 八面体基元拼接方式的转变，最终在模板基础上构建出一维 $BaTiO_3$ 纳米棒。在拓扑合成过程中需注意煅烧温度不能过高，否则会引起一维结构的裂解。此外，采用熔盐拓扑化学法制备非对称微晶，进一步可用于构建高性能的压电织构陶瓷，这是压电材料的重要发展方向之一。一个典型的例子是在 NaCl 熔盐环境下以片状铋层化合物 $Bi_{2.5}Na_{3.5}Nb_5O_{18}$（BiNN5）为模板，拓扑合成 $NaNbO_3$ 片状籽晶（如图 1-40 所示），该籽晶已经成功用于压电性能可与商用 PZT 铅基陶瓷相媲美的碱金属铌酸盐织构陶瓷的制备[102]。

　　表 1-2 列举了几种主要电子陶瓷粉体合成技术的特点。可以看到，与常规固相法相比，化学法在合成高活性和形貌可控的电子陶瓷粉体方面具有显著优势，同时，不同的化学法又各具特点。本书将结合大量科研实例，详细介绍高能球磨法、共沉淀法、溶胶凝胶法、水热法和熔盐法五类化学法在电子陶瓷材料，特别是介电、压电和铁电陶瓷制备方面的应用。

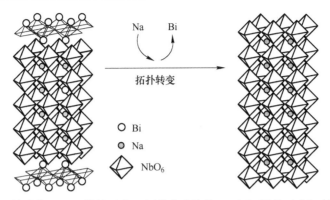

图 1-40　从片状 BiNN5 模板（左）拓扑合成片状 NaNbO$_3$ 籽晶（右）的原理图

表 1-2　几种主要电子陶瓷粉体合成技术特点

类别	常规固相法	高能球磨法	共沉淀法	溶胶凝胶法	水热法	熔盐法
价格成本	低	中	中	高	中	中
成分控制	差	好	好	好	好	好
形貌控制	差	中	中	中	好	好
粉体活性	差	好	好	好	好	好
煅烧处理	需要	不需要	需要	需要	不需要	需要
煅烧温度	高	—	低	低	—	低
设备耐蚀性	一般	一般	一般	一般	高	高

1.4.2　研究方法与技术路线

电子陶瓷制备的完整工艺流程主要包括粉体技术、成型技术和烧结技术三部分，其中粉体技术是整个工艺路线的开端与基础。电子陶瓷粉体的物性，包括纯度、相结构、粒度、形貌以及缺陷态等，直接关系到后续成型与烧结工艺的实施效果，并最终影响电子陶瓷体的显微组织结构与电学性能。本书将以大量科研实例，详细介绍各类电子陶瓷粉体的化学合成方法，以及相关陶瓷体的致密化烧结行为、显微组织结构与电学性能。

图 1-41 给出了本书电子陶瓷化学法的研究路线图。

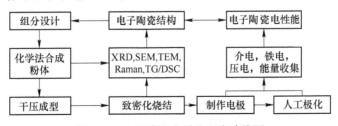

图 1-41　电子陶瓷化学法研究路线图

本书主要采用高能球磨法、共沉淀法、溶胶凝胶法、水热法和熔盐法等五类化学法合成电子陶瓷粉体，并对相关合成技术原理，工艺参数调整与微结构演化关系进行精细分析。在此基础上，采用简便的干压成型工艺制作以化学法合成电子陶瓷粉体为前驱体的素坯体，进而采用常规烧结技术进行陶瓷体的致密化烧结。为了能够在较低烧结温度下构建晶粒尺度可控的纳米晶电子陶瓷，对部分电子陶瓷纳米粉体还进行了先进的快速放电等离子烧结（SPS 烧结），并分析了与晶粒尺度纳米化相关的电子陶瓷尺寸效应。此外，对于一些电子陶瓷材料，同时采用传统固相法制备电子陶瓷粉体，并与化学法制备粉体进行技术对比分析。

本书中电子陶瓷的微结构与形貌表征主要用到的测试技术有 X 射线衍射（XRD）、拉曼光谱（Raman）、红外光谱（FT-IR）、热分析（DSC-TG/DTA-TG）、BET 比表面积测试（BET）、X 射线光电子能谱（XPS）、X 射线荧光光谱（XRF）、电感耦合等离子体-原子发射光谱（ICP-AES）、扫描电子显微镜（SEM）、透射电子显微镜（TEM）和高分辨透射电子显微镜（HRTEM）等。电子陶瓷的电学性能表征主要包括介电、铁电和压电性能测试。在进行电学性能表征前，电子陶瓷样品需要完成表面抛光与烧渗电极。对于压电陶瓷，还进行了人工高压极化处理。样品的电学性能测量，如介电温谱、宽频交流阻抗谱、电滞回线、压电应变常数、机电耦合系数、机械品质因数、直流电导率等，根据国际通用标准，由 Agilent、Novocontrol、Radiant、Keithley 和中国科学院声学研究所生产的相关电学测量设备完成。此外，部分压电陶瓷的能量收集特性测试，由自制压电能量收集测试系统完成（如图 1-42 所示），其中，压电能量收集器采用悬臂梁模式，包括一个压电陶瓷层和一个弹性基底层。将压电悬臂梁安装在小型振动台上，并且使用引线将压电片的顶电极和底电极与负载电阻进行连接。当给压电

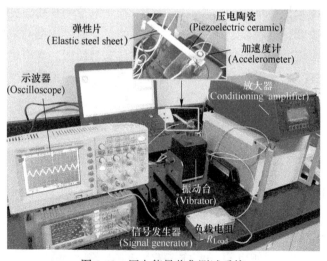

图 1-42 压电能量收集测试系统

能量收集器施加一个连续机械振动时，通过使用数字示波器对电信号进行采集分析。

1.4.3　本书各章节内容安排

作为重要的智能材料，电子陶瓷广泛应用于各类先进电子元器件的制造。随着电子元器件向微型化与集成化方向的快速发展，对核心电子陶瓷材料的品质提出了更高的要求。传统电子陶瓷工艺采用固相法合成电子陶瓷粉体，该方法难以实现原料的均匀混合，且通常需要高温推进离子扩散和结构重整，因而导致产物计量比不易控制、成相困难、颗粒尺度较大和活性差等一系列问题，很难进一步实现高致密度细晶陶瓷，特别是纳米晶陶瓷的可靠制备。陶瓷晶粒细化对于制造高性能多层片式电子元器件是至关重要的，因而需要发展可替代传统固相法的新型电子陶瓷粉体合成技术。化学法能够实现反应物在分子尺度或原子尺度的均匀混合，且反应速率快，成相温度低，特别有利于高活性电子陶瓷超细粉体的合成。此外，一些化学法还可以有效实现纳米产物的形貌调制，如构筑一维纳米棒、二维纳米片等特殊形貌的功能氧化物，这对于发展纳米电子器件是极为重要的。本书作者在十余年电子陶瓷材料与器件的研究工作基础上，以量大面广的钙钛矿型介电、压电和铁电陶瓷高效制备为核心，对电子陶瓷的化学法构建与物性分析进行系统介绍与总结，期望能为我国新型电子陶瓷的合成设计与器件应用提供一些理论指导与技术参考。

本书主要包括以下内容：

第1章，绪论。对电子陶瓷的结构基础、工艺原理、主要材料类型和电子陶瓷化学制备法进行概述，并给出本书的研究方法与技术路线。第2~6章分别具体介绍不同化学法在电子陶瓷材料合成方面的应用。第2章，高能球磨法合成电子陶瓷与物性。主要介绍高能球磨法一步合成 $NaNbO_3$、PZT-PNZN、Mn 掺杂 PZN-PZT 体系及相关材料的电结构（反铁电与铁电）稳定性、纳米尺寸效应和压电能量收集特性。此外，也介绍了基于高能球磨细化粉体技术的高温电容器用 BNT-NN 纳米瓷料合成与介电性能研究。第3章，共沉淀法合成电子陶瓷与物性。在提出可溶性铌制备技术的基础上，介绍以可溶性铌作为铌源的几类弛豫铁电体（$Pb(Fe_{1/2}Nb_{1/2})O_3$，$Pb(Sc_{1/2}Nb_{1/2})O_3$）的共沉淀法合成与反应机制，并分析了相关陶瓷材料的介电性能。第4章，溶胶凝胶法合成电子陶瓷与物性。介绍了几类钙钛矿、钨青铜和铋层结构电子陶瓷的溶胶凝胶合成方法，并重点分析了碱金属铌酸盐系粉体的尺寸诱导相变现象、异常晶粒生长行为和掺杂陶瓷体系的压电能量收集特性。第5章，水热法合成电子陶瓷与物性。介绍了铋基复合钙钛矿型电子陶瓷的水热合成方法，重点给出溶胶凝胶技术与水热法联用在构筑一维纳米结构材料方面的应用。同时，也介绍了基于水热法合成 $BaTiO_3$ 纳米粉体的稀土掺杂效应构建温度稳定型陶瓷电容器。第 6 章，熔盐法合成电子陶瓷与物性。介绍了几类钙钛矿型陶瓷的熔盐法合成技术及相关材料的介电、铁电与压电性能。此外，还详细介绍了熔盐拓扑化学法构建 $BaTiO_3$ 一维纳米结构和 $BaTiO_3/PVDF$ 复相材料设计及介电性能增强机理。

本书理论联系实践，内容丰富，有关电子陶瓷材料化学合成新技术的系统介绍对本领域科学研究与工程实践有很好的指导意义与借鉴价值。

参 考 文 献

[1] Moulson A J, Herbert J M. Electroceramics: Materials, Properties, Applications [M]. 2nd ed. John Wiley and Sons Ltd., 2003.

[2] 李标荣, 王筱珍, 张绪礼. 无机电介质 [M]. 武汉: 华中理工大学出版社, 1995.

[3] 王零森. 特种陶瓷 [M]. 长沙: 中南大学出版社, 2005.

[4] 徐廷献. 电子陶瓷材料 [M]. 天津: 天津大学出版社, 1993.

[5] Bhalla A S, Guo R Y, Roy R. The perovskite structure-a review of its role in ceramic science and technology [J]. Mat. Res. Innovat., 2000, 4: 3~26.

[6] 江东亮. 精细陶瓷材料 [M]. 北京: 中国物资出版社, 2000.

[7] 王中林, 康振川. 功能与智能材料结构演化与结构分析 [M]. 北京: 科学出版社, 2002.

[8] Fu J, Hou Y D, Zheng M P, et al. Topochemical build-up of $BaTiO_3$ nanorods using $BaTi_2O_5$ as the template [J]. Cryst Eng Comm., 2017, 19: 1115~1122.

[9] 朱一民, 韩跃新. 晶体化学在矿物材料中的应用 [M]. 北京: 冶金工业出版社, 2007.

[10] 李标荣. 电子陶瓷工艺原理 [M]. 武汉: 华中理工大学出版社, 1994.

[11] 李世普. 特种陶瓷工艺学 [M]. 武汉: 武汉理工大学出版社, 1990.

[12] 李标荣, 张绪礼. 电子陶瓷物理 [M]. 武汉: 华中理工大学出版社, 1991.

[13] 殷庆瑞, 祝炳和. 功能陶瓷的显微结构、性能与制备技术 [M]. 北京: 冶金工业出版社, 2005.

[14] Zheng M P, Hou Y D, Ai Z R, et al. Nanocrystalline buildup, relaxor behavior, and polarization characteristic in PZT-PNZN quaternary ferroelectrics [J]. J. Am. Ceram. Soc., 2017, 100: 3033~3041.

[15] Chao L M, Hou Y D, Zheng M P, et al. Macroscopic ferroelectricity and piezoelectricity in nanostructured $NaNbO_3$ ceramics [J]. Appl. Phys. Lett., 2017, 110: 122901.

[16] Chang L M, Hou Y D, Zhu M K, et al. Effect of sintering temperature on the phase transition and dielectrical response in the relaxor-ferroelectric-system 0.5PZN-0.5PZT [J]. J. Appl. Phys., 2007, 101: 034101.

[17] Fu J, Hou Y D, Zheng M P, et al. Improving dielectric properties of PVDF composites by employing surface modified strong polarized $BaTiO_3$ particles derived by molten salt method [J]. ACS Appl. Mater. Interfaces, 2015, 7: 24480~24491.

[18] Zheng M P, Hou Y D, Fan X W, et al. Novel core-shell nanostructure in percolative PZN-PZT/Ag ferroelectric composites [J]. J. Am. Ceram. Soc., 2015, 98: 543~550.

［19］ Fu J, Hou Y D, Wei Q Y, et al. Advanced FeTiNbO$_6$／poly（vinylidene fluoride）composites with a high dielectric permittivity near the percolation threshold［J］. J. Appl. Phys., 2015, 118：235502.

［20］ 史云, 侯育冬, 葛海燕, 等. TiO$_2$晶型对FeTiTaO$_6$陶瓷介电特性的影响［J］. 稀有金属材料与工程, 2011, 40（S1）：375～378.

［21］ 徐如人, 庞文琴. 无机合成与制备化学［M］. 北京：高等教育出版社, 2001.

［22］ 熊兆贤. 无机材料研究方法——合成制备、分析表征与性能检测［M］. 厦门：厦门大学出版社, 2001.

［23］ Stojanovic B D. Mechanochemical synthesis of ceramic powders with perovskite structure［J］. J. Mater. Processing Tech., 2003, 143～144：78～81.

［24］ 刘维良, 喻佑华. 先进陶瓷工艺学［M］. 武汉：武汉理工大学出版社, 2004.

［25］ Yue Y G, Hou Y D, Zheng M P, et al. High power density in a piezoelectric energy harvesting ceramic by optimizing the sintering temperature of nanocrystalline powders［J］. J. Eur. Ceram. Soc., 2017, 37：4625～4630.

［26］ Wang C, Hou Y D, Ge H Y, et al. Sol-gel synthesis and characterization of lead-free LNKN nanocrystalline powder［J］. J. Crystal Growth, 2008, 310：4635～4639.

［27］ Wang C, Hou Y D, Ge H Y, et al. Crystal structure and orthorhombic-tetragonal phase transition of nanoscale（Li$_{0.06}$Na$_{0.47}$K$_{0.47}$）NbO$_3$［J］. J. Eur. Ceram. Soc., 2009, 29：2589～2594.

［28］ 侯磊, 侯育冬, 宋雪梅, 等. 水热法合成K$_{0.5}$Bi$_{0.5}$TiO$_3$纳米陶瓷粉体［J］. 无机化学学报, 2006, 22（3）：563～566.

［29］ 侯育冬, 侯磊, 杨建锋, 等. 三种化学方法合成K$_{0.5}$Bi$_{0.5}$TiO$_3$粉体的机理比较［J］. 化学学报, 2007, 65（10）：950～954.

［30］ Hou Y D, Hou L, Zhao J L, et al. Lead-free Bi-based complex perovskite nanowires：Sol-gel-hydrothermal processing and the densification behavior［J］. J. Electroceram., 2011, 26：37～43.

［31］ Mao Y B, Park T J, Zhang F, et al. Environmentally friendly methodologies of nanostructure synthesis［J］. Small, 2007, 3（7）：1122～1139.

［32］ Ge H Y, Hou Y D, Zhu M K, et al. Facile synthesis and high d_{33} of single-crystalline KNbO$_3$ nanocubes［J］. Chem. Commun., 2008, 41：5137～5139.

［33］ Hou Y D, Chang L M, Zhu M K, et al. Effect of Li$_2$CO$_3$ addition on the dielectric and piezoelectric responsesin the low-temperature sintered 0.5PZN-0.5PZT systems［J］. J. Appl. Phys., 2007, 102：084507.

［34］ 高濂, 李蔚. 纳米陶瓷［M］. 北京：化学工业出版社, 2002.

［35］ Chen I W, Wang X H. Sintering dense nanocrystalline ceramics without final-stage grain growth［J］. Nature, 2000, 404：168～171.

［36］ Zhang J, Hou Y D, Zheng M P, et al. The occupation behavior of Y$_2$O$_3$ and its effect on the microstructure and electric properties in X7R dielectrics［J］. J. Am. Ceram. Soc., 2016, 99：1375～1382.

[37] Hou Y D, Zhu M K, Wang H, et al. Effects of atmospheric powder on microstructure and pie-zoelectric properties of PMZN-PZT quaternary ceramics [J]. J. Eur. Ceram. Soc., 2004, 24: 3731~3737.

[38] Amorín H, Ricote J, Jiménez R, et al. Submicron and nanostructured $0.8Pb(Mg_{1/3}Nb_{2/3})O_3$-$0.2PbTiO_3$ ceramics by hot pressing of nanocrystalline powders [J]. Scripta Mater., 2008, 58: 755~758.

[39] Hungría Teresa, Galy J, Castro Alicia. Spark plasma sintering as a useful technique to the nanostructuration of piezo-ferroelectric materials [J]. Adv. Eng. Mater., 2009, 11: 615~631.

[40] 殷之文. 电介质物理学 [M]. 北京: 科学出版社, 2003.

[41] 徐政, 倪宏伟. 现代功能陶瓷 [M]. 北京: 国防工业出版社, 1998.

[42] 关振铎, 张中太, 焦金生. 无机材料物理性能 [M]. 北京: 清华大学出版社, 1992.

[43] Pan M J, Randall C A. A brief introduction to ceramic capacitors [J]. IEEE Electr. Insul. Mag., 2010, 26: 44~50.

[44] 梁力平, 赖永雄, 李基森. 片式叠层陶瓷电容器 (MLCC) 的制造与材料 [M]. 广州: 暨南大学出版社, 2008.

[45] 张迎春. 铌钽酸盐微波介质陶瓷材料 [M]. 北京: 科学出版社, 2005.

[46] 钟维烈. 铁电体物理学 [M]. 北京: 科学出版社, 1996.

[47] Haertling G H. Ferroelectric ceramics: history and technology [J]. J. Am. Ceram. Soc., 1999, 82: 797~818.

[48] Ge H Y, Hou Y D, Wang C, et al. Synthesis and piezoelectric properties of $KNbO_3$ ceramics by molten-salt synthetic method [J]. Jpn. J. Appl. Phys., 2009, 48: 041405.

[49] Zheng M P, Hou Y D, Ge H Y, et al. Effect of sintering temperature on internal-bias field and electric properties of 0.2PZN-0.8PZT ceramics [J]. Phys. Status Solidi A, 2013, 210: 261~266.

[50] Ge H Y, Hou Y D, Rao X, et al. The investigation of depoling mechanism of densified $KNbO_3$ piezoelectric ceramic [J]. Appl. Phys. Lett., 2011, 99: 032905.

[51] Cross L E. Relaxor ferroelectrics: an overview [J]. Ferroelectrics, 1994, 151 (1): 305~320.

[52] Bokov A A, Ye Z G. Recent progress in relaxor ferroelectrics with perovskite structure [J]. J. Mater. Sci., 2006, 41: 31~52.

[53] Ye Z G. Handbook of dielectric, piezoelectric and ferroelectric materials [M]. Woodhead Publishing Limited and CRC Press LLC, 2008.

[54] 李龙土. 弛豫铁电陶瓷研究进展 [J]. 硅酸盐学报, 1992, 20 (5): 476~483.

[55] 吴宁宁, 宋雪梅, 侯育冬, 等. $(1-x)$PMN-xPT 陶瓷材料弛豫性研究 [J]. 科学通报, 2008, 53 (23): 2962~2968.

[56] Swartz S L, Shrout T R. Fabrication of perovskite lead magnesium niobate [J]. Mater. Res. Bull., 1982, 17 (10): 1245~1250.

[57] Wang J, Wan D M, Xue J M, et al. Mechanochemical synthesis of $0.9Pb(Mg_{1/3}Nb_{2/3})O_3$-

0. 1PbTiO$_3$ from mixed oxides [J]. Adv. Mater., 1999, 11 (3): 210~213.

[58] Tang J L, Zhu M K, Zhong T, et al. Synthesis of fine Pb(Fe$_{0.5}$Nb$_{0.5}$)O$_3$ perovskite powders by coprecipitation method [J]. Mater. Chem. Phys., 2007, 101: 475~479.

[59] Tang J L, Zhu M K, Hou Y D, et al. Effect of pH value on phase structure, component, and grain morphology of Pb(Sc$_{1/2}$Nb$_{1/2}$)O$_3$ powders by precipitation method [J]. J. Crystal Growth, 2007, 307: 70~75.

[60] Tang J L, Zhu M K, Chen C, et al. Perovskite Pb(Sc$_{1/2}$Nb$_{1/2}$)O$_3$ nanopowders synthesized by surfactant-modulated precipitation [J]. J. Nanopart. Res., 2009, 11: 355~363.

[61] Beltrán H, Cordoncillo E, Escribano P, et al. Sol-gel synthesis and characterization of Pb(Mg$_{1/3}$Nb$_{2/3}$)O$_3$(PMN) ferroelectric perovskite [J]. Chem. Mater., 2000, 12 (2): 400~405.

[62] Zhai J W, Shen B, Zhang L Y, et al. Preparation and dielectric properties by sol-gel derived PMN-PT powder and ceramic [J]. Mater. Chem. Phys., 2000, 64: 1~4.

[63] Babooram K, Tailor H, Ye Z G. Phase formation and dielectric properties of 0. 90Pb(Mg$_{1/3}$Nb$_{2/3}$)O$_3$-0.10PbTiO$_3$ ceramics prepared by a new sol-gel method [J]. Ceram. Int., 2004, 30: 1411~1417.

[64] Lu C H, Hwang W J. Hydrothermal synthesis and dielectric properties of lead nickel niobate ceramics [J]. Jpn. J. Appl. Phys., Part 1, 1999, 38 (9B): 5478~5482.

[65] Zhong T, Hou Y D, Zhu M K, et al. Low temperature synthesis of perovskite Pb(Ni$_{1/3}$Nb$_{2/3}$)O$_3$ by hydrothermally-derived precursor [J]. Mater. Lett., 2005, 59: 1169~1172.

[66] Chen X L, Fan H Q, Fu Y F, et al. Low-temperature fabrication and crystallization behavior of Pb(Mg$_{1/3}$Nb$_{2/3}$)O$_3$ crystallites by a hydrothermal process [J]. J. Alloy. Compd., 2009, 469: 322~326.

[67] Yoon K H, Cho Y S, Kang D H. Molten salt synthesis of lead-based relaxors [J]. J. Mater. Sci., 1998, 33: 2977~2984.

[68] Chiu C C, Li C C, Desu S B. Molten salt synthesis of a complex perovskite, Pb(Fe$_{0.5}$Nb$_{0.5}$)O$_3$ [J]. J. Am. Ceram. Soc., 1991, 74: 38~41.

[69] Yang Z P, Chang Y F, Zong X M, et al. Preparation and properties of PZT-PMN-PMS ceramics by molten salt synthesis [J]. Mater. Lett., 2005, 59: 2790~2793.

[70] 张福学, 王丽坤. 现代压电学 (上册) [M]. 北京: 科学出版社, 2001.

[71] 张福学, 王丽坤. 现代压电学 (中册) [M]. 北京: 科学出版社, 2002.

[72] 张福学, 王丽坤. 现代压电学 (下册) [M]. 北京: 科学出版社, 2002.

[73] Thomann H. Piezoelectric ceramics [J]. Adv. Mater., 1990, 2 (10): 458~463.

[74] Hou Y D, Zhu M K, Tian C S, et al. Structure and electrical properties of PMZN-PZT quaternary ceramics for piezoelectric transformers [J]. Sens. Actuators A, 2004, 116: 455~460.

[75] Hou Y D, Zhu M K, Gao F, et al. Effect of MnO$_2$ addition on the structure and electrical properties of Pb(Zn$_{1/3}$Nb$_{2/3}$)$_{0.20}$(Zr$_{0.50}$Ti$_{0.50}$)$_{0.80}$O$_3$ ceramics [J]. J. Am. Ceram. Soc., 2004, 87: 847~850.

[76] Zhao L Y, Hou Y D, Chang L M, et al. Microstructure and electrical properties of 0.5PZN-0.5PZT relaxor ferroelectrics close to the morphotropic phase boundary [J]. J. Mater. Res. 2009, 24 (6): 2029~2034.

[77] Zheng M P, Hou Y D, Xie F Y, et al. Effect of valence state and incorporation site of cobalt dopants on the microstructure and electrical properties of 0.2PZN-0.8PZT ceramics [J]. Acta Mater., 2013, 61: 1489~1498.

[78] Zheng M P, Hou Y D, Yue Y G, et al. The influence of A-site strontium ion in controlling the microstructure and electrical properties of $P_{1-x}S_x$ZNZT ceramics [J]. J. Appl. Phys., 2016, 119: 164101.

[79] 侯育冬, 朱满康, 王波, 等. 压电陶瓷变压器的试制及其老化行为研究 [J]. 电子元件与材料, 2003, 22 (8): 15~22.

[80] 王轲, 沈宗洋, 张波萍, 等. 铌酸钾钠基无铅压电陶瓷的现状、机遇与挑战 [J]. 无机材料学报, 2014, 29 (1): 13~22.

[81] 盖志刚, 王矜奉, 苏文斌, 等. LiCe 掺杂对铋层材料 $K_{0.5}Bi_{2.5}Nb_2O_9$ 的影响 [J]. 压电与声光, 2008, 30 (4): 446~449.

[82] Jaffe B, Cook W R, Jaffe H. Piezoelectric ceramics [M]. London: Academic Press, 1971.

[83] Noheda B, Cox D E. Bridging phases at the morphotropic boundaries of lead oxide solid solutions [J]. Phase Transitions, 2006, 79 (1~2): 5~20.

[84] Ouchi H, Nagano K, Hayakawa S. Piezoelectric Properties of $Pb(Mg_{1/3}Nb_{2/3})O_3$-$PbTiO_3$-$PbZrO_3$ solid solution ceramics [J]. J. Am. Ceram. Soc., 1965, 48: 630~635.

[85] Wu N N, Hou Y D, Wang C, et al. Effect of sintering temperature on dielectric relaxation and Raman scattering of $0.65Pb(Mg_{1/3}Nb_{2/3})O_3$-$0.35PbTiO_3$ system [J]. J. Appl. Phys., 2009, 105: 084107.

[86] Hou Y D, Wu N N, Wang C, et al. Effect of annealing temperature on dielectric relaxation and Raman scattering of $0.65Pb(Mg_{1/3}Nb_{2/3})O_3$-$0.35PbTiO_3$ system [J]. J. Am. Ceram. Soc., 2010, 93: 2748~2754.

[87] Ai Z R, Hou Y D, Zheng M P, et al. Effect of grain size on the phase structure and electrical properties of PZT-PNZN quaternary systems [J]. J. Alloy. Compd., 2014, 617: 222~227.

[88] Deng G C, Yin Q R, Ding A L, et al. High piezoelectric and dielectric properties of La-doped $0.3Pb(Zn_{1/3}Nb_{2/3})O_3$-$0.7Pb(Zr_xTi_{1-x})O_3$ ceramics near morphotropic phase boundary [J]. J. Am. Ceram. Soc., 2005, 88: 2310~2314.

[89] Gao F, Wang C J, Liu X C, et al. Effect of tungsten on the structure and piezoelectric properties of PZN-PZT ceramics [J]. Ceram. Int., 2007, 33: 1019~1023.

[90] Zheng M P, Hou Y D, Wang S, et al. Identification of substitution mechanism in group Ⅷ metal oxides doped $Pb(Zn_{1/3}Nb_{2/3})O_3$-$PbZrO_3$-$PbTiO_3$ ceramics with high energy density and mechanical performance [J]. J. Am. Ceram. Soc., 2013, 96: 2486~2492.

[91] Zhu M K, Lu P X, Hou Y D, et al. Effects of Fe_2O_3 addition on microstructure and piezoelectric properties of 0.2PZN-0.8PZT ceramics [J]. J. Mater. Res., 2005, 20 (10): 2670~

2675.

[92] Zheng M P, Hou Y D, Ge H Y, et al. Effect of NiO additive on microstructure, mechanical behavior and electrical properties of 0. 2PZN-0. 8PZT ceramics [J]. J. Eur. Ceram. Soc., 2013, 33: 1447~1456.

[93] 侯育冬, 崔磊, 王赛, 等. $BiAlO_3$ 基高温无铅压电陶瓷的研究进展 [J]. 无机材料学报, 2010, 25 (3): 225~229.

[94] 侯育冬, 崔斌, 高峰, 等. $(Na_{0.5}Bi_{0.5})TiO_3$ 基无铅压电陶瓷研究进展 [J]. 材料导报, 2002, 16 (4): 41~43.

[95] Zhu M K, Liu L Y, Hou Y D, et al. Microstructure and electrical properties of MnO-doped $(Na_{0.5}Bi_{0.5})_{0.92}Ba_{0.08}TiO_3$ lead-free piezoceramics [J]. J. Am. Ceram. Soc., 2007, 90: 120~124.

[96] Zhu M K, Hu H H, Lei N, et al. Dependence of depolarization temperature on cation vacancies and lattice distortion for lead-free $74(Bi_{1/2}Na_{1/2})TiO_3$-20. 8 $(Bi_{1/2}K_{1/2})TiO_3$-5. $2BaTiO_3$ ferroelectric ceramics [J]. Appl. Phys. Lett., 2009, 94: 182901.

[97] Hu H C, Zhu M K, Xie F Y, et al. Effect of Co_2O_3 additive on structure and electrical properties of $85(Bi_{1/2}Na_{1/2})TiO_3-12(Bi_{1/2}K_{1/2})TiO_3$-$3BaTiO_3$ lead-free piezoceramics [J]. J. Am. Ceram. Soc., 2009, 92: 2039~2045.

[98] Li J F, Wang K, Zhu F Y, et al. (K, Na)NbO_3-based lead-free piezoceramics: fundamental aspects, processing technologies, and remaining challenges [J]. J. Am. Ceram. Soc., 2013, 96: 3677~3696.

[99] Wu J G, Xiao D Q, Zhu J G. Potassium-sodium niobate lead-free piezoelectric materials: past, present, and future of phase boundaries [J]. Chem. Rev., 2015, 115: 2559~2595.

[100] Zheng M P, Hou Y D, Yan X D, et al. A highly dense structure boosts energy harvesting and cycling reliabilities of a high-performance lead-free energy harvester [J]. J. Mater. Chem. C, 2017, 5: 7862~7870.

[101] Zheng M P, Hou Y D, Zhang L N, et al. High energy density lead-free piezoelectric ceramics for energy harvesting and derived from a sol-gel route [J]. Eur. J. Inorg. Chem., 2016, 19: 3072~3075.

[102] Saito Y, Takao H, Tani T, et al. Lead-free piezoceramics [J]. Nature, 2004, 432: 84~87.

[103] Dai Y J, Zhang X W, Zhou G Y. Phase transitional behavior in $K_{0.5}Na_{0.5}NbO_3$-$LiTaO_3$ ceramics [J]. Appl. Phys. Lett., 2007, 90: 262903.

[104] 侯育冬, 高峰, 朱满康, 等. 压电变压器用陶瓷材料的成分设计 [J]. 电子元件与材料, 2003, 22 (11): 16~20.

[105] Hou Y D, Zhu M K, Wang H, et al. Piezoelectric properties of new MnO_2-added 0. 2PZN-0. 8PZT ceramic [J]. Mater. Lett., 2004, 58: 1508~1512.

[106] 郑木鹏, 侯育冬, 朱满康, 等. 能量收集用压电陶瓷材料研究进展 [J]. 硅酸盐学报, 2016, 44 (3): 359~366.

[107] Priya S. Criterion for material selection in design of bulk piezoelectric energy harvesters [J].

IEEE Trans. Ultrason. Ferroelectr. Freq. Control, 2010, 57 (12): 2610~2612.

[108] Kim S G, Priya S, Kanno I. Piezoelectric MEMS for energy harvesting [J]. MRS Bulletin, 2012, 37: 1039~1050.

[109] Yan X D, Zheng M P, Hou Y D, et al. Composition-driven phase boundary and its energy harvesting performance of BCZT lead-free piezoelectric ceramic [J]. J. Eur. Ceram. Soc., 2017, 37: 2583~2589.

[110] Chao L M, Hou Y D, Zheng M P, et al. NaNbO$_3$ nanoparticles: Rapid mechanochemical synthesis and high densification behavior [J]. J. Alloy. Compd., 2017, 695: 3331~3338.

[111] Stojanovic B D. Mechanochemical synthesis of ceramic powders with perovskite structure [J]. J. Mater. Process. Tech., 2003, 143~144: 78~81.

[112] 全学军, 李大成. 共沉淀法制备钛酸钡微粉的研究 [J]. 无机材料学报, 2001, 16 (5): 853~860.

[113] Zhu M K, Tang J L, Ke N, et al. Annealing effect on relaxor behaviours of spark plasma sintered Pb(Sc$_{1/2}$Nb$_{1/2}$)O$_3$ superfine ceramics [J]. Adv. Appl. Ceram., 2011, 110 (2): 74~79.

[114] 黄剑锋. 溶胶-凝胶原理与技术 [M]. 北京: 化学工业出版社, 2005.

[115] 符春林. 铁电薄膜材料及其应用 [M]. 北京: 科学出版社, 2009.

[116] Hou L, Hou Y D, Zhu M K, et al. Formation and transformation of ZnTiO$_3$ prepared by sol-gel process [J]. Mater. Lett., 2005, 59: 197~200.

[117] Wang C, Hou Y D, Ge H Y, et al. Growth of (Na$_{0.5}$K$_{0.5}$)NbO$_3$ single crystals by abnormal grain growth method from special shaped nano-powders [J]. J. Eur. Ceram. Soc., 2010, 30: 1725~1730.

[118] 施尔畏, 陈之战, 元如林, 等. 水热结晶学 [M]. 北京: 科学出版社, 2004.

[119] Hou Y D, Zhu M K, Hou L, et al. Synthesis and characterization of lead-free K$_{0.5}$Bi$_{0.5}$TiO$_3$ ferroelectrics by sol-gel technique [J]. J. Crystal Growth, 2005, 273: 500~503.

[120] Hou Y D, Hou L, Zhang T T, et al. (Na$_{0.8}$K$_{0.2}$)$_{0.5}$Bi$_{0.5}$TiO$_3$ nanowires: low-temperature sol-gel-hydrothermal synthesis and densification [J]. J. Am. Ceram. Soc., 2007, 90: 1738~1743.

[121] Liu X F, Fechler N, Antonietti M. Salt melt synthesis of ceramics, semiconductors and carbon nanostructures [J]. Chem. Soc. Rev., 2013, 42: 8237~8265.

[122] Afanasiev P, Geantet C. Synthesis of solid materials in molten nitrates [J]. Coord. Chem. Rev., 1998, 178~180: 1725~1752.

[123] Li L H, Deng J X, Chen J, et al. Topochemical molten salt synthesis for functional perovskite compounds [J]. Chem. Sci., 2016, 7: 855~865.

2 高能球磨法合成电子陶瓷与物性

高能球磨法是利用机械化学原理合成电子陶瓷粉体的一类化学方法。高能量的研磨能够增强粉体的化学活性，粉体颗粒由于迅速细化从而具有高的表面能，同时颗粒反复破碎与焊合使得化学键处于不饱和状态，因而容易诱发化学反应，生成目标电子陶瓷粉体。本章主要介绍高能球磨法一步合成 NaNbO₃、PZT-PNZN、Mn 掺杂 PZN-PZT 体系及相关陶瓷材料的物性，如电结构（反铁电与铁电）稳定性、纳米尺寸效应和压电能量收集特性。此外，介绍了基于高能球磨细化粉体技术的高温电容器用 BNT-NN 纳米瓷料合成与介电性能研究。

2.1 NaNbO₃ 陶瓷高能球磨法合成与致密化烧结行为

NaNbO₃ 是典型的钙钛矿型碱金属铌酸盐氧化物，是重要的无铅压电陶瓷体系 KNbO₃-NaNbO₃ 的基本组元之一[1,2]。NaNbO₃ 自身具有复杂的相变序列，关于其微结构的精确解析一直是本领域的研究热点[3,4]。但是，由于碱金属钠元素的易挥发性，制备高致密度的 NaNbO₃ 陶瓷仍是一件极其困难的工作，这妨碍了人们对其本征物理性能的深入研究。陶瓷的致密化烧结与前驱粉体活性密切相关，传统固相法通过高温煅烧成相，NaNbO₃ 产物粉体颗粒粗大活性差，且易出现钠缺失。通过高能球磨法不仅有利于合成纳米尺度的 NaNbO₃ 前驱粉体，而且在球磨罐密闭环境下的机械化学反应还能够有效抑制碱金属钠元素的挥发，确保产物粉体的化学计量比[5]。在本节中，采用高能球磨法一步成功合成出平均粒径为 15nm 的 NaNbO₃ 前驱粉体，详细分析不同球磨阶段产物晶体结构与形貌演变规律。进一步，以 NaNbO₃ 纳米粉体为前驱体，研究常规烧结过程中不同温度区段物质的输运机理。本实验中，在不添加任何烧结助剂的情况下，1365℃烧结的 NaNbO₃ 陶瓷具有高达 98% 的相对密度。

2.1.1 NaNbO₃ 纳米粉体的高能球磨法合成

以分析纯的 Na₂CO₃ 和 Nb₂O₅ 为初始原料，称量前所有原料在 200℃ 烘干 12h。使用德国福里茨 P7 增强型高能球磨机进行粉体机械化学合成。按 Na/Nb 比例 1:1 精确称量原料，并置于 WC 球磨罐中，使用 3mm 直径的 WC 磨球为磨介，并控制球料比为 20:1。高能球磨实验工艺参数：球磨机恒定转速 800r/min，球磨时间 0~120min。随后，以成相的 NaNbO₃ 纳米粉体为前驱体，在

800MPa 压力下干压成型得到圆片素坯体。进一步，将圆片素坯体置于密闭 Al_2O_3 坩埚中，在气氛保护模式下进行常规无压烧结，设置烧结温度范围为 1100~1375℃，保温时间 2h。合成粉体与陶瓷体的物性测试方法见 1.4.2 节。

　　首先，应用 XRD 技术分析高能球磨过程中粉体的晶相结构演化规律。图 2-1 给出了不同球磨阶段粉体的 XRD 图谱，包括：高能球磨处理前的 Na_2CO_3 与 Nb_2O_5 原料混合物（0min）和球磨 10min、20min、30min、60min、90min 和 120min 后的产物。可以看到，未进行高能球磨处理的混合物 XRD 谱对应单斜相 $NaCO_3$ 与正交相（$Pbma$）Nb_2O_5。球磨 10min 后，Nb_2O_5 衍射峰呈现宽化特征且强度明显降低，同时在检测限内已经难以观察到 Na_2CO_3 衍射峰。这主要是因为在高能球磨的初始阶段，碳酸盐配合物的形成需要对 CO_3^{2-} 离子进行重组，因而导致 Na_2CO_3 结构的长程周期性减弱[6,7]。但需要注意的是在球磨 20min 后，32.5°附近可以观察到有新的衍射峰出现，可以确定该峰属于 $NaNbO_3$ 的最强衍射峰之一，说明有钙钛矿相开始形成。随着球磨时间的延长，$NaNbO_3$ 的结晶性逐渐提升。球磨 60min 后，XRD 图谱中确定的物相主要是 $NaNbO_3$ 以及少量 Nb_2O_5。进一步延长球磨时间到 90min，残余的 Nb_2O_5 完全消耗，XRD 图谱仅能检测到正交相（$Pbma$）$NaNbO_3$（JCPDS#33-1270），说明基于高能球磨法在该实验条件下获得了纯钙钛矿相。由测试所得 XRD 数据，根据谢乐公式（2-1），计算出 90min 高能球磨产物粉体的平均粒径约为 14nm，表明实验得到 $NaNbO_3$ 纳米粉体。

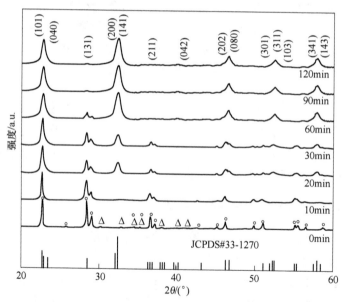

图 2-1　不同球磨阶段粉体的 XRD 图谱

（符号：（○）Nb_2O_5；（△）Na_2CO_3）

$$d = \frac{K\lambda}{B\cos\theta} \tag{2-1}$$

式中，d 为平均晶粒尺寸；K 为谢乐常数；λ 为 X 射线波长；B 为衍射峰的半高宽（FWHM）；θ 为对应的衍射角。

Raman 光谱能够检测出晶体结构的微小畸变，是研究材料微结构演变的有效分析方法。为了进一步解析高能球磨不同阶段物相结构的演变规律，测试了与球磨时间相关的 Na_2CO_3-Nb_2O_5 体系的室温 Raman 光谱，结果如图 2-2 所示。

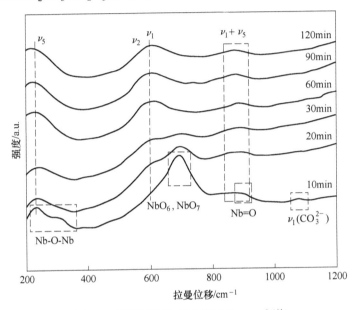

图 2-2 不同球磨阶段粉体的 Raman 光谱

由图 2-2 可以看到，在高能球磨初始阶段，球磨 10min 的产物 Raman 谱峰可以分解如下：（1）1080cm⁻¹ 处的弱峰（表示为 ν_1（CO_3^{2-}））归属于 CO_3^{2-} 离子的 C—O 键对称伸缩振动（这一点与 XRD 观察结果有所不同，分析应是 Raman 光谱更敏感于结构微小变化所致）；（2）700cm⁻¹ 附近的不对称宽振动谱带归属于正交 T-Nb_2O_5 结构的 NbO_6 与 NbO_7 基团的对称伸缩振动，200~350cm⁻¹ 范围的谱带归属于 Nb—O—Nb 键的弯曲振动，而 800~1000cm⁻¹ 范围较弱的宽谱带对应于 Nb—O 键的对称伸缩振动[5,8]。延长高能球磨时间，可以在 Raman 光谱中观察到明显的变化，揭示原料之间发生机械化学反应。球磨至 20min，对应于 1080cm⁻¹ 处的 ν_1（CO_3^{2-}）振动峰消失，Nb_2O_5 在 700cm⁻¹ 处的 Raman 振动峰强度也随球磨时间增加而减弱，至 90min 完全消失。此外，从 Raman 光谱可以看到，高能球磨 20min 后在 600cm⁻¹ 处有新的振动峰出现，且其强度随着球磨时间增加而不断增强。分析认为，600cm⁻¹ 处的宽振动峰归属于 NaNbO₃ 中 NbO₆ 八面体的 ν_1 和 ν_2 特征振动，表明钙钛矿相目标产物开始形成。与此同时，$200 \sim 350 cm^{-1}$ 和 $800 \sim 1000 cm^{-1}$ 区域中的谱带峰形也随球磨时间增加而呈现类似变化，这两处可以分别归属于 $NaNbO_3$ 中 NbO_6 八面体的 ν_5 和 $\nu_1 + \nu_5$ 振动。根据 Raman 谱中各峰的演变分析，可以确定 90min 高能球磨产物的 Raman 谱完全对应于 $NaNbO_3$ 中 NbO_6 八面体的各类特征振动模式，因此确证该实验条件下合成出了纯钙钛矿相，这一点与 XRD 分析结果一致[5]。

为了进一步揭示高能球磨不同阶段产物粉体的形貌与结构特征，分别选取 30min 和 90min 机械化学合成的粉体进行形貌与成分分析，结果如图 2-3 和图 2-4 所示。图 2-3a 为 30min 高能球磨产物的透射电镜（TEM）照片，可以观察到产物主要由不规则形貌的纳米颗粒所构成。图 2-3b 为对应高分辨率透射电镜（HR-TEM）照片，可以看到产物包含两个明显不同的晶体结构区域，其中晶面间距为

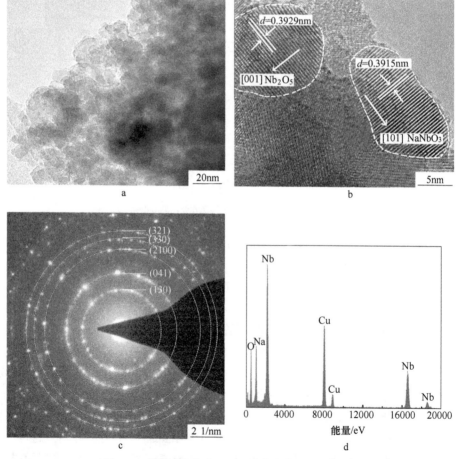

图 2-3 高能球磨合成 30min 产物的微观结构细节

a—TEM 照片；b—HRTEM 照片；c—SAED 图；d—EDS 能谱（检测到的 Cu 峰来自样品支撑膜）

0.3929nm 的区域对应于 Nb_2O_5 的（001）晶面，晶面间距为 0.3915nm 的另一区域对应于 $NaNbO_3$ 的（101）晶面。图 2-3c 给出了 Nb_2O_5 区域的选区电子衍射（SAED）花样，标定的衍射环特征与 Nb_2O_5 的晶体结构完全相符。同时，根据图 2-3d 能量色散谱（EDS）计算的产物元素比例也表明得到的粉体是混相结构。以上实验结果说明高能球磨 30min，机械化学合成的产物并非纯钙钛矿相，仍然包含大量未反应的 Nb_2O_5。

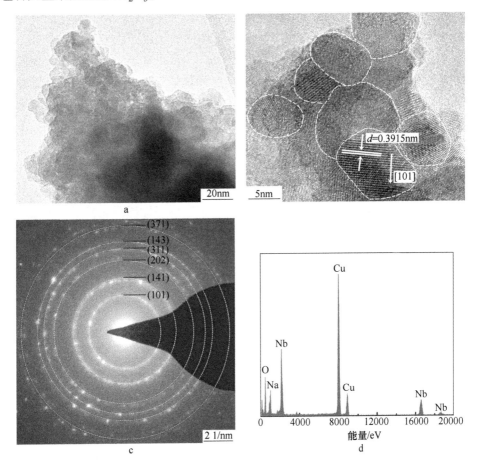

图 2-4 高能球磨合成 90min 产物的微观结构细节

a—TEM 照片；b—HRTEM 照片；c—SAED 图；d—EDS 能谱（检测到的 Cu 峰是由样品衬底引起）

相比高能球磨 30min 产物，从图 2-4a 可以看到，90min 高能球磨产物呈现出良好的结晶形态。根据 TEM 照片，通过图像软件分析得到的产物平均晶粒尺寸约为 15nm，这一结果与前文依据 XRD 谱数据由谢乐公式计算的平均晶粒尺寸数值相近。图 2-4b 中 HRTEM 照片显示产物不同区域的晶面间距相同，d = 0.3915nm 对应于 $NaNbO_3$ 的（101）晶面，未观察到 Nb_2O_5 的特征晶体结构。进一步，对产物的 SAED 图进行标定，结果示于图 2-4c 中。分析揭示，多晶衍射环分别对应于正交结构 NaNbO$_3$ 的（101）、（141）、（202）、（311）、（143）和（371）。此外，根据图 2-4d 的 EDS 能谱测试结果，分析确定产物中 Na：Nb 比例接近 1：1，与实验设计组成相同，说明高能球磨 90min 获得了纯钙钛矿相 NaNbO$_3$。以上实验结果与先前 XRD 和 Raman 分析结论完全一致。

在本工作中，通过高能球磨法一步合成纯钙钛矿相 NaNbO$_3$ 纳米晶。为了对比，采用相同原料，通过传统固相法合成 NaNbO$_3$ 粉体。图 2-5a 和图 2-5b 分别给出两种合成技术制备产物的 XRD 图谱，其中固相法工艺为 600℃煅烧 5h，高能球磨法工艺为转速 800r/min，球磨时间 90min。可以看出，两种方法均能够有效合成出纯钙钛矿相 NaNbO$_3$，XRD 图谱中未发现第二相。然而，与传统固相法合成的粉体相比较，高能球磨法合成的粉体 XRD 衍射峰明显宽化，这可归因于纳米尺寸效应所致。图 2-6 进一步给出传统固相法合成 NaNbO$_3$ 粉体的扫描电子显微镜（SEM）照片。与高能球磨法合成的粉体形貌相比（如图 2-4 所示），传统固相法合成的 NaNbO$_3$ 粉体颗粒尺度较大，在亚微米级，且呈现明显的硬团聚现象，这主要是由于传统固相法是基于界面扩散反应机制，高温煅烧在推进界面扩散反应进行的同时也导致颗粒间烧结颈的形成。而高能球磨法基于机械化学原理诱导反应发生，合成的 NaNbO$_3$ 粉末颗粒尺寸为纳米级，无硬团聚现象，平均粒度约为 15nm。

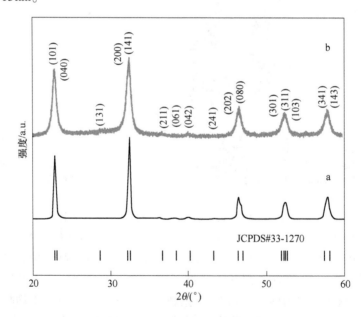

图 2-5　两种合成技术制备产物的 XRD 图谱
a—传统固相法；b—高能球磨法

图 2-6 传统固相法合成 NaNbO₃ 粉末的 SEM 照片

传统固相法中，固态扩散反应的激活能为空位的形成能和迁移能之和，跃迁活化势垒 ΔG^* 的能量主要由高温煅烧的热能所提供。在对比实验中，传统固相法制备纯 NaNbO₃ 粉体需要在 600℃ 高温下长达 5h 的煅烧来实现目标相合成。而在高能球磨法中，原料粉末在磨介高速碰撞作用下迅速细化并产生大量的缺陷（空位、位错等），进而诱发化学反应，因此，跃迁 ΔG^* 的能量主要由磨介高速撞击所产生的碰撞能提供。实验揭示，采用高能球磨工艺，仅需 90min 就可获得纯钙钛矿相的 NaNbO₃ 纳米粉体。相较于传统固相法，高能球磨法省去高温煅烧环节，节能效果显著。此外，本实验所得结果也优于此前 Rojac 等人对 NaNbO₃ 粉末的高能球磨法合成研究报道，特别是合成纯钙钛矿相的研磨时间大大缩短[6]。文献报道需要长达 96h 才能获得纯钙钛矿相的 NaNbO₃ 纳米粉末。分析本实验能够快速合成 NaNbO₃ 纳米粉末的主要原因是优化了高能球磨实验参数，通过合理设定球磨转速与球料比，即通过设置 800r/min 的转速和 20∶1 的球料比，获得高达 457mJ/hit 的磨球撞击能量，远优于文献报道的 15mJ/hit 和 370mJ/hit。因而，可以确定高的磨球撞击能量加速了机械化学反应的进行。

2.1.2 NaNbO₃陶瓷的常规烧结致密化行为

在以上粉体合成工作的基础上，选用 90min 高能球磨合成的 NaNbO₃ 纳米粉体为前驱体，进一步通过常规无压烧结工艺构建陶瓷体。

在烧结致密化阶段，陶瓷烧结体的相对密度与前期成型素坯体的相对密度密切相关，而成型素坯体的相对密度又受前驱氧化物粉体形貌的影响[9]。采用常规固相反应合成的 NaNbO₃ 微晶粉体进行成型的素坯体相对密度为 58% ~ 60%[10]，相比而言，采用高能球磨法合成的 NaNbO₃ 纳米粉体进行成型的素坯体具有很高的填充效率，相对密度高达 70%，这非常有利于在后续常规烧结过程中获得高致密度陶瓷。

图 2-7 给出了不同烧结温度得到 NaNbO₃ 陶瓷样品的热蚀断面 SEM 照片。可以看到，随着烧结温度升高，在样品致密度提升的同时，晶粒也呈现出增大趋势。1365℃烧结的样品为沿晶断裂模式，具有致密均匀的显微组织结构，平均晶粒尺寸约为 3.5μm。进一步，通过阿基米德排水法测试 1365℃烧结样品的体积密度，计算出其相对密度数值高达 98%，这与 SEM 电镜观察到的低气孔率致密组织结构相一致。

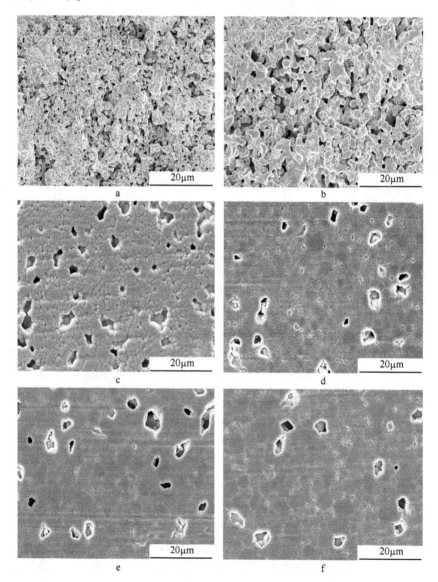

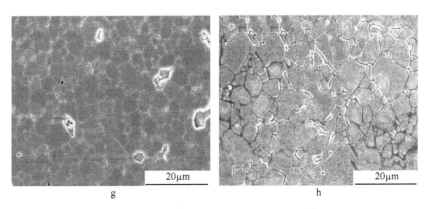

图 2-7　不同烧结温度制备 NaNbO$_3$陶瓷样品的热蚀断面 SEM 照片

a— 1100℃；b—1200℃；c—1330℃；d—1350℃；e—1355℃；f—1360℃；g—1365℃；h—1375℃

　　图 2-8 给出了不同烧结温度获得 NaNbO$_3$陶瓷样品的平均晶粒尺寸和相对密度变化曲线。由图可见，两条曲线呈现出相似的变化趋势，以 1330℃为转变点可以划分为高低两个温度段。在 1100~1330℃的初始低温段，陶瓷样品平均晶粒尺寸从约 0.8μm 增加至约 2.2μm，同时相对密度从 70% 增加到 80%。通常，粉体颗粒尺寸减小到纳米尺度将导致表面曲率和蒸气压急剧增加，因此，低温阶段最可能的物质输运机制是蒸发/冷凝和表面扩散。这两种输运机制仅有利于晶粒生长，而对于提升陶瓷致密度的贡献不大。当温度进一步提升到 1330℃以上时，烧

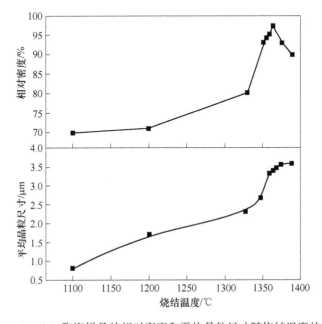

图 2-8　NaNbO$_3$陶瓷样品的相对密度和平均晶粒尺寸随烧结温度的变化

结进入第二阶段。陶瓷样品平均晶粒尺寸从 1330℃的约 2.2μm 增长到 1365℃的约 3.5μm，同时相对密度迅速增加到约 98%。在第二阶段，其他一些物质传输机制，例如，晶界扩散和体扩散被激活，这导致陶瓷快速致密化。气孔与晶界一起移动，数量显著减少。然而，进一步升高烧结温度到 1375℃及以上时，虽然陶瓷样品平均晶粒尺寸没有太大变化，但是相对密度出现快速下降。这主要是由于烧结温度已经接近 NaNbO₃ 的熔点（1412℃），陶瓷体出现软化现象，导致致密化过程被破坏，体积密度降低。

　　本节主要介绍 NaNbO₃ 陶瓷高能球磨法合成与致密化烧结行为。研究揭示，高能球磨法可以免煅烧一步快速合成 NaNbO₃ 纳米粉体，高活性前驱纳米粉体有助于采用常规无压烧结工艺制备出高致密度的陶瓷体。此外，高能球磨法中密闭的机械化学反应环境还有利于抑制碱金属元素挥发，实现目标体系计量比的精确控制。

2.2　NaNbO₃陶瓷的微结构调控与铁电反铁电稳定性

　　在上一节中，介绍了 NaNbO₃ 纳米粉体的高能球磨法合成与常规烧结特性。NaNbO₃ 是一类相结构极其复杂的材料，其电活性处于铁电体与反铁电体的边缘，大量研究揭示材料的计量比、致密度与缺陷结构等因素对 NaNbO₃ 电学行为均有重要影响[11~15]。文献中，采用传统固相法制备的 NaNbO₃ 陶瓷相对密度仅为 90%左右，非致密的体结构通常伴有大量缺陷，这影响了对 NaNbO₃ 陶瓷本征电学性能的解析[16]。另一方面，随着电子元器件小型化的快速发展，其核心材料的晶粒尺寸效应研究也引起人们越来越多的关注。目前，对于 BaTiO₃ 等钙钛矿型铁电陶瓷，出于 MLCC 器件工业化的推动，尺寸效应研究已经较为深入[17,18]。人们发现随着晶粒尺寸减小，铁电陶瓷的介电性能一般会在微米与亚微米尺度范围内出现极值现象，而当晶粒尺寸进一步减小到一定纳米尺度以下时，铁电性会丧失。但是，对于 NaNbO₃ 这一具有复杂相变序列的铁电（FE）反铁电（AFE）介稳材料，晶粒尺度对电学行为的影响仍然缺乏深入研究。考虑到高能球磨法合成的纳米粉体具有较高的烧结活性，在本节中，将以 90min 机械化学合成的 NaNbO₃ 纳米粉体为前驱体，分别采用常规烧结技术和放电等离子烧结技术（SPS）构建高致密度的微米晶陶瓷（粗晶陶瓷）与纳米晶陶瓷（纳米陶瓷），并解析与晶粒尺度相关的相结构与电学性能变化[15,19]。

2.2.1　NaNbO₃粗晶陶瓷的反铁电结构稳定性

　　以 90min 机械化学合成的 NaNbO₃ 纳米粉体为前驱体，采用常规无压烧结技术进行陶瓷致密化烧结。研究揭示 1365℃烧结 2h 得到的 NaNbO₃ 陶瓷具有高达98%的相对密度，SEM 照片（如图 2-9 所示）显示样品内部微观组织结构均匀，

平均晶粒尺寸为（3.5±2.8）μm。X 射线荧光光谱（XRF）分析给出元素原子比
Na：Nb：O=1：1：3，说明得到符合计量比的 NaNbO₃陶瓷。后续研究将选择该
工艺条件制备的 NaNbO₃粗晶陶瓷进行相结构与电学性能分析。

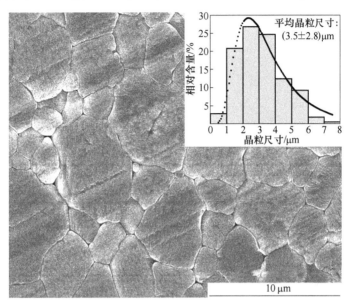

图 2-9　NaNbO₃粗晶陶瓷的断面 SEM 照片

（内插图：晶粒尺寸分布图）

图 2-10a 为退火前 NaNbO₃粗晶陶瓷在不同频率下测试的相对介电常数ε_r与介
电损耗 tanδ 温度谱。

由图可见，360℃附近存在着一个强介电峰，该峰对应于反铁电正交 P 相到
反铁电正交 R 相之间的相转变，属于一级居里相变。同时，所得样品在居里点处
的最大介电常数 ε_{max} 接近 1800，优于文献报道数值[14,20]，这可部分归因于样品
具有致密均匀的组织结构。此外，介温谱在约 100℃附近出现一个具有频率色散
特征的介电异常峰。先前，在铅基钙钛矿型铁电体中有文献报道指出氧化物陶瓷
中的氧空位与介电弛豫现象相关[21,22]。此处为了验证氧空位是否是影响实验样
品低温弛豫行为的主因，对部分 NaNbO₃试样进行氧气退火处理（950℃氧气退火
30min）。图 2-10b 给出了退火后 NaNbO₃粗晶陶瓷的介温谱。可以看出，与退火
前样品介温谱相比，氧气氛退火后 NaNbO₃粗晶陶瓷除了高温段的介电损耗有一
定程度降低，ε_r-T 曲线整体表现出相似的介温特征。对于高温段介电损耗的降低
可以推断是由于氧气退火处理能够部分填充样品氧空位，引起高温电导减小所
致。这里需要注意的是，氧气退火之后，陶瓷样品在 100℃附近的低温介电异常
现象并未消除，仍然清晰可见，说明低温介电弛豫现象与氧空位无关，应该存在

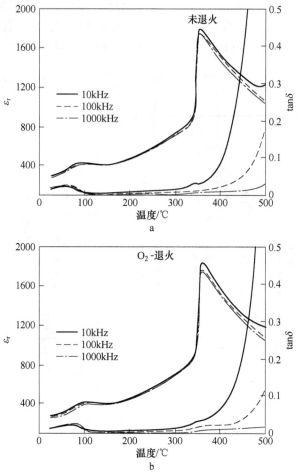

图 2-10   NaNbO₃粗晶陶瓷的介温谱

a—退火前；b—退火后

其他相关机理。

为了确切解析低温介电弛豫现象的结构起源，分析其是否与材料相变相关，对 NaNbO₃粗晶陶瓷进行了原位变温 XRD 测试。图 2-11a 给出了 25~150℃ 测试温度范围内样品的 XRD 图谱。由图可以看到，所有 XRD 谱均呈现纯钙钛矿相结构，没有检测到第二相。室温时，样品的 XRD 谱主要对应于空间群 $Pbma$ 的反铁电 P 相。升高测试温度引起样品衍射峰形逐渐发生变化，这可以从局部区域的 XRD 放大图清晰看到（如图 2-11b 和图 2-11c 所示）。当升温到 150℃ 时，XRD 谱主要对应于空间群 $P2_1ma$ 的铁电 Q 相。由于实验所用 XRD 设备的检测精度和 NaNbO₃本身相结构的复杂性，还很难给出不同相含量的准确定量分析结果以及确认出非公度相。但是，根据现有的变温 XRD 测试结果，已经可以明确 100℃ 附近出现的介电异常现象与 NaNbO₃结构相变相关，升高温度能够增加铁电 Q 相含量，而其对外电场的动力学响应诱发低温介电弛豫行为[15]。

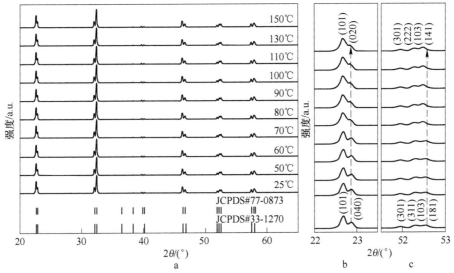

图 2-11   NaNbO₃粗晶陶瓷变温 XRD 图谱

a—宽衍射角范围；b—22°～23.5°范围；c—51.5°～53°范围

为了进一步解析 NaNbO₃粗晶陶瓷的低温相变特征，应用差示扫描量热法（DSC）对样品进行热分析。图 2-12 给出了 25～160℃温度范围内样品的 DSC 曲线。

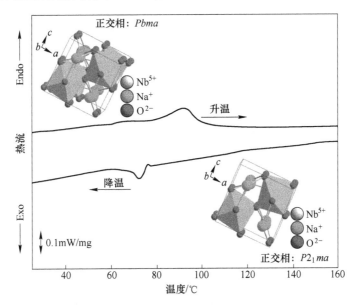

图 2-12   NaNbO₃粗晶陶瓷升温与降温过程的 DSC 曲线

显然，从图 2-12 所给的 DSC 曲线可以观察到在升温和降温过程中样品有明显的热滞现象，这说明低温相变属于类一级相变。通过升温过程 DSC 曲线确定的 $NaNbO_3$ 粗晶陶瓷相变温度为 95℃，这与此前介温谱中观察到的相变温度结果一致（如图 2-10 所示）。然而，本实验中观察到的相变异常峰位置（约 100℃）与文献报道的传统固相法制备的 $NaNbO_3$ 陶瓷确定的介电异常峰位置（约 170℃）有很大差异[16]，推测这一介电异常峰温度迁移现象与不同方法制备的陶瓷内部微结构差异所引起的应力状况不同相关[15,23]。因为与本实验制备的高相对密度 98% 的致密陶瓷样品相比，文献报道的传统固相法制备的 $NaNbO_3$ 陶瓷相对密度仅为 90%，样品中高的气孔率有助于内应力的释放，从而导致相变温度向高温侧迁移。

根据以上研究结果，可以确定样品低温相变是渐进和弥散的。室温时，对于初始态的 $NaNbO_3$ 粗晶陶瓷样品，铁电 Q 相与基体反铁电 P 相呈现共存状态（如图 2-11 所示）。近年来，许多报道指出对于 $NaNbO_3$ 陶瓷，外加较低的电场就可以诱发反铁电-铁电相变，其依据是铁电 Q 相与反铁电 P 相之间的能量差较小所致[16,20]。但是，这一结论仍缺乏明确的理论依据，特别是对于难以致密化的 $NaNbO_3$ 陶瓷，与气孔相关的缺陷是有可能辅助诱导反铁电-铁电相变行为，而该因素并不能被忽略掉。在本实验中，基于高能球磨法合成的高活性纳米粉体，成功制备出高致密度的 $NaNbO_3$ 粗晶陶瓷，优良的样品质量有利于准确分析 $NaNbO_3$ 本征的极化行为与电场间的关系。

图 2-13a 给出了 $NaNbO_3$ 粗晶陶瓷室温下测试的 P-E 回线与不同外加电场强度的关系。

由图 2-13a 可以看到，所有的 P-E 回线均呈现收紧的螺旋桨形，证实存在反铁电相结构，但是，样品仍然出现铁电特征痕迹，即在 $E=0$ 时，剩余极化并不为 0，而对于完全的反铁电样品，其特征的双电滞回线应穿过原点。同时，应当注意到，即使外加电场强度接近击穿场强 150kV/cm，对于本实验制备的致密 $NaNbO_3$ 粗晶陶瓷，仍然没有观察到对应于正常铁电体的饱和电滞回线。而与该结果不同的是，文献报道的低氧分压条件烧结的 $NaNbO_3$ 样品，仅施加相对较低的电场强度 70kV/cm，就可以诱发出矩形 P-E 电滞回线[14,20]。因此，可以得出以下结论，反铁电 P 相与铁电 Q 相之间的实际自由能差较大，而先前文献报道中，$NaNbO_3$ 样品中由于存在大量的氧空位，其在激励铁电态出现方面起到重要作用。对于传统固相法制备的 $NaNbO_3$ 陶瓷，非致密的陶瓷体内有大量缺陷偶极子 D_{Na-O}，这些缺陷偶极子与基体中少量铁电 Q 相自发极化的相互作用有利于提升极化反转过程中的铁电活性[24]，从而显著降低诱发反铁电-铁电转变的电场阈值。图 2-13b 所示为 $NaNbO_3$ 粗晶陶瓷在频率 1Hz 于不同温度下测试的 P-E 回线。由图可见，随着温度升高，P-E 回线沿逆时针方向旋转，同时剩余极化呈现连续变化趋势。但是，实验发现直到测试温度升高到 120℃，仍然没有观测到饱和的

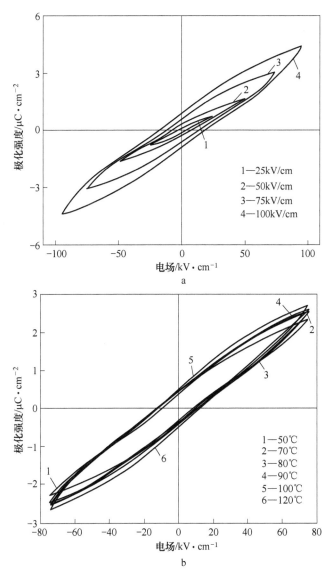

图 2-13 NaNbO₃粗晶陶瓷不同条件测试的 *P-E* 回线

a—室温 1Hz 施加不同电场；b—1Hz 变温度范围

铁电回线，从而进一步证实高致密的组织结构有利于增强 NaNbO₃粗晶陶瓷的反铁电稳定性。

在以上工作中，研究了基于高能球磨法合成的纳米粉体制备的致密 NaNbO₃粗晶陶瓷的相演变与反铁电结构稳定性，结果显示 100℃附近出现的低温相变属于类一级相变，相应介温谱中呈现介电弛豫特征。此外，对于高致密度的陶瓷样品，即使通过施加接近击穿值的高电场强度，仍然不能诱发饱和电滞回线出现，证明反铁电 P 相和铁电 Q 相之间的自由能差较高。为了实现低电场下反铁电态与铁电态之间的转变，通过基元复合、掺杂或其他构建缺陷态的方法降低反铁电与铁电态二者之间的转变电场阈值是具有可行性的重要技术途径。

2.2.2 NaNbO₃纳米陶瓷的宏观铁电与压电性

在前文中已经分析了晶粒尺度处于微米级的 $NaNbO_3$ 粗晶陶瓷的相演变与反铁电结构稳定性，为了探讨当晶粒尺度进一步进入到纳米级，$NaNbO_3$ 纳米陶瓷的电学行为变化，在本节中将高能球磨法粉体技术与放电等离子烧结（SPS）技术相结合，构建 $NaNbO_3$ 纳米陶瓷。实验中，仍然以 90min 机械化学合成的 $NaNbO_3$ 纳米粉体为前驱体，后续致密化过程采用放电等离子烧结技术，具体工艺如下：将平均粒径 15nm 的纳米粉体置于内径 15mm 的圆柱形石墨磨具中，采用 SPS 系统对样品施加脉冲直流并辅以 80MPa 的压力，同时，以 100℃/min 的升温速率加热样品到 960℃并在该温度下保温 1min。烧结完成后，应用线切割技术将陶瓷柱切成直径 15mm、厚度 1.2mm 的圆片，并在氧气氛中于 800℃退火 5h。退火处理有助于消除放电等离子烧结过程引入的碳残留与氧缺陷。通过阿基米德法测试陶瓷样品的体积密度，与理论密度比较得到相对密度数值大于 98%，说明获得低气孔率的高致密度陶瓷样品。

图 2-14a 给出了 SPS 烧结 $NaNbO_3$ 陶瓷的 XRD 图谱，结果显示实验获得了纯钙钛矿相样品，详细的相结构解析将在下文中介绍。图 2-14b 为相应陶瓷样品的 TEM 照片及统计的晶粒尺寸分布（内插图），可以看到实验得到平均晶粒尺寸仅为 50nm 的高致密度纳米陶瓷。

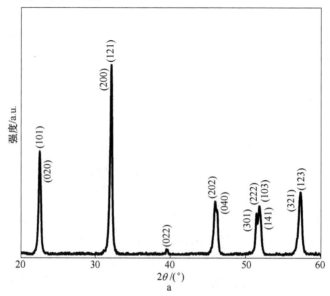

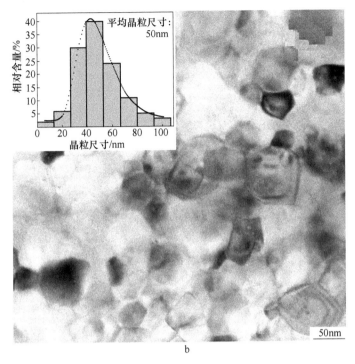

图 2-14   NaNbO₃纳米陶瓷分析

a—XRD 图谱；b—TEM 照片

（内插图：晶粒尺寸分布图）

图 2-15 给出了平均粒径 50nm 的 NaNbO₃纳米陶瓷在 10kHz 频率下于升温过程中测试的相对介电常数和介电损耗的温度关系图。对比起见，在图中同时给出前文中通过常规无压烧结技术制备的 NaNbO₃粗晶陶瓷（平均粒径 3.5μm）的介

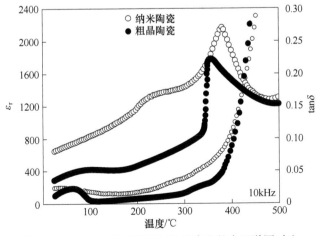

图 2-15   NaNbO₃纳米陶瓷与粗晶陶瓷的介温谱图对比

温谱测试结果。如图所示，纳米陶瓷和粗晶陶瓷两个样品的室温介电损耗值都较低，分别为 0.024 和 0.015，这可归因于二者都具有高的致密度，与损耗相关的气孔率较低。此外，图 2-16 给出了分别于升温和降温过程中测试的 $NaNbO_3$ 纳米陶瓷高温区介温谱，可以看到，升降温循环过程中两条介温谱曲线有一定差异，说明 $NaNbO_3$ 纳米陶瓷具有非常微弱的热滞现象。

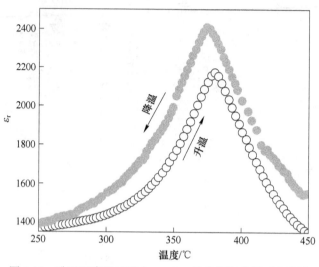

图 2-16   升温和降温过程中 $NaNbO_3$ 纳米陶瓷高温区介温谱

为了进一步分析高温区域中 $NaNbO_3$ 纳米陶瓷的介电行为，应用居里-外斯定律（式（1-8））对介电常数温度谱进行拟合，结果示于图 2-17。可以看到，相变温度以上和以下拟合的居里常数比约为 1.7，远小于一级相变的比值 8。此外，在 420℃ 以上，拟合结果偏离居里-外斯定律，这可归因于高温下热激活空间电荷对介电常数的外部贡献所致。此外，从图 2-15 所测介温谱中可以看出纳米陶瓷与粗晶陶瓷之间存在两个明显差异。首先，纳米陶瓷室温 ε_r（650）高于粗晶陶瓷室温 ε_r（297），并且该趋势在一定宽温度范围内保持。其次，与粗晶陶瓷的相变温度 360℃ 相比，纳米陶瓷的相变温度为 380℃，向高温方向移动。我们推测这些差异来源于与晶粒尺度相关的样品内应力状况不同。文献报道指出对于 $PbZrO_3$，相变温度随着静水压力的增加而增加[25]。因此，可以推测对于 $NaNbO_3$ 陶瓷的物性，如相变温度，也可能在不同压力作用下发生改变，压力作用包括内应力的变化。虽然单个晶粒中的应力分布解析非常复杂，但可以初步确定的是，$NaNbO_3$ 纳米陶瓷由于晶粒细小，应该有比粗晶陶瓷更大的内应力，这对于相变温度迁移起到关键作用。另一方面，在研究 $BaTiO_3$ 陶瓷中的晶粒尺寸效应时，内应力模型被用来解释细晶铁电陶瓷中出现的高介电常数现象[26]。基于本实验观察到的结果，可以推测如果纳米陶瓷中增强的内应力诱发反铁电-铁电相变，则增强的铁电极化与畴壁运动可以补偿晶粒细化所引起的低介电常数晶界相含量增多所导致的介电弱化效应，极大地促进 NaNbO₃纳米陶瓷的介电常数增加。

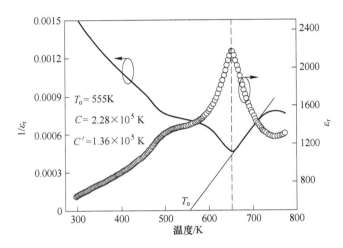

图 2-17　NaNbO₃纳米陶瓷的介温谱与居里-外斯定律拟合结果

　　为了进一步确定尺寸诱导的铁电极化行为是否在 NaNbO₃纳米陶瓷中出现，在室温和 1Hz 条件下测试了样品的 P-E 和 I-E 曲线，结果在图 2-18a 中给出。由图可见，NaNbO₃纳米陶瓷呈现出宏观铁电行为，具有高达 $9\mu C/cm^2$ 的剩余极化 P_r，这一点与粗晶陶瓷测试结果完全不同（如图 2-13 所示）。同时，外加电场变化时有明显的电流峰出现，证明陶瓷体系中可能有纳米畴存在。图 2-18b 示出纳米陶瓷剩余极化 P_r 与外加电场强度的关系。可以看到，P_r 随外加电场强度增加而增强，当外电场强度超过 60kV/mm 时，P_r 到达饱和状态，这种变化趋势是典型的纳米铁电体特征[27]。以上电学测试结果证实伴随晶粒尺寸的减小和内应力的增强，NaNbO₃纳米陶瓷中出现反铁电-铁电相变。

　　为了从显微结构上直接观测到纳米陶瓷的内部电畴形态，采用 HRTEM 技术对样品进行微区分析。图 2-19a～c 给出了 NaNbO₃纳米陶瓷不同区域的 HRTEM 观测结果。对于 NaNbO₃纳米陶瓷，由图 2-19a～c 可以看到，不同区域中均有如白色箭头所指示的带状纳米畴结构，该特征与文献报道的铌酸钾钠基陶瓷中出现的纳米畴类似[28]。结合前文中样品的铁电行为测试分析结果，这里从显微结构角度直接观测到的纳米畴构型准确地表明对于 NaNbO₃纳米陶瓷，宏观铁电性与纳米畴构型之间有强烈的关联性。图 2-19d 还给出了 NaNbO₃纳米陶瓷的选区电子衍射（SAED）花样，经标定与铁电 Q 相相对应，并且没有观察到超晶格衍射现象。

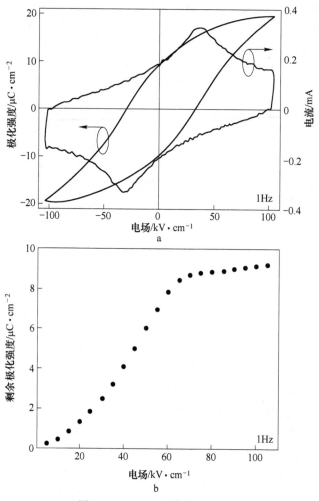

图 2-18　NaNbO₃ 纳米陶瓷曲线

a—*P-E* 和 *I-E* 曲线；b—*P*ᵣ 与外加电场强度的关系

　　为了深入解析 NaNbO₃ 纳米陶瓷与温度相关的相变行为，使用热台原位 X 射线衍射仪测试样品 25~270℃ 之间的变温相结构演化，结果示于图 2-20a。显然，室温 XRD 图谱对应于空间群 $P2_1ma$ 的正交晶系铁电 Q 相，这与 SAED 分析结果一致（如图 2-19d 所示），证实 NaNbO₃ 纳米陶瓷中出现尺寸诱导的 P-Q 相变。Koruza 等人曾经指出，NaNbO₃ 陶瓷体一般呈现 *Pbcm* 对称性（P 相），而粉末态一般具有 $P2_1ma$ 对称性（Q 相）[13]。这与本实验陶瓷样品测试的相结构存在差异，原因在于文献中 NaNbO₃ 陶瓷样品的平均晶粒尺寸高达 56.8μm，约是本实验合成纳米陶瓷晶粒尺寸的 1000 倍。因而，本实验陶瓷样品晶粒尺寸大幅减小是两者相结构差异的主因，由于内部纳米畴的形成导致在纳米尺度上诱发铁电相态，

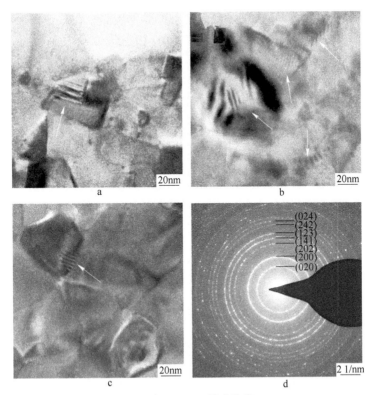

图 2-19　NaNbO₃纳米陶瓷

a～c—不同区域的 HRTEM 图；d—标定指数的 SAED 图

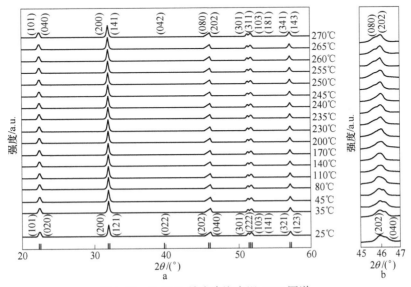

图 2-20　NaNbO₃纳米陶瓷变温 XRD 图谱

a—宽衍射角范围；b—45°～47°范围

这也可以很好地解释 NaNbO$_3$ 纳米陶瓷中观测到的宏观极化反转现象和增强的介电性能起因。进一步升高测试温度引起 XRD 衍射峰逐渐发生变化，特别是在 45°~47°附近的 2θ 区域中可以明显观察到这一变化趋势（如图 2-20b 所示）。当测试温度达到 270℃时，XRD 图谱主要对应空间群 *Pbma* 的反铁电 P 相。由于中间温度区域存在复杂的相共存，因而可以得出结论纳米极性微区的弛豫型动力学响应是引起介温谱 250℃ 附近出现介电异常的主要原因（如图 2-15 所示）。

以上 NaNbO$_3$ 纳米陶瓷中宏观铁电极化行为的出现预示该材料有可能通过人工极化获得宏观压电性能。进一步，对 NaNbO 纳米陶瓷进行人工极化，具体条件为：温度 120℃，时间 30min，极化电场 40kV/cm，该外加电场强度高于样品的矫顽场 33kV/cm（如图 2-18 所示）。老化 24h 后，测定 NaNbO$_3$ 纳米陶瓷的压电应变常数 d_{33}，得到数值为 18pC/N，该值可与平均晶粒尺寸 80nm 的 MPB 结构 BiScO$_3$-PbTiO$_3$ 铅基陶瓷相媲美（$d_{33} = 40$pC/N）[27]。此外，通过谐振-反谐振法测定出样品的机电耦合系数 $k_p = 0.10$，说明压电谐振在纳米陶瓷中被激发。综合考虑到 NaNbO$_3$ 纳米陶瓷简单的成分配比，且不含重金属铅和具有较小的晶粒尺寸，该类材料有望在无铅微纳机电系统中得到应用。

本节主要介绍 NaNbO$_3$ 陶瓷的微结构调控与铁电反铁电稳定性。研究揭示，以高能球磨法合成的纳米粉体为前驱体，采用无压烧结技术和放电等离子烧结技术可以分别制备出平均晶粒尺寸为 3.5μm 和 50nm 的高致密度粗晶陶瓷与纳米陶瓷。晶粒尺寸不同引起样品电学行为的显著差异，其中，粗晶陶瓷具有稳定的反铁电结构，难以诱发铁电行为，而纳米陶瓷内部增强的内应力导致宏观铁电性出现，经人工极化样品呈现压电性能。

2.3 PZT-PNZN 陶瓷高能球磨法合成与纳米尺寸效应

压铁电器件持续小型化的发展趋势要求相关陶瓷材料的晶粒尺度由微米级进入到亚微米级，甚至纳米级层次，而晶粒尺度的变化对材料物性，特别是电学性能有着重要影响。因而，相关晶粒尺度效应研究对于发展新型高性能微型片式电子元器件至关重要。在前文中基于高能球磨法粉体技术，通过进一步优化烧结工艺成功构建出晶粒尺寸不同的 NaNbO$_3$ 粗晶陶瓷与纳米陶瓷，详细介绍与晶粒尺度相关的反铁电-铁电转变行为并得到一些新观点[15,19]。在本节中，将进一步介绍高能球磨法在其他类型电子陶瓷制备方面的应用。Pb(Zr$_{0.47}$Ti$_{0.53}$)O$_3$-Pb$[$(Ni$_{0.6}$Zn$_{0.4}$)$_{1/3}$Nb$_{2/3}]$O$_3$（PZT-PNZN）是近年来关注较多的 PZT 基四元系压电陶瓷，由于其具有高的压电活性，在压电致动器和压电能量收集器等压电器件方面得到一定应用[29,30]。然而，构建晶粒达到纳米尺度的 PZT-PNZN 致密陶瓷在技术方面仍然具有一定挑战性，这妨碍了对其进行深入的尺寸效应研究以及进一步发展基于纳米晶结构的电子陶瓷元器件。在 PZT-PNZN

四元体系中，ABO_3 钙钛矿结构中的 A 位由 Pb^{2+} 占据，但是 B 位由多达 5 种离子占据，分别是 Zr^{4+}、Ti^{4+}、Ni^{2+}、Zn^{2+} 和 Nb^{5+}，这使得该钙钛矿结构极为复杂，采用常规技术难以合成具有稳定钙钛矿结构的纳米粉体。基于机械化学原理的高能球磨法可以在球磨罐中诱发原料间的化学反应，免煅烧一步合成高活性的纳米目标相，同时密闭反应环境还有利于抑制易挥发性成分，例如 PbO 的缺失，有利于保证产物计量比。在本节中，将选用高能球磨法一步合成 PZT-PNZN 四元系纳米粉体，系统研究粉体相结构的转变与形貌特征。在此基础上，采用放电等离子烧结技术对纳米粉体进行致密化，并详细分析所构建 PZT-PNZN 纳米陶瓷的介电弛豫行为，铁电与压电性能及其与微结构的关联性[31]。

2.3.1 PZT-PNZN 纳米粉体高能球磨法合成

目标材料体系组成为：$0.74Pb(Zr_{0.47}Ti_{0.53})O_3\text{-}0.26Pb[(Ni_{0.6}Zn_{0.4})_{1/3}Nb_{2/3}]O_3$，实验以分析纯的 Pb_3O_4、ZrO_2、TiO_2、ZnO、NiO 和 Nb_2O_5 为初始原料，使用德国福里茨 P7 增强型高能球磨机进行粉体机械化学合成。首先按计量比精确称量原料，用普通行星式球磨机低速湿磨混料，然后将混合物烘干后，置于 WC 球磨罐中，使用 3mm 直径的 WC 磨球为磨介，并控制球料比为 15 : 1。高能球磨机实验工艺参数设置为：球磨机恒定转速 800r/min，球磨时间 0~180min。合成粉体的物性测试方法见 1.4.2 节。

图 2-21 示出高能球磨不同阶段粉体 XRD 物相结构的演化过程。高能球磨10min，XRD 谱在 25°~30° 间呈现出 "驼峰" 特征，说明此时有非晶相形成。高

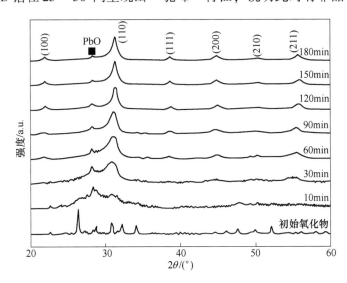

图 2-21 高能球磨不同阶段粉体的 XRD 图谱

能球磨 30min，在 31°附近出现新的宽化衍射峰，经分析确证该峰属于 PZT-PNZN 的（110）特征峰，说明钙钛矿相已开始形成。随着球磨时间的延长，PZT-PNZN 钙钛矿相的结晶性逐渐提升。150min 的球磨产物主要包含 PZT-PNZN 钙钛矿相和少量 PbO，进一步延长球磨时间并不能完全消除 PbO 相。根据谢乐公式（2-1），依据 XRD 数据计算得到 150min 球磨产物的平均粒径为 12nm，说明通过高能球磨法得到 PZT-PNZN 纳米粉体。

　　图 2-22a 和图 2-22b 分别为初始原料混合物和 150min 高能球磨产物的 SEM 照片。对比两张照片可以看到，高能球磨处理前的原料粉体主要为具有不规则形貌的大尺寸颗粒团聚物，而高能球磨处理后的产物粉体主要为软团聚的细晶颗粒。在本实验中，高能球磨不仅成功诱发机械化学反应[5]，而且实现密闭环境中产物颗粒尺度的均匀细化[32]。

图 2-22　高能球磨前后粉体的 SEM 照片

a—高能球磨处理前；b—高能球磨处理后

　　为了进一步解析高能球磨法合成产物的显微结构特征，对 150min 高能球磨产物进行细致的 TEM 透射电镜分析，结果示于图 2-23。从图 2-23a 可以看到，

PZT-PNZN 产物粉体有一定软团聚现象，球状颗粒的平均粒径约为15nm，这与先前根据 XRD 数据通过谢乐公式计算得到的粒径结果相近。图 2-23b 为提高放大倍数后产物的 HRTEM 照片，标定的晶面间距分别为 0.3828nm 和 0.4062nm，与 PZT-PNZN 的（001）和（100）晶面相对应。此外，纳米粉体的 EDS 分析结果在图 2-23c 中给出，结果显示合成粉体主要包含 Pb、Zr、Ti、Nb、Zn、Ni 和 O 元素，确证合成的纳米产物符合设计组成。图 2-23d 进一步给出产物的 SAED 图，标定分析可确认 PZT-PNZN 纳米粉体具有膺立方钙钛矿结构。

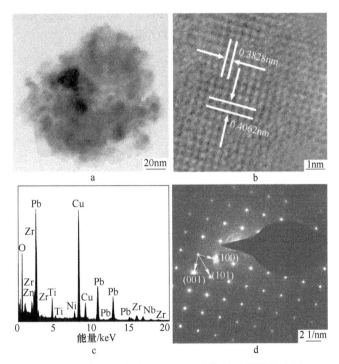

图 2-23　高能球磨合成 150min 产物的显微结构表征
a—TEM 照片；b—HRTEM 照片；c—EDS 能谱（检测到的 Cu 峰来自样品支撑膜）；d—SAED 图

2.3.2　PZT-PNZN 纳米陶瓷介电与压电行为

由于150min 高能球磨合成的 PZT-PNZN 纳米粉体具有优良的结晶性和纳米尺寸带来的高烧结活性，进一步实验选取该工艺条件合成的纳米粉体烧结构建纳米陶瓷。烧结实验通过放电等离子烧结技术（SPS）进行陶瓷致密化，具体工艺如下：将平均粒径 15nm 的 PZT-PNZN 纳米粉体置于内径 20mm 的圆柱形石墨磨具中，采用 SPS 系统对样品施加脉冲直流并辅以 30MPa 的压力。同时，以 100℃/min 的升温速率加热样品到 800℃并在该温度下保温 30s。烧结完成后，将样品在氧气氛中于 800℃退火 2h 以消除碳残留与氧缺陷。为了比较和分析晶粒尺寸对 PZT-PNZN 陶瓷电学性能的影响，实验同时采用常规固相烧结技术（CSS）对相同纳米粉体进行致密化以获取晶粒尺寸在微米级别的粗晶陶瓷，烧结条件为1150℃保温 2h。陶瓷样品的物性测试方法见 1.4.2 节。

图 2-24a 和图 2-24b 分别给出两种不同烧结方法制备的 PZT-PNZN 陶瓷断面 SEM 照片。可以看到，CSS 和 SPS 两种烧结模式分别获得粗晶陶瓷和纳米陶瓷，且两类样品均具有低气孔率的致密组织结构，通过阿基米德法测试得到的样品相对密度分别达到 95%（CSS）和 99%（SPS）。图 2-24c 给出了样品的室温 XRD 测试结果，可以看到两种烧结模式均得到纯钙钛矿相结构，这说明高温烧结有利于消除初始 PZT-PNZN 纳米粉体中残留的 PbO 相。

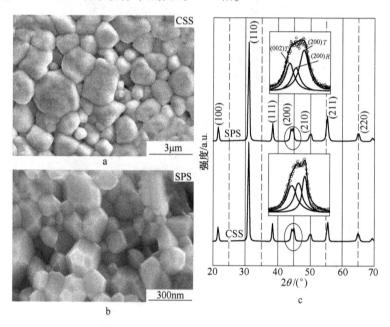

图 2-24 两种方法制备 PZT-PNZN 陶瓷断面 SEM 照片
a—CSS；b—SPS；c—XRD 图谱

依据 XRD 数据，通过软件分析获得到两类不同晶粒尺度陶瓷样品的晶胞参数、四方度与晶胞体积，结果列于表 2-1。对比不同烧结模式制备样品的晶体学数据可以看到，随着晶粒尺寸减小，晶胞发生扭曲，特别是由于晶胞参数 c 的下降幅度快于晶胞参数 a，引起四方度 c/a 的显著降低。同时，纳米陶瓷的晶胞体积相对于粗晶陶瓷也发生收缩。推测晶体结构的演变与不同晶粒尺寸陶瓷的内应力差异相关。此前，Randall 等人发现对于 PZT(52/48) 体系，随着晶粒尺寸减小，晶胞体积收缩，他们认为该现象与细晶陶瓷体从顺电相向铁电相转变时内部增强的内应力相关[33]。然而，要给出清晰的内应力机制，仍然需要在微观尺度上进行深入的理论分析。

表 2-1 CSS 和 SPS 两种烧结模式制备陶瓷的晶胞参数、四方度与晶胞体积

烧结模式	晶胞参数		四方度（c/a）	晶胞体积/nm³
	a/nm	c/nm		
CSS	0.4059	0.4105	1.011	67.6×10^{-3}
SPS	0.4047	0.4053	1.001	66.4×10^{-3}

进一步，根据 SEM 照片，基于图像数据统计软件可以得到 CSS 和 SPS 两种烧结方法制备陶瓷的晶粒尺寸分布图，结果示于图 2-25a 和图 2-25b。由图可见，粗晶陶瓷的晶粒尺寸分布范围为 $0.4 \sim 3.6 \mu m$，纳米陶瓷的晶粒尺寸分布范围为 $60 \sim 250 nm$，相应二者的平均晶粒尺寸分别为 $1.66 \mu m$ 和 $130 nm$。该实验结果说明选用相同的纳米粉体为前驱体，采用不同的烧结模式对陶瓷体晶粒尺度有着重要影响，SPS 烧结模式在制备纳米陶瓷方面优势突出。

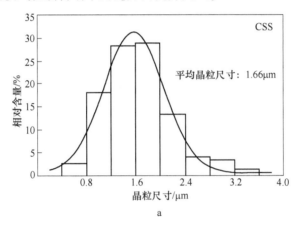

a

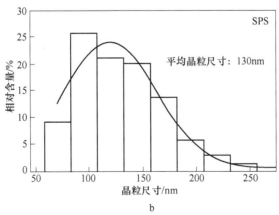

b

图 2-25 两种方法制备 PZT-PNZN 陶瓷的晶粒尺寸分布图
a—CSS；b—SPS

图 2-26 为不同方法制备 PZT-PNZN 粗晶陶瓷与纳米陶瓷的相对介电常数 ε_r 与介电损耗 $\tan\delta$ 的温度谱，一些相关电学数据在表 2-2 中给出。可以看到，纳米陶瓷的室温 ε_r 为 1640，与粗晶陶瓷的室温 ε_r 1600 接近。通常认为铁电陶瓷的晶界层是低介电常数相，被称为"死层"，晶粒尺度减小，晶界相含量增多往往引起铁电陶瓷介电常数的降低[27, 34, 35]。然而，本实验中出现不同现象，分析应与纳米陶瓷内应力增强对介电常数的贡献相关[36]。此外，从图 2-26 可以看到，纳米陶瓷的介电常数对温度变化不够敏感，与粗晶陶瓷相比，纳米陶瓷的介电峰更加宽化与平坦，在从室温到 500℃ 的温度范围内，相对于室温介电常数数值，宽温区内相对介电常数的最大变化率小于 50%。尽管晶粒尺寸降低引起介电峰宽化，对应于居里相变的相对介电常数最大值仍然能在纳米陶瓷介温谱中清楚观察到。从图 2-26 可以看出，居里温度 T_c 从粗晶陶瓷的 270℃ 降低到纳米陶瓷的 155℃（见表 2-2），说明铁电性有一定弱化[34]。

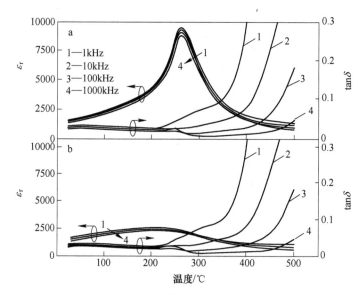

图 2-26　两种方法制备 PZT-PNZN 陶瓷的介温谱

a—CSS；b—SPS

表 2-2　粗晶陶瓷与纳米陶瓷的电学性能对比

晶粒尺寸	室温 ε_r (1kHz)	室温 $\tan\delta$ (1kHz)	T_c /℃	ε_m (1kHz)	P_r /$\mu C \cdot cm^{-2}$	E_c /$kV \cdot cm^{-1}$	d_{33} /$pC \cdot N^{-1}$	k_p
1.66μm	1600	0.027	270	9485	19.3	11.3	320	0.49
130nm	1640	0.028	155	2518	3.8	7.4	65	0.17

对于弛豫铁电体，已有研究揭示相对介电常数倒数与温度的关系遵循一类修

正的居里-外斯定律——UN 方程（Uchino and Nomura function）[37]：

$$1/\varepsilon_r - 1/\varepsilon_m = (T - T_m)^\gamma/C \qquad (2-2)$$

式中，ε_m 是介电常数极大值；ε_r 是温度 T 时的相对介电常数；T_m 是介电常数极值对应的温度；C 是居里常数；γ 是描述相变弥散程度的弥散因子，其取值 1 时为正常铁电体特征，取值 2 时是完全弛豫体特征。

图 2-27a 给出了频率 1kHz 时 PZT-PNZN 粗晶陶瓷与纳米陶瓷的 $\ln(1/\varepsilon_r-1/\varepsilon_m)$ 与 $\ln(T-T_m)$ 关系图。基于式（2-2）的数据拟合结果显示，相对于粗晶陶瓷，纳米陶瓷的弥散因子 γ 显著上升，说明晶粒尺寸减小引起弥散相变程度增强。为了进一步分析弛豫介电行为，根据居里-外斯定律对介电温谱进行拟合，图 2-27b

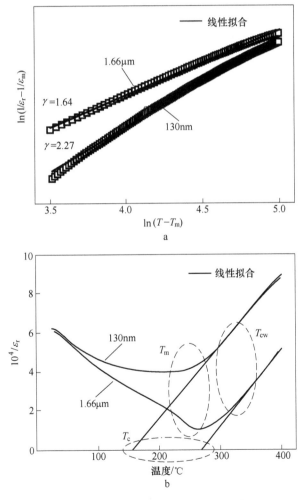

图 2-27　PZT-PNZN 粗晶陶瓷与纳米陶瓷

a—$\ln(1/\varepsilon_r-1/\varepsilon_m)$ 与 $\ln(T-T_m)$ 关系图；b—相对介电常数倒数与温度关系图

给出了相对介电常数倒数与温度的变化关系。这里为方便讨论，实验数据中与居里外斯定律的偏差温度被定义为 ΔT_{cm}：

$$\Delta T_{cm} = T_{cw} - T_m \qquad (2\text{-}3)$$

式中，T_{cw}是偏离居里-外斯定律的起始温度；T_m是相对介电常数最大值对应的温度。计算结果显示粗晶陶瓷的 ΔT_{cm} 为 83℃，纳米陶瓷的 ΔT_{cm} 升高到 107℃，进一步证实晶粒尺寸由微米级进入到纳米级能够显著增强 PZT-PNZN 陶瓷的弥散相变程度。

根据以上陶瓷晶体结构和介温谱分析结果，可以预见粗晶陶瓷与纳米陶瓷在室温下均应具有宏观铁电极化行为。为了验证这一点，测试了不同晶粒尺寸 PZT-PNZN 陶瓷的 P-E 电滞回线，结果在图 2-28 中给出。由图可见，在高场下（30kV/cm），粗晶陶瓷呈现出饱和型电滞回线，其中 $P_r = 19.3\mu C/cm^2$，矫顽场 $E_c = 11.3kV/cm$；纳米陶瓷则呈现出瘦长型电滞回线，其中 $P_r = 3.8\mu C/cm^2$，矫顽场 $E_c = 7.4kV/cm$。具体铁电性能测试数据也列于表 2-2 中。

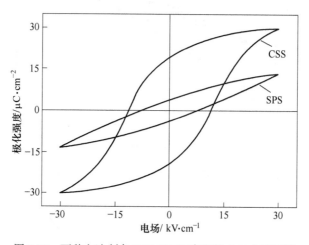

图 2-28   两种方法制备 PZT-PNZN 陶瓷的 P-E 电滞回线

晶粒尺寸减小引起宏观极化的弱化和电滞回线的倾斜在许多文献中均有报道[38,39]。在本工作中，可以从内部贡献（内因）和外部贡献（外因）两方面解释 PZT-PNZN 纳米陶瓷的宏观铁电极化弱化现象[33]：（1）内因：晶粒尺寸减小引起四方度降低，c/a 从 1.011 下降到 1.001；（2）外因：晶粒尺寸减小对畴尺寸、畴壁密度及相关动力学的影响[40]。图 2-29a 和图 2-29b 分别给出了两种方法制备的粗晶陶瓷和纳米陶瓷的 TEM 照片。对比两张照片可以看到，当晶粒尺寸从 1.66μm 减小到 130nm，电畴结构发生从单晶粒多畴态向单晶粒单畴态的转变，同时畴尺寸降低伴随畴壁密度的增加。根据电畴理论的经典观点[33]，晶粒尺寸变化对畴尺寸的影响与退极化能和畴壁能的平衡相关，畴尺寸与晶粒尺寸的

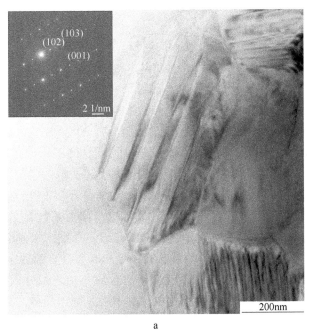

a

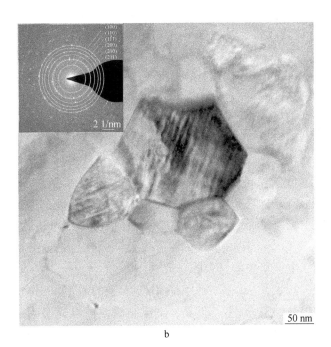

b

图 2-29　两种方法制备 PZT-PNZN 陶瓷的 TEM 照片

a—CSS；b—SPS

一般关系表达式如下：

$$d = \left[\left(\frac{\sigma}{\varepsilon^* P_0^2} \right) t \right]^{1/2} \tag{2-4}$$

式中，d 是畴尺寸；t 是晶粒尺寸；σ 是畴壁能；P_0 是自发极化；ε^* 是有效介电常数。当晶粒尺寸在 $3 \sim 10\mu m$ 范围时，晶粒尺寸与畴尺寸的关系基本遵从上述关系式。然而，当晶粒尺寸减小到亚微米和纳米量级时，实际畴尺寸与该关系式出现一定程度偏离[41]。对于细晶陶瓷，能量上允许每个晶粒形成单畴，因而，畴壁容易受晶界夹持作用而影响其运动特性[36]。可以得出结论，对于 PZT-PNZN 纳米陶瓷，正是由于大量晶界对畴壁运动的抑制引起铁电性能弱化。

最后，测试了不同样品的压电性能，结果也列在表 2-2 中。当平均晶粒尺寸由 $1.66\mu m$ 减小到 130nm，压电应变常数 d_{33} 和机电耦合系数 k_p 分别从 320pC/N、0.49 减小到 65pC/N、0.17。由实验结果可以看出，在纳米级别晶粒尺寸，PZT-PNZN 陶瓷仍然具有宏观压电性，显示其在微型压电器件方面的应用潜力。

本节主要介绍 PZT-PNZN 陶瓷高能球磨法合成与纳米尺寸效应。研究揭示，高能球磨法可以免煅烧一步合成高活性的 PZT-PNZN 纳米粉体。以相同的纳米粉体为前驱体，采用无压烧结技术和放电等离子烧结技术可以分别制备出平均晶粒尺寸为 $1.66\mu m$ 和 130nm 的高致密度粗晶陶瓷与纳米陶瓷。粗晶陶瓷与纳米陶瓷均呈现铁电-顺电转变现象，但是与粗晶陶瓷相比，纳米陶瓷晶粒尺寸减小引起的四方度降低与晶界增多引起的抑制畴壁运动增强导致铁电极性弱化。考虑到极小的晶粒尺寸（130nm）与一定的压电活性，PZT-PNZN 纳米陶瓷在下一代微型压电致动器等新型压电器件应用方面具有极好的前景。

2.4　PZN-PZT 掺杂陶瓷高能球磨法合成与能量收集特性

压电能量收集技术是当前新能源领域的研究前沿，其核心是构建高换能系数 $d_{33} \times g_{33}$ 的压电能量收集材料，同时，所制备的材料还需具有高机械品质因数 Q_m，这有利于强场下提升器件功率特性。此外，为了发展多层化的微型压电能量收集器，压电陶瓷需要具有细晶结构，即烧结陶瓷体的晶粒尺寸进入到亚微米尺度。$Pb(Zn_{1/3}Nb_{2/3})O_3\text{-}Pb(Zr_{0.5}Ti_{0.5})O_3$（缩写为 PZN-PZT）是一类重要的三元系压电陶瓷，是目前压电能量收集材料的研究热点[23, 42~44]。已有工作指出，通过过渡金属离子掺杂，特别是 Mn 掺杂，PZN-PZT 体系的 Q_m 值可得到大幅提升，满足压电器件功率提升的需求[45]。但是，文献报道主要以高温固相煅烧法合成的粉体烧结陶瓷，活性较差的前驱粉体往往导致陶瓷烧结体晶粒粗大（晶粒尺寸在微米级别），不利于压电能量收集器件的小型化与多层化。在本节中，将介绍高能球磨法在细晶压电能量收集材料制备方面的应用。实验将高能球磨粉体技术与无压烧结技术相结合，基于工艺参数优化，构建晶粒尺寸在亚微米级别的高换能系数 Mn 掺杂 PZN-PZT 细晶陶瓷，并详细介绍粉体机械化学合成过程中的物相演化和烧结陶瓷体与晶粒尺度相关的压电性能，并选用优选材料试制了悬臂梁型压电能量收集器。

2.4.1 Mn 掺杂 PZN-PZT 纳米粉体高效合成

目标材料体系组成为：$0.5wt\%$ MnO_2 掺杂 $0.2Pb(Zn_{1/3}Nb_{2/3})O_3$-$0.8Pb(Zr_{0.5}Ti_{0.5})O_3$（缩写为 Mn-PZN-PZT），以分析纯的 Pb_3O_4、ZrO_2、TiO_2、ZnO、Nb_2O_5 和 MnO_2 为初始原料，使用德国福里茨 P7 增强型高能球磨机进行粉体机械化学合成。首先，按计量比精确称量原料，用普通行星式球磨机低速湿磨混料。然后，将混合物烘干后，置于 WC 球磨罐中，使用 3mm 直径的 WC 磨球为磨介，并控制球料比为 20:1，高能球磨实验工艺参数：球磨机恒定转速 800r/min，球磨时间 0~150min。合成粉体的物性测试方法见 1.4.2 节。

图 2-30 给出高能球磨不同阶段 Mn-PZN-PZT 粉体 XRD 物相结构的演化过程。在球磨前的初始态，XRD 图谱的衍射峰对应于不同的原料：Pb_3O_4、ZrO_2、TiO_2、ZnO 和 Nb_2O_5。由于 MnO_2 掺杂量仅为 0.5 wt%，在检测限范围内很难观测到 MnO_2 的特征峰。高能球磨 15min，衍射峰数量减少，同时 25°~30°间呈现"驼峰"现象，说明机械力诱导非晶相形成。延长球磨时间到 30min，对应钙钛矿相的衍射峰出现，且强度随球磨时间增加而进一步增大。高能球磨 90min 的产物主要包含钙钛矿相和少量 PbO，继续延长球磨时间并不能完全消除 PbO 相。通常，衍射峰宽化现象预示产物粉体的粒径很小，根据谢乐公式（2-1），依据 XRD 数

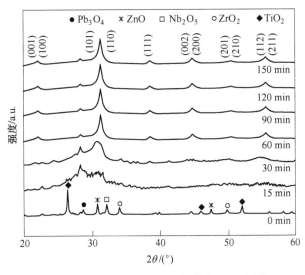

图 2-30　高能球磨不同阶段粉体的 XRD 图谱

据计算得到 90min 高能球磨产物的平均粒径约为 10nm，表明实验合成出 Mn-PZN-PZT 钙钛矿相纳米粉体。本工作中采用高能球磨法能够免煅烧一步合成目标相纳米粉体，机制主要是磨介的高速撞击引起混合物的迅速细化、反复破碎与焊合，导致晶格缺陷增加，反应活性增强并诱发机械化学反应生成 Mn-PZN-PZT 钙钛矿相纳米粉体。

为了进一步明确机械化学合成粉体的纳米结构特征，应用 HRTEM 技术对 90min 高能球磨产物进行形貌与结构分析，结果示于图 2-31。由图可以看到，纳米晶形貌呈球形，平均晶粒尺寸约为 10nm，与前文依据 XRD 数据由谢乐公式计算的结果相符。清晰的二维晶格条纹表明生成了结晶性良好的单晶颗粒，标定图中纳米晶的晶面间距分别为 0.224nm 和 0.284nm，与（111）和（110）面相对应。此外，对样品进行 SAED 分析。由于纳米晶颗粒较小，呈现出衍射环特征，可以看到标定的三个衍射环分别与（101），（002）和（112）晶面相匹配。

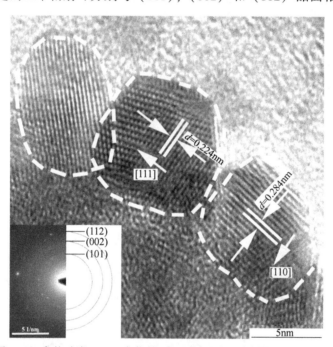

图 2-31　高能球磨 90min 产物的 HRTEM 照片（内插图为 SAED 图）

以上粉体部分研究结果表明高能球磨法能够高效合成 Mn 掺杂 PZN-PZT 纳米粉体，这对于后续细晶陶瓷的高质量烧结是极为有利的。因为一方面，高能球磨法免煅烧快速合成的纳米粉体具有高烧结活性，另一方面，密闭的球磨罐反应环境可以防止基体中的 PbO 流失，确保 Mn 掺杂 PZN-PZT 纳米粉体的计量比不失配，这两方面都体现出在粉体制备方面高能球磨法相对于传统高温固相煅烧法的技术优势。

2.4.2　掺杂陶瓷的压电性能与能量收集特性

为了研究不同晶粒尺寸对 Mn-PZN-PZT 陶瓷电学性能的影响，以 90min 高能球磨合成的纳米粉体为前驱体，采用无压烧结工艺，通过改变烧结温度制备晶粒尺寸系列化陶瓷。具体陶瓷烧结工艺设置如下：烧结温度区间 850~1050℃，温度间隔 50℃，烧结时间 120min。同时，采用相同工艺流程制备未掺杂的 PZN-PZT 陶瓷进行性能对比。陶瓷样品的物性测试方法见 1.4.2 节，其中压电陶瓷的发电特性采用悬臂梁模式进行评价，具体压电能量收集测试系统如图 1-42 所示。

图 2-32a~e 为不同烧结温度制备的 Mn-PZN-PZT 陶瓷 SEM 照片。由图可见，

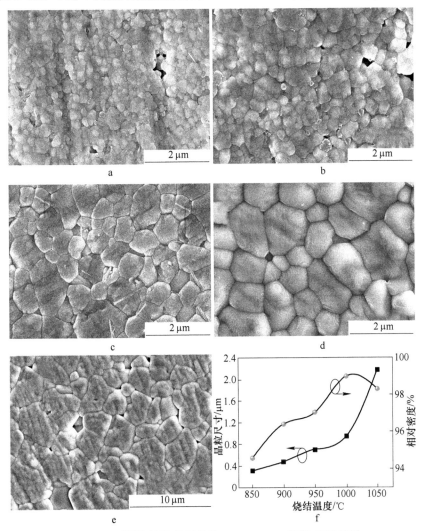

图 2-32　不同烧结温度制备的 Mn-PZN-PZT 陶瓷 SEM 照片

a—850℃；b—900℃；c—950℃；d—1000℃；e—1050℃；f—晶粒尺寸和相对密度与烧结温度的变化关系

除 850℃烧结的样品含有少量气孔外，其余样品均呈现出致密的组织结构，晶粒发育完整，晶界清晰。图 2-32f 进一步给出了 Mn-PZN-PZT 陶瓷平均晶粒尺寸和相对密度随烧结温度的变化关系。可以看出，改变烧结温度可以大范围调节样品的晶粒尺寸大小，样品晶粒尺寸从 850℃ 的 0.35μm 先缓慢增大到 1000℃ 的 0.95μm，之后晶粒尺寸增长速率加快，至 1050℃ 时晶粒尺寸达到 2.0μm。这一变化趋势与文献报道的 PZT 基复杂多元系陶瓷晶粒尺寸随烧结温度的变化趋势相一致，遵从一般的陶瓷晶粒生长规律[30]。对于样品相对密度与烧结温度的变化关系，由图可见，850℃烧结陶瓷的相对密度稍低，为 94.6%，其余样品均具有较高的致密性，相对密度大于 96%，特别是 1000℃ 烧结陶瓷具有最大的相对密度，数值达 99%。以上实验结果说明，Mn-PZN-PZT 陶瓷具有较宽的烧结窗口，在保持高致密性的前提下，改变烧结温度可以在大范围内实现陶瓷晶粒尺寸从亚微米到微米尺度的调节。

图 2-33 所示为不同烧结温度制备的 Mn-PZN-PZT 陶瓷 XRD 图谱。

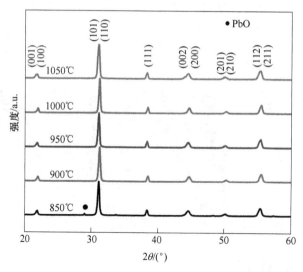

图 2-33　不同烧结温度制备的 Mn-PZN-PZT 陶瓷 XRD 图谱

由图 2-33 可以看到，850℃烧结的 Mn-PZN-PZT 陶瓷样品仍含有少量的 PbO，但是当烧结温度升高到 900℃ 及以上时，样品形成纯钙钛矿相结构。此外，从 XRD 图谱中可以看到，烧结温度升高并未引起 45°附近衍射峰的劈裂或其他变化，根据现有衍射数据可以确定所有样品均处于准同型相界（MPB）附近。这也就是说，晶粒尺寸诱导相变现象在 Mn-PZN-PZT 体系中并未出现，这与在其他一些体系，如 PNN-PZT[46] 和 PMN-PT[47] 中的观测结果不同。推测这一差异的主要原因是本实验制备的样品属于细晶陶瓷，晶界相含量高于文献中制备的陶瓷样品[48]，增强的内应力能够在一定程度上稳定相结构不发生畸变。

图 2-34 所示为不同烧结温度制备的 Mn-PZN-PZT 陶瓷的相对介电常数 ε_r，压电应变常数 d_{33}，压电电压常数 g_{33} 和换能系数 $d_{33} \times g_{33}$ 的变化关系。随烧结温度升高，ε_r 持续增大，这主要源于两个机制：一方面，烧结温度上升引起晶粒长大，相应低介电常数的晶界相含量降低，引起体系介电性能提升；另一方面，样品晶粒尺寸增大能够弱化晶界对畴壁运动的抑制作用，从而增强陶瓷的介电性能[49]。此外，d_{33} 也表现出随烧结温度升高而增大的趋势，在烧结温度 1000℃时 Mn-PZN-PZT 样品获得最大 d_{33} 值 314pC/N，更为重要的是此烧结条件下的样品仍然具有较小的晶粒尺寸 0.95μm。样品的 g_{33} 在烧结温度 1000℃时也获得最大值，进一步升高烧结温度到 1050℃时 g_{33} 又减小，这主要是根据 g_{33} 与 d_{33} 和 ε_r 的关系式 $g_{33} = d_{33}/\varepsilon_r$，高温下 d_{33} 降低和 ε_r 升高引起 g_{33} 减小。由于 1000℃烧结的细晶陶瓷同时具有最优的 d_{33} 与 g_{33} 数值，因而表征压电陶瓷发电特性能力的换能系数 $d_{33} \times g_{33}$ 也获得最大值 $9627 \times 10^{-15} \mathrm{m}^2/\mathrm{N}$。

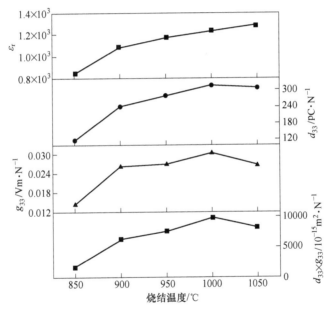

图 2-34 不同烧结温度制备的 Mn-PZN-PZT 陶瓷的 ε_r、d_{33}、g_{33} 和 $d_{33} \times g_{33}$ 变化关系

机械品质因数 Q_m 是另一表征压电陶瓷电性能的重要参数，与机械损耗的大小相关。高 Q_m 值有利于确保压电能量收集器在强振动条件下稳定工作而不失效。图 2-35 给出了不同烧结温度制备的 Mn-PZN-PZT 陶瓷 Q_m，同时基于相同工艺制备的未掺杂 PZN-PZT 陶瓷的 Q_m 数值也给出作为参考。由图可见，在研究的烧结温度范围，Mn-PZN-PZT 陶瓷的 Q_m 值显著优于未掺杂样品，其中 1000℃烧结的掺锰陶瓷具有最大 Q_m 值 774，该数值约是未掺杂样品的 7 倍。对于 PZN-PZT 实验体系，由于外加锰离子进入钙钛矿结构中主要占据 B 位，起到受主掺杂作用，

从而导致材料性能变"硬",引起 Q_m 值升高[50]。

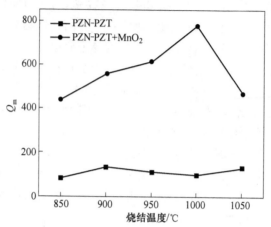

图 2-35   不同烧结温度制备的未掺杂与 Mn-PZN-PZT 陶瓷的 Q_m 对比

从以上实验结果可以看到 1000℃ 烧结的 Mn-PZN-PZT 细晶陶瓷不仅结构致密,而且同时具有高换能系数 $d_{33} \times g_{33}$ 和高机械品质因数 Q_m,因而可以作为大功率压电能量收集器材料应用。进一步,以悬臂梁能量收集器模式对最优材料发电特性进行评价。

图 2-36 给出了采用未掺杂与 Mn-PZN-PZT 压电陶瓷制作的悬臂梁型能量收集器输出功率与负载关系,测量是在共振频率 90Hz 和加速度 $10m/s^2$ 的条件下完成。由图可见,压电能量收集器输出功率随负载增加呈现出先增大后减小的变化趋势。在负载为 1330kΩ 时,Mn-PZN-PZT 压电陶瓷制作的悬臂梁型能量收集器获得最大输出功率 98μW,该数值远远大于未掺杂压电陶瓷制作的能量收集器最大功率 69μW。

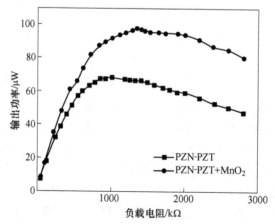

图 2-36   未掺杂与 Mn-PZN-PZT 压电能量收集器输出功率与负载的关系

由于 Mn-PZN-PZT 压电陶瓷具有高机械品质因数 Q_m，这有利于保证压电能量收集器能够在较高的加速度下工作而不失效。图 2-37 给出了 Mn-PZN-PZT 压电陶瓷制作的悬臂梁型能量收集器在最佳负载 1330kΩ 下输出电压与频率和加速度的关系。由图 2-37 可以看到，Mn-PZN-PZT 压电能量收集器甚至在高加速度 50m/s² 条件下仍能够产生稳定的电压输出。在 50m/s² 和 90Hz 时，输出电压和输出功率均达到最大值，分别为 72.5V 和 1966μW。与现有一些文献报道的压电能量收集器工作数据相比[51,52]，在相同的加速度条件 10m/s² 下，本实验基于 Mn-PZN-PZT 压电陶瓷制作的悬臂梁型能量收集器具有最大的输出功率密度 1.5μW/mm³，特别是在高加速度 50m/s² 条件下，输出功率更是高达 29.2μW/mm³，足以驱动常规的商用微型传感器等微电子器件[53]。此外，考虑到相对于文献报道陶瓷材料更加细小的晶粒组织结构，以高能球磨纳米晶为前驱体制备的掺锰细晶陶瓷非常有利于构建多层压电能量收集器，这将会进一步促进器件发电功率特性的提升。

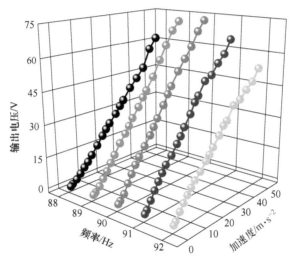

图 2-37 Mn-PZN-PZT 压电能量收集器最佳负载下输出电压与频率和加速度的关系

本节主要介绍 PZN-PZT 掺杂陶瓷高能球磨法合成与能量收集特性。研究揭示，将高能球磨粉体技术与无压烧结技术相结合，可以构建大功率压电能量收集器用细晶陶瓷。采用高能球磨法，90min 可免煅烧一步合成钙钛矿相 Mn-PZN-PZT 纳米粉体。进一步使用这些纳米粉体为前驱体，在宽烧结温度范围内能够得到致密的晶粒尺寸可调压电陶瓷体，其中，1000℃ 烧结的掺锰陶瓷不仅具有细晶结构（平均晶粒尺寸 0.95μm），而且具有高换能系数 $d_{33} \times g_{33}$（9627×10⁻¹⁵ m²/N）和高机械品质因数 Q_m（774）。利用该材料制作的悬臂梁型压电能量收集器可以在高加速度 50m/s² 条件下稳定工作而不失效，获得的大功率密度 29.2μW/mm³ 显示其在驱动微型传感器等微电子器件方面的应用潜力。

2.5　BNT-NN 高温电容器用纳米瓷料合成与介电性能

　　航空航天、武器装备、石油勘探、汽车电子和第三代半导体等高新技术领域的快速发展对相关电子设备的核心元器件——多层陶瓷电容器 MLCC 的可耐受高温极限提出更高的要求，即工作温度上限达到 250℃甚至 300℃[54,55]。$BaTiO_3$ 是目前研究最多的主流电容器瓷料，通过对其复合及掺杂改性已经获得系列商业化的 X7R 和 X8R 型陶瓷电容器[56~58]。但是，由于 $BaTiO_3$ 本征的居里温度仅为 120℃，以其为基体进行组分优化已经难以进一步提升耐高温极限，无法满足高温电子线路的组装需要。$Bi_{0.5}Na_{0.5}TiO_3$ 是重要的无铅压铁电材料，具有高达 320℃的居里温度和弥散相变特征[59]。已有文献报道指出将具有复杂相变序列的 $NaNbO_3$ 与 $Bi_{0.5}Na_{0.5}TiO_3$ 复合而成的二元介电体系 $Bi_{0.5}Na_{0.5}TiO_3$-$NaNbO_3$（缩写为 BNT-NN）在宽温区内具有优良的电容温度稳定性，有望用于高温陶瓷电容器制造领域[60]。但是，采用常规固相煅烧法合成的 BNT-NN 瓷料颗粒尺寸粗大，一般在微米级，不利于减小工业流延成型薄膜的厚度，妨碍了叠层数的提升，从而难以制造出高容量密度的小型高温 MLCC 元件[56]。因而，改进粉体合成工艺，降低瓷料颗粒尺寸，对于制备高性能 BNT-NN 基高温多层陶瓷电容器具有重要的意义。

　　高能球磨技术是近年来发展较快的纳米粉体制备方法，在功能陶瓷领域有广泛的应用。前文已经介绍，对于 $NaNbO_3$ 单元体系，基于机械化学原理的高能球磨法可以免煅烧一步合成钙钛矿纳米相[5, 15, 19]。但是，对于将 $Bi_{0.5}Na_{0.5}TiO_3$ 与 $NaNbO_3$ 复合后的 BNT-NN 二元体系，由于反应势垒升高，实验发现直接采用一步高能球磨法很难诱发机械化学反应，仅得到非晶相产物。为了实现 BNT-NN 纳米粉体的可靠制备，在本节中，将常规固相煅烧法与高能球磨法相结合，通过设计"自上而下"的两步合成技术路线，即在第一步高温煅烧成相的基础上，第二步再采用高能球磨法对 BNT-NN 粗晶粉体进行破碎细化，最终实现纳米瓷料构建。此外，利用纳米瓷料烧结 BNT-NN 陶瓷，分析材料的致密化行为、显微结构和介温特性。

2.5.1　高能球磨活化纳米粉体物相与微结构

　　目标材料体系组成为：$0.7Bi_{0.5}Na_{0.5}TiO_3$-$0.3NaNbO_3$。实验采用两步合成技术路线制备目标纳米粉体。第一步，以分析纯的 Bi_2O_3、Na_2CO_3、TiO_2 和 Nb_2O_5 为初始原料，根据目标化合物计量比进行配料。将称取好的原料放入球磨罐中，以无水乙醇为球磨介质，采用普通行星球磨机湿磨 12h，转速为 400r/min。将球磨混合物放入烘箱中烘干，进一步在 700℃保温 2h 煅烧。第二步，使用德国福里茨 P7 增强型高能球磨机对煅烧粉体进行活化处理，高能球磨机实验工艺参数：

球磨机恒定转速 800r/min，球磨时间 10min。合成粉体的物性测试方法见 1.4.2 节。

图 2-38 为第一步采用常规固相煅烧法在 500～800℃ 温度区间煅烧产物的 XRD 图谱。与标准衍射卡片对比发现，500℃ 低温煅烧粉体中已有少量 BNT-NN 钙钛矿相生成，但此时样品中还含有大量未反应的 Bi_2O_3、TiO_2 原料以及 $Bi_{12}TiO_{20}$ 等杂相。随着煅烧温度升高，BNT-NN 钙钛矿相对应的特征衍射峰逐渐增强。当煅烧温度达到 700℃ 及以上时，实验获得纯 BNT-NN 钙钛矿相粉体，在检测限内未发现任何杂相，说明此时固相反应已趋于完全。

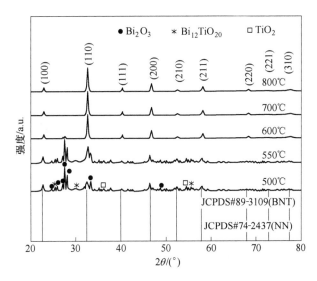

图 2-38 不同煅烧温度合成粉体的 XRD 图谱

由于高温固相反应主要是在温度场作用下，不同原料沿界面通过互扩散推进反应进行，形成的产物颗粒尺度较大（微米级），且通常伴有烧结颈现象，硬团聚严重，因而不利于后续细晶陶瓷的致密化烧结。为了获得适用于细晶陶瓷制备的 BNT-NN 高活性纳米粉体，对常规煅烧工艺 700℃ 合成的纯相粗晶粉体进一步进行高能球磨活化处理。

图 2-39a 为高能球磨活化处理后 BNT-NN 粉体的 XRD 图谱。从图中可以看出，固相煅烧粉体经高能球磨活化处理后，产物仍然保持钙钛矿相结构，但是 XRD 峰形明显宽化，说明颗粒尺度显著减小。依据 XRD 数据，采用谢乐公式计算出高能球磨活化粉体的平均粒径约为 12nm，达到纳米级。图 2-39b 给出了高能球磨活化粉体的低倍 TEM 照片。从图中可见，粉体颗粒形貌呈球形，粒径约为 10～20nm，这与谢乐公式的计算结果基本一致。图 2-39c 为高能球磨活化粉体的 HRTEM 照片。照片中可以看见清晰的晶面条纹，实测晶面间距为 0.39nm，对应于（100）晶面，该结果说明实验获得了结晶性好、高活性的

BNT-NN 纳米粉体。图 2-39d 进一步给出了纳米粉体的 EDS 能谱，测试结果显示样品含有 Na、Bi、Ti、Nb 和 O 元素，且计量比与初始设计组成一致。根据以上实验结果可以得出结论，对于一些反应势垒较高难于直接一步机械化学反应成相的电子陶瓷材料，可以选用两步法工艺，即先进行高温煅烧成相，再进行煅烧粉体的高能球磨活化处理，这样能够有效获得纳米尺度目标相粉体。在本实验合成 BNT-NN 纳米粉体的高能球磨活化处理过程中，磨介撞击能量高达 146mJ/hit，高速撞击可以有效去除煅烧粉体的烧结颈，破碎硬团聚，实现产物粉体的均匀化与纳米化。

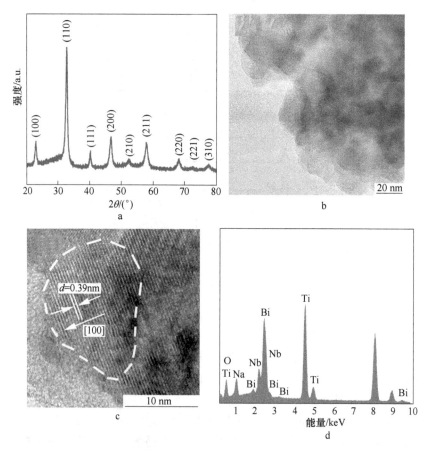

图 2-39   高能球磨活化粉体

a—XRD 图；b—TEM 照片；c—HRTEM 照片；d—EDS 能谱

2.5.2   BNT-NN 高温电容器陶瓷的电学行为

将高能球磨活化的纳米粉体压制成圆片素坯体，在不同温度 1000～1250℃下烧结 2h。陶瓷样品的物性测试方法见 1.4.2 节。

　　图 2-40 是以 BNT-NN 纳米粉体为前驱体烧结陶瓷的相对密度与烧结温度的关系图。

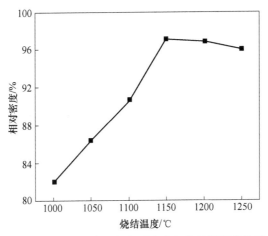

图 2-40　BNT-NN 陶瓷的相对密度与烧结温度的关系

　　从图 2-40 可以看出，陶瓷致密性与烧结温度密切相关，样品相对密度随烧结温度的增加呈现出先增大后减小的趋势。烧结温度为 1000℃ 时，BNT-NN 陶瓷的相对密度仅为 82%。当烧结温度升高到 1150℃ 时，采用阿基米德法实测的陶瓷体积密度为 5.348g/cm³，相对密度达到最大值 97%。但是，进一步随着烧结温度升高，陶瓷相对密度又呈现出降低趋势，这主要是高温下 Na、Bi 元素的挥发性增强所致。

　　为了对比不同前驱粉体烧结所获得 BNT-NN 陶瓷的显微结构差异，分别以 700℃ 煅烧粉体和经高能球磨活化后的纳米粉体为前驱体，烧结成瓷。图 2-41 给出了不同前驱粉体制备 BNT-NN 陶瓷的 SEM 图。从图 2-41a 可以看到，以高能球磨活化纳米粉体为前驱体烧结的陶瓷晶粒尺度分布均匀，平均晶粒尺寸约为 4.0μm。从图 2-41b 对比可见，以未经高能球磨活化处理的煅烧粉体为前驱体烧结得到的陶瓷晶粒粗大，尺度分布不均匀，平均晶粒尺寸约为 6.4μm。从以上显微结构对比可以得出结论，高能球磨活化的纳米粉体有利于制备组织结构均匀的 BNT-NN 细晶陶瓷，这显然有利于发展新型高温多层陶瓷电容器。

　　要满足高温陶瓷电容器的使用需求，关键是看电介质材料是否在宽温区，特别是高温段达到介电温度稳定性要求。图 2-42 给出了采用高能球磨活化粉体在最优工艺下烧结制备的 BNT-NN 细晶陶瓷的相对介电常数和介电损耗随测试温度的变化关系曲线。室温 25℃、1kHz 时样品的相对介电常数 $\varepsilon_r = 1000$，介电损耗 $\tan\delta = 0.007$。以 25℃ 电容测量值为基准，在宽广的温区范围内（$-60 \sim 300$℃），BNT-NN 陶瓷样品的电容温度系数 TCC（$\Delta C/C_{25℃}$）小于 $\pm 15\%$，且介电损耗仍

图 2-41　不同前驱粉体制备 BNT-NN 陶瓷 SEM 图

a—高能球磨活化纳米粉体；b—未经高能球磨活化粉体

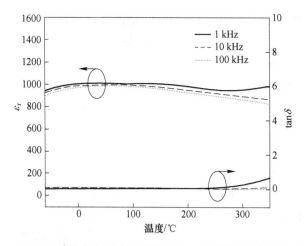

图 2-42　BNT-NN 陶瓷的相对介电常数和介电损耗随测试温度的变化关系

然保持较低数值，表现出极为优异的容温特性，特别是高温稳定性。

　　探讨本实验所制备 BNT-NN 细晶陶瓷具有优异介温特性的起因，需要从内部极化状态分析入手。正常铁电体 BaTiO$_3$ 内部具有强自发极化，因而在具有高介电常数的同时，由于居里相变引起较强的介温异常峰出现而导致介电温度稳定性较差，不能满足高温电容器的使用需求。BNT 具有复合钙钛矿结构，其介温谱虽然有一定弥散性，但是介温特性仍不满足高温电容器要求。但是，如果在 BNT 基础上通过材料设计加入改性组元弱化铁电极性，则有可能构建出温度稳定型的高温电容器瓷料。从前文 2.2 节中可以看到，NN 具有复杂的相变序列，将其引入

BNT 中有可能改变材料内部极性状态，提升介电温度稳定性。为了分析 NN 引入对 BNT 基材料铁电极化的影响，分别测试了纯 BNT 与 BNT-NN 陶瓷的电滞回线，结果示于图 2-43 中。

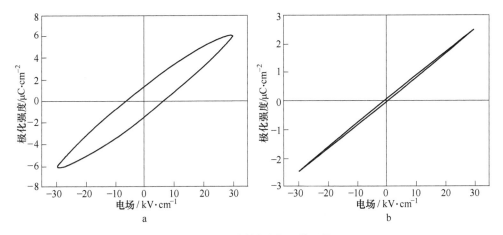

图 2-43　不同样品的电滞回线
a—BNT；b—BNT-NN

由图 2-43a 可以看到，尽管纯 BNT 有一定损耗特征，但是仍表现出铁电极化行为，极化强度 P 与电场强度 E 之间呈现出非线性滞后回线关系，说明陶瓷内部有电畴结构生成。但是，对比图 2-43b 可以看到，复合 NN 后的 BNT-NN 二元体系铁电性显著减弱，P 和 E 之间几乎呈线性关系。该结果确证 NN 的加入确实引起 BNT 中的电畴结构碎化，并向纳米极性微区转变。自发极化强度的减小使得 BNT-NN 样品呈现线性顺电体特征，同时正是由于 BNT-NN 铁电性的弱化，导致介温谱变得平坦（如图 2-42 所示），使其在高温多层陶瓷电容器领域显示出重要的应用价值。

本节主要介绍 BNT-NN 高温电容器用纳米瓷料合成与介电性能。研究揭示，由于生成目标材料反应阈值较高，采用高能球磨法难以一步成相。但是，基于两步粉体合成技术路线，即在先期高温煅烧成相的基础上，进一步采用高能球磨法细化晶粒尺度，可以制备出 BNT-NN 钙钛矿相纳米粉体。以纳米粉体为前驱体，通过常规无压烧结工艺可于 1150℃获得高密度的细晶陶瓷。电学测量结果显示，BNT-NN 体系具有优良的介温稳定特性，在 −60～300℃ 宽广温区的容温变化率小于 ±15%，且同时具有较低介电损耗，显示其在高温多层陶瓷电容器领域重要的应用价值。

2.6　本章小结

本章主要围绕高能球磨法合成电子陶瓷与物性这一主题，分别介绍了

NaNbO₃陶瓷高能球磨法合成与致密化烧结行为，NaNbO₃陶瓷的微结构调控与铁电反铁电稳定性，PZT-PNZN陶瓷高能球磨法合成与纳米尺寸效应，PZN-PZT掺杂陶瓷高能球磨法合成与能量收集特性和BNT-NN高温电容器用纳米瓷料合成与介电性能。小结如下：

（1）NaNbO₃陶瓷高能球磨法合成与致密化烧结行为。基于机械化学原理，高能球磨法可以免煅烧一步快速合成NaNbO₃纳米粉体，高活性前驱粉体有助于常规烧结工艺制备出高致密度陶瓷，而且密闭的机械化学反应环境有利于抑制碱金属挥发，控制目标体系计量比。

（2）NaNbO₃陶瓷的微结构调控与铁电反铁电稳定性。以高能球磨纳米粉体为前驱体，采用无压烧结技术和放电等离子烧结技术可以分别制备出平均晶粒尺寸为3.5μm和50nm的高致密粗晶陶瓷与纳米陶瓷。粗晶陶瓷具有稳定的反铁电结构，而纳米陶瓷呈现宏观铁电性。

（3）PZT-PNZN陶瓷高能球磨法合成与纳米尺寸效应。高能球磨法可以一步合成高活性PZT-PNZN纳米粉体，采用放电等离子烧结技术制备纳米陶瓷，晶粒尺寸减小引起的四方度降低与晶界对畴壁运动抑制作用的增强导致铁电性弱化，但纳米陶瓷仍有宏观压电性。

（4）PZN-PZT掺杂陶瓷高能球磨法合成与能量收集特性。以高能球磨法合成的纳米粉体为前驱体，改变烧结温度可以调节陶瓷晶粒尺寸大小，其中1000℃烧结的掺锰陶瓷不仅具有细晶结构，而且具有高 $d_{33} \times g_{33}$ 和高 Q_m，构建的悬臂梁型压电能量收集器发电特性优异。

（5）BNT-NN高温电容器用纳米瓷料合成与介电性能。将固相煅烧法与高能球磨法相结合，基于"自上而下"两步法路线，可以合成出BNT-NN钙钛矿相纳米粉体。常规无压烧结工艺制备的细晶陶瓷在-60~300℃区间容温变化率小于±15%，可应用于高温电容器。

参 考 文 献

[1] Li J F, Wang K, Zhu F Y, et al. (K, Na) NbO₃-based lead-free piezoceramics: fundamental aspects, processing technologies, and remaining challenges [J]. J. Am. Ceram. Soc., 2013, 96: 3677~3696.

[2] Wu J G, Xiao D Q, Zhu J G. Potassium-sodium niobate lead-free piezoelectric materials: past, present, and future of phase boundaries [J]. Chem. Rev., 2015, 115: 2559~2595.

[3] Megaw H D. The seven phases of sodium niobate [J]. Ferroelectrics, 1974, 7: 87~89.

[4] Tyunina M, Dejneka A, Rytz D, et al. Ferroelectricity in antiferroelectric NaNbO₃ crystal [J]. J. Phys.: Condens. Matter, 2014, 26: 125901.

[5] Chao L M, Hou Y D, Zheng M P, et al. NaNbO₃ nanoparticles: Rapid mechanochemical synthesis and high densification behavior [J]. J. Alloy. Compd., 2017, 695: 3331~3338.

[6] Rojac T, Kosec M, Malič B, et al. The mechanochemical synthesis of $NaNbO_3$ using different ball-impact energies [J]. J. Am. Ceram. Soc., 2008, 91: 1559~1565.

[7] Rojac T, Trtnik Ž, Kosec M. Mechanochemical reactions in Na_2CO_3-M_2O_5 (M = V, Nb, Ta) powder mixtures: influence of transition-metal oxide on reaction rate [J]. Solid State Ionics, 2011, 190 (1): 1~7.

[8] Jehng J M, Wachs I E. Structural chemistry and Raman spectra of niobium oxides [J]. Chem. Mater., 1991, 3 (1): 100~107.

[9] Hou Y D, Hou L, Zhang T T, et al. $(Na_{0.8}K_{0.2})_{0.5}Bi_{0.5}TiO_3$ nanowires: low-temperature sol-gel-hydrothermal synthesis and densification [J]. J. Am. Ceram. Soc., 2007, 90: 1738~1743.

[10] Koruza J, Malic B, Kosec M. Microstructure evolution during sintering of sodium niobate [J]. J. Am. Ceram. Soc., 2011, 94: 4174~4178.

[11] Reznitchenko L A, Turik A V, Kuznetsova E M, et al. Piezoelectricity in $NaNbO_3$ ceramics [J]. J. Phys.: Condens. Matter, 2001, 13: 3875~3881.

[12] Lanfredi S, Lente M H, Eiras J A. Phase transition at low temperature in $NaNbO_3$ ceramic [J]. Appl. Phys. Lett., 2002, 80 (15): 2731~2733.

[13] Koruza J, Tellier J, Malič B, et al. Phase transitions of sodium niobate powder and ceramics, prepared by solid state synthesis [J]. J. Appl. Phys., 2010, 108: 113509.

[14] Ge H Y, Hou Y D, Xia C, et al. Preparation and piezoelectricity of $NaNbO_3$ high-density ceramics by molten salt synthesis [J]. J. Am. Ceram. Soc., 2011, 94: 4329~4334.

[15] Chao L M, Hou Y D, Zheng M P, et al. High dense structure boosts stability of antiferroelectric phase of $NaNbO_3$ polycrystalline ceramics [J]. Appl. Phys. Lett., 2016, 108: 212902.

[16] Guo H Z, Shimizu H, Randall C A. Direct evidence of an incommensurate phase in $NaNbO_3$ and its implication in $NaNbO_3$-based lead-free antiferroelectrics [J]. Appl. Phys. Lett., 2015, 107: 112904.

[17] Zhao Z, Buscaglia V, Viviani M, et al. Grain-size effects on the ferroelectric behavior of dense nanocrystalline $BaTiO_3$ ceramics [J]. Phys. Rev. B, 2004, 70: 024107.

[18] Ghosh D, Sakata A, Carter J, et al. Domain wall displacement is the origin of superior permittivity and piezoelectricity in $BaTiO_3$ at intermediate grain sizes [J]. Adv. Funct. Mater., 2014, 24: 885~896.

[19] Chao L M, Hou Y D, Zheng M P, et al. Macroscopic ferroelectricity and piezoelectricity in nanostructured $NaNbO_3$ ceramics [J]. Appl. Phys. Lett., 2017, 110: 122901.

[20] Shimizu H, Kobayashi K, Mizuno Y, et al. Advantages of low partial pressure of oxygen processing of alkali niobate: $NaNbO_3$ [J]. J. Am. Ceram. Soc., 2014, 97: 1791~1796.

[21] Zhao L Y, Hou Y D, Wang C, et al. The enhancement of relaxation of 0.5PZN-0.5PZT annealed in different atmospheres [J]. Mater. Res. Bull., 2009, 44: 1652~1655.

[22] Deng G C, Li G R, Ding A L, et al. Evidence for oxygen vacancy inducing spontaneous normal-relaxor transition in complex perovskite ferroelectrics [J]. Appl. Phys. Lett., 2005, 87: 192905.

［23］Zheng M P, Hou Y D, Zhu M K, et al. Shift of morphotropic phase boundary in high-perform-ance fine-grained PZN-PZT ceramics ［J］. J. Eur. Ceram. Soc., 2014, 34: 2275~2283.

［24］Ge H Y, Hou Y D, Rao X, et al. The investigation of depoling mechanism of densified $KNbO_3$ piezoelectric ceramic ［J］. Appl. Phys. Lett., 2011, 99: 032905.

［25］Samara G A. The effects of hydrostatic pressure on ferroelectric properties ［J］. J. Phys. Soc. Jpn., 1970, 28S: 399~403.

［26］Buessem W R, Cross L E, Goswami A K. Phenomenological theory of high permittivity in fine-grained barium titanate ［J］. J. Am. Ceram. Soc., 1966, 49: 33~36.

［27］Algueró M, Amorín H, Hungría T, et al. Macroscopic ferroelectricity and piezoelectricity in nanostructured $BiScO_3$-$PbTiO_3$ ceramics ［J］. Appl. Phys. Lett., 2009, 94: 012902.

［28］Xu K, Li J, Lv X, et al. Superior piezoelectric properties in potassium-sodium niobate lead-free ceramics ［J］. Adv. Mater., 2016, 28: 8519~8523.

［29］Islam R A, Priya S. High-energy density ceramic composition in the system $Pb(Zr, Ti)O_3$-$Pb[(Zn, Ni)_{1/3})Nb_{2/3}]O_3$［J］. J. Am. Ceram. Soc., 2006, 89: 3147~3156.

［30］Ai Z R, Hou Y D, Zheng M P, et al. Effect of grain size on the phase structure and electrical properties of PZT-PNZN quaternary systems ［J］. J. Alloy. Compd., 2014, 617: 222~227.

［31］Zheng M P, Hou Y D, Ai Z R, et al. Nanocrystalline buildup, relaxor behavior, and polariza-tion characteristic in PZT-PNZN quaternary ferroelectrics ［J］. J. Am. Ceram. Soc., 2017: 100: 3033~3041.

［32］Sepelak V, Begin-Colin S, Le Caer G. Transformations in oxides induced by high-energy ball-milling ［J］. Dalton Trans., 2012, 41: 11927~11948.

［33］Randall C A, Kim N, Kucera J P, et al. Intrinsic and extrinsic size effects in fine-grained mor-photropic-phase-boundary lead zirconate titanate ceramics ［J］. J. Am. Ceram. Soc., 1998, 81: 677~688.

［34］Zhao Z, Buscaglia V, Viviani M, et al. Grain-size effects on the ferroelectric behavior of dense nanocrystalline $BaTiO_3$ ceramics ［J］. Phys. Rev. B, 2004, 70: 024107.

［35］Hou Y D, Wu N N, Wang C, et al. Effect of annealing temperature on dielectric relaxation and Raman scattering of $0.65Pb(Mg_{1/3}Nb_{2/3})O_3$-$0.35PbTiO_3$ system ［J］. J. Am. Ceram. Soc., 2010, 93: 2748~2754.

［36］Swartz S L. Topics in electronic ceramics ［J］. IEEE Trans. Electr. Insul., 1990, 25: 935~987.

［37］Uchino K, Nomura S. Critical exponents of the dielectric constants in diffused-phase-transition crystals ［J］. Ferroelectr., Lett. Sect., 1982, 44: 55~61.

［38］Curecheriu L, Balmus S B, Buscaglia M T, et al. Grain size-dependent properties of dense nanocrystalline barium titanate ceramics ［J］. J. Am. Ceram. Soc., 2012, 95: 3912~3921.

［39］Helbig U. Size effect in low grain size neodymium doped PZT ceramics ［J］. J. Eur. Ceram. Soc., 2007, 27: 2567~2576.

［40］Arlt G, Pertsev N A. Force-constant and effective mass of 90-degrees domain-walls in ferroelectric ceramics [J]. J. Appl. Phys., 1991, 70: 2283~2289.

[41] Cao W W, Randall C A. Grain size and domain size relations in bulk ceramic ferroelectric materials [J]. J. Phys. Chem. Solids., 1996, 57: 1499~1505.

[42] Lee S M, Yoon C B, Lee S H, et al. Effect of lead zinc niobate addition on sintering behavior and piezoelectric properties of lead zirconate titanate ceramic [J]. J. Mater. Res., 2004, 19: 2553~2556.

[43] Yan Y, Cho K H, Priya S. Identification and effect of secondary phase in MnO_2-doped 0.8Pb ($Zr_{0.52}Ti_{0.48}$)O_3-0.2Pb($Zn_{1/3}Nb_{2/3}$)O_3 piezoelectric ceramics [J]. J. Am. Ceram. Soc., 2011, 94: 3953~3959.

[44] 郑木鹏, 侯育冬, 朱满康, 等. 能量收集用压电陶瓷材料研究进展 [J]. 硅酸盐学报, 2016, 44 (3): 359~366.

[45] Hou Y D, Zhu M K, Gao F, et al. Effect of MnO_2 addition on the structure and electrical properties of Pb($Zn_{1/3}Nb_{2/3}$)$_{0.20}$($Zr_{0.50}Ti_{0.50}$)$_{0.80}$$O_3$ ceramics [J]. J. Am. Ceram. Soc., 2004, 87: 847~850.

[46] Wagner S, Kahraman D, Kungl H, et al. Effect of temperature on grain size, phase composition, and electrical properties in the relaxor-ferroelectric-system Pb($Ni_{1/3}Nb_{2/3}$)O_3-Pb(Zr, Ti)O_3 [J]. J. Appl. Phys., 2005, 98: 024102.

[47] Wu N N, Hou Y D, Wang C, et al. Effect of sintering temperature on dielectric relaxation and Raman scattering of 0.65Pb($Mg_{1/3}Nb_{2/3}$)O_3-0.35$PbTiO_3$ system [J]. J. Appl. Phys., 2009, 105: 084107.

[48] Chang L M, Hou Y D, Zhu M K, et al. Effect of sintering temperature on the phase transition and dielectrical response in the relaxor-ferroelectric-system 0.5PZN-0.5PZT [J]. J. Appl. Phys., 2007, 101: 034101.

[49] Cao W, Randall C A. Grain size and domain size relations in bulk ceramic ferroelectric materials [J]. J. Phys. Chem. Solids, 1996, 57: 1499~1505.

[50] Islam R A, Priya S, Amin A. Mn-doping effect on dielectric and electromechanical losses in the system Pb($Zr_x Ti_{1-x}$)O_3-Pb($Zn_{1/3}Nb_{2/3}$)O_3 [J]. J. Mater. Sci., 2007, 42: 10052~10057.

[51] Wu J, Shi H, Zhao T, et al. High-temperature $BiScO_3$-$PbTiO_3$ piezoelectric vibration energy harvester [J]. Adv. Funct. Mater., 2016, 26: 7186~7194.

[52] Janphuang P, Lockhart R, Uffer N, et al. Vibrational piezoelectric energy harvesters based on thinned bulk PZT sheets fabricated at the wafer level [J]. Sens. Actuators A: Phys., 2014, 210: 1~9.

[53] Yue Y G, Hou Y D, Zheng M P, et al. High power density in a piezoelectric energy harvesting ceramic by optimizing the sintering temperature of nanocrystalline powders [J]. J. Eur. Ceram. Soc., 2017, 37: 4625~4630.

[54] Zeb A, Milne S J. High temperature dielectric ceramics: a review of temperature-stable high-permittivity perovskites [J]. J Mater Sci: Mater Electron, 2015, 26: 9243~9255.

[55] Jia W X, Hou Y D, Zheng M P, et al. High-temperature dielectrics based on $(1-x)$

(0. 94Bi$_{0.5}$Na$_{0.5}$TiO$_3$-0. 06BaTiO$_3$)-xNaNbO$_3$ system ［J］. J. Alloy. Compd. , 2017, 724: 306~315.

［56］ Pan M J, Randall C A. A brief introduction to ceramic capacitors ［J］. IEEE Electr. Insul. Mag. , 2010, 26: 44~50.

［57］ Yao G F, Wang X H, Sun T Y, et al. Effects of CaZrO$_3$ on X8R nonreducible BaTiO$_3$-based dielectric ceramics ［J］. J. Am. Ceram. Soc. , 2011, 94: 3856~3862.

［58］ Zhang J, Hou Y D, Zheng M P, et al. The occupation behavior of Y$_2$O$_3$ and its effect on the microstructure and electric properties in X7R dielectrics ［J］. J. Am. Ceram. Soc. , 2016, 99: 1375~1382.

［59］ Zhu M K, Liu L Y, Hou Y D, et al. Microstructure and electrical properties of MnO-doped (Na$_{0.5}$Bi$_{0.5}$)$_{0.92}$Ba$_{0.08}$TiO$_3$ lead-free piezoceramics ［J］. J. Am. Ceram. Soc. , 2007, 90: 120~124.

［60］ Xu Q, Song Z, Tang W L, et al. Ultra-wide temperature stable dielectrics based on Bi$_{0.5}$Na$_{0.5}$TiO$_3$-NaNbO$_3$ system ［J］. J. Am. Ceram. Soc. , 2015, 98: 3119~3126.

3 共沉淀法合成电子陶瓷与物性

共沉淀法之所以成为一种工业上被广泛采用的材料化学合成方法，是因为它方法简单、成本低，便于推广和工业化生产。另外，共沉淀法能够制备出高纯度氧化物，从分子级别上提供化学计量比和结构均一的材料。目前，共沉淀法已成功地运用到合成简单二元钙钛矿电子陶瓷粉体，如钛酸钡（BaTiO$_3$）[1~3]、钛酸铅（PbTiO$_3$）[4]等。而采用共沉淀法合成更加复杂的三元钙钛矿电子陶瓷粉体，对于拓展该方法在工业上的应用很有意义，但是相关报道甚少，其原因主要是因为元素组分过多时，各组分沉淀的特性不一致，导致难以获得具有精确计量比的前驱物沉淀粉体。在电子陶瓷材料中，三元含铌弛豫铁电体因具有优异的介电和压铁电性能，广泛应用于诸多领域，如构建大容量陶瓷电容器、压电微位移器和压电频率器件等，得到广大研究者的关注[5]。本章系统介绍共沉淀法制备典型三元含铌钙钛矿结构弛豫铁电体及相关影响因素，同时对共沉淀合成粉体的烧结特性和陶瓷电学性能进行分析。

3.1 可溶性铌制备技术

五氧化二铌（Nb$_2$O$_5$）是一种重要的含铌氧化物，在电子陶瓷领域中具有重要应用。早期，五氧化二铌主要用作钛酸钡（BaTiO$_3$）基电子陶瓷的添加剂，如今含铌的钙钛矿结构陶瓷及其他结构铌酸盐陶瓷的应用不断普及，研究广泛性已超过了钛酸盐/锆酸盐基陶瓷。这类含铌化合物的典型实例有：PMN（Pb（Mg$_{1/3}$Nb$_{2/3}$）O$_3$）、PNN（Pb（Ni$_{1/3}$Nb$_{2/3}$）O$_3$）、PFN（Pb（Fe$_{1/2}$Nb$_{1/2}$）O$_3$）和PSN（Pb（Sc$_{1/2}$Nb$_{1/2}$）O$_3$），它们的共同优点是介电常数较高，烧结温度相对较低。

目前，采用化学法制备含铌电子陶瓷材料常用的铌源主要有乙醇铌 Nb（OC$_2$H$_5$）$_5$、氯化铌（NbCl$_5$）和氢氧化铌（Nb$_2$O$_5$·nH$_2$O，Nb（OH）$_5$，也称作铌酸）等。铌醇盐常用于水热法或溶胶凝胶法工艺，在有机试剂中具有良好的溶解性，但是乙醇铌等铌醇盐价格昂贵，极易水解并需要在特殊环境下（如干燥、惰性气体）保存，在工业中推广使用存在困难。NbCl$_5$是重要的含铌无机盐，但是使用 NbCl$_5$会导致最终产物中残留氯化物杂质，影响材料的电性能，此外合成过程中易产生有毒的 HCl 气体，不利于环境保护[6]。氢氧化铌是一种白色水合物，含有不定数量的水，其反应活性比 Nb$_2$O$_5$强，可溶于 NaOH 溶液、草酸、酒石酸和柠檬酸等[7]。从反应活性和可溶性方面看，使用氢氧化铌作为铌源显然更为方便。但是氢氧化铌所含的结构水不确定，其化学性质不稳定、易分解，而且随着时间的延长它的活性会有所丧失[8]。

Nb_2O_5 是一种最常见和最便宜的含铌氧化物原料，化学性质极其稳定，与其他盐类的化学反应能力较弱。如果把 Nb_2O_5 转化为可溶性的含铌前驱物溶液，并用于液相化学方法制备含铌电子陶瓷和薄膜，这对电子陶瓷材料的研究和应用有重要的意义。特别是，采用共沉淀法制备含铌电子陶瓷材料时，必须采用可溶性的铌溶液作为铌源，以提高体系的反应活性。

在本节中，主要介绍基于 Nb_2O_5 原料的可溶性铌化学合成技术，并对与可溶性铌溶液稳定性相关的酸碱度 pH 值与温度影响因素进行分析。

3.1.1 基于 Nb_2O_5 可溶性铌化学合成

研究表明，Nb_2O_5 和 KOH 混合熔融后，生成的多铌酸钾产物 $K_8Nb_6O_{19} \cdot 16H_2O$ 可溶于水，其反应如下式所示[9~12]：

$$3Nb_2O_5 + 8KOH + (n-4)H_2O \longrightarrow K_8Nb_6O_{19} \cdot nH_2O \tag{3-1}$$

但是，Nb_2O_5 和 KOH 的反应常常因为反应温度和两种原料的比例而发生副反应，生成不溶水的 $KNbO_3$：

$$K_8Nb_6O_{19} \cdot nH_2O \Longleftrightarrow 6KNbO_3 + 2KOH + (n-1)H_2O \tag{3-2}$$

反应式（3-2）包括两个反应过程：

$$[Nb_6O_{19} \cdot nH_2O]^{8-} \Longleftrightarrow [Nb_6O_{19}]^{8-} + nH_2O \qquad （脱水反应）\tag{3-3}$$

$$[Nb_6O_{19}]^{8-} + H_2O \Longleftrightarrow 6NbO_3^- + 2OH^- \qquad （水解反应）\tag{3-4}$$

这两个反应过程都有可能发生，其中水解反应式（3-4）是希望避免的。

众所周知，KOH 的熔融温度为 340℃ 左右，因而，将 Nb_2O_5 和 KOH 的反应温度定在 360℃，远远小于 Nb_2O_5 和 K_2CO_3 的反应温度，但同时，该温度稍高于 KOH 的熔融温度，使 KOH 能够充分熔解，有利于 Nb_2O_5 和 KOH 在一种过渡性液相的环境中发生反应。

但是，上述方法获得的含铌水溶液中含有大量 K^+ 和 OH^-，碱度高，不利于后续的共沉淀法制备多组元电子陶瓷材料。首先，K^+ 的存在直接影响最终目标电子陶瓷产物的纯度；其次，这种存在于高碱性的溶液中的可溶性铌，难于选取合适的沉淀剂实现目标电子陶瓷产物各组分的共同沉淀过程。因此，必须将获得的含铌水溶液转化成中性或者酸性含铌溶液。

利用硝酸可以通过反应式（3-5）将铌离子从 KOH 溶液中沉淀出来，得到含铌的白色沉淀物 $Nb(OH)_5$：

$$[Nb_6O_{19}]^{8-} + 11OH^- + 19H^+ \longrightarrow 6Nb(OH)_5 \downarrow \tag{3-5}$$

但这种 $Nb(OH)_5$ 难溶于水，只能溶解在氢氟酸、草酸、酒石酸、有机胺和氢氧化钾等少数几种溶液中。考虑到一些有机物具有一定的络合能力，以达到将

Nb(OH)₅溶解的目的，因此，实验进一步研究了 Nb(OH)₅的络合行为与溶解特性。

乙二胺四乙酸二钠（EDTA）的阴离子基团对金属离子的螯合能力很强，能形成极其稳定的络合物，但过强的稳定性不利于后续共沉淀过程中铌离子的沉淀析出。因此，在络合实验中选择了柠檬酸、草酸和酒石酸等三种络合能力不同的化合物作为络合剂，加入新鲜沉淀的 Nb(OH)₅沉淀中，以比较铌离子与它们之间形成络合物的稳定特性。

（1）柠檬酸（$C_6H_8O_7$）。柠檬酸分子具有三个羧基，对金属离子有较强的络合作用，其结构式如图 3-1 所示。

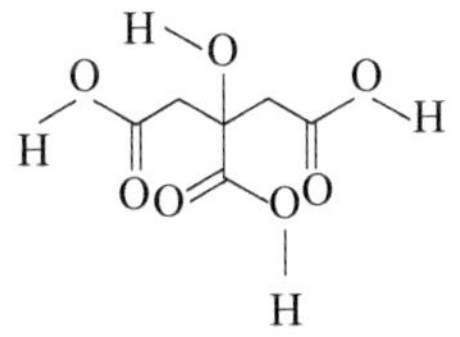

图 3-1 柠檬酸的结构式

将 Nb(OH)₅与不同摩尔比的柠檬酸水溶液进行反应，温度为 80℃，结果见表 3-1，表中的摩尔比是指 Nb(OH)₅与柠檬酸的摩尔比（下同）。实验表明，Nb(OH)₅并不能直接与柠檬酸络合得到澄清的含铌溶液。

表 3-1 Nb(OH)₅与柠檬酸的反应情况

摩尔比	1:2	1:5	1:10
状态	不溶	不溶	不溶

（2）酒石酸（$C_4H_6O_6$）。酒石酸的结构式如图 3-2 所示。按照与柠檬酸络合实验同样的方法，将 Nb(OH)₅与酒石酸水溶液分别以不同的摩尔比反应，反应温度为 80℃，结果见表 3-2。与柠檬酸情况相同，酒石酸也不能与 Nb(OH)₅反应得到澄清的含铌溶液。

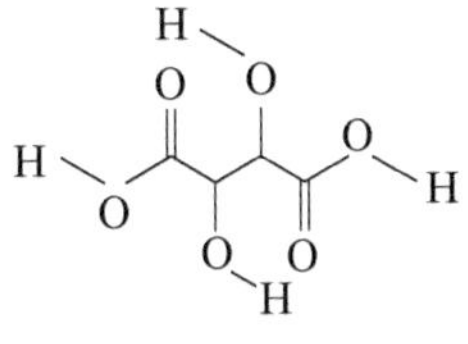

图 3-2 酒石酸的结构式

表 3-2 Nb(OH)₅与酒石酸的反应情况

摩尔比	1:2	1:5	1:10
状态	不溶	不溶	不溶

（3）草酸（$(COOH)_2 \cdot 2H_2O$）。将 $Nb(OH)_5$ 与草酸水溶液分别以不同的摩尔比反应，温度为80℃，结果见表3-3。实验表明，草酸具有的络合能力较强，在摩尔比大于1:4时，就能和 $Nb(OH)_5$ 完全络合，并得到澄清的含铌溶液。

表3-3　$Nb(OH)_5$ 与草酸的反应情况

摩尔比	1:2	1:3	1:4	1:5
状态	不溶	不溶	溶解	溶解

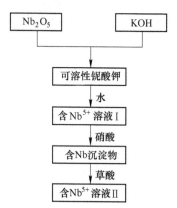

需要说明的是，这里制得的草酸铌不仅可溶于水，且草酸铌与氨水反应得到的新鲜 $Nb(OH)_5$ 沉淀，也可以与柠檬酸络合，得到含铌柠檬酸盐溶液[13]。根据以上研究结果，确定如图3-3所示用于共沉淀法的含铌前驱物溶液制备流程。在该流程中，铌的草酸溶液，即图3-3中的含 Nb^{5+} 溶液Ⅱ被称为含铌前驱物溶液，即可溶性铌溶液。

把铌的草酸溶液定为可溶性铌溶液用于化学法合成主要出于以下几点考虑：1）易于保存，该溶液稳定性极好，存放半年以上仍保持澄清透明，没有沉淀物析出，如图3-4所示；2）易于标定，铌的草酸溶液中铌的含量很容易用重量法标

图3-3　Nb_2O_5 转化为可溶性铌溶液的制备流程

定，因为该溶液中除了铌离子外，不含其他干扰金属离子，经煅烧后获得的固体物质全部为 Nb_2O_5；3）使用方便，每次使用时按目标化合物计量比，常规量取所需的含铌前驱物溶液即可。

可溶性铌溶液的照片，如图3-4所示。

图3-4　可溶性铌溶液的照片

3.1.2 可溶性铌酸碱度与温度稳定性

含铌前驱物溶液的稳定性是制约其应用的重要因素，这里主要研究影响可溶性铌溶液稳定性的两个重要因素：酸碱度 pH 值和温度。

首先，研究可溶性铌溶液的 pH 值稳定范围。可溶性铌溶液的初始 pH 值为 2，以 1mol/L 的 NaOH 溶液调节其 pH 值。当 pH 值增大到 8 时，溶液出现少量浑浊；随着溶液中 pH 值的继续增大，浑浊逐渐增多；当 pH 值增大到 10 时，溶液出现大量浑浊。这说明在 pH 值小于 8 的范围内，含铌前驱物溶液能够稳定存在。

其次，研究可溶性铌溶液的温度稳定范围，即热稳定性。从室温逐渐升温，每隔 30℃保温 30min，观察溶液状态的变化。在温度 120℃以下时，溶液保持澄清透明状态；只是当温度升高到 150℃时，溶液中出现大量深色沉淀。此外，研究还发现，可溶性铌溶液经过氨水滴定后获得的新鲜 Nb(OH)$_5$沉淀，可以充分溶解到硝酸溶液中，得到铌的硝酸溶液。这种铌的硝酸溶液可以任意与不同目标产物的硝酸盐溶液混合，不产生浑浊、沉淀现象。

以上实验证实，当 pH 值在 8 以下，且温度不超过 120℃时，所得的可溶性铌溶液能够保持稳定澄清状态，这为共沉淀法制备含铌电子陶瓷材料提供了一种低廉、方便的可溶性铌源。

本节主要介绍可溶性铌制备技术。研究揭示，采用设计的多步化学法技术路线可以将难溶的 Nb$_2$O$_5$转化成可溶性铌溶液作为低成本铌源，用于化学法制备含铌电子陶瓷材料。可溶性铌溶液具有以下优点：（1）可长期保存而不变质；（2）铌的含量易于标定；（3）使用方便。这种把 Nb$_2$O$_5$转化为可溶性铌溶液的方法，不仅为本章所涉及的共沉淀法制备铅基含铌弛豫铁电体提供必要的技术基础，而且也为下一章介绍的溶胶凝胶法制备其他类型无铅铌酸盐氧化物提供技术支持。

3.2 Pb(Fe$_{1/2}$Nb$_{1/2}$)O$_3$陶瓷共沉淀法合成与介电性能

铌铁酸铅（Pb(Fe$_{1/2}$Nb$_{1/2}$)O$_3$，PFN）是一种兼具铁电性和铁磁性的钙钛矿型电子陶瓷材料，在 110℃附近出现铁电—顺电相变，在−130℃处出现反铁磁—顺磁相变，因此，PFN 在−130℃以下同时表现出铁电畴和铁磁畴共存现象，被认为是一种具有较高研究价值和潜在应用前景的多铁材料[14]。

目前，报道的合成 PFN 的方法多采用传统高温固相煅烧法。然而，固相法合成 PFN 时煅烧温度高（1000℃以上）[15]或煅烧时间长[16]，这将导致 PbO 的严重挥发。采用化学法，如：溶胶凝胶法合成铅基含铌钙钛矿型弛豫铁电体，可以显著降低煅烧温度和减少煅烧时间[17~19]。但是，文献报道采用溶胶凝胶法合成 Pb(Mg$_{1/3}$Nb$_{2/3}$)O$_3$（PMN）、Pb(Ni$_{1/3}$Nb$_{2/3}$)O$_3$（PNN）等含铌氧化物时[20,21]，均采用铌醇盐$[(C_nH_{2n+1}O)_5Nb]$作为铌源，价格昂贵，极易水解，难于广泛应用于工业生产。

共沉淀法，作为化学合成方法之一，既能保证目标材料的化学计量比，又能使组分均匀与颗粒细化，适宜于合成复杂组元的电子陶瓷材料。特别是，基于沉淀物的高反应活性，采用共沉淀法可以显著地降低形成钙钛矿相所需的煅烧温度，缩短煅烧时间。Yoshikawa 曾采用草酸铌，通过化学共沉淀法合成了 PMN，PFN 和 PSN[22]。为了降低成本，Lessing 也采用草酸铌作为铌源合成材料，同时在沉淀过程中通过强力搅拌，实现沉淀物均匀分布[23]。

在本节中，主要介绍铅基弛豫铁电体 PFN 超细粉体的共沉淀法合成，并分析相关陶瓷材料的显微结构与电学性能。

3.2.1　$Pb(Fe_{1/2}Nb_{1/2})O_3$ 超细粉体的共沉淀法合成

以前一节中介绍方法合成的可溶性铌溶液为铌源，向其中加入 $Pb(NO_3)_2 \cdot 3H_2O$ 和 $Fe(NO_3)_3 \cdot 9H_2O$ 及 HNO_3 与 H_2O_2，并以 NH_4OH 为沉淀剂，调节 pH 值，使 Pb^{2+}、Fe^{3+}、Nb^{5+} 充分沉淀。沉淀物经 300~800℃煅烧，获得产物粉体。图 3-5 所示为共沉淀法制备 PFN 粉体的工艺过程示意图。合成粉体的物性测试方法见 1.4.2 节。

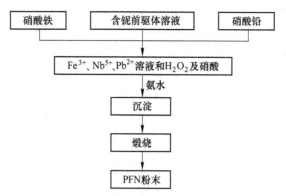

图 3-5　共沉淀法合成 PFN 粉体的工艺过程示意图

图 3-6 所示为 PFN 的沉淀物和不同煅烧温度产物粉体的 XRD 图谱。由图 3-6 可见，未经高温煅烧的初始沉淀物 XRD 谱呈现非晶态特征，仅出现可能是来自氢氧化物的弱衍射峰。不过，随着煅烧温度上升到300℃，在29.2°处出现了一个明显的衍射峰，对应于焦绿石相 $Pb_2Fe_4Nb_4O_{21}$ 的（222）衍射峰（JCPDS#50-0445）。进一步提高煅烧温度到400℃，伴随着焦绿石衍射峰强度的上升，在31.5°处出现一个新的衍射峰，对应于钙钛矿结构 PFN 的（110）衍射峰（JCPDS#32-0522）。这表明，在400℃时就开始出现钙钛矿相，远低于传统固相法出现钙钛矿相所需的温度。进一步提高煅烧温度，钙钛矿相的衍射峰强度不断增强，同

时焦绿石相的衍射峰不断降低，表现出焦绿石相向钙钛矿相的转变趋势。为了分析这种相转变行为，按式（3-6）估算了不同煅烧温度产物的钙钛矿相含量 P：

$$P = \frac{I_{(110)}^{\text{Perov}}}{I_{(110)}^{\text{Perov}} + I_{(222)}^{\text{Pyro}}} \times 100\% \tag{3-6}$$

式中，$I_{(110)}^{\text{Perov}}$ 和 $I_{(222)}^{\text{Pyro}}$ 分别为钙钛矿相（110）和焦绿石相（222）衍射峰的强度。

图 3-6 中的内插图给出钙钛矿相含量随煅烧温度的变化关系。当煅烧温度上升至 800℃ 时，产物钙钛矿相含量达到 100%。此时在 XRD 谱上，所有的衍射峰均归属于钙钛矿相，没有焦绿石相或其他杂相的衍射峰出现。

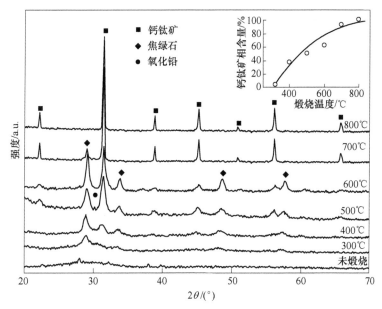

图 3-6　共沉淀法不同温度煅烧产物的 XRD 图谱
（内插图为钙钛矿相含量随煅烧温度的变化关系）

钙钛矿相 PFN 在相当低的煅烧温度（400℃）开始形成，可归因于其氢氧化物的均匀沉淀。通常，只有当离子积达到溶度积时才能使氢氧化物产生沉淀。在本实验中，Fe^{3+} 和 Nb^{5+} 离子在 pH 值分别为 1.5 和 1.2 时就生成相应的氢氧化物，而 Pb^{2+} 离子形成氢氧化物要求 pH 值在 7 以上。这意味着 $Fe(OH)_3$ 和 $Nb_2O_5 \cdot xH_2O$ 是在沉淀过程初期同时产生，形成均匀的共沉淀物。不过，$Pb(OH)_2$ 将在高 pH 值时生成胶态沉淀物并包覆在 $Fe(OH)_3$ 和 $Nb_2O_5 \cdot xH_2O$ 混合物上。这种包覆的核壳结构将有利于提高元素之间的反应活性，促使钙钛矿相在 400℃ 低温下开始出现，也是 800℃ 时形成纯钙钛矿相的原因所在。

除了通过 XRD 观察到沉淀物从非晶态向焦绿石相和钙钛矿相的转变过程，同时通过 SEM 观察随着煅烧温度的上升颗粒形貌的演化过程。图 3-7 所示为沉淀

图 3-7 共沉淀法合成产物的 SEM 照片

a—共沉淀物；b—500℃煅烧产物；c—800℃煅烧产物

物和经 500℃、800℃煅烧后的产物的 SEM 照片。由图 3-7 可见，沉淀物是由
粒径为 20~30nm 的团聚颗粒所组成，进一步观察发现，这些颗粒又是由粒径
小于 5nm 的次级颗粒所构成。然而，煅烧温度为 500℃时，这些颗粒团聚物已
经转变并形成规则形貌的晶形，其粒径也增大到 100nm，这一现象与 XRD 谱
中焦绿石相（222）衍射峰的半峰宽随着煅烧温度的上升而减小是一致的。当
煅烧温度提升至 800℃时，所得钙钛矿相 PFN 颗粒呈现出近似于立方体的形
貌，其平均粒径上升到 500nm 左右，需要说明的是这一粒径远小于传统固相法
合成产物的粒径[17]。总之，XRD 分析和 SEM 观察表明，具有非晶结构的微细
沉淀物，经过适当的温度煅烧后可以获得具有立方体形状的钙钛矿相 PFN 超
细粉体。

　　图 3-8 所示为 PFN 沉淀物的 TG-DTA 曲线。从图 3-8 可见，在 100~1000℃的
温度范围内，共出现了 3 个特征峰，其中：200~300℃附近的吸热峰，推测是由
于残余水的挥发或金属盐的分解所形成的[24]，对应该放热峰出现了 17% 的质量
损失；400℃处的放热峰，推测可能是来自残余 NO$_3^-$ 和 C$_2$O$_4^{2-}$ 的燃烧[25,26]，其
对应的质量损失为 14%；当温度上升到 800℃以上时，可以在 DTA 曲线上观察到
一个强吸热峰，而与之对应的热重曲线上有微弱质量损失，该吸热效应推测是铅
挥发所引起。

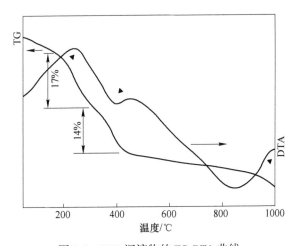

图 3-8　PFN 沉淀物的 TG-DTA 曲线

　　进一步，对 800℃煅烧得到的 PFN 粉体利用 XRF 技术进行元素化学计量比分
析，结果如图 3-9 所示。分析结果显示，Pb：Fe：Nb 的原子比为 17.62：9.70：
8.96，即 1.97：1.08：1，几乎与 PFN 分子式的理论计量比一致。考虑到仪器的
测量误差，可以认为，本实验中通过共沉淀法获得的 PFN 粉体具有良好的化学
计量比。

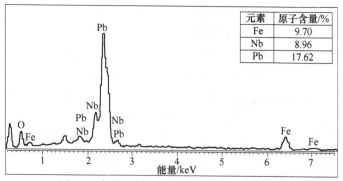

元素	原子含量/%
Fe	9.70
Nb	8.96
Pb	17.62

图 3-9 钙钛矿结构 PFN 粉体的 XRF 分析谱

作为 XRD 分析的补充，采用 Raman 光谱对钙钛矿相 PFN 粉体的局域微结构进行分析。尽管研究人员对众多铁电体的 Raman 谱进行了大量解析[27~29]，但有关 PFN 的 Raman 光谱报道仍很少[30,31]。图 3-10 给出了 800℃煅烧得到的 PFN 粉体 Raman 光谱。由图可见，在波数为 135cm^{-1}、210cm^{-1}、279cm^{-1}、364cm^{-1}、475cm^{-1}、592cm^{-1}、704cm^{-1} 和 804cm^{-1} 处出现 8 个 Raman 特征峰[29,30,32]。研究表明，这些强特征峰的出现，说明其具有与立方对称性 Fm3m 不同的局域结构，即具有不同于 XRD 衍射观察到的平均结构。另外，800cm^{-1} 附近振动模式的出现表明 PFN 粉体中有序簇的存在，这意味着在 PFN 的 Fm3m 钙钛矿结构中也存在 1:1 有序簇，如同在 PZN 中观察到的短程序[28]。因而，可以初步认为，PFN 超细粉体中存在的有序簇现象，与本实验所采用的共沉淀法紧密相关：一方面，沉淀法制备超细粉体能较好地调控其均匀性，特别是微观尺度的均匀性，有效地提高纳米尺度下的有序度；另一方面，利用沉淀法获得的 PFN 前驱沉淀物反应活性高，在较低的煅烧温度下能很好地进行原子扩散和短程排布，从而提高有序度。

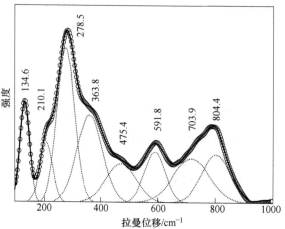

图 3-10 800℃煅烧 PFN 粉体 Raman 光谱

3.2.2 Pb(Fe$_{1/2}$Nb$_{1/2}$)O$_3$陶瓷的致密化与电学性能

基于共沉淀法制备的高活性前驱沉淀物,本实验在800℃煅烧得到纯钙钛矿相PFN超细粉体,该粉体在纳米尺度具有类立方块状形貌。进一步,选用该粉体进行陶瓷烧结,烧结温度分别设定为1050℃、1100℃和1150℃。合成陶瓷的物性测试方法见1.4.2节。

利用阿基米德排水法测量烧结温度分别为1050℃、1100℃和1150℃制备陶瓷样品的体积密度,结果依次为7.484g/cm^3、7.900g/cm^{3}和7.941g/cm^3,对应的相对密度为88.5%、93.4%和93.9%。图3-11a和图3-11b给出了1050℃和1150℃烧结的PFN陶瓷断面SEM照片。由图可以看出,1050℃烧结的陶瓷断面呈现未完全烧结的状态,晶粒与晶粒之间没有紧密接触,晶界处存在明显孔洞,

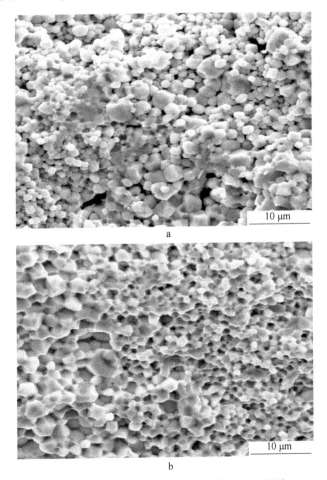

图3-11 不同温度烧结PFN陶瓷断面SEM照片

a—1050℃; b—1150℃

且晶粒形貌不规则，平均尺寸为 $1 \sim 2 \mu m$，相对于 PFN 初始粉体晶粒有明显长大。当烧结温度达到 1150℃时，晶粒形貌趋于均匀和规则，晶粒与晶粒之间呈现紧密接触，晶粒平均尺寸在 $2 \mu m$ 左右。从图 3-12 所示的 XRD 谱中可以看出，不同烧结温度制备的 PFN 陶瓷样品均显示出结晶性良好的钙钛矿相特征。

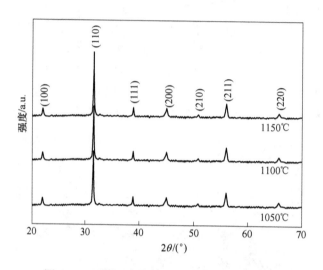

图 3-12　不同温度烧结 PFN 陶瓷的 XRD 图谱

　　图 3-13a 和图 3-13b 分别给出了室温下测量的 PFN 陶瓷 P-E 回线和 I-E 曲线。P-E 回线的滞后特征表明 PFN 陶瓷样品是铁电体，其中矫顽场 E_c 为 3.4kV/cm，剩余极化 P_r 为 14.5μC/cm^2。同时，从 I-E 曲线上可以观察到有极化电流出现，也说明 PFN 陶瓷具有明显的铁电极化行为。但是，样品仍存在一定漏导现象，导致电滞回线不够饱和。分析认为，出现漏导的原因应是 PFN 中 Fe 元素的价态变化所致。一般情况下，高的烧结温度下总是表现出弱还原气氛，因而，会有部分 Fe^{3+} 被还原为 Fe^{2+}，这样便出现 PFN 中 Fe^{3+} 和 Fe^{2+} 两种价态离子共存的局面，导致较多晶格电子缺陷出现[33]，致使电导上升，发生漏导现象。总的来说，PFN 陶瓷的 P-E 回线和 I-E 曲线测量结果证实所获得的样品在室温下具有典型铁电体的特征。

　　表 3-4 是在频率 1kHz 下测得的不同烧结温度制备 PFN 陶瓷的室温相对介电常数 ε_r 和介电损耗 tanδ 数据。从表 3-4 可以看出，基于共沉淀法合成粉体于不同温度烧结的陶瓷样品，ε_r 在 3600～5000 之间，与传统固相法制备的陶瓷样品数值相近[34]。其中，1150℃烧结的 PFN 陶瓷，ε_r 达到 4826，而 tanδ 仍保持在一个相对较低的数值——0.129[35]。

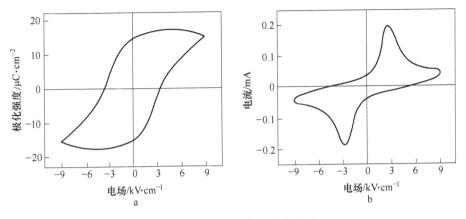

图 3-13   PFN 陶瓷室温铁电测试

a—*P-E* 回线；b—*I-E* 曲线

表 3-4   不同温度烧结 PFN 陶瓷的 ε_r 和介电损耗 tanδ（1kHz，室温）

烧结温度/℃	ε_r	tanδ
1050	3691	0.171
1100	3663	0.122
1150	4826	0.129

    图 3-14a 和图 3-14b 所示分别是 1150℃烧结的 PFN 陶瓷样品的 ε_r 和 tanδ 随温度变化的曲线。从图 3-14a 中可以看出，在较高测试频率下，介温谱出现宽化的介电异常峰，100℃左右相对介电常数达到最大值 ε_m，该温度即 T_m，与文献报道的 PFN 居里温度一致[36,37]。同时，可以看到，介电异常峰的峰宽随着测量频率的

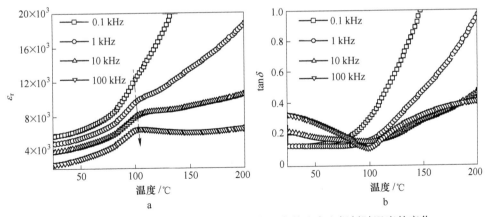

图 3-14   1150℃烧结 PFN 陶瓷的相对介电常数和介电损耗随温度的变化

a—ε_r 随温度变化曲线；b—tanδ 随温度变化曲线

增加逐渐变窄并且 T_m 朝高温方向移动，1kHz 和 100kHz 下最大介电常数 ε_m 出现的 T_m 温度差 ΔT 为 5℃（见表 3-5）。以上实验结果说明 PFN 是典型的铅基含铌弛豫铁电体，具有明显的弥散相变与频率色散现象。PFN 的介电弛豫特征可以解释为来自复合钙钛矿结构 B 位不等价离子 Fe^{3+} 和 Nb^{5+} 的无序占位所导致。无序占位引起局域成分波动，使得不同微区具有居里温度差异，致使相转变温度从正常铁电体一个较窄的温度点转变为弛豫铁电体一个较宽的温度范围。此外，从图 3-14b 可以看到，介电损耗温度谱在 100℃ 附近出现转折，高于 T_m 时介电损耗快速增加，这主要是因为温度升高，电导率显著增加，电导损耗快速增大所致[38]。

表 3-5　1150℃ 烧结 PFN 陶瓷在不同频率下的介电性能

频率/kHz	T_m/℃	ε_m	ΔT（1~100 kHz）/℃
1	101	9670	
10	104	8130	5
100	106	6590	

本节主要介绍 $Pb(Fe_{1/2}Nb_{1/2})O_3$ 陶瓷共沉淀法合成与介电性能。研究揭示，以含铌前驱体溶液，即可溶性铌溶液作为铌源，通过共沉淀法，能够合成平均粒径约为 500nm 的 PFN 超细粉体。结构分析表明，共沉淀法所得沉淀物为非晶态结构，煅烧温度为 300℃ 和 400℃ 时分别开始出现焦绿石相和钙钛矿相，当煅烧温度达到 800℃ 时，获得纯钙钛矿相 PFN 粉体。Raman 分析表明，PFN 粉体中存在局域的 1:1 有序团簇。此外，对 1150℃ 烧结得到的陶瓷样品进行电学性能测量，结果表明 PFN 陶瓷的铁电回线具有不饱和特征，分析认为是由于 Fe^{3+} 部分还原变价，引起漏导上升所致。同时，PFN 陶瓷具有较高的介电常数，有利于在陶瓷电容器方面的应用。

3.3　$Pb(Sc_{1/2}Nb_{1/2})O_3$ 陶瓷共沉淀法合成与介电性能

作为一种 1:1 型复合钙钛矿结构铁电体，$Pb(Sc_{1/2}Nb_{1/2})O_3$（PSN）具有有序-无序转变现象，且其 B'/B'' 的有序度与其热历史[39]或外加应力[40]密切相关，从而引起人们对其制备和弛豫性研究的兴趣。此外，PSN 具有高介电常数，使之在多层陶瓷电容器等领域有一定应用价值[41]。科研人员采用多种方法以合成 PSN 粉体，包括传统固相反应法[41,42]、水热法[43,44]、溶胶凝胶法[45]及沉淀法[46]等。例如，Bidault 等人采用 wolframite 前驱体法合成 PSN 陶瓷，并研究了其弛豫态与三方铁电态之间的转变行为[47]。作为一种合成方法，共沉淀法可合成具有化学计量比和结构一致性的粉体，常用于制备高纯度电子陶瓷材料。Feng 等人通过水解铌醇盐获得了 PSN 纳米粉体[48]。Yoshikawa 等人利用硝酸铌溶液制备了多种铅基含铌钙钛矿电子陶瓷粉体，包括 PFN、PSN 和 PMN 等[22]。研究发现，为获得纯钙钛矿相，pH 值需要高达 10~12，从而保证在煅烧过程中促进焦绿石相向钙钛矿相的转变。此外，Yoshikawa 采用类似方法还制备了 PNN 粉体[49]。该研究认为：为了使所有组成金属离子从溶液中充分沉淀，需要将 pH 值调节在 11.5~12.5 之间。不过，由于包覆在沉淀物表面的 OH$^-$ 之间的静电吸引力作用，高的 pH 值很容易引起沉淀产物出现严重的团聚，并在煅烧过程中导致颗粒异常长大[22, 50]。因此，在共沉淀法中，合理控制沉淀过程中的 pH 值，对于获得超细目标粉体起着重要作用。

在本节中，主要介绍酸碱度——pH 值对共沉淀法制备 PSN 粉体的相结构、化学组成和颗粒形貌的影响，以寻找制备 PSN 粉体的共沉淀法最优工艺条件。此外，还分析了 PSN 陶瓷的电学性能，并与传统固相法制备的陶瓷进行比较。

3.3.1　Pb(Sc$_{1/2}$Nb$_{1/2}$)O$_3$粉体合成过程 pH 影响因素

以可溶性铌溶液为铌源，采用共沉淀法合成 PSN 粉体，重点分析 pH 因素对粉体制备的影响，pH 值控制范围为 2~12。具体共沉淀法工艺路线同前节制备 PFN 合成过程，不同之处是用原料 Sc(NO$_3$)$_3$ 代替了 Fe(NO$_3$)$_3$·9H$_2$O。合成粉体的物性测试方法见 1.4.2 节。

图 3-15a 所示为不同 pH 值条件下沉淀所得前驱粉体经 800℃煅烧后的 XRD 图谱。从图中可以明显看到，随着 pH 值的增加，出现了两种不同的相。当 pH 值为 2.18 时，在 2θ 为 27.9°、29.1°、33.8°、36.9°、48.5°、57.6°和 60.4°处出现一些衍射峰，接近于立方焦绿石相 Pb$_2$Nb$_2$O$_7$（JCPDS#40-0828）。不过，与 Pb$_2$Nb$_2$O$_7$相比，所有的衍射峰向小角度方向偏移。对 XRD 谱的拟合表明，所得焦绿石相的晶胞参数为 1.0613nm，略大于 Pb$_2$Nb$_2$O$_7$ 的 1.0508nm。分析认为，衍射峰偏移现象是由于半径较大的 Sc^{3+}离子（0.087nm）进入 Pb$_2$Nb$_2$O$_7$的晶格，取代了部分半径较小的 Nb^{5+}离子（0.064nm）所致[51]。当 pH 值增加到 4.21 时，在 2θ 为 21.8°、31°、38.2°、44.4°、50.0°、55.1°和 64.6°处出现新的衍射峰，经分析这些峰归属于 PSN 钙钛矿相（JCPDS#87-0902）。而且，随着 pH 值的增加，属于钙钛矿相的衍射峰逐渐增强，而属于焦绿石相的衍射峰则不断降低。当 pH 值达到 8.13 以上时，XRD 谱上只能观察到属于钙钛矿结构 PSN 的特征衍射峰。依据 XRD 数据，通过式（3-6）计算不同 pH 值所合成粉体的钙钛矿相含量，结果示于图 3-15a 的内插图中。当 pH 值为 4.21、6.04 和 8.13 时，钙钛矿相含量分别为 55.7%、97.5%和 100%。这表明，在较温和的碱性条件下（pH = 8.13），采用共沉淀法就可以合成纯钙钛矿相 PSN。作为对比，图 3-15b 给出了传统固相法制备的 PSN 粉体的 XRD 图谱。很明显，对于传统固相法，当煅烧温度为 800℃时，除了钙钛矿相外，仍有大量焦绿石相存在；只有当煅烧温度上升

到950℃时，才能获得纯钙钛矿相粉体。由此可见，采用共沉淀法，可以使形成纯钙钛矿相 PSN 的煅烧温度从传统固相法的 950℃下降至 800℃。

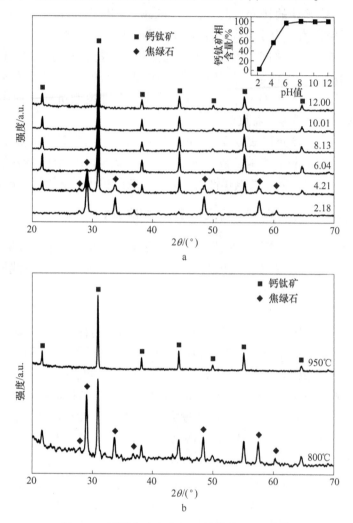

图 3-15　不同方法合成 PSN 粉体的 XRD 图谱

a—共沉淀法不同 pH 值沉淀于 800℃煅烧产物（内插图为钙钛矿相含量随沉淀 pH 值的变化）；

b—传统固相法不同温度煅烧产物

　　XRD 分析表明，沉淀过程中溶液的 pH 值对煅烧产物中钙钛矿相含量具有直接的影响，而沉淀物的化学组成也会对钙钛矿相的形成产生显著作用。在沉淀过程中，pH 值控制了金属离子从溶液中的分离行为，而构成 PSN 的 Pb、Sc 和 Nb 的氢氧化物析出时的 pH 值并不相同[52]。为了量化金属离子的沉淀效率，利用 ICP-AES 技术测量了沉淀过程中不同 pH 值时的金属离子浓度，并根据式（3-7）

计算了金属离子的沉淀率：

$$\lambda_i = 1 - C_{ip}V_p/C_{i0}V_0 \tag{3-7}$$

式中，i 表示金属离子种类（这里为 Pb^{2+}、Sc^{3+}和 Nb^{5+}）；C_{i0} 和 C_{ip} 分别代表初始时及不同 pH 值时溶液中的金属离子浓度；V_0 和 V_p 分别为初始时及不同 pH 值时的溶液体积。

图 3-16 给出了根据 ICP-AES 测试结果计算得到的不同 pH 值时 Pb^{2+}、Sc^{3+}和 Nb^{5+}离子的沉淀率。由图可见，Nb^{5+}和 Sc^{3+}离子分别在 pH 值为 4.21 和 6.04 时就已充分沉淀析出，而 Pb^{2+}离子充分沉淀析出的 pH 值至少要达到 8.0 以上。这也可以解释为什么只有当 pH 值大于 8.0 时采用共沉淀法才能获得纯钙钛矿相 PFN。换而言之，当 pH 值达到 8.0 以上时才能实现沉淀物及其衍生的钙钛矿相的金属元素化学计量比的一致性。

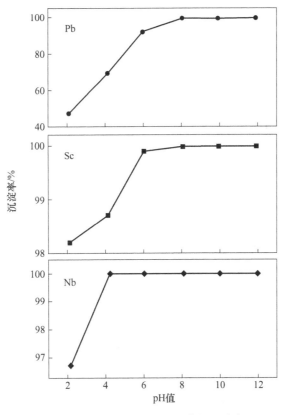

图 3-16　不同 pH 值时金属元素的沉淀率

为进一步确认不同 pH 值对应煅烧产物的化学计量比，进行产物的 EDS 能谱分析，结果如图 3-17 所示。

从图 3-17 可以看到，当 pH = 2.18 时，PSN 煅烧产物中 Pb：Sc：Nb 的原子

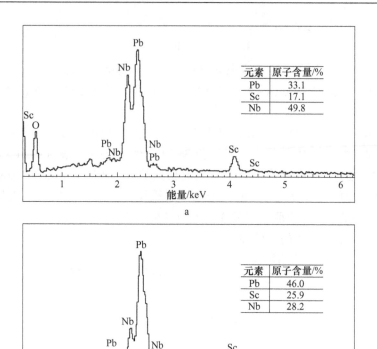

图 3-17　不同 pH 值沉淀对应煅烧粉体的 EDS 谱

a—pH=2. 18；b—pH=8. 13

比为 33.1：17.1：49.8，接近于 2：1：3。ICP-AES 和 EDS 分析显示出 Sc/Nb 比的不同：ICP-AES 分析表明其值接近于 1，而煅烧产物的 EDS 分析得到的 Sc/Nb 比则显著减少。焦绿石相中 Sc 的缺失可能与得到的沉淀物之间的反应活性差异有关。对 PMN 和 PFN 的反应研究表明[53, 54]，B′位元素，如 Mg 或 Fe，是最后进入到晶格中的。对于 PSN，B′位元素为 Sc，而在低 pH 值时，Pb 的含量明显不足，使 Sc 不易进入晶格。因此，测得的组成呈现 Sc 掺杂的焦绿石相。但是，当 pH 值达到 8.13 时，所有的金属离子都已经完全沉淀析出，使煅烧产物中 Pb：Sc：Nb 比达到 46.0：25.9：28.2，即 1.77：1：1.07，接近于钙钛矿相 PSN 的计量比。

图 3-18 所示为不同 pH 值时的沉淀产物经 800℃ 煅烧后的粉体 SEM 照片。当 pH 值为 2.18 时，所得粉体为焦绿石相的球状颗粒，平均粒径约为 200nm（如图 3-18a 所示）。当 pH 值增加到 8.13 时，粉体的分散性明显改善，且其平均粒径增加到 400nm（如图 3-18b 所示）。进一步提高 pH 值到 12.00，产物颗粒表现出部分熔合的现象，且粒径也上升到约 1μm（如图 3-18c 所示）。粉体的形貌和晶

图 3-18 不同 pH 值沉淀于 800℃煅烧得到 PSN 粉体的 SEM 照片

a—pH = 2.18；b—pH = 8.13；c—pH = 12.00

粒尺寸的变化，与沉淀过程中的 pH 值有密切关系。通常，当沉淀剂引入到前驱体溶液时，金属离子将以氧化物或氢氧化物的形式沉淀析出。在碱性环境中，这些沉淀物的表面会吸附带负电的 OH$^-$[55]，导致煅烧过程中颗粒集聚和尺寸增加。因此，合成过程只有控制适当的 pH 值，才能获得尺寸分布均匀的 PSN 超细粉体。

3.3.2　Pb(Sc$_{1/2}$Nb$_{1/2}$)O$_3$陶瓷的致密化与电学性能

为了进一步研究 PSN 陶瓷的电学性能，选用两种不同粉体进行烧结实验，这两种粉体分别是 pH 为 8.1 时沉淀物经 800℃ 煅烧得到的 PSN 粉体（样品 A）和采用传统固相反应法 950℃ 煅烧得到的 PSN 粉体（样品 B）。两种粉体在 200MPa 下压制成直径为 11.5mm 的素坯体，并在 1200℃ 烧结 2h。陶瓷烧结体的命名同前驱粉体。合成陶瓷的物性测试方法见 1.4.2 节。

图 3-19 给出了两种陶瓷样品的介电常数随温度的变化。由图可见，两种样品均呈现典型的弛豫铁电体特征[56,57]，但二者之间仍存在明显的差异：样品 B 具有更大的介电常数极值，而样品 A 则呈现更明显的弥散相变行为。参照 Uchino 和 Nomura 提出的模型[58]，根据式（2-2），计算得到样品 A 和样品 B 的弥散因子 γ 分别为 1.94 和 1.61。两种样品弥散因子的差异应该与粉体的合成方法相关，即与其晶格中 B 位离子的有序性相关[59]。

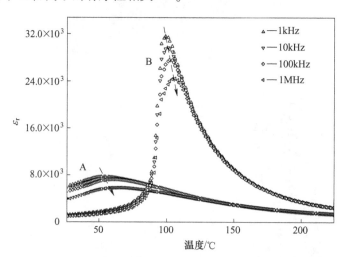

图 3-19　不同方法制备的 PSN 陶瓷的介电常数随温度的变化

A—沉淀法样品；B—固相法样品

P-E 回线是表征陶瓷铁电性的重要判据。图 3-20 给出了两种 PSN 陶瓷在室温下测试的 *P-E* 回线。对比可见，两样品的 *P-E* 回线存在明显差异。样品 A 的剩余极化 P_r 和矫顽场 E_c 较小，分别为 3.27μC/cm^2 和 2.47kV/cm。样品 B 的这两

个特征参数均较大, 分别为 28.27μC/cm^2 和 4.34kV/cm, 与文献报道基本一致[25]。

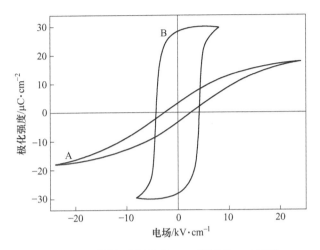

图 3-20　不同方法制备的 PSN 陶瓷的 *P-E* 回线

A—沉淀法样品; B—固相法样品

　　本节主要介绍 Pb(Sc$_{1/2}$Nb$_{1/2}$)O$_3$陶瓷共沉淀法合成与介电性能。研究揭示, 以可溶性铌溶液作为铌源, 通过共沉淀法, 能够合成纯钙钛矿相 PSN 超细粉体。pH 值是共沉淀法工艺中的重要影响因素, 随着 pH 值上升, 金属离子按 Nb、Sc 和 Pb 的顺序先后沉淀, 其中 pH 值为 8 时沉淀物于 800℃煅烧获得的 PSN 粉体中 Nb、Sc 和 Pb 三种元素比例接近于理想的化学计量比, 平均颗粒尺寸约为 400nm。以该粉体烧结制备的 PSN 陶瓷表现出良好的介电弛豫特性, 弥散因子达到 1.94。

3.4　Pb(Sc$_{1/2}$Nb$_{1/2}$)O$_3$陶瓷表面活性修饰沉淀法合成

　　在前一节中采用共沉淀法得到纯钙钛矿相 PSN 粉体, 但问题是产物粒径较大且有明显团聚, 此外煅烧温度也仍然偏高。通过改善沉淀物颗粒的团聚程度, 降低煅烧温度, 则有可能获得更小尺寸的纯钙钛矿相 PSN 纳米粉体。但是, 通过沉淀法合成纳米尺度的三元甚至更多元的氧化物体系, 目前仍很少有文献报道。Cushing 等人提出[60], 由于难于在沉淀过程中准确控制各组分的计量比, 通过沉淀法直接合成多元氧化物体系极为罕见。不过, 对于一些在热力学上有利的结构, 如尖晶石, 也有可能通过沉淀法获得。Albuquerque 等人采用沉淀法获得了尖晶石结构化合物 Ni$_{0.5}$Zn$_{0.5}$Fe$_2$O$_4$[61]。他们采用 NaOH 作为沉淀剂, 使 Fe、Ni 和 Zn 的硝酸盐沉淀析出形成混合物, 并在 300℃以上的温度煅烧获得了尖晶石相。但是, 在利用沉淀法合成钙钛矿结构三元氧化物时, 由于钙钛矿相和焦绿石相之间的竞争, 要同时实现产物粉体的纯钙钛矿结构和纳米尺度变得不那么容易。Feng 等人通过水解 Nb(OC_2H_5)$_5$稀溶液，并经 900℃煅烧获得了晶粒尺寸为500~600nm 的钙钛矿结构 PSN 粉体[46]。Yoshikawa 等人也利用沉淀法以草酸铌为原料，合成了铅基含铌钙钛矿结构化合物，包括 PSN、PFN 和 PMN[22]。但由于煅烧温度较高，导致团聚、聚集甚至烧结现象，使产物晶粒尺寸难以控制[60]。因此，如何在共沉淀法合成多元系钙钛矿结构化合物时，克服上述研究中存在的不足，在理论和应用上都具有一定的意义。

在本节中，介绍了一种表面活性修饰沉淀法，成功合成了粒径约为 80nm 的三元系 PSN 纳米粉体。同时，获得钙钛矿相 PSN 的温度下降到 700℃，明显低于文献报道[62]。合成温度和晶粒尺寸的下降是由于沉淀过程中表面活性剂十六烷基溴化铵（CTAB，$C_{16}H_{33}N^+(CH_3)_3 \cdot Br^-$）和沉淀剂四甲基氢氧化铵（TMAH，$(CH_3)_4N^+ \cdot OH^-$）协同作用的结果。尽管利用 CTAB 控制形貌或作为模板剂[63~65]以及利用 TMAH 作为矿化剂或碱性沉淀剂[66~68]都有不少报道，但未见到 CTAB 和 TMAH 的组合对沉淀过程的影响研究，而这一点正是本节重点关注的内容。此外，本节还介绍了基于纳米粉体采用 SPS 烧结的 PSN 陶瓷与退火时间相关的电学性能变化及相关机理。

3.4.1　Pb($Sc_{1/2}Nb_{1/2}$)O_3粉体合成的表面修饰机理

以可溶性铌溶液为铌源，采用表面活性修饰沉淀法合成 PSN 纳米粉体。合成过程中，按计量比将可溶性铌溶液与 Pb(NO_3)$_2 \cdot 3H_2O$ 和 Sc(NO_3)$_3$混合，同时加入适量 CTAB，使其浓度达到其临界胶束浓度（C. M. C. = 0.9×10^{-3} mol/L）的 2 倍[69]。随后，用 TMAH 沉淀剂滴定前驱体溶液，控制 pH 值达到 9.8~10.2，使 Nb^{5+}、Sc^{3+} 和 Pb^{2+} 离子完全沉淀析出。在沉淀过程中，溶液保持连续搅拌。当沉淀过程结束后，离心分离沉淀析出物，并用去离子水和丙酮清洗，干燥后在 500~800℃煅烧 2h，得到产物粉体。合成粉体的物性测试方法见 1.4.2 节。

实验发现，表面活性修饰沉淀法获得的沉淀物，经 700℃煅烧 2h 就可得到钙钛矿结构的 PSN 纳米粉体。一般认为，在传统固相反应法合成过程中，出现钙钛矿相的温度多在 600℃以上，而焦绿石相消失的温度不低于 900℃[16,70]。采用表面活性修饰沉淀法，在 700℃煅烧就能形成完全的钙钛矿相，比固相反应法低了 200℃。即使与类似的化学合成法相比，该方法合成钙钛矿相的温度也低了100℃[22,46]。图 3-21a 所示为 700℃煅烧得到的钙钛矿相 PSN 粉体的 SEM 照片和XRD 谱。由图可见，PSN 粉体呈现均匀的球状颗粒形貌，其平均粒径大约在80nm，而 XRD 谱则显示粉体为纯钙钛矿相结构。图 3-21b 所示为 PSN 粉体的TEM 照片，产物形貌和尺寸与 SEM 观察基本一致；同时，SAED 花样进一步证实 PSN 颗粒的单晶特征。图 3-21c 给出了 PSN 粉体的 HR-TEM 照片，从中可以看到完整的晶格结构。

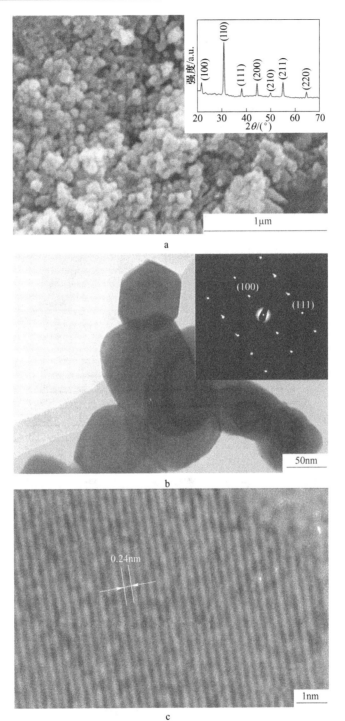

图 3-21   700℃煅烧所得 PSN 粉体的物性表征

a—SEM 照片及 XRD 谱（内插图）；b—TEM 照片及 SAED 图（内插图）；c—HRTEM 照片

　　表 3-6 给出了沉淀物和 700℃煅烧产物的 XRF 测试结果, 可以看出二者 Pb、Sc 和 Nb 之间比例的一致性。总之, 表面活性修饰沉淀法显著地促进了低温下具有化学计量比的钙钛矿结构 PSN 纳米粉体的生成。钙钛矿相生成温度的下降, 有利于控制晶粒长大和防止产物中 PbO 的挥发。

表 3-6　PSN 沉淀物及 700℃煅烧产物的 XRF 测试结果

$Pb(Sc_{1/2}Nb_{1/2})O_3$	不同元素原子比例/%		
	Pb	Sc	Nb
沉淀物	49.80±0.14	25.04±0.32	25.16±0.36
煅烧产物	49.72±0.14	25.11±0.11	25.17±0.23

　　图 3-22a 所示为不同煅烧温度获得的 PSN 粉体的 XRD 图谱。当煅烧温度较

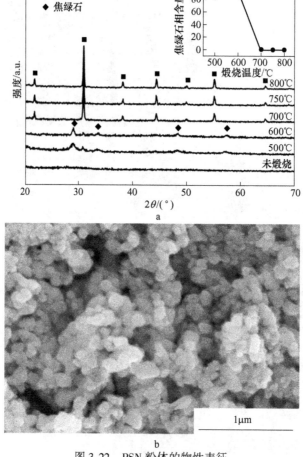

图 3-22　PSN 粉体的物性表征

a—表面活性修饰沉淀法不同温度煅烧产物 XRD 图谱 (内插图为焦绿石相含量随煅烧温度的变化);

b—800℃煅烧产物的 SEM 照片

低（500~600℃）时，产物主要为焦绿石相，只观察到少量钙钛矿相的存在。当煅烧温度升高到700℃时，焦绿石相快速向钙钛矿相转变。煅烧温度进一步升高到800℃，产物相结构虽未发生变化，但PSN粉体结晶性提高。从图3-22b可见，800℃时产物平均粒径增至150nm。

图3-22a中内插图为按式（3-8）计算得到的不同煅烧温度产物的焦绿石相含量λ。

$$\lambda = \frac{I^{Pyro}_{(222)}}{I^{Perov}_{(110)} + I^{Pyro}_{(222)}} \times 100\% \qquad (3-8)$$

式中，$I^{Perov}_{(110)}$和$I^{Pyro}_{(222)}$分别为钙钛矿相（110）和焦绿石相（222）衍射峰的强度。

计算结果显示，煅烧温度为600℃时，焦绿石相的含量高达94.0%；但当煅烧温度上升到700℃时，焦绿石相含量快速地下降到零。不过，采用其他碱性沉淀剂时，700℃煅烧得到的产物中仍然可以观察到相当数量的焦绿石相。图3-23所示为分别采用TMAH、NH$_4$OH和NaOH为沉淀剂，700℃煅烧得到的PSN粉体的XRD图谱，从中可以明显观察到TMAH对沉淀产物反应活性的增强作用。

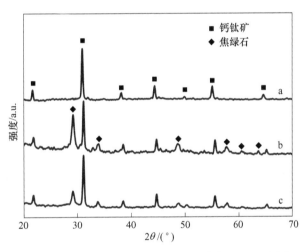

图3-23　不同沉淀剂沉淀、700℃煅烧产物的XRD图谱
a—TMAH；b—NH$_4$OH；c—NaOH

图3-24所示为CTAB和TMAH共存时沉淀产物的TG-DTA曲线，可以反映采用TMAH为沉淀剂时突变的相转变行为。在TG曲线上可以观察到3个质量损失阶段。第一阶段质量损失出现在60~320℃，对应于沉淀产物中有机物或水的挥发。第二阶段质量损失出现在320~520℃，主要是来自氢氧化物和硝酸盐的分解或残余有机物的燃烧[71]。第三阶段质量损失发生在800℃以上的高温区，可能是由于铅挥发的加速所致[72]。DTA曲线在200℃以前，有一个很宽的吸热峰，可以归因于水和有机物等的挥发。此外，在300~600℃之间，出现了一个不对称

的吸热峰。利用 John-Mehl-Avrami 函数，可以将该吸热峰拆分出两个吸热效应：一个峰的极值出现在 486℃，而另一个吸热峰明显窄化，其极值出现在 553℃。极值为 486℃ 的峰对应于氢氧化物或硝酸盐的分解以及残余有机物的燃烧等。但极值为 553℃ 的吸热峰出现于没有质量损失的阶段，表明其热效应主要来自物质内部的原子重构，分析认为 553℃ 附近的热效应对应于焦绿石向钙钛矿相的转变，而该峰的窄化也表明这种焦绿石向钙钛矿相的转变是一个突变性过程，如同 XRD 图谱中所观察到的相转变现象（XRD 与 DTA 分析出现的相变温度滞后差异源于实验方法的不同）。

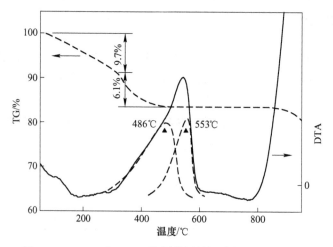

图 3-24　TMAH 和 CTAB 协同作用的沉淀物 TG-DTA 曲线

在本实验中，共沉淀法能够合成出具有纯钙钛矿结构和 80nm 粒径的 PSN 纳米粉体，分析认为是由于沉淀剂 TMAH 和表面活性剂 CTAB 在沉淀过程中所起的关键协同作用所致。通常，溶液中的金属离子与沉淀剂反应生成氧化物或氢氧化物。对于 NaOH 或 NH_4OH 这类无机碱，沉淀过程可以简单地描述为金属离子与羟基发生反应形成沉淀物的过程，其反应式如下：

$$M^{n+} + nOH^- \rightleftharpoons MO_{n/2} \cdot \frac{n}{2}H_2O \qquad (3-9)$$

此后，沉淀产物由于 Oswald 熟化作用而逐渐长大[60, 73]。由于沉淀过程中较高的 OH^- 浓度，沉淀产物中的颗粒极易出现团聚现象[55]，导致后续煅烧过程中晶粒合并和粉体尺寸的增大。

TMAH 是一种强有机碱，易吸附于晶核表面，阻止沉淀产物的生长[74]。为明确 TMAH 的作用机制，通过 TEM 观察比较了分别采用 TMAH、NH_4OH、NaOH 为沉淀剂时 PSN 沉淀产物的形貌和颗粒尺寸，结果如图 3-25 所示。由图可以看到，所有沉淀产物都呈现球状，粒径较小。为进一步比较沉淀条件不同时沉淀产物的颗粒尺寸情况，通过 BET 吸附法测量了 PSN 沉淀物的比表面积，结果见表3-7。

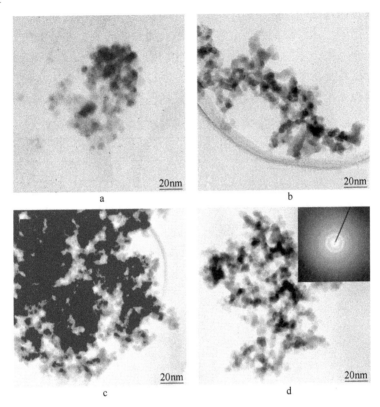

图 3-25　不同沉淀条件下所得 PSN 沉淀物的 TEM 照片

a—TMAH；b—NH$_4$OH；c—NaOH；d—CTAB + TMAH（内插图为 SAED 花样）

表 3-7　不同沉淀条件下所得 PSN 沉淀物的比表面积

沉淀剂	比表面积/m$^2 \cdot$ g^{-1}
TMAH	88.94±1.35
NH$_4$OH	76.01±1.83
NaOH	43.55±6.69
CTAB + TMAH	95.98±0.56

由表 3-7 可见，以 TMAH 为沉淀剂时得到的沉淀物比表面积达 88.94m^2/g，远高于其他两种沉淀剂（NH$_4$OH：76.01m^2/g，NaOH：43.55m^2/g），即以 TMAH 为沉淀剂时颗粒尺寸最小。这一结果表明，TMAH 由于其阳离子独特的空间构型有效抑制了沉淀颗粒的长大。

表 3-8 进一步列出了几种沉淀剂的空间构型及其在沉淀产物表面吸附结构的

示意图。通常而言，TMAH 中阳离子具有很强的路易斯酸特征，相比于 Na$^+$ 或 NH$_4^+$ 更易于吸附于带负电的沉淀物表面，导致吸附密度的上升。同时，TMAH 的阳离子具有较大的尺寸，增大了沉淀物表面双电层的厚度，包覆在沉淀物表面形成一个阻挡层。这种阻挡层的存在阻止了金属离子向沉淀物表面的迁移，延迟了熟化过程的发生，限制了沉淀物颗粒尺寸的增大。总之，除了起到沉淀剂的作用，TMAH 在抑制新生的沉淀物颗粒长大方面也起着重要作用。这种超细的颗粒尺寸显著地提高了沉淀产物的反应活性，从而使 PSN 相转变温度降低到 700℃。

表 3-8　沉淀剂的阳离子空间结构及其在沉淀物表面的包覆模式

沉淀剂	阳离子	空间结构	包覆模式
NaOH	Na$^+$		○ Na$^+$
NH$_4 \cdot$OH	NH$_4^+$		▲ NH$_4^+$
TMAH	(CH$_3$)$_4$N$^+$		▲ (CH$_3$)$_4$N$^+$

注：○为沉淀物。

　　然而，沉淀产物颗粒尺寸的减小，并不能降低，甚至会增强沉淀物颗粒的团聚行为。团聚的加剧会进而影响煅烧后最终产物粉体的晶粒尺寸。根据已有研究报道[75,76]，在沉淀过程的碱性环境中，高的 OH$^-$ 浓度会增强沉淀产物的团聚现象，因而必须引入其他添加剂，如表面活性剂，以抑制沉淀产物的团聚行为。考虑到表面活性剂具有强烈的分散作用以及其阳离子基团在负电性沉淀物表面的强吸附作用[77]，本研究引入 CTAB 作为表面活性剂，并使其浓度达到 1.8×10^{-3} mol/L，约为其临界胶束浓度的 2 倍。从图 3-25d 的 TEM 照片中可以观察到，使用 CTAB 后所得 PSN 沉淀的平均颗粒尺寸低于 5nm，其 SAED 花样呈现非晶态的特征。另外，从表 3-7 可见，添加 CTAB 后沉淀的比表面积上升到 95.98m^2/g，略大于未添加 CTAB 的 88.94m^2/g。这表明，CTAB 的加入并没有明显地减小沉淀物的颗粒尺寸。不过，由于 CTAB 的胶束作用[78,79]，这种经 CTAB 调制的沉淀经煅烧可以获得钙钛矿结构的 PSN 纳米粉体：700℃煅烧得到的粉体颗粒尺寸约为 80nm，800℃煅烧得到的粉体颗粒尺寸约为 150nm。这种受控的晶粒生长表明 CTAB 所产生的分散作用有效实现对沉淀物团聚的抑制功能。一般而言，由于高表面能的作用，尺寸越细的沉淀表现出更强烈的团聚现象。但由于表面活性剂浓度超过了临界胶束浓度，PSN 沉淀物表面会形成一层致密的吸附层，以抵消沉淀物的高表面能，降低了氢氧化物沉淀之间的团聚现象。此外，由于其具有长的有机分子链，CTAB 的空间位阻效应也会对抑制团聚起到作用。CTAB 的长链阳离子吸附于沉淀物表面，阻止它们之间靠近，从而抵制了沉淀物的团聚。沉淀物良好的分散性，限制了晶粒间的合并，使煅烧后形成的钙钛矿相 PSN 粉体尺寸得到减小。

图 3-26 给出了表面活性修饰沉淀法中 CTAB 和 TMAH 的作用示意图。

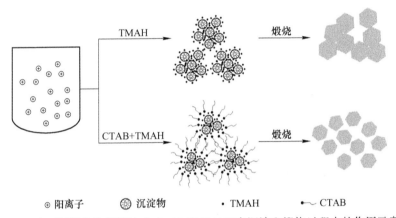

⊙ 阳离子   ⊚ 沉淀物   · TMAH   ⌒ CTAB

图 3-26 表面活性修饰沉淀法中 CTAB 和 TMAH 在沉淀和煅烧过程中的作用示意图

3.4.2 Pb(Sc$_{1/2}$Nb$_{1/2}$)O$_3$陶瓷退火时间与电学性能

采用粒径为 80nm 的纯钙钛矿相 PSN 纳米粉体，通过 SPS 烧结技术制备了直径 10mm 的致密陶瓷体。SPS 烧结条件为：900℃保温 1.5min，压力 30MPa。此外，研究了退火时间对 PSN 陶瓷电学性能的影响。合成陶瓷的物性测试方法见 1.4.2 节。

图 3-27 是 SPS 烧结得到的 PSN 陶瓷的 XRD 图谱。由图可见，所有的衍射峰都对应于三方结构 PSN(R3m，JCPDS#87-0902)，没有任何焦绿石或其他杂相出现，说明陶瓷样品具有纯钙钛矿相结构。通常，由于氧化铅在高温下易挥发，会造成产物计量比失配[72]，因此，在用常规陶瓷烧结方法时由于烧结时间长、烧结温度高，必须提供铅保护气氛来减少铅的缺失。而 SPS 烧结技术具有压力和电场辅助烧结，烧结温度低，烧结时间短，可控快速升降温等特点，因此有利于元素计量比控制和抑制副反应发生，对相结构影响很小，这就能够使初始粉体的结

构特性在烧结后的块体材料中得以保留[80]。此外，根据 XRD 谱数据，进行 Rietveld 结构精修得到样品的晶胞参数为 $a=0.57693nm$ 和 $c=0.70876nm$，与 JCPDS #87-0902 所提供的晶胞参数基本一致（$a=0.5766nm$，$c=0.7086nm$）。

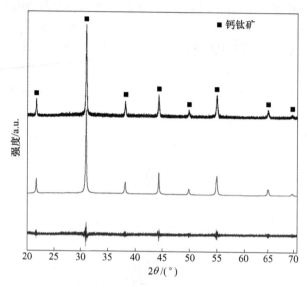

图 3-27   SPS 烧结的 PSN 陶瓷 XRD 图谱及 Rietveld 精修拟合

图 3-28 是 SPS 烧结的 PSN 陶瓷断面 SEM 照片。从图 3-28 可以看出，陶瓷的断裂模式是沿晶断裂，晶粒发育完整，结晶度良好，且几乎没有密闭气孔。特别是，陶瓷晶粒大小在 400~500nm 左右，比常规烧结方法得到的陶瓷晶粒尺寸（大于 1μm）要小很多。另外，采用阿基米德法测得陶瓷的体积密度为 7.836g/cm^3，相对密度达到 99.0%。由于常规烧结技术制备 PSN 陶瓷所需要的烧结温度

图 3-28   SPS 烧结的 PSN 陶瓷断面 SEM 照片

较高（1200℃以上）、烧结时间较长（1h以上）[81]，陶瓷晶粒的生长速率难以控制，因此很难得到晶粒尺寸在1μm以下的陶瓷。

Raman光谱可以反映氧化物陶瓷样品的局域微结构特征。图3-29所示为SPS烧结获得的PSN陶瓷Raman光谱，同时给出常规烧结技术制备的PSN陶瓷Raman光谱进行对比。从图3-29可以看出，两个样品的Raman光谱主要峰位基本一致，与文献报道的弛豫基铁电体的Raman峰位吻合[82]。Jiang等人认为[83,84]，在所有与B位原子1∶1有序度相关的Raman振动模式中，780cm^{-1}附近A$_{1g}$模式的峰形与其有序度有密切的关系。B位原子有序度越大，780cm^{-1}附近A$_{1g}$模式的半峰宽越窄。对于PSN，A$_{1g}$模式位于810cm^{-1}附近，两种样品半峰宽的大小分别为50.7cm^{-1}（SPS烧结）和46.3cm^{-1}（常规烧结），表明SPS烧结的PSN陶瓷具有较高的B位原子分布的无序性。

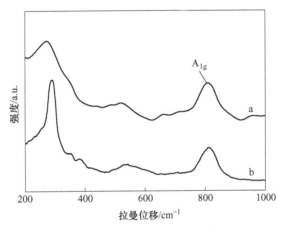

图3-29 PSN陶瓷Raman光谱
a—SPS烧结；b—常规烧结

由于SPS烧结设备中石墨磨具的使用以及烧结环境的限制而导致该方法烧结出的氧化物陶瓷存在一定的特征缺陷，如碳污染、氧空位和较大的残余应力等。通过后期氧气氛退火工艺处理能够弥补SPS烧结样品的缺陷。已有一些研究表明，SPS烧结的氧化物陶瓷经过适当退火可获得良好的电学和力学性能[85~87]。在本实验中，退火采用管式炉通氧气对SPS烧结的PSN陶瓷进行热处理，退火温度设定为500℃，通氧速率为0.5L/min，其中未退火PSN样品记为PSN0，退火处理24h和96h的样品分别记为PSN24和PSN96。对不同退火时间的样品进行介温谱测试，结果如图3-30所示。

从图3-30可以看出，退火前后样品的介电温谱出现明显的变化。随着退火时间的延长，样品的介电常数极值ε_m和低温介电常数ε_r均发生明显的上升；同时，样品介电常数极值ε_m对应的特征温度T_m随退火处理时间的延长而向低温方

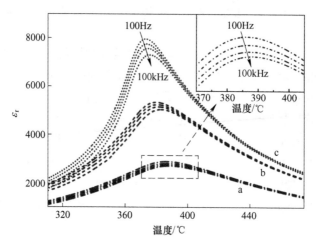

图 3-30   不同退火时间 PSN 陶瓷的介电温谱

a—PSN0；b—PSN24；c—PSN96

向移动。一般认为，陶瓷的介电行为与电畴活性密切相关，退火时间延长样品介电常数的提高，推测是由于畴的活性提升所导致。此外，大量研究揭示，T_m决定于体系的相结构和化学组成，同时，也受样品的晶粒尺寸和缺陷钉扎作用等影响。由于体系的相结构没有随退火热处理而出现明显变化，且其晶粒尺寸随退火时间的延长仅略有上升，因此，实验中观察到的介电峰温度下降现象，可能主要是由于缺陷补偿作用所致。随着退火时间的延长，样品中的氧空位得到明显的补偿，晶格缺陷浓度下降，在一定程度上使畴的尺寸得以上升，减弱了缺陷对畴的钉扎作用，导致畴反转容易，ε_m上升且同时T_m随之下降。

图 3-31a 和图 3-31b 分别为未退火和退火 96h 的 PSN 陶瓷畴结构观测 TEM 照片（暗场像）。对比可以看出，未经过退火的 PSN 样品，在观测区域内畴较为分散且尺寸很小，在 100nm 以下；而经过退火的 PSN 样品，畴呈现连续均匀分布的条状形貌，其宽度约为 100nm，长度大于 1μm。这一观测结果从微结构角度证实退火引起了 PSN 陶瓷畴态发生变化，这是导致介温谱差异的主要原因。

表 3-9 给出了根据介温谱数据处理分析所得的不同退火样品的介电性能相关参数。从表 3-9 可见，随着退火时间延长，ε_m有很大提升，从 PSN0 的 2892 提高到 PSN96 的 7953，上升了约 3 倍。同时，样品弥散因子 γ 减小，说明弥散程度有所下降。由于 SPS 烧结得到的陶瓷晶格中存在大量的氧空位，这些氧空位的存在造成晶粒内部的结构严重畸变，内应力不均匀，致使弥散度较高；氧气氛退火处理对这些氧空位进行有效补偿，内应力作用减弱，降低了结构不均匀性，使样品弥散度有所下降。

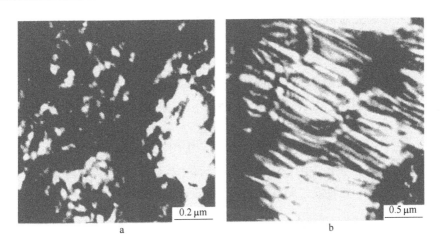

图 3-31　不同退火时间 PSN 陶瓷的 TEM 照片

a—PSN0；b—PSN96

表 3-9　不同退火时间 PSN 陶瓷介电性能相关参数　（100Hz）

样品	ε_{m}	$T_{\mathrm{m}}/\mathrm{K}$	弥散因子 γ
PSN0	2892	386	1.92
PSN24	5344	380	1.80
PSN96	7953	373	1.77

　　为了深入验证氧气氛退火处理对缺陷的补偿作用，进一步测定了退火时间不同的 PSN 陶瓷样品电导率与温度的关系，结果如图 3-32 所示。

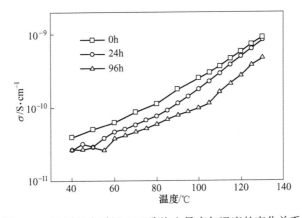

图 3-32　不同退火时间 PSN 陶瓷电导率与温度的变化关系

　　由图 3-32 可见，不同退火样品的电导率随温度改变表现出相似的变化规律。随着温度上升，电导率逐步上升，且这种上升趋势呈现出非线性变化，特别是长时间退火的样品更为明显。通常，陶瓷的电导率 σ 来自陶瓷中晶粒和晶界的双重贡献，如式（3-10）所示：

$$\sigma = \sigma_G + \sigma_I \tag{3-10}$$

式中，σ_G 为晶粒的贡献；σ_I 为晶界的贡献。

电导率 σ 可以用它与温度的指数关系表示，如式（3-11）[88] 所示：

$$\sigma = \frac{\sigma_0}{T^{1.5}}\exp\left(-\frac{E}{RT}\right) \tag{3-11}$$

式中，σ_0 和 E 分别是陶瓷的本征电导率和活化能；T 为温度。当陶瓷材料结构发生变化时，导电性能将发生明显的变化，因而，这也是相变的一种判据。

将上式转化成对数形式，得到 $\ln(\sigma \cdot T^{1.5})$ 与 $\frac{1}{T}$ 的关系式，如式（3-12）所示：

$$\ln(\sigma \cdot T^{1.5}) = \ln\sigma_0 - \frac{E}{R} \cdot \frac{1}{T} \tag{3-12}$$

根据实验测试数据，将不同退火时间样品的 $\ln(\sigma \cdot T^{1.5})$ 与 $1/T$ 进行作图，获得如图 3-33 所示的结果。从图中可见，曲线可以分成低温和高温两个温度区段。众所周知，对氧化物陶瓷而言，当发生相变时，其导电性会发生显著变化。因此，图中电导率曲线高低温度段的转折点实际反映了 PSN 陶瓷的相变现象，电导率突变温度与介电温谱特征温度基本重合。进一步，对图 3-33 中的数据根据式（3-12）进行线性拟合，可以分别得到不同退火时间样品低温段与高温段的活化能数值。结果显示，在低温段，退火处理对活化能的影响较小，不同样品活化能数值基本保持在 26~31kJ/（mol·K）之间；但是，在高温段，随着退火时间延长，活化能迅速上升：对于 PSN0、PSN24 和 PSN96，相应高温段活化能数值分别为 59.6kJ/（mol·K）、69.9kJ/（mol·K）和 76.4kJ/（mol·K）。由此可见，不同温度区间与电导相关的活化能变化规律存在差异，说明其低温区和高温区电导的贡献来自不同方面。分析认为，在低温区，晶界相对电导的贡献远大于晶粒相，而在高温区则相反，晶粒相的贡献超过晶界相的贡献。退火处理过程本身是一个陶瓷样品内部缺陷迁移和补偿的过程，在氧气氛退火环境下，一方面缺陷不断地从晶粒内部向晶界迁移，同时，氧原子通过晶界向晶粒内部扩散，进行缺陷补偿。正是由于这两方面的作用，可以确定晶界上缺陷密度的变化在热处理过程中相对较小，而晶粒内部的缺陷是一个单调减少的过程。对 SPS 烧结得到的 PSN 陶瓷样品，由于烧结时使用的是还原气氛，其晶粒内部存在大量氧空位，导致其电导较大。随着氧气退火处理的进行，晶粒内部缺陷不断减少，晶粒的本征电导贡献下降，同时，随着缺陷的不断迁移，晶粒内部剩余的缺陷主要是难于迁移的缺陷，其能阱较大，使电导的活化能明显上升。而在低温下，晶界中缺陷的密度和种类没有明显的变化，因此其活化能不发生明显的改变。

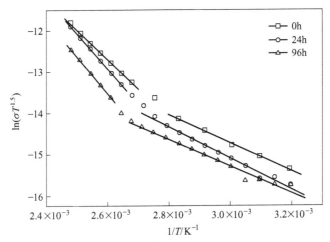

图 3-33 不同退火时间 PSN 陶瓷电导率与温度的对数关系图

本节主要介绍 $Pb(Sc_{1/2}Nb_{1/2})O_3$ 陶瓷表面活性修饰沉淀法合成。研究揭示，将 CTAB 与 TMAH 联用，能够在 700℃ 低温合成粒径约为 80nm 的 PSN 钙钛矿相纳米粉体。提出控制颗粒尺寸大小的表面活性剂与沉淀剂协同作用模型，并解释了 PSN 纳米颗粒的形成机理。进一步，基于纳米粉体通过 SPS 烧结技术制备出晶粒尺寸在 400~500nm 的 PSN 高致密度细晶陶瓷，研究了氧气氛中不同退火时间对 PSN 陶瓷介电弛豫特性与电导行为的影响，并与畴构型和缺陷结构演变进行了关联分析。

3.5 共沉淀法制备含铌弛豫铁电陶瓷反应机制讨论

在本节中，首先探讨了共沉淀法制备含铌弛豫铁电陶瓷的反应条件，进一步，根据相关理论与实验数据，分析了钙钛矿含铌弛豫铁电体的稳定性及提出合成过程中的注意事项。

3.5.1 共沉淀法制备含铌弛豫铁电陶瓷条件分析

研究表明，一些含铌钙钛矿型弛豫铁电体，在用共沉淀法合成时必须满足一定基本条件，否则难以得到所需目标化合物。这里简要给出共沉淀法制备含铌钙钛矿型弛豫铁电体的条件：

（1）化合物中不同正离子组分必须均能被某种或某几种沉淀剂沉淀，且沉淀产物不会再溶解；

（2）沉淀产物不能形成稳定态的非目标化合物。

以下对共沉淀法制备的四种典型含铌弛豫铁电体——PFN、PSN、PNN、

PMN 的反应条件进行探讨。表 3-10 总结了具有复合钙钛矿结构的含铌弛豫铁电体 $Pb(B, Nb)O_3$ 中各正离子组分 Pb、Nb、B（B=Fe、Sc、Ni、Mg）的氢氧化物沉淀相关 pH 值。从表 3-10 可以看出，对于同一种化合物中的三种正离子，形成沉淀的酸碱度要求并不一样。对于含铌元素和铅元素的弛豫铁电体而言，其中铌开始沉淀的 pH 值为 1.2，在 pH 值为 4 时已基本沉淀完全；而铅元素沉淀的 pH 值比铌元素高很多，基本在体系呈碱性时才开始沉淀，沉淀的 pH 值范围也比较窄，pH 值不到 9 就能实现完全沉淀。因此，如果材料体系中同时含有铌和铅这两种正离子时，要完全沉淀这两种元素必须控制 pH 值大于 9，否则难以实现共沉淀。需要注意的是，由于实现这两种元素完全沉淀的 pH 值差别较大，在实际操作过程中，要尽量避免已经完全沉淀的铌在较高碱度下快速熟化，从而影响产物的颗粒尺寸和相态。此外，在铌和铅两种正离子同时完全析出的情况下，必须保证其他各正离子组分也能被充分沉淀。从表 3-10 可以看到，对于 PSN 和 PFN 而言，沉淀的下限是以铅元素完全沉淀为依据的，沉淀的 pH 值需大于 8.7；而对于 PNN 来说，要以镍元素完全沉淀为下限，因此 pH 值应当高于 9.5。

表 3-10   各组分氢氧化物沉淀的 pH 值[89]

氢氧化物	K_{sp}	pH 值				
		开始沉淀		沉淀完全（残留离子浓度 $<10^{-5}$mol/L）	沉淀开始溶解	沉淀溶解完全
		离子初始浓度 1mol/L	离子初始浓度 0.01mol/L			
$Nb(OH)_5$	—	—	1.2	4	—	—
$Pb(OH)_2$	1.2×10^{-15}	6.54	7.2	8.7	10	13
$Fe(OH)_3$	2.79×10^{-39}	1.5	2.3	4.1	14	
$Sc(OH)_3$	8×10^{-31}	3.97	4.64	5.64	—	—
$Ni(OH)_2$	2.0×10^{-15}	6.7	7.7	9.5	—	—
$Mg(OH)_2$	1.8×10^{-11}	9.4	10.4	12.4		

此外，表 3-10 右侧还列出两栏特征 pH 值——沉淀开始溶解和沉淀溶解完全的 pH 值。对于特定元素而言，已生成的沉淀还能继续与沉淀剂反应从而发生溶解现象。例如，对于铅离子，如果以强碱氢氧化钠作为沉淀剂，其二价离子会先生成沉淀，然后随 pH 值增大到一定程度又出现溶解，发生如下反应[89]：

$$Pb^{2+} + 2OH^- \Longrightarrow Pb(OH)_2\downarrow \tag{3-13}$$

$$Pb(OH)_2 + 2OH^- \Longrightarrow Pb(OH)_4^{2-} \tag{3-14}$$

不过，如果沉淀剂换成氨水，则生成的 $Pb(OH)_2$ 沉淀不会溶解，这与该元素自身的特性有关。

对于弛豫铁电体 PMN 的合成来说，从表 3-10 可以看到，需要获得 $Mg(OH)_2$ 沉淀的碱度很高，达到 12.4。但是，当采用强碱氢氧化钠作为沉淀剂时，如果 pH 值高于 10，氢氧化铅会逐渐溶解为铅与羟基的可溶配合物，从而不能保证铅组分以化学计量比析出，这也就是为什么沉淀法难以得到纯钙钛矿相 PMN 弛豫铁电体的原因。

离子的沉淀特性是沉淀法合成多元体系化合物最为重要的影响因素，除此以外，沉淀物自身的稳定性、目标化合物的稳定性也是需要注意和值得探讨的。

3.5.2　钙钛矿弛豫铁电体稳定性理论与实验研究

从已有的一些沉淀法实验结果来看，沉淀产物一般是尺度几纳米到几十纳米不等、由细小颗粒团聚组成的物质。通过 BET 测试获得的 PSN 纳米粉末前驱沉淀物的比表面积达到 $96m^2/g$，而 XRD 分析确认这些细小沉淀物为非晶态，这是沉淀法中此类前驱沉淀物的共性特征。非晶状态的沉淀物必须经过一定温度煅烧才能形成稳定的钙钛矿相。本文中，进一步采用三种理论分析弛豫铁电体的合成稳定性，分别是：容差因子-电负性差判据、Wakiya 键价和理论判据及晶体场-配位场理论判据。

（1）容差因子-电负性差判据。从热力学角度看，ABO_3 化合物要形成稳定的钙钛矿结构，主要取决于两个因素：第一，正离子的半径应在一个适当的范围内；第二，元素之间应形成较强的离子键。因此，容差因子 t 和电负性差 ΔX 两个概念被提出用来分析 ABO_3 化合物的钙钛矿结构稳定性。

Goldschmidt 提出容差因子 t 的概念[90]，即形成稳定的 ABO_3 钙钛矿结构，A 位和 B 位的离子大小需要有一定的匹配度，这种匹配度可以用容差因子 t 来描述，具体计算公式如下：

$$t = \frac{r_A + r_O}{\sqrt{2}(r_B + r_O)} \tag{3-15}$$

式中，r_A、r_B 为正离子 A、B 的半径，若 A 或 B 离子为两种或两种以上离子时，取其加权平均值；r_O 为氧离子的半径。容差因子 t 反映了钙钛矿结构畸变程度。通常，当 $0.8 < t < 1.1$ 时，有利于形成稳定的钙钛矿结构，且此范围内 t 值越大，钙钛矿结构越稳定。

另一方面，钙钛矿结构稳定性还与 ABO_3 化合物的离子键强弱相关。正负离子间形成离子键的强弱可以用电负性差 ΔX（实际是平均电负性差）来描述。根据 Pauling 给出的元素电负性值，ABO_3 化合物的 ΔX 可以用下式计算：

$$\Delta X = \frac{X_{A-O} + X_{B-O}}{2} \tag{3-16}$$

式中，X_{A-O} 表示 A 位离子与氧离子的电负性差；X_{B-O} 表示 B 位离子与氧离子的电负性差。ΔX 越大，化合物的离子键越强，越有利于钙钛矿结构的稳定。

根据以上两式，计算出一些常见含铌钙钛矿化合物 Pb(B，Nb)O₃ 的容差因子和电负性差值，结果如图 3-34 所示。Chen 等人曾按照容差因子和电负性差值以及他人的研究结果，总结得到一些常见铅基含铌化合物的钙钛矿结构稳定顺序，从小到大依次为[91]：PZN<PIN<PSN<PNN<PMN<PFN。该理论分析与实验结果符合较好，可以看到，在 Pb(B，Nb)O₃ 系列化合物中，PZN 是最难合成的，实验揭示其钙钛矿相在宽温度范围内处于热力学亚稳态（600～1400℃）。

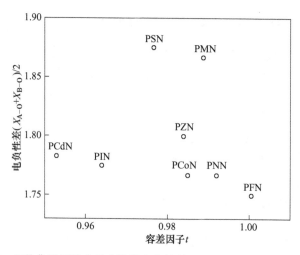

图 3-34   几种典型钙钛矿化合物的电负性差 $(X_{A\text{-}O}+X_{B\text{-}O})/2$ 与容差因子 t

PFN—Pb$(Fe_{1/2}Nb_{1/2})O_3$；PMN—Pb$(Mg_{1/3}Nb_{2/3})O_3$；PNN—Pb$(Ni_{1/3}Nb_{2/3})O_3$；

PCoN—Pb$(Co_{1/3}Nb_{2/3})O_3$；PSN—Pb$(Sc_{1/2}Nb_{1/2})O_3$；PIN—Pb$(In_{1/2}Nb_{1/2})O_3$；

PCdN—Pb$(Cd_{1/3}Nb_{2/3})O_3$；PZN—Pb$(Zn_{1/3}Nb_{2/3})O_3$

从实验结果结合容差因子和电负性差值图来看，对于 Pb(B，Nb)O₃ 化合物，与离子半径相关的容差因子在钙钛矿稳定性影响因素中是主要的，PFN、PNN 的容差因子较 PSN 大，因此 PFN、PNN 的稳定性稍强。但是，与 BaTiO₃ 和 PbTiO₃ 这些简单钙钛矿化合物相比，具有复合钙钛矿结构的 Pb(B，Nb)O₃ 化合物的稳定性整体相对较差。如果在这些铅基含铌化合物中加入 BaTiO₃ 和 PbTiO₃ 等简单钙钛矿化合物作为稳定剂，则有利于抑制焦绿石相的生成，获得纯钙钛矿相含铌多元氧化物。

（2）Wakiya 键价和理论判据。Cohen 等人讨论了钙钛矿结构中的 Pb-O 键特性，指出 Pb 的 6s 轨道和 O 的 2p 轨道杂化有利于增强 ABO₃ 氧化物的铁电性[92]。Wakiya 等人提出一种计算键价和的量化方法来代替电负性差和容差因子估算钙钛矿氧化物的稳定性[93]。这种方法最大的优势是它不用考虑键的性质是离子性还是共价性[94]。Wakiya 等人的键价和理论定义了正离子 i 和负离子 j 的结合能

值 v_{ij}，对于 ABO_3 钙钛矿结构而言，具有某一键价 V_i 的正离子 i 的键价和遵守以下规则：

$$V_i = \sum_j v_{ij} \tag{3-17}$$

$$v_{ij} = \exp\left[(R_{ij} - d_{ij})/b\right] \tag{3-18}$$

$$V_O = (V_A + V_B)/3 \tag{3-19}$$

式中，R_{ij} 是 Brese 和 Okeeffe 提出的键价参数[95]；d_{ij} 是正离子 i 和负离子 j 之间的键长；b 是普适常数，数值为 $0.037nm$；V_O、V_A 和 V_B 分别是 O 离子、A 位离子和 B 位离子的键价和。V_O 表示钙钛矿氧化物中正离子与氧离子的键的强弱，V_O 值越小，表示氧化物的稳定性越弱。根据 Wakiya 的理论，计算了一些常见钙钛矿氧化物 A、B 位离子的键价和 V_A、V_B 的数值，结果如图 3-35 所示。从图中可以看出，对于 $Pb(B，Nb)O_3$ 化合物，其 V_A 和 V_B 的数值分别集中在 $1.3\sim1.7$ 和 $3.6\sim 4.1$ 之间，相对于不含铅、铌元素的化合物来说偏小[93]，因此，计算出来的 V_O 值也偏小。这里根据 Wakiya 等人给出的数据，进一步计算了几种钙钛矿化合物 $Pb(B，Nb)O_3$ 中氧离子的键价和 V_O，结果见表 3-11。

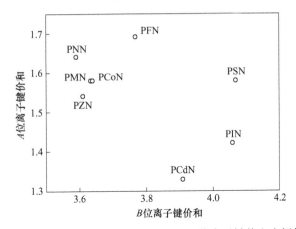

图 3-35　钙钛矿化合物 $Pb(B，Nb)O_3$ 的 A、B 位离子键价和之间的关系图

表 3-11　几种钙钛矿化合物 $Pb(B，Nb)O_3$ 中氧离子的键价和 V_O

$Pb(B，Nb)O_3$	PSN	PIN	PFN	PCdN	PNN	PCoN	PMN	PZN
V_O	1.883	1.827	1.820	1.747	1.743	1.740	1.737	1.717

从表 3-11 可以看出，Wakiya 键价和理论判据与容差因子-电负性差判据所得结果有一定偏差。但是，在这些 $Pb(B，Nb)O_3$ 化合物中，PZN 的 V_O 值最小，说明 PZN 的稳定性最弱，从理论上一定程度解释了 PZN 为什么用普通的固相反应法难于合成纯相。另外，PMN 的 V_O 值也偏小，说明 PMN 的钙钛矿稳定性也比较弱。

（3）晶体场-配位场理论判据。前述容差因子-电负性差判据和 Wakiya 键价和理论判据均是基于经验得到，并未考虑八面体配位场中的中心离子能级分裂对化合物稳定性的贡献。因此，这里基于配位化学原理，从八面体场中 B 位离子外层轨道受氧配体作用产生的能量变化角度来讨论弛豫铁电体的稳定性问题。

表 3-12 列出了几种 $Pb(B，Nb)O_3$ 化合物中的组成元素 B 离子的电子轨道排布。可以看到，这些离子的外层电子排布存在显著差异，因而基于配位体场中的能级分裂理论或许能解释几种钙钛矿化合物形成能力的相对强弱。

表 3-12　几种 $Pb(B，Nb)O_3$ 化合物中的组成元素 B 离子的电子轨道排布

B 离子	电子排布
Mg^{2+}	$1s^2 2s^2 2p^6$
Sc^{3+}	$[Ne]3s^2 3p^6 3d^0$
Fe^{3+}	$[Ar]3d^5$
Co^{2+}	$[Ar]3d^7$
Ni^{2+}	$[Ar]3d^8$
Zn^{2+}	$[Ar]3d^{10}$
Cd^{2+}	$[Kr]4d^{10}$
In^{3+}	$[Kr]4d^{10}$

表 3-12 所列的几种 B 离子中，只有 Mg^{2+} 不具有 d 轨道。事实上，由于 d 轨道参与成键，使得具有 d 轨道的离子易于与其他配体形成配合物，特别是八面体构型的配合物。因此，可以预测，由于 B 离子具有 d 轨道而更容易形成钙钛矿晶胞中的八面体单元。不过，对于不同的离子，其 d 轨道中电子的数目和排布形式又有区别。如表 3-12 所示，Sc^{3+} 的 d 轨道中电子数为 0；Fe^{3+} 的 d 轨道中电子数为 5，是半充满构型；Co^{2+} 的 d 轨道中电子数为 7；Ni^{2+} 的 d 轨道中电子数为 8；Zn^{2+}、Cd^{2+}、In^{3+} 的 d 轨道中电子数为 10，是全充满构型。根据晶体场-配位场理论，金属离子的 5 个简并 d 轨道在配体的微扰作用下，能级会失去简并，分裂为两组——e_g 和 t_{2g}。e_g 和 t_{2g} 的能级差称为晶体场分裂能，用 Δ_0 表示。t_{2g} 轨道的能量较 e_g 低，由于 d 轨道的平均能量不变，所以，每一个在 t_{2g} 轨道上的电子，其能量降低 $2/5\Delta_0$，而在 e_g 轨道上的每一个电子，其能量将升高 $3/5\Delta_0$。这样一来，过渡金属的 d 电子进入分裂的 d 轨道后相对于它们处于未分裂 d 轨道时总能量下降，使得体系更为稳定，这部分能量称为配位场稳定化能（LFSE）。LFSE 同 Δ_0 相关，其关系式如下：

$$LFSE = \left(-\frac{2}{5}p + \frac{3}{5}q\right)\Delta_0 \tag{3-20}$$

式中，p、q 分别为低能量和高能量轨道上的 d 电子数目。

依据各组态 d 电子在八面体配合物中 d 轨道的占据情况（如图 3-36 所示），

可以计算出各组态的 LFSE。

根据式（3-20），分别计算了几种 $Pb(B, Nb)O_3$ 化合物的 B 离子 $LFSE/\Delta_0$ 值，结果见表 3-13。

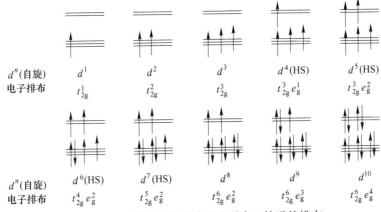

$$d^n(\text{自旋})\text{电子排布}$$

| d^1 | d^2 | d^3 | $d^4(\text{HS})$ | $d^5(\text{HS})$ |

$$t_{2g}^1 \quad t_{2g}^2 \quad t_{2g}^3 \quad t_{2g}^3 e_g^1 \quad t_{2g}^3 e_g^2$$

$$d^n(\text{自旋})\text{电子排布}$$

| $d^6(\text{HS})$ | $d^7(\text{HS})$ | d^8 | d^9 | d^{10} |

$$t_{2g}^4 e_g^2 \quad t_{2g}^5 e_g^2 \quad t_{2g}^6 e_g^2 \quad t_{2g}^6 e_g^3 \quad t_{2g}^6 e_g^4$$

图 3-36　八面体场中各组态 d 电子在 d 轨道的排布

表 3-13　八面体场中不同 B 离子 $LFSE/\Delta_0$ 值

离　子	Sc^{3+}	Fe^{3+}	Co^{2+}	Ni^{2+}	Zn^{2+}	Cd^{2+}	In^{3+}
d 轨道电子数	0	5	7	8	10	10	10
$LFSE/\Delta_0$	0	0	−0.8	−1.2	0	0	0

从表 3-13 可以看出，PNN 的 LFSE 最大，其次是 PCoN，其余的均为 0。因而，根据配位场稳定化能的计算，PNN 最容易形成稳定钙钛矿相；PCoN 较其他弛豫铁电体而言更容易稳定。由于 PSN、PFN、PZN、PCdN 和 PIN 的 B 离子外层电子的 d 轨道均为全满或半满构型，因此，理论计算的 LFSE 都为 0，八面体稳定化能低，相对难于稳定。但实验过程中，由于 Fe 元素的价态不稳定，常常会出现 Fe^{3+} 被还原 Fe^{2+} 的情况，因此，实际由 Fe 元素参与的八面体配位场稳定化能值应当是 Fe^{3+} 的 d^5 和 Fe^{2+} 的 d^6 共同作用的结果，此时的 LFSE 值应当是二者的加权平均值，小于 0，这样 PFN 又较其他化合物易于稳定。配位场稳定化能 LFSE 作为钙钛矿相形成稳定性的判据之一，是对容差因子-电负性差值判据和 Wakiya 键价与判据的有效补充。

上述三种理论，尽管各有一定局限性，但对于分析弛豫铁电体的稳定性而言，仍有很好的参考价值。表 3-14 总结了已有实验涉及的几种弛豫铁电体 $Pb(B, Nb)O_3(B = Mg, Sc, Fe, Ni)$ 的相关参数——B 位元素六配位时的离子半径[51,96]、与氧原子的电负性差值[89]和不同煅烧温度获得钙钛矿相和焦绿石相的组成情况。其中，各离子半径是基于氧离子半径 O^{2-} 为 0.14nm 基础上的有效离子半径。

表 3-14　不同煅烧温度下 Pb(B，Nb)O₃的反应产物、B 位离子半径和与氧原子的电负性差值

B 离子	离子半径 /nm	与氧原子的 电负性差值	煅烧温度/℃				
			500	600	700	800	900
Mg	0.0720	2.3	Pe(0)，Py	Pe(4)，Py	Pe(4)，Py	Pe(6)，Py	Pe(10)，Py
Sc	0.0745	2.2	Pe(0)，Py	Pe(14)，Py	Pe(59)，Py	Pe(99)，Py	Pe(100)
Fe	0.0645	1.7	Pe(51)，Py	Pe(53)，Py	Pe(93)，Py	Pe(100)	—
Ni	0.0690	1.7	—	—	—	—	Pe(100)

注：Pe：钙钛矿相；Py：焦绿石相；括号中的数字：钙钛矿相的百分含量（%）。

从表 3-14 中可以看出，对于不同的 B 离子，钙钛矿相形成的煅烧温度是不一样的。PFN 的钙钛矿相形成温度在四者之中最低，500℃时钙钛矿相含量已达到 51%；到 800℃时，钙钛矿相含量已接近 100%。其次是 PSN 的形成温度，800℃时也达到 99%。而 PNN 由于实验数据的限制，我们推断 PNN 的形成能力一定优于 PMN。理论上，较大的与氧原子的电负性差值会导致元素间键合的离子性增强，从而稳定钙钛矿结构。而从表 3-14 中所列的各离子半径和与氧原子的电负性差值来看，在本研究中，离子半径的影响似乎更大：如果体系中 B 离子的半径太大，A—O 和 B—O 键的结合会被削弱，影响包含 B 离子的氧八面体结构稳定，削弱钙钛矿相的形成能力。因此，B 离子半径较小的 PNN 和 PFN 更加容易形成稳定钙钛矿相，这与晶体场-配位场理论分析结果一致。

此外，已进行的实验研究发现，采用沉淀法通过多种路径均无法合成纯钙钛矿相 PMN。事实上，氧化物固相法煅烧也很难得到纯钙钛矿相 PMN。Heegn 等人绘制了不同煅烧温度下得到的 PMN 相组成示意图[97]，如图 3-37 所示。从图 3-37 可以看出，即使在 800℃的煅烧温度下，钙钛矿相 PMN 的含量最多只达到 90%。这说明，PMN 在几种 Pb(B，Nb)O₃ 化合物中，其钙钛矿相形成能力偏弱。

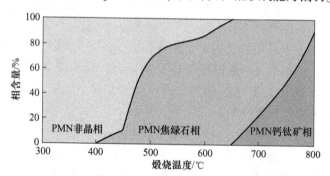

图 3-37　PMN 相组成与煅烧温度的依存性示意图[97]

本节主要讨论了共沉淀法制备含铌弛豫铁电陶瓷反应机制，从沉淀法应用的条件、钙钛矿弛豫铁电体形成稳定性判据出发，得到以下两点结论：

（1）适合用沉淀法制备的陶瓷需要具备以下基本条件：化合物中各正离子组分必须均能被某种或某几种沉淀剂沉淀，并且沉淀后的产物不会再溶解；沉淀产物不能形成稳定态的非目标化合物。对于弛豫铁电体而言，由于多数是含铅和铌组分的化合物，因此，要注意这两种物质的沉淀效率，特别是铅元素，选取适当的沉淀剂和沉淀条件，是获得良好的化学计量比和较低的成相温度的保证。

（2）在沉淀法制备 $Pb(B, Nb)O_3$ 化合物过程中，PFN 的形成能力和稳定性较强，PMN 的形成能力较弱。其中，晶体场-配位场理论考虑了八面体场中中心离子的能级分裂对化合物稳定性的贡献，其计算结果是对容差因子-电负性差值判据、Wakiya 键价和判据的有效补充。

3.6 本章小结

本章主要围绕共沉淀法合成电子陶瓷与物性这一主题，分别介绍可溶性铌制备技术，$Pb(Fe_{1/2}Nb_{1/2})O_3$ 陶瓷共沉淀法合成与介电性能，$Pb(Sc_{1/2}Nb_{1/2})O_3$ 陶瓷共沉淀法合成与介电性能，$Pb(Sc_{1/2}Nb_{1/2})O_3$ 陶瓷表面活性修饰沉淀法合成和共沉淀法制备含铌弛豫铁电陶瓷反应机制讨论，小结如下：

（1）可溶性铌制备技术。基于对铌的物化性质研究，找到一条可行的多步化学反应路线将难溶 Nb_2O_5 转化成可溶性铌溶液。该含铌前驱物溶液具有可长期保存而不变质，铌含量易于标定和使用方便等优点，能够为液相化学法如共沉淀法和溶胶凝胶法等制备含铌电子陶瓷提供低成本优质铌源。

（2）$Pb(Fe_{1/2}Nb_{1/2})O_3$ 陶瓷共沉淀法合成与介电性能。以可溶性铌溶液作为铌源，通过共沉淀法，能够合成平均颗粒尺寸约为 500nm 的 PFN 超细粉体。电学性能测量表明，以共沉淀法合成粉体烧结得到的 PFN 陶瓷具有较高的介电常数，但 Fe^{3+} 部分还原变价引起的漏导导致铁电回线不完全饱和。

（3）$Pb(Sc_{1/2}Nb_{1/2})O_3$ 陶瓷共沉淀法合成与介电性能。以可溶性铌溶液作为铌源，研究共沉淀法中 pH 值对沉淀反应过程的影响，研究发现随 pH 值上升，金属离子按 Nb、Sc 和 Pb 的顺序先后沉淀，其中 pH 值为 8 时的沉淀物于 800℃ 煅烧获得平均颗粒尺寸约为 400nm 的 PSN 钙钛矿相粉体。

（4）$Pb(Sc_{1/2}Nb_{1/2})O_3$ 陶瓷表面活性修饰沉淀法合成。将 CTAB 与 TMAH 联用，能够于 700℃ 低温合成粒径约为 80nm 的 PSN 钙钛矿相粉体。提出控制纳米颗粒尺寸的表面活性剂与沉淀剂协同作用模型，并基于纳米粉体通过 SPS 烧结技术制备出晶粒尺寸 400~500nm 的 PSN 高致密度细晶陶瓷。

（5）共沉淀法制备含铌弛豫铁电陶瓷反应机制。沉淀法制备电子陶瓷需要各正离子组分均能被所选沉淀剂沉淀，并且沉淀后的产物不会再溶解，此外，沉淀产物不能形成稳定态的非目标化合物。容差因子-电负性差值、Wakiya 键价和理论以及晶体场-配位场理论三者互为补充，可用于 $Pb(B, Nb)O_3$ 钙钛矿化合物的稳定性分析。

参 考 文 献

［1］ Fang T T, Lin H B, Hwang J B. Thermal analysis of precursors of $BaTiO_3$ prepared by coprecipitation [J]. J. Am. Ceram. Soc. , 1990, 73: 3363~3367.

［2］ Hu Z C, Miller G A, Payzant E A, et al. Homogeneous (co) precipitation of inorganic salts for synthesis of monodispersed barium titanate particles [J]. J. Mater. Sci. , 2000, 35: 2927~2936.

［3］ Pramanik N C, Seok S I, Ahn B Y. Effects of reactant concentration and OH^- ions on the formation of nanocrystalline $BaTiO_3$ in solution [J]. Mater. Res. Bull. , 2007, 42: 497~504.

［4］ Uchino K. Relaxor ferroelectric devices [J]. Ferroelectrics, 1996, 151 (1): 321~330.

［5］ 李龙土. 弛豫铁电陶瓷研究进展 [J]. 硅酸盐学报, 1992, 20 (5): 476~483.

［6］ Fairbrother F. The chemistry of niobium and tantalum [J]. Amsterdam: Elsevier, 1967.

［7］ Camargo E R, Kakihana M. Low temperature synthesis of lithium niobate powders based on water-soluble niobium malato complexes [J]. Solid State Ionics. , 2002, 151 (1~4): 413~418.

［8］ 张青莲, 申泮文, 尹敬执. 无机化学丛书 (第八卷) [M]. 北京: 科学出版社, 1998.

［9］ 周宏明, 郑诗礼, 张懿. Nb_2O_5 在 KOH 亚熔盐体系中的溶解行为 [J]. 中国有色金属学报, 2004, 14 (2): 306~310.

［10］ Orekhov M A, Zelikman A N. A study of the interaction between Nb_2O_5, Ta_2O_5 and alkali solution upon 100℃ [J]. Nonferrous Metallurgy, 1963, 5: 99~107 (in Russian) .

［11］ Zelikman A N, Orekhov M A. Under the conditions of increased temperature and pressure, tantalite decomposition by NaOH and KOH solutions [J]. J. Nonferrous Metals, 1965, 6: 38~45 (in Russian).

［12］ Zelikman A N. A study of the dissolution behaviour of $K_8Nb_6O_{19} \cdot 16H_2O$ in KOH solutions under high temperature [J]. Inorg. Mater. , 1972, 8: 1451~1454 (in Russian) .

［13］ Cavalheiro A A, Foschini C R, Zaghete M A, et al. Seeding of PMN powders made by the pechini method [J]. Ceram. Inter. , 2001, 27 (5): 509~515.

［14］ Yang Y, Liu J M, Huang H B. Magnetoelectric coupling inferroelectromagnet $Pb(Fe_{1/2}Nb_{1/2})O_3$ single crystals [J]. Phys. Rev. B. , 2004, 70 (13): 132101.

［15］ Bhat V V, Rao M V R, Umarji A M. Dilatometric approach for the determination of the solid state reaction-onset of the lead based relaxor ferroelectric system [J]. Mater. Res. Bull. , 2003, 38 (6): 1081~1090.

［16］ Ananta S, Thomas N W. Fabrication of PMN and PFN ceramics by a two stage sintering technique [J]. J. Eur. Ceram. Soc. , 1999, 19 (16): 2917~2930.

［17］ 徐刚, 韩高荣. 共沉淀法制备 $Bi_{3.25}La_{0.75}Ti_3O_{12}$ 纳米粉体 [J]. 硅酸盐学报, 2004, 32 (12): 1459~1463.

［18］ Ravindranathan P, Komarneni S, Roy R. Solid-state epitaxial effects in structurally diphasic xerogel of $Pb(Mg_{1/3}Nb_{2/3})O_3$ [J]. J. Am. Ceram. Soc. , 1990, 73 (4): 1024~1025.

［19］ Ramamurthi S D, Payne D A. Structural investigations of prehydrolyzed precursors used in the sol-gel processing of lead titanate [J]. J. Am. Ceram. Soc. , 1990, 73 (8): 2547~2551.

[20] Zhai J W, Shen B, Zhang L Y, et al. Preparation and dielectric properties by sol-gel derived PMN-PT powder and ceramic [J]. Mater. Chem. Phys. , 2000, 64 (1): 1~4.

[21] Lu C H, Hwang W J. Hydrothermal synthesis and dielectric properties of lead nickel niobate ceramics [J]. Jpn. J. Appl. Phys. , 1999, 38 (9B): 5478~5482.

[22] Yoshikawa Y. Chemical preparation of lead-containing niobate powders [J]. J. Am. Ceram. Soc. , 1996, 79 (9): 2417~2421.

[23] Lessing P A. Mixed-cation oxide powders via polymeric precursors [J]. Am. Ceram. Soc. Bull. , 1989, 68 (5): 1002~1007.

[24] Li Y, Zhao J P, Wang B. Low temperature preparation of nanocrystalline $Sr_{0.5}Ba_{0.5}Nb_2O_6$ powders using an aqueous organic gel route [J]. Mater. Res. Bull. , 2004, 39 (3): 365~374.

[25] Guzmán G, Aegerter M A, Barboux P, et al. Synthesis of ferroelectric perovskites through aqueous-solution techniques [J]. J. Mater. Sci. , 1993, 28 (23): 6510~6515.

[26] Wang X W, Zhang Z Y, Zhou S X. Preparation of nanocrystalline $SrTiO_3$ powder in sol-gel process [J]. Mater. Sci. Eng. B, 2001, 86 (1): 29~33.

[27] Lebon A, El Marssi M, Farhi R, et al. Translational and orientational order in lead zinc niobate: an optical and Raman study [J]. J. Appl. Phys. , 2001, 89 (7): 3947~3954.

[28] Husson E, Abello L, Morell A. Short-range order in $Pb(Mg_{1/3}Nb_{2/3})O_3$ ceramics by Raman spectroscopy [J]. Mater. Res. Bull. , 1990, 25 (4): 539~545.

[29] Imai T, Shirakami T. The estimation of B-site ordering in relaxor PNN by Raman scattering spectroscopy and transmission electron microscopy [J]. Key Eng. Mater. , 2002, 206~213: 1421~1424.

[30] Randall C A, Bhalla A S, Shrout T R, et al. Classification and consequences of complex lead perovskite ferroelectrics with regard to B-site cation order [J]. J. Mater. Res. , 1990, 5 (4): 829~834.

[31] Hu X, Chen X M, Wu S Y. Preparation, properties and characterization of $CaTiO_3$-modified $Pb(Fe_{1/2}Nb_{1/2})O_3$ dielectrics [J]. J. Eur. Ceram. Soc. , 2003, 23: 1919~1924.

[32] Svitelskiy O. Raman study of relaxor ferroelectrics [D]. Lehigh University, September, 2002.

[33] Zhu M K, Liu L Y, Hou Y D, et al. Microstructure and electrical properties of MnO-doped $(Na_{0.5}Bi_{0.5})_{0.92}Ba_{0.08}TiO_3$ lead-free piezoceramics [J]. J. Am. Ceram. Soc. , 2007, 90: 120~124.

[34] Gao X S, Chen X Y, Yin J, et al. Ferroelectric and dielectric properties of ferroelectromagnet $Pb(Fe_{1/2}Nb_{1/2})O_3$ ceramics and thin films [J]. J. Mater. Sci. , 2000, 35 (21): 5421~5425.

[35] Angadi B, Jali V M, Lagare M T, et al. Radiation resistance of PFN and PMN-PT relaxor ferroelectrics [J]. Rad. Meas. , 2003, 36 (1~6): 635~638.

[36] Yokosuka M. Electrical and electromechanical properties of hot-pressed $Pb(Fe_{1/2}Nb_{1/2})O_3$ fer-

roelectric ceramics [J]. Jpn. J. Appl. Phys. , 1993, 32 (3): 1142~1146.

[37] Lee M H, Choo W K. A phase analysis in pseudobinary $Pb(Fe_{1/2}Nb_{1/2})O_3$- $Pb(Mg_{1/2}W_{1/2})O_3$ solid solution [J]. J. Appl. Phys. , 1981, 52 (9): 5767~5773.

[38] Lee S B, Yoon S H, Kim H. Positive temperature coefficient of resistivity in $Pb(Fe_{1/2}Nb_{1/2})O_3$ ceramics [J]. J. Eur. Ceram. Soc. , 2004, 24: 2465~2470.

[39] Malibert C, Dkhil B, Kiat J M, et al. Order and disorder in the relaxor ferroelectric perovskite $PbSc_{1/2}Nb_{1/2}O_3$ (PSN): comparison with simple perovskites $BaTiO_3$ and $PbTiO_3$ [J]. J. Phys. : Condens. Matter, 1997, 9 (35): 7485~7500.

[40] Venturini E L, Grubbs R K, Samara G A, et al. The ferroelectric and relaxor properties of $Pb(Sc_{0.5}Nb_{0.5})O_3$: influence of pressure and biasing electric field [J]. Phys. Rev. B, 2006, 74: 064108.

[41] Shrout T R, Halliyal A. Preparation of lead-based ferroelectric relaxors for capacitor [J]. Am. Ceram. Soc. Bull. , 1987, 66 (4): 704~711.

[42] Zhu M K, Chen C, Tang J L, et al. Effects of ordering degree on the dielectric and ferroelectric behaviors of relaxor ferroelectric $Pb(Sc_{1/2}Nb_{1/2})O_3$ ceramics [J]. J. Appl. Phys. , 2008, 103: 084124.

[43] Yanagisawa K, Rendon-Angeles J C, Kanai H. Stability and single crystal growth of dielectric materials containing lead under hydrothermal conditions [J]. J. Eur. Ceram. Soc. , 1999, 19 (6~7): 1033~1036.

[44] Yanagisawa K, Rendon-Angeles J C, Kanai H. Stability and single crystal growth of lead scandium niobate and its solid solution with lead titanate under hydrothermal conditions [J]. J. Mater. Sci. , 2000, 35 (12): 3011~3015.

[45] Kuh B J, Choo W K, Brinkman K. Sol-gel derived $Pb(Sc_{0.5}Nb_{0.5})O_3$ thin films: processing and dielectric properties [J]. Jpn. J. Appl. Phys. , 2002, 41 (11B): 6765~6767.

[46] Feng C D, Schulze W A. Synthesis and characterization of monosized $Pb(Sc_{1/2}Nb_{1/2})O_3$ powder [J]. Adv. Ceram. Mater. , 1988, 3 (5): 468~472.

[47] Bidault O, Perrin C, Caranoni C, et al. Chemical order influence on the phase transition in the relaxor $Pb(Sc_{1/2}Nb_{1/2})O_3$ [J]. J. Appl. Phys. , 2001, 90 (8): 4115~4121.

[48] Feng C D, Schulze W A. Characterization of lead scandium niobate ceramics prepared by chemical coprecipitation method [J]. J. Inorg. Mater. , 1990, 5 (3): 237~244.

[49] Yoshikawa Y. Chemical preparation of $Pb(Ni_{1/3}Nb_{2/3})O_3$ powders [J]. Key Eng. Mater. , 2002, 206~213: 87~90.

[50] Lu C H, Chang D P. Reaction sintering and characterization of lead magnesium niobate relaxor ferroelectric ceramics [J]. J. Mater. Sci. Materials in Electronics, 2000, 11 (4): 363~367.

[51] Shannon R D, Prewitt C T. Effective ionic radii in oxides and fluorides [J]. Acta Cryst. , 1969, B25: 925~946.

[52] Yoshikawa Y. Fine PMN powders prepared from nitrate solutions [J]. IEEE Internl. Symp. Appl. Ferroelectrics. , 1991: 95~96.

[53] Inada M. Analysis of the formation process of the piezoelectric PCM ceramics [J]. Japanese National Technical Report, 1977, 23 (1): 95~102.

[54] Lejeune M, Boilot J P. Formation mechanism and ceramic process of the ferroelectric perovskites: Pb($Mg_{1/3}Nb_{2/3}$)O_3 and Pb($Fe_{1/2}Nb_{1/2}$)O_3 [J]. Ceram. Int., 1982, 8 (3): 99~103.

[55] 石刚, 甄强, 李榕, 等. 无团聚 ZrO_2-HfO_2-Y_2O_3 复合纳米粉体的制备 [J]. 功能材料, 2006, 37 (7): 1130~1133.

[56] Cross L E. Relaxor ferroelectrics [J]. Ferroelectrics., 1987, 76 (3~4): 241~267.

[57] Ye Z G. Relaxor ferroelectric complex perovskites: structure, properties and phase transitions [J]. Key Eng. Mater., 1998, 155 (1): 81~122.

[58] Uchino K, Nomura S. Critical exponents of the dielectric-constants in diffused-phase-transition crystals [J]. Ferroelectr. Lett., 1982, 44 (3): 55~61.

[59] Setter N, Cross L E. The role of B-site cation disorder in diffuse phase-transition behavior of perovskite ferroelectrics [J]. J. Appl. Phys., 1980, 51 (8): 4356~4360.

[60] Cushing B L, Kolesnichenko V L, O'Connor C J. Recent advances in the liquid-phase syntheses of inorganic nanoparticles [J]. Chem Rev., 2004, 104: 3893~3946.

[61] Albuquerque A S, Ardission J D, Maccdo W A A. Nanosized powders of NiZn ferrite: synthesis, structure, and magnetism [J]. J. Appl. Phys., 2000, 87: 4352~4357.

[62] Yanagisawa K. Formation of perovskite-type Pb($Mg_{1/3}Nb_{2/3}$)O_3 under hydrothermal conditions [J]. J. Mater. Sci. Lett., 1993, 12 (23): 1842~1843.

[63] Zhang H R, Shen C M, Chen S T, et al. Morphologies and microstructures of nano-sized Cu_2O particles using a cetyltrimethylammonium template [J]. Nanotechnology, 2005, 16 (2): 267~272.

[64] Sui Z M, Chen X, Wang L Y, et al. Capping effect of CTAB on positively charged Ag nanoparticles [J]. Physica E, 2006, 33 (2): 308~314.

[65] López-Luke T, De la Rosa E, Sólis D, et al. Effect of the CTAB concentration on the upconversion emission of ZrO_2: Er^{3+} nanocrystals [J]. Opt. Mater., 2006, 29 (1): 31~37.

[66] Cho S B, Oledzka M, Riman R E. Hydrothermal synthesis of acicular lead zirconate titanate (PZT) [J]. J. Crys. Growth, 2001, 226: 313~326.

[67] Wang Y Q, Caruso R A. Preparation and characterization of CuO-ZrO_2 nanopowders [J]. J. Mater. Chem., 2002, 12: 1442~1445.

[68] Li Q, Xie R C, Shang J K, et al. Effect of precursor ratio on synthesis and optical absorption of TiON photocatalytic nanoparticles [J]. J. Am. Ceram. Soc., 2007, 90 (4): 1045~1050.

[69] Kung K H S, Hayes K F. Fourier-transform infrared spectroscopic study of the adsorption of cetyltrimethylammonium bromide and cetylpyridinium chloride on silica [J]. Langmuir, 1993, 9 (1): 263~267.

[70] Cruz L P, Segadaes A M, Rocha J, et al. An easy way to Pb($Mg_{1/3}Nb_{2/3}$)O_3 synthesis [J]. Mater. Res. Bull., 2002, 37 (6): 1163~1173.

[71] Hou L, Hou Y D, Zhu M K, et al. Formation and transformation of $ZnTiO_3$ prepared by sol-gel process [J]. Mater. Lett., 2005, 59 (2~3): 197~200.

[72] Narendar Y, Messing G L. Kinetic analysis of combustion synthesis of lead magnesium niobate from metal carboxylate gels [J]. J. Am. Ceram. Soc., 1997, 80: 915~924.

[73] Burda C, Chen X B, Narayanan R, et al. Chemistry and properties of nanocrystals of different shapes [J]. Chem. Rev., 2005, 105: 1025~1102.

[74] Wang X Y, Lee B I, Hu M, et al. Nanocrystalline $BaTiO_3$ powder via a sol process ambient conditions [J]. J. Eur. Ceram. Soc., 2006, 26 (12): 2319~2326.

[75] Tang J L, Zhu M K, Hou Y D, et al. Effect of pH value on phase structure, component, and grain morphology of $Pb(Sc_{1/2}Nb_{1/2})O_3$ powders by precipitation method [J]. J. Crys. Growth, 2007, 307 (1): 70~75.

[76] 李懋强. 湿化学法合成陶瓷粉料的原理和方法 [J]. 硅酸盐学报, 1994, 22 (1): 85~91.

[77] 熊惟皓, 魏京, 范畴. Ti(C,N) 基金属陶瓷纳米粉末在水中的分散性 [J]. 华中科技大学学报 (自然科学版), 2005, 33 (6): 108~110.

[78] Stadlober M, Kalcher K, Raber G, et al. Anodic stripping voltammetric determination of titanium (IV) using a carbon paste electrode modified with cetyltrimethylammonium bromide [J]. Talanta, 1996, 43 (11): 1915~1924.

[79] Wen X L, Jia Y H, Liu Z L. Micellar effects on the electrochemistry of dopamine and its selective detection in the presence of ascorbic acid [J]. Talanta, 1999, 50 (5): 1027~1033.

[80] 沈志坚. SPS——一种制备高性能材料的新技术 [J]. 材料导报, 2000, 14 (1): 67~68.

[81] 冯楚德, Schulze W A. 用化学共沉淀法粉体制备的铌钪酸铅陶瓷 (PSN) 的特性 [J]. 无机材料学报, 1990, 5 (3): 237~244.

[82] Güttler B, Mihailova B, Stosch R, et al. Local phenomena in relaxor-ferroelectric $PbSc_{0.5}B''_{0.5}O_3$ (B''=Nb, Ta) studied by Raman spectroscopy [J]. J. Mol. Struct., 2003, 661: 469~479.

[83] Jiang F M, Kojima S, Zhao C L, et al. Raman scattering on the B-site order controlled by A-site substitution in relaxor Perovskite ferroelectrics [J]. J. Appl. Phys., 2000, 88 (6): 3608~3612.

[84] Jiang F M, Kojima S, Zhao C L, et al. Chemical ordering in lanthanum-doped lead magnesium niobate relaxor ferroelectrics probed by A_{1g} Raman mode [J]. Appl. Phys. Lett., 2001, 79: 3938~3940.

[85] Zuo R Z, Granzow T, Lupascu D C, et al. PMN-PT ceramics prepared by spark plasma sintering [J]. J. Am. Ceram. Soc., 2007, 90: 1101~1106.

[86] Wu Y J, Li J, Kimura R, et al. Effects of preparation conditions on the structural and optical properties of spark plasma-sintered PLZT (8/65/35) ceramics [J]. J. Am. Ceram. Soc., 2005, 88: 3327~3331.

[87] Deng X Y, Wang X H, Wen H, et al. Ferroelectric properties of nanocrystalline barium titanate

ceramics [J]. Appl. Phys. Lett. , 2006, 88: 252905.

[88] Smyth D M. The defect chemistry of metal oxides [M]. 西安: 西安交通大学出版社, 2006.

[89] Speight J G. Lange's Handbook of Chemistry (16th edition) [M]. New York: McGraw-Hill, 2005.

[90] Halliyal A, Kumar U, Newnham R E, et al. Stabilization of the perovskite phase and dielectric properties of ceramics in the $Pb(Zn_{1/3}Nb_{2/3})O_3$-$BaTiO_3$ system [J]. Am. Ceram. Soc. Bull. , 1987, 66 (4): 671~676.

[91] Chen J, Harmer M P. Microstructure and dielectric properties of lead magnesium niobate-pyrochlore diphasic mixtures [J]. J. Am. Ceram. Soc. , 1990, 73: 68~73.

[92] Cohen R E. Originof ferroelectricity in perovskite oxides [J]. Nature, 1992, 358 (6382): 136~138.

[93] Wakiya N, Shinozaki K, Mizutani N, et al. Estimation of phase stability in $Pb(Mg_{1/3}Nb_{2/3})O_3$ and $Pb(Zn_{1/3}Nb_{2/3})O_3$ using the bond valence approach [J]. J. Am. Ceram. Soc. , 1997, 80: 3217~3220.

[94] Taniguchi T, Yoshikawa Y. Preparation of perovskite $Pb(B_{0.5}Nb_{0.5})O_3$ (B = Rare-earth elements) [J]. J. Electroceram. , 2004, 13 (1~3): 373~377.

[95] Brese N E, Okeeffe M. Bond-valence parameters for solids [J]. Acta Cryst. , 1991, B47: 192~197.

[96] Shannon R D, Prewitt C T. Revised values of effective ionic radii [J]. Acta Cryst. , 1970, B26: 1046~1048.

[97] Heegn H, Trinkler M. Phases and solid structures by calcination of precursors for lead-magnesium-niobates [J]. Fresenius J. Anal. Chem. , 1998, 361: 598~600.

4 溶胶凝胶法合成电子陶瓷与物性

溶胶凝胶法是基于金属有机化学原理的一类液相合成方法。近几十年来，溶胶凝胶法已经广泛应用于陶瓷、玻璃、纤维和薄膜制备，并显示出超越传统固相法的许多优点，包括成分控制精确，易于实现均匀掺杂，获得目标相所需结晶温度低及便于实现微纳尺度的粉体可控合成等。本章主要介绍溶胶凝胶法合成 $(K_{0.5}Bi_{0.5})TiO_3$、$TTB-K_2Nb_4O_{11}$ 及 $(Na，K)NbO_3$ 基多元体系，理论与实验相结合，解析不同晶体结构极性氧化物的构建、粉体的尺寸诱导相变现象、异常晶粒生长行为和致密化电子陶瓷的介电、铁电、压电性能与能量收集特性。

4.1 $(K_{0.5}Bi_{0.5})TiO_3$陶瓷溶胶凝胶法合成与电学性能

应用于高温铁电器件的陶瓷材料通常需要具有高居里温度以确保良好的宽温区工作稳定性。$PbTiO_3$（$T_c = 490℃$）和 $K_{0.5}Bi_{0.5}TiO_3$（$T_c = 380℃$）均属于典型的高居里温度铁电材料[1]，但是由于世界各国对于环境保护的日益重视迫切需要发展可替代铅基材料的高性能无铅材料，这方面，$K_{0.5}Bi_{0.5}TiO_3$ 有一定优势。$K_{0.5}Bi_{0.5}TiO_3$（KBT）与另一具有相似晶体结构的氧化物 $Na_{0.5}Bi_{0.5}TiO_3$（NBT，$T_c = 320℃$）均属于 A 位复合钙钛矿型铁电体，但是与报道较多的 NBT 基材料相比[2-4]，当前 KBT 的研究明显不足，一个重要原因是由于高温下 K^+ 和 Bi^{3+} 离子的强挥发性导致常规陶瓷工艺难于制备高致密度 KBT 铁电陶瓷[5]。陶瓷的致密化烧结与前驱粉体的特性密切相关。传统固相法难以均匀混料且需要高温煅烧成相，合成的 KBT 粉体通常具有硬团聚现象和较大的颗粒尺度，不利于烧结高品质陶瓷[6]。与固相煅烧法相比，溶胶凝胶法于液相中实现原料在分子/原子水平上的均匀混合，且通过工艺条件精确调控，可合成颗粒尺寸达到亚微米级甚至纳米级的高活性粉体，非常有利于后续烧结制备致密的 KBT 铁电陶瓷。在本节中，以 $Ti(OC_4H_9)_4$ 为钛源，利用溶胶凝胶法成功合成出粒径为 $100 \sim 200nm$ 的 KBT 前驱粉体，同时，分析干凝胶于不同温度下煅烧产物的晶相结构演化。进一步，以 KBT 超细粉体为前驱体烧结陶瓷，研究了陶瓷的介电性能及相关工艺影响因素。

4.1.1 $(K_{0.5}Bi_{0.5})TiO_3$超细粉体溶胶凝胶法合成

以分析纯的 $Bi(NO_3)_3 \cdot 5H_2O$，KNO_3 和 $Ti(OC_4H_9)_4$ 为初始原料，CH_3CH_2OH，

CH$_3$COOH 和 H$_2$O 为溶剂。首先，将 KNO$_3$ 和 Bi(NO$_3$)$_3$·5H$_2$O 按摩尔比 1∶1 称量，分别溶于适量的 H$_2$O 和 CH$_3$COOH 中，加热搅拌直至完全溶解。然后，将上述混合溶液加入含计量比 Ti(OC$_4$H$_9$)$_4$ 的 CH$_3$CH$_2$OH 溶液中，充分搅拌 2h 后，得到淡黄色透明溶胶。陈化后，将所得湿凝胶在 70℃下烘干 12h，制得干凝胶。对干凝胶进行热分析和不同温度下煅烧处理，研究物相结构演化及吸放热行为。合成粉体的物性测试方法见 1.4.2 节。

　　首先，应用热分析技术解析 KBT 干凝胶的热分解与相变行为。图 4-1 给出了 50～900℃升温过程中干凝胶的 TG 与 DSC 曲线。从 TG 曲线可以看出样品在升温过程中呈阶梯式失重，主要包含两个阶段：200～400℃为第一阶段，失重约 65%，对应 DSC 曲线可以观察到明显的放热峰，这主要是由溶剂挥发和金属有机化合物分解所导致；400～700℃为第二阶段，失重约 24%，这主要源于残留有机基团的氧化分解。同

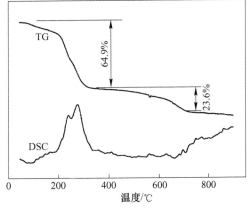

图 4-1　KBT 干凝胶的 TG 与 DSC 曲线

时，相应温度段的 DSC 曲线还可以观察到一些微弱的吸放热峰，推测该现象与 Bi$_2$Ti$_2$O$_7$ 和 KBT 相结晶时的热量变化相关[7]。700℃以上时，从 TG 曲线几乎看不出失重现象，推测此时样品的钙钛矿相应该形成完全。

　　为了进一步解析干凝胶随温度变化的物相结构演变，测试了干凝胶于不同温度煅烧所得产物的 XRD 图谱，结果如图 4-2 所示。可以看到，400℃低温煅烧样品的 XRD 谱主要呈现非晶相特征。当煅烧温度上升到 500℃，有明显的结晶衍射峰出现，经物相解析确定这些峰归属于 Bi$_2$Ti$_2$O$_7$ 立方焦绿石相（JCPDS#32-0118），这一结果表明 Bi$_2$Ti$_2$O$_7$ 相是钙钛矿相形成前的低温稳定相[7]。当煅烧温度进一步升高到 600℃和 650℃，Bi$_2$Ti$_2$O$_7$ 相的衍射峰强度逐渐增强，说明结晶性增加。然而，当煅烧温度升高到 680℃时，从 XRD 谱可以观察到明显的峰形峰位变化，除 Bi$_2$Ti$_2$O$_7$ 相衍射峰外，在 22.56°、31.96°和 39.44°等位置新出现对应于 KBT 钙钛矿相（JCPDS#36-0339）的特征衍射峰，因而可以确认在该温度附近的窄温区范围内发生晶相结构转变。此后，升高煅烧温度到 700℃及以上时，XRD 谱仅呈现 KBT 钙钛矿相特征峰，检测限内难以发现 Bi$_2$Ti$_2$O$_7$ 相或其他第二相特征峰。同时，KBT 相（101）衍射峰的半峰宽从 700℃的 0.94°减小到 800℃的 0.75°和 900℃的 0.61°，说明煅烧温度升高导致钙钛矿相结晶性增强。

　　为了进一步分析 KBT 钙钛矿相与 Bi$_2$Ti$_2$O$_7$ 焦绿石相的晶体结构差异，分别测

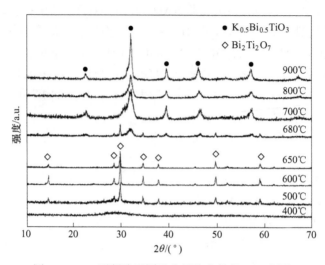

图 4-2 KBT 干凝胶不同温度煅烧产物的 XRD 图谱

试了干凝胶于 600℃ 和 800℃ 煅烧所得产物的 Raman 光谱，结果如图 4-3 所示。通过高斯函数拟合，800℃ 煅烧产物图谱可以拆分出 8 个峰，分别位于 145cm^{-1}、204cm^{-1}、265cm^{-1}、326cm^{-1}、536cm^{-1}、634cm^{-1}、740cm^{-1} 和 845cm^{-1}，证明产物为 KBT 钙钛矿相，与文献报道一致[8,9]。与其相比，低温 600℃ 煅烧产物拟合的峰位分别位于 152cm^{-1}、226cm^{-1}、281cm^{-1}、326cm^{-1}、418cm^{-1}、562cm^{-1}、622cm^{-1} 和 726cm^{-1}，对应于 Bi$_2$Ti$_2$O$_7$ 焦绿石相的 Raman 特征模式[7]。以上不同煅烧温度样品的 Raman 光谱测试解析结果与此前 XRD 分析相一致。

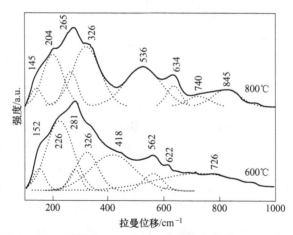

图 4-3 KBT 干凝胶 600℃ 和 800℃ 煅烧产物的 Raman 光谱

图 4-4a，图 4-4b 和图 4-4c 分别为 KBT 干凝胶在 680℃、700℃ 和 800℃ 煅烧产物的 SEM 照片。

图4-4　KBT干凝胶于不同温度煅烧产物的SEM照片

a—680℃；b—700℃；c—800℃

由图4-4a可见，680℃煅烧产物的显微组织中包括球状和棒状混合形貌的粉体，尺寸大小不一，结合XRD分析可以确认小尺寸球状颗粒为KBT钙钛矿相，大尺寸棒状颗粒为$Bi_2Ti_2O_7$相。而从图4-4b和图4-4c可以看到，700℃和800℃煅烧产物形貌相似，皆为球形，且未观察到大尺寸棒状颗粒，说明升高煅烧温度促进纯钙钛矿相KBT形成。此外，700℃和800℃煅烧产物颗粒大小较为均匀，其中700℃煅烧产物粒径略小，约为100～200nm。以上实验结果说明，通过溶胶凝胶法可以合成出高活性的超细KBT钙钛矿相粉体。

4.1.2　（$K_{0.5}Bi_{0.5}$）TiO_3陶瓷的致密化与电学性能

为了获取具有优良电学性能的KBT电子陶瓷，后续实验中选取700℃煅烧的超细粉体进一步烧结陶瓷。通过常规无压烧结工艺进行陶瓷致密化，烧结温度范围为1000～1100℃，每隔25℃选择一个烧结温度点，保温时间设定为2h。陶瓷样品的物性测试方法见1.4.2节。

表 4-1 列出不同烧结温度制备的 KBT 陶瓷于室温测量的相对介电常数 ε_r 和介电损耗 tanδ，同时表中给出样品的相对密度。由表可见，1000℃烧结的 KBT 陶瓷 ε_r 最大，为 1652，但是样品较低的致密性导致 tanδ 极高，为 1.020，因而降低了高介电常数的可信度。当烧结温度提升到 1050℃，样品 ε_r 数值为 690，与文献报道常规固相法制备 KBT 陶瓷的数值 682 相近[1,5,7]。但是需要注意到，此烧结温度制备样品的 tanδ 较低，仅为 0.052，约是文献报道数值 0.490 的 10%。

表 4-1   不同温度烧结 KBT 陶瓷的室温 ε_r、tanδ 与样品相对密度

烧结温度/℃	ε_r	tanδ	相对密度/%
1000	1652	1.020	81.2
1025	856	0.678	85.0
1050	690	0.052	91.2
1075	570	0.132	88.5
1100	536	0.360	86.7

图 4-5 所示为 1050℃烧结的陶瓷于不同频率测量的介电常数温度谱。可以看到，KBT 陶瓷的介温谱具有典型的弛豫体特征：随测试频率由 10kHz 增加到 1000kHz，表观居里温度 T_c（即特征温度 T_m）由 385℃增加到 400℃，同时，介电常数极值 ε_m 逐渐降低，显示出频率色散与弥散相变特征。以上测试结果说明 1050℃烧结的 KBT 陶瓷介电性能较优，这可以归结于基于溶胶凝胶法制备的陶瓷有相对高的致密性所致。本实验中 KBT 陶瓷的相对密度为 91.2%，显著优于常规方法制备的陶瓷相对密度 70%。但是，继续升高烧结温度到 1075℃及以上时，由于钙钛矿 A 位离子的挥发性增强，导致样品致密度下降，介电性能劣化，特别是 tanδ 快速增大，难以满足实用电子陶瓷器件应用需求。

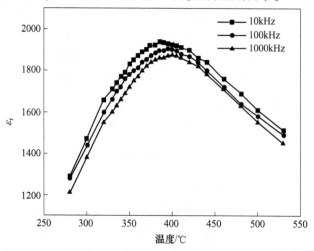

图 4-5   1050℃烧结 KBT 陶瓷于不同频率测量的介电常数温度谱

以上溶胶凝胶实验选用 Ti（OC$_4$H$_9$）$_4$ 作为钛源进行（K$_{0.5}$Bi$_{0.5}$）TiO$_3$ 钙钛矿相陶瓷制备，而 Ti（OC$_4$H$_9$）$_4$ 作为典型的易溶性钛源，也常用于其他结构类型钛酸盐电子陶瓷的溶胶凝胶法合成。例如，在笔者的另一实验中，以 Ti（OC$_4$H$_9$）$_4$ 为钛源，应用溶胶凝胶工艺成功制备出纯钛铁矿相的 ZnTiO$_3$ 微波介质材料[10]。具体工艺如下：首先，将计量比的 Ti（OC$_4$H$_9$）$_4$ 和 Zn（NO$_3$）$_2$·6H$_2$O 溶于 CH$_3$CH$_2$OH 中，加热搅拌 3h，同时将 CH$_3$COOH 加入混合溶液中，调节 pH 值 1~2，获得淡黄色透明溶胶。将溶胶陈化转变为凝胶，然后缓慢加热至 80℃，得到棕色多孔干凝胶。将干凝胶继续在不同温度下煅烧，研究粉体的相结构演化。

图 4-6 给出了干凝胶于 300~1000℃ 温度范围煅烧 3h 产物的 XRD 图谱。在 ZnO-TiO$_2$ 体系中，已知存在三种类型的化合物：立方 Zn$_2$TiO$_4$、六方 ZnTiO$_3$ 和立方 Zn$_2$Ti$_3$O$_8$，其中以六方钛铁矿结构的 ZnTiO$_3$ 微波介电性能最优[11]。但是，以往文献报道指出该相难以通过传统固相法合成，限制了其应用。从图 4-6 可以看到，本实验起始的干凝胶粉体呈现非晶态，且直到 500℃ 都没有明显的晶体结构变化。当煅烧温度升高到 600℃，一些特征衍射峰出现，且强度随温升至 700℃ 进一步增加。此温度区间的结晶相可以确定为 Zn$_2$Ti$_3$O$_8$，该相是 ZnO-TiO$_2$ 体系中的低温相[10]。需要注意的是当煅烧温度进一步升高至 800℃，实验获得了 ZnTiO$_3$ 纯六方钛铁矿相，未观察到其他杂相。这一结果说明在溶胶凝胶粉体工艺中，通过煅烧温度的精确调控，可以实现立方 Zn$_2$Ti$_3$O$_8$ 向六方 ZnTiO$_3$ 的完全转变。但是，当煅烧温度升高到 900℃ 以上时，XRD 谱中出现金红石 TiO$_2$ 和立方 Zn$_2$TiO$_4$ 的特征衍射峰，这主要是由于高温下 ZnTiO$_3$ 的热分解所造成的。

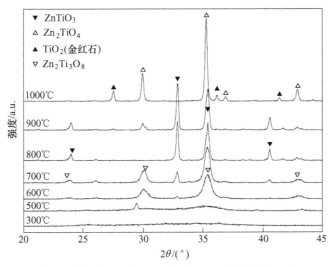

图 4-6　干凝胶于不同温度煅烧产物的 XRD 图谱

上述结果表明，以 $Ti(OC_4H_9)_4$ 为钛源的溶胶凝胶工艺，可实现 $(K_{0.5}Bi_{0.5})TiO_3$ 钙钛矿相和 $ZnTiO_3$ 钛铁矿相的可靠制备，对于发展不同晶体结构的钛酸盐溶胶凝胶技术具有重要意义。

本节主要介绍 $(K_{0.5}Bi_{0.5})TiO_3$ 陶瓷溶胶凝胶法合成与电学性能。研究揭示，采用溶胶凝胶工艺可以在 700℃ 低温下有效合成粒径 $100\sim200nm$ 的 KBT 超细粉体，相结构解析确定 $Bi_2Ti_2O_7$ 焦绿石相是形成 KBT 钙钛矿相的前驱相。选用 KBT 超细粉体可进一步于 1050℃ 烧结获得相对密度大于 90% 的致密陶瓷体，样品介温谱呈现典型的介电弛豫特征，室温电学性能优于常规固相法制备的 KBT 陶瓷。但是烧结温度超过 1075℃，易挥发性元素缺失增强，导致陶瓷致密性变差，电学性能劣化。此外，简要介绍了以 $Ti(OC_4H_9)_4$ 为钛源的溶胶凝胶工艺制备 $ZnTiO_3$ 钛铁矿相过程中的物相演化规律。

4.2   TTB-$K_2Nb_4O_{11}$陶瓷溶胶凝胶法合成与介电性能

在上一节中，主要介绍了钙钛矿相结构钛酸盐铁电陶瓷 $(K_{0.5}Bi_{0.5})TiO_3$ 的溶胶凝胶法制备与物性，在本节中将介绍另一类钨青铜结构铌酸盐介电陶瓷 $K_2Nb_4O_{11}$ 的溶胶凝胶法制备与物性。在 K_2O-Nb_2O_5 二元体系中，存在许多不同计量比且在介电、压电和光催化等领域性能优异的铌酸盐材料[12,13]。在各类铌酸盐材料研究中，以钙钛矿结构氧化物报道居多，然而对其他结构，如钨青铜结构氧化物的报道相对较少[14]。$K_2Nb_4O_{11}$ 属于四方钨青铜结构（TTB），其通式为 $[(A1)_2(A2)_4C_4][(B1)_2(B2)_8]O_{30}$，由一系列 NbO_6 八面体以共顶方式连接而成，因而存在出现自发极化的可能性[15]。然而，由于 $K_2Nb_4O_{11}$ 在 K_2O-Nb_2O_5 复杂相图中的稳定性较差，其纯相的可靠合成仍然有较大技术难度。利用传统固相法合成此种材料通常产物团聚严重且伴有杂相 KNb_3O_8 或 $K_3Nb_7O_{19}$ 生成[16]。此外，由于铌酸盐陶瓷烧结过程中碱金属元素挥发性不易控制，易出现气孔，裂纹等缺陷，因而很难获得高致密度 $K_2Nb_4O_{11}$ 陶瓷，限制了人们对其本征电学性能的研究[17]。

在本节中，基于前期工作，将 Nb_2O_5 转化为可溶性铌溶液作为铌源代替价格昂贵的铌醇盐，采用水基溶胶凝胶技术合成 $K_2Nb_4O_{11}$ 超细粉体，解析反应过程中三种化合物 $K_4Nb_6O_{17}$，KNb_3O_8 和 $K_2Nb_4O_{11}$ 的晶体结构演变机制。进一步，对合成的 $K_2Nb_4O_{11}$ 纯相超细粉体进行致密化烧结，分析陶瓷的微结构特征及介电弛豫行为。

4.2.1   TTB-$K_2Nb_4O_{11}$超细粉体溶胶凝胶法合成

通过设计多步化学反应路线将 Nb_2O_5 转化为可溶性铌溶液作为铌源[18,19]。

制备 $K_2Nb_4O_{11}$ 所使用的原料包括前期实验室自制的可溶性铌，溶液 K_2CO_3 和 $C_6H_8O_7 \cdot H_2O$（柠檬酸）。根据目标化合物 $K_2Nb_4O_{11}$ 的计量比，定量量取可溶性铌溶液，并与稀释的柠檬酸水溶液混合，加热搅拌得到透明溶液 A。同时，定量称取 K_2CO_3，溶解于去离子水中，制得透明溶液 B。然后，将上述溶液 A 与溶液 B 混合，调节 pH 值，并在 80℃搅拌 2h 得到均匀透明的溶胶。陈化溶胶，并在 100℃下烘干 24h，制得干凝胶。将干凝胶在不同温度下煅烧 5h，研究与煅烧温度相关的晶体结构转变机制。合成粉体的物性测试方法见 1.4.2 节。

图 4-7 给出了干凝胶于不同温度煅烧产物的 XRD 图谱，由图可以分析晶相结构的演化。在低温 500℃时，XRD 图谱呈现典型的宽化驼峰特征，表明此时产物为非晶相。随着煅烧温度升高，出现结晶峰且衍射峰强度逐渐增强。通过对比标准衍射卡片数据，确定在 650℃生成 KNb_3O_8（JCPDS#75-2182）和 $K_4Nb_6O_{17}$（JCPDS#76-0977）两相。当煅烧温度进一步升高到 900℃时，XRD 图谱衍射峰形发生明显变化，对应 KNb_3O_8 和 $K_4Nb_6O_{17}$ 两相的衍射峰基本消失，同时新相 $K_2Nb_4O_{11}$（JCPDS#70-5051）生成。当煅烧温度升高到 950℃及以上时，只能观察到 $K_2Nb_4O_{11}$ 纯相，未出现其他杂相。

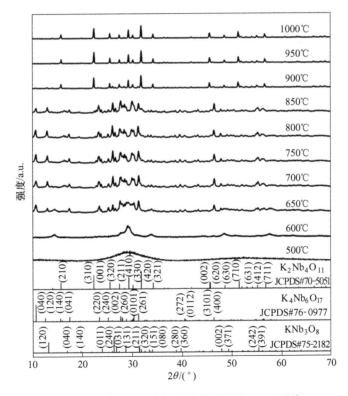

图 4-7 干凝胶于不同温度煅烧产物的 XRD 图谱

对 950℃合成的 $K_2Nb_4O_{11}$ 纯相 XRD 数据做进一步结构精修，结果如图 4-8a 所示。精修过程尝试多种可能的结构模型，其中只有空间群 $P4/mbm$（127）的四方钨青铜结构（TTB）最合适，拟合误差最小，R_p、R_{wp} 和 R_{exp} 分别为 6.33%、8.83% 和 4.11%。TTB-$K_2Nb_4O_{11}$ 精修的晶胞参数为 $a = b = 1.2577 \pm 0.0001nm$、$c = 0.3983 \pm 0.0001nm$。同时，$K_2Nb_4O_{11}$ 精修的结构模型也在图 4-8a 中给出。可以看到，$K_2Nb_4O_{11}$ 的晶体结构由垂直于 c 轴的 NbO_6 八面体共顶构成。除了简单的层状结构特征，一些四边形、五边形和三角形通道（A1、A2 和 C）的形成可用于阳离子占位。对于 TTB-$K_2Nb_4O_{11}$，五边形和四边形通道被 K^+ 离子占据，三角形通道被 Nb^{5+} 离子占据。进一步，选用 TEM、HRTEM、SAED 和 EDX 能谱技术对 950℃合成的 $K_2Nb_4O_{11}$ 粉体进行形貌、结构与成分分析。图 4-8b 所示为 $K_2Nb_4O_{11}$ 粉体在低放大倍数下的 TEM 照片。可以看出，产物粉体形貌呈球状，颗粒大小较为均匀，平均粒径约为 400nm（内插图）。图 4-8c 所示为样品 HRTEM 照片，测量的晶面间距为 0.398nm，这与精修晶胞参数 $c = 0.3983 \pm 0.0001nm$ 相一致，对应于 $K_2Nb_4O_{11}$ 晶体的（001）晶面。从图 4-8d 所给的 SAED 图谱可以看出 $K_2Nb_4O_{11}$ 样品具有高度对称的四方点阵衍射斑点。根据图 4-8e 的 EDS 能谱图，进一步确认 K∶Nb 原子比接近 1∶2，与 $K_2Nb_4O_{11}$ 化合物的理论计量比一致。

根据以上实验结果可以确定，采用水基溶胶凝胶工艺能够合成符合化学计量比的 TTB-$K_2Nb_4O_{11}$ 纯相超细粉体。溶胶凝胶法相对于常规固相法的优势是可以实现原料在胶体网络中以分子或离子形式的均匀混合，有利于通过工艺控制实现纯相产物的高质量制备。

此外，从图 4-7 中 XRD 表征的相结构演化结果可以看出，$K_2Nb_4O_{11}$ 纯相只有在高温煅烧时才能生成，在低温 850℃以下煅烧产物主要由 $K_4Nb_6O_{17}$ 和 KNb_3O_8 混合物相组成。因而，可以得出煅烧过程中三种化合物 KNb_3O_8、$K_4Nb_6O_{17}$ 和 $K_2Nb_4O_{11}$ 的转变关系：

$$2KNb_3O_8 + K_4Nb_6O_{17} \rlap{=\!=\!=} 3K_2Nb_4O_{11} \tag{4-1}$$

图 4-9a 给出了三种化合物 KNb_3O_8、$K_4Nb_6O_{17}$ 和 $K_2Nb_4O_{11}$ 之间的晶体结构演变机制示意图。在反应过程中，Nb-O 八面体基元的几何连接方式发生转变。在三种化合物 KNb_3O_8、$K_4Nb_6O_{17}$ 和 $K_2Nb_4O_{11}$ 中，Nb-O 八面体的结构基元分别为三聚体 $[Nb_3O_{13}]^{11-}$、二聚体 $[Nb_2O_{10}]^{10-}$ 和单体 $[NbO_6]^{7-}$，这些结构基元的几何连接方式不同。从图 4-9b 中可以看出，在两个相邻的 Nb-O 八面体中 Nb—O—Nb 键之间的夹角 θ 变换角度范围为 0~180°。当 $\theta = 180°$ 时，两个 Nb^{5+} 离子间距离最大，化合物结构最稳定。但任何角度偏差将减小 Nb^{5+} 离子之间的距离，从而导致 Nb^{5+} 离子之间斥力增大，以及 O^{2-} 离子负电荷屏蔽效应减小，化合物结构变得不稳定。因此，共顶方式（或共角方式）连接的 Nb-O 八面体比共边连接的

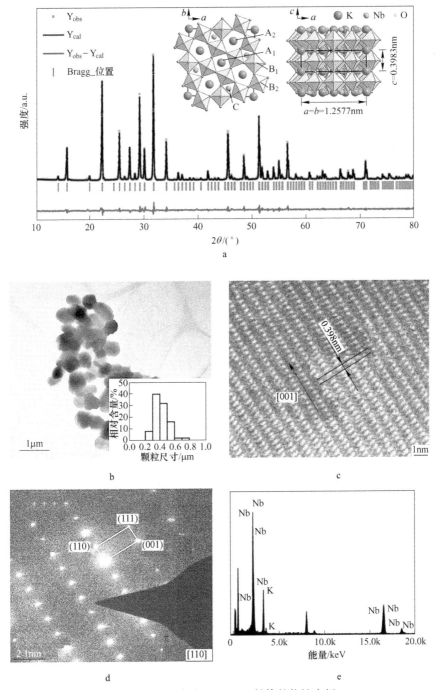

图 4-8 950℃合成 $K_2Nb_4O_{11}$ 粉体的物性表征

a—室温 XRD 图谱与 Rietveld 精修结果，内插图为 $K_2Nb_4O_{11}$ 晶体结构沿 c 轴与 b 轴方向的投影图；

b—低倍 TEM 照片，内插图为粉体粒度分布；c—HRTEM 照片；d—SAED 图谱；e—EDS 能谱

Nb-O 八面体结构更稳定。在干凝胶由低温到高温煅烧过程中，Nb-O 八面体连接方式发生转变，由共边方式连接的 $K_4Nb_6O_{17}$ 和 KNb_3O_8 亚稳结构最终转化成以共顶方式连接的 $K_2Nb_4O_{11}$ 结构以实现稳定的能量态。

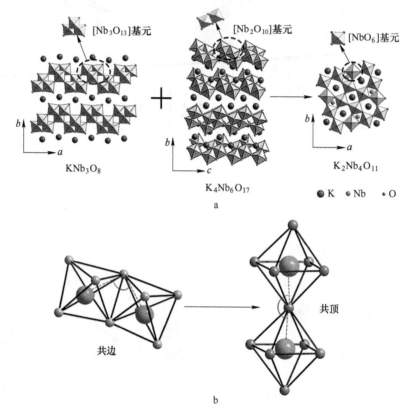

图 4-9 KNb_3O_8、$K_4Nb_6O_{17}$ 和 $K_2Nb_4O_{11}$ 的晶体结构演变机制及八面体结构示意图

a—KNb_3O_8 与 $K_4Nb_6O_{17}$ 反应生成 $K_2Nb_4O_{11}$ 的晶体结构演变机制示意图；

b—共边八面体结构和共顶八面体结构示意图

4.2.2   TTB-$K_2Nb_4O_{11}$ 陶瓷的低温介电弛豫行为

为了研究 TTB-$K_2Nb_4O_{11}$ 陶瓷的电学性能，选取溶胶凝胶法制备的超细粉体烧结陶瓷。通过常规无压烧结工艺进行陶瓷致密化，烧结温度设定为 1145℃，保温时间为 3h。烧结制度需要精确控制，因为 TTB-$K_2Nb_4O_{11}$ 陶瓷的烧结窗口较窄，任何偏差均易导致粉体难以成瓷。陶瓷的物性测试方法见 1.4.2 节。

图 4-10 所示为 $K_2Nb_4O_{11}$ 陶瓷的断面 SEM 照片。从图中可以看出，陶瓷断面为沿晶断裂，具有均匀致密的组织结构，晶粒呈现柱状形貌，发育良好。柱状晶直径约为 $1\sim2\mu m$，长度约 $5\sim7\mu m$。应用阿基米德法测试陶瓷的体积密度，实测

数值达到理论密度的97%，说明陶瓷烧结良好。

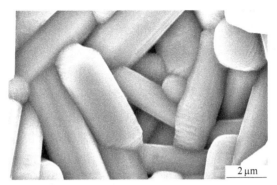

图 4-10 K$_2$Nb$_4$O$_{11}$陶瓷断面 SEM 照片

到目前为止，很少有关于 K$_2$Nb$_4$O$_{11}$陶瓷介电性能的报道，一个重要原因是难以制备致密的陶瓷烧结体。本实验使用溶胶凝胶技术成功制备出高致密的 K$_2$Nb$_4$O$_{11}$陶瓷，并在125~750K 宽温度范围内精确表征材料的介温特性，测试结果如图 4-11 所示。从介温谱可以看到，在低温 160K 附近有明显宽化的介电异常峰，且随测试频率增大，介电常数极值逐渐减小，同时峰值对应温度向高温方向移动，呈现出典型的弛豫体特征。对于 K$_2$Nb$_4$O$_{11}$陶瓷，另一个典型的弛豫体特征是不同测试频率的介温曲线在高温段重合，这在经典钙钛矿型铅基弛豫体中较为常见[20]。另一方面，当测试温度升高到625K 以上时，介电损耗急剧升高，这主要是高温下陶瓷电导增强所致。

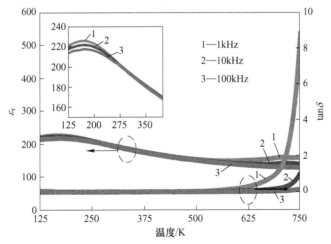

图 4-11 K$_2$Nb$_4$O$_{11}$陶瓷不同频率测量的介电常数与介电损耗温度谱

（内插图为低温介电异常峰放大图）

为了进一步研究 K$_2$Nb$_4$O$_{11}$陶瓷的介电弛豫行为，应用 UN 方程式（2-2）拟合介温谱数据。图 4-12 给出了 $K_2Nb_4O_{11}$ 样品不同测试频率对应的 $\ln(1/\varepsilon_r - 1/\varepsilon_m)$ 与 $\ln(T-T_m)$ 关系图。拟合结果显示弥散因子 γ 数值几乎与测试频率无关，1kHz、10kHz 和 100kHz 对应的 γ 数值分别为 1.83、1.80 和 1.81，说明四方钨青铜结构的 $K_2Nb_4O_{11}$ 陶瓷是一个弥散性强的介电弛豫体。关于 $K_2Nb_4O_{11}$ 陶瓷低温介电弛豫行为的起源是一个需要探讨的科学问题。以往，关于钙钛矿结构化合物的弛豫性机制研究已有较多报道[20~22]。近年来，四方钨青铜结构化合物由于在介电和铁电领域巨大的应用潜力，受到越来越多的关注，已有一些研究者开始关注于该结构化合物的弛豫行为起源。不同的理论模型被用来解释弛豫行为起因，例如，超顺电体模型、自旋玻璃态模型、随机场模型和空间电荷极化模型等[14,23,24]。对于 $K_2Nb_4O_{11}$ 陶瓷的弛豫起因，可以首先排除空间电荷极化模型，因为实验中介电弛豫是在宽频范围内发生，并不局限于 10^4 Hz 以下[25]。除了空间电荷极化模型，其他模型主要建立在纳米极性簇对外电场动态响应的关系基础上，纳米极性簇的形成与基体中局部有序无序结构相关。已有研究证实，无论基体是铁电体还是顺电体，都有可能因内部诱导生成纳米极性簇而产生介电弛豫现象[26,27]。在一些钨青铜结构化合物中，如 $Sr_{2-x}Ca_xNaNb_5O_{15}$，$(Sr_{0.61}Ba_{0.39})_5Nb_{10}O_{30}$ 和 $K_{5.20}Li_{2.34}Nb_{10.88}O_{30}$，人们发现低温弛豫现象主要由内部的极性微区所引起[28,29]。对于本实验合成的 $K_2Nb_4O_{11}$，晶体结构中 B_1 和 B_2 位被 Nb^{5+} 占据，因而，两种 NbO_6 八面体的极化行为会与温度有不同的依赖关系，导致极性微区的动态响应发生在不同温区，从而引起 $K_2Nb_4O_{11}$ 陶瓷的低温介电弛豫行为。

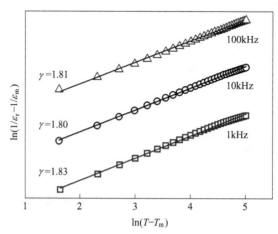

图 4-12 $K_2Nb_4O_{11}$ 样品 $\ln(1/\varepsilon_r - 1/\varepsilon_m)$ 与 $\ln(T-T_m)$ 关系图

（散点：实验数据；实线：UN 方程拟合结果）

图 4-13 所示为 $K_2Nb_4O_{11}$ 陶瓷室温介电常数和介电损耗的频率谱。

从图 4-13 可以看到，在 1Hz~1MHz 宽频测试范围内，样品室温介电常数大

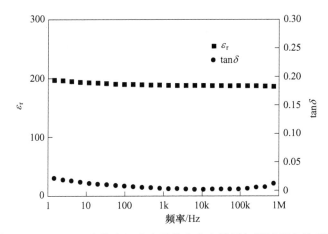

图 4-13　$K_2Nb_4O_{11}$陶瓷室温介电常数和介电损耗与测试频率关系图

小几乎与测试频率无关。根据图 4-11 所示，由于 $K_2Nb_4O_{11}$ 弛豫体具有极低的介电异常温度，因而室温时该材料实际已经转变为线性顺电体，导致介电常数几乎与频率无关。此外，介电测试表明基于溶胶凝胶法制备的 $K_2Nb_4O_{11}$ 陶瓷不仅具有较高的室温介电常数 200 和极低的介电损耗 0.01，而且还具有良好的温度稳定性和频率稳定性，显示出在介电器件领域的应用潜力。

　　以上实验选用可溶性铌溶液为铌源，基于水基溶胶凝胶工艺制备出具有优良电学性能的钨青铜结构 $K_2Nb_4O_{11}$ 陶瓷。可溶性铌替代价格昂贵的铌醇盐用于溶胶凝胶法合成不同结构的铌酸盐电子陶瓷，可以显著节约生产成本，具有较高的实用价值。除了钨青铜结构，铋层结构是另一类重要的非钙钛矿结构，该结构的极性氧化物一般具有高居里温度，低介电常数和强各向异性的特点，适宜于作为高温压电传感器材料使用。在笔者的另一实验中，以可溶性铌为铌源，应用水基溶胶凝胶工艺成功制备出铋层结构的 $Na_{0.5}Bi_{2.5}Nb_2O_9$ 高温压电陶瓷。具体工艺如下：根据目标化合物 $Na_{0.5}Bi_{2.5}Nb_2O_9$ 的计量比，定量量取可溶性铌溶液，并与稀释的柠檬酸水溶液混合，加热搅拌得到透明溶液 A。同时，定量称取 Na_2CO_3，$Bi(NO_3)_3 \cdot 5H_2O$，溶解于去离子水中并用 CH_3COOH 调节 pH 值，制得透明溶液 B。为了防止 Bi^{3+} 离子水解产生 $BiONO_3$ 沉淀，在溶液中加入一定量 $HO(CH_2)_2NH_2$ 进行配位保护。之后，将上述溶液 A 与溶液 B 进行混合，加热搅拌制得均匀透明的溶胶。溶胶经陈化后，在 80℃ 下烘干 48h，制得干凝胶。将干凝胶在不同温度下煅烧，研究物相的演化规律与晶体结构转变机制。为了测量电学性能，对纯相粉体在 1050℃ 保温 2h 烧结成瓷。粉体与陶瓷的物性测试方法见 1.4.2 节。

　　图 4-14a 示出了干凝胶在 450~800℃ 温度范围煅烧产物的 XRD 图谱。在低温 450℃ 和 500℃，产物的 XRD 衍射峰主要对应于正交结构的 $Na(Bi, Nb)O_{3-x}$

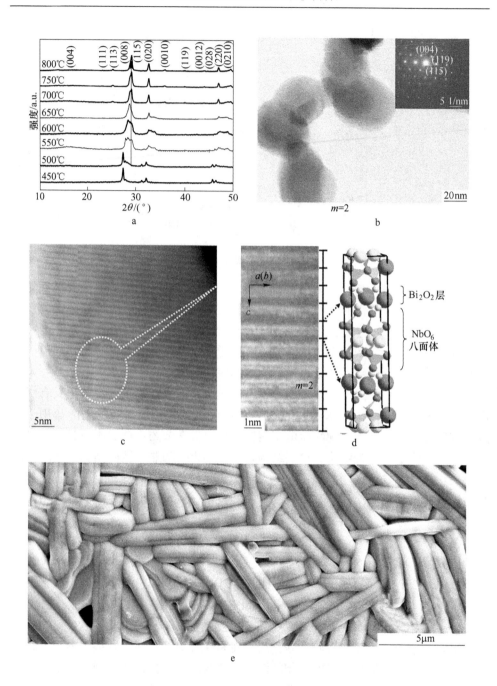

图 4-14　陶瓷的物性分析

a—干凝胶于不同温度煅烧产物的 XRD 图谱；b—650℃煅烧合成粉体的 TEM 照片（内插图为 SAED 图）；
c—650℃煅烧合成粉体的 HRTEM 照片；d—$Na_{0.5}Bi_{2.5}Nb_2O_9$晶体结构示意图；
e—陶瓷烧结体 SEM 照片

（JCPDS#49-0823）。当煅烧温度升高到550℃，在29°附近出现较宽的强衍射峰，说明该温度下开始有Na$_{0.5}$Bi$_{2.5}$Nb$_2$O$_9$相生成。进一步升高煅烧温度到650℃及更高温度，XRD谱中的实测衍射峰均对应于Na$_{0.5}$Bi$_{2.5}$Nb$_2$O$_9$相的标准衍射卡片（JCPDS#42-0397），同时Na(Bi，Nb)O$_{3-x}$相特征峰消失，说明高温煅烧已经获得纯目标相，且可以确定Na(Bi，Nb)O$_{3-x}$低温相是合成铋层结构Na$_{0.5}$Bi$_{2.5}$Nb$_2$O$_9$化合物过程中的中间相。此外，图谱中最强衍射峰所对应的晶面指数为(115)，符合铋层结构铁电体最强衍射峰晶面指数公式（1，1，2m+1），其中m为类钙钛矿层中氧八面体的数量，实验产物m=2。图4-14b给出了650℃煅烧合成的Na$_{0.5}$Bi$_{2.5}$Nb$_2$O$_9$粉体TEM照片。照片显示产物粉体呈现球形纳米颗粒形貌，团聚程度较弱，平均晶粒尺寸约为40nm。SAED图表明，粉体具有正交对称性。图4-14c进一步给出了产物的HRTEM照片，清晰的晶格条纹显示样品结晶性良好。铋层化合物的晶体结构一般由类萤石结构的(Bi$_2$O$_2$)$^{2+}$层和类钙钛矿结构的(A$_{m-1}$B$_m$O$_{3m+1}$)$^{2-}$层沿c轴方向交替排列而成，其中A位为适合12配位的阳离子，B位为适合6配位的阳离子，m通常为整数，代表类钙钛矿层中氧八面体的层数[30~32]。依据图4-14c精确分析产物晶体结构可以得到类钙钛矿层中氧八面体的层数m=2，这与先前XRD分析结果一致。图4-14d给出了与HRTEM分析结果相对应的Na$_{0.5}$Bi$_{2.5}$Nb$_2$O$_9$晶体结构示意图作为参考。为了测试Na$_{0.5}$Bi$_{2.5}$Nb$_2$O$_9$陶瓷的电学性能，选取高烧结活性的纳米粉体进行陶瓷制备。图4-14e给出了1050℃保温2h烧结得到陶瓷的热蚀断面SEM照片。可以看到，样品具有致密的显微组织结构，长条形的晶粒形貌说明晶粒生长呈各向异性，这主要是由于铋层氧化物在平行和垂直c轴方向生长速率差异较大所致。

图4-15给出了Na$_{0.5}$Bi$_{2.5}$Nb$_2$O$_9$陶瓷相对介电常数ε_r和介电损耗tanδ的变温图谱以及压电应变常数d_{33}与热退火温度的关系。在测试温度区间，从介温图谱中仅能看到一个相变点770℃，该相变温度对应于样品居里温度T_c，即铁电-顺电转变温度。在不同温度下对样品退火0.5h后测试退极化行为，可以看到从室温到700℃，Na$_{0.5}$Bi$_{2.5}$Nb$_2$O$_9$陶瓷的d_{33}数值较为稳定，基本保持在11pC/N左右。良好的热退极化特性表明以低成本的可溶性铌为铌源，基于水基溶胶凝胶工艺构建的铋层结构Na$_{0.5}$Bi$_{2.5}$Nb$_2$O$_9$陶瓷在高温压电器件领域有重要的应用前景。同时，考虑到溶胶凝胶工艺与半导体器件技术有良好的兼容性，利用该方法制备高性能铋层压铁电材料还有望用于构建微机电系统MEMS器件。

本节主要介绍TTB-K$_2$Nb$_4$O$_{11}$陶瓷溶胶凝胶法合成与介电性能。研究揭示，以可溶性铌溶液为铌源制备的干凝胶在煅烧反应过程中，Nb-O八面体连接方式发生转变，由共边方式连接的K$_4$Nb$_6$O$_{17}$和KNb$_3$O$_8$结构转化成共顶方式连接的K$_2$Nb$_4$O$_{11}$结构。选用纯相K$_2$Nb$_4$O$_{11}$超细粉体可以于1145℃烧结获得致密陶瓷体。电学测试表明，钨青铜结构的K$_2$Nb$_4$O$_{11}$陶瓷在低温区域（<200K）具有弥散相

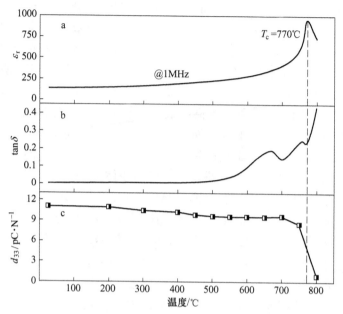

图 4-15　$Na_{0.5}Bi_{2.5}Nb_2O_9$ 陶瓷不同电学参数的温度关系

a—相对介电常数 ε_r；b—介电损耗 $\tan\delta$；c—压电应变常数 d_{33}

变和频率色散的弛豫体特征，在室温以上区域，呈现线性顺电体特征，具有相对较高的介电常数和极低的介电损耗，可用于发展无铅介电器件。此外，简要介绍了以可溶性铌溶液为铌源的水基溶胶凝胶工艺制备铋层结构 $Na_{0.5}Bi_{2.5}Nb_2O_9$ 陶瓷及其变温电学性能。这些工作表明以低成本的可溶性铌溶液替代价格昂贵的铌醇盐，采用水基溶胶凝胶工艺可以制备不同结构的铌酸盐电子陶瓷材料，该技术也有望进一步在工业制造领域进行推广。

4.3　LNKN 纳米粉体溶胶凝胶法合成与尺寸诱导相变

在上一节中，主要介绍了钨青铜结构的 $K_2Nb_4O_{11}$ 陶瓷的水基溶胶凝胶法制备与物性，在本节中仍以可溶性铌溶液为铌源，介绍在无铅压电陶瓷领域有着重要应用的钙钛矿结构碱金属铌酸盐（$Li_{0.06}Na_{0.47}K_{0.47}$）$NbO_3$（LNKN）纳米粉体的水基溶胶凝胶法合成。随着世界各国对环境保护和可持续发展的日益重视，无铅压电陶瓷领域的研究日趋活跃[33]。铌酸钾钠（NKN）基陶瓷以其高居里温度和优良的压电性能，被认为是经典铅基压电材料——锆钛酸铅（PZT）基陶瓷的潜在替代体系之一[34~37]。LNKN 是重要的 NKN 基体系材料，但是，常规固相法合成该材料通常选用碱金属 Li、Na、K 和 VB 族 Nb 的氧化物或碳酸盐为原料，由于起始原料颗粒尺寸一般在较大的微米或亚微米量级，因而制备钙钛矿相 LNKN 需要施加 850℃以上高温以使原料混合物有足够热能克服离子扩散势垒。

高温固相反应不仅耗能严重，而且易导致产物出现严重的硬团聚和较大的颗粒尺寸，降低烧结活性。因而，本研究中将选用新颖的水基溶胶凝胶法替代常规固相法构建 LNKN 纳米粉体。另一方面，电子陶瓷器件的持续小型化使得核心陶瓷体的晶粒尺寸由微米级进入到亚微米级甚至纳米级，制备满足微型器件应用需要的细晶陶瓷必须使用纳米粉体作为前驱体。纳米粉体的物性与尺寸有关，这是一类重要的尺寸效应。在纳米尺度范围研究 LNKN 颗粒与尺寸变化相关的相结构演变规律，不仅可以加深人们对铌酸盐粉体尺寸效应机制的理解，而且相关相变信息对于发展高性能无铅压电陶瓷及器件还有重要的参考价值。溶胶凝胶粉体技术的优势之一是可以通过调控干凝胶的煅烧温度，获得不同晶粒尺寸的纳米粉体，这为深入研究 LNKN 纳米粉体的尺寸效应提供了可行性[38]。

在本节中，以可溶性铌溶液为铌源，采用水基溶胶凝胶技术合成 LNKN 纳米粉体，解析溶胶凝胶工艺与固相法工艺制备产物的结构与形貌差异。进一步，通过调节干凝胶煅烧温度，制备不同晶粒尺寸的 LNKN 纳米粉体，研究与晶粒尺寸变化相关的粉体相结构演变规律。

4.3.1　LNKN 粉体溶胶凝胶法与固相法合成对比

本实验所要合成的目标化合物为钙钛矿结构的 $(Li_{0.06}Na_{0.47}K_{0.47})NbO_3$（LNKN）。原料包括前期自制的可溶性铌溶液，$Li_2CO_3$，$Na_2CO_3$，$K_2CO_3$，$CH_3COOH$ 和 $C_6H_8O_7 \cdot H_2O$（柠檬酸）。首先根据 LNKN 计量比，定量量取可溶性铌溶液，并与 Li_2CO_3，Na_2CO_3 和 K_2CO_3 混溶于稀释的柠檬酸水溶液中，加入 CH_3COOH 调节 pH 值。加热搅拌混合溶液 2h 即得到均匀透明的溶胶。之后，溶胶经过陈化干燥，制得干凝胶。图 4-16a 和图 4-16b 分别示出本实验作为铌源的可溶性铌溶液和干凝胶照片。

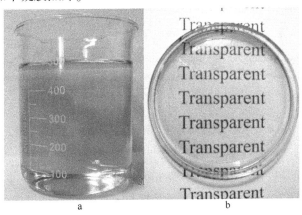

图 4-16　可溶性铌溶液和干凝胶照片

a—可溶性铌溶液；b—干凝胶

图 4-16a 中可溶性铌溶液清澈透明，呈淡绿色，该铌源可稳定存放半年之久而不变质。图 4-16b 中干凝胶呈淡黄色，透明度高，说明本实验以可溶性铌为铌源，采用水基溶胶凝胶工艺制备得到高质量的干凝胶。为了合成纯钙钛矿相 LNKN 纳米粉体及系统研究尺寸效应，进一步将制得的干凝胶在 400~650℃温度区间煅烧 5h，升温速率为 20℃/min。此外，作为对比，采用常规固相法制备 LNKN 粉体，所用原料为 Li_2CO_3，Na_2CO_3，K_2CO_3 和 Nb_2O_5，煅烧条件为 850℃、5h。合成粉体的物性测试方法见 1.4.2 节。

图 4-17 所示为 LNKN 干凝胶于不同温度煅烧所得产物 XRD 图谱。400℃煅烧粉体呈现典型的非晶特征，在 30°附近有一宽化"驼峰"。煅烧温度上升到 450℃，LNKN 钙钛矿相的特征峰开始出现，但图谱中仍能检测到有微量杂相存在。进一步升高煅烧温度到 500℃或更高温度，获得 LNKN 纯钙钛矿相，在检测限内未观察到第二相。通常，应用常规固相法合成 LNKN 钙钛矿相需要至少 850℃高温[35]，显然，采用水基溶胶凝胶工艺可以降低成相温度 350℃[38]。以上实验揭示：由于溶胶凝胶法中 Li、Na、K 和 Nb 等元素在胶体网络中于分子和原子尺度上均匀混合，反应体系活性明显提高，因而导致形成 LNKN 钙钛矿相所需温度显著降低。

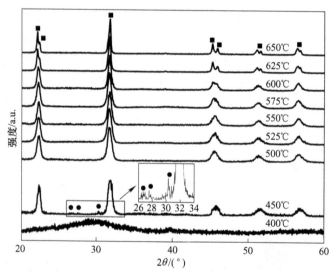

图 4-17 LNKN 干凝胶于不同温度煅烧产物 XRD 图谱

（■为钙钛矿相；●为杂相）

图 4-18 所示为柠檬酸、干凝胶和 500℃煅烧 LNKN 粉体的 FTIR 谱。对比柠檬酸与干凝胶的 FTIR 谱，可以看到二者区别不大，在测试波数范围内均存在大量有机基团特征吸收峰[19]。相比较，干凝胶经 500℃煅烧后所得产物 FTIR 谱发生明显变化，CH_3COO^- 和 COO^- 等有机基团对应的特征吸收峰完全消失，说明经

此温度热处理, 干凝胶已完全分解。同时, 在低波数范围 $600cm^{-1}$ 附近出现强吸收谱带, 该谱带对应于 Nb-O 八面体的特征振动, 说明实验生成了钙钛矿相氧化物。

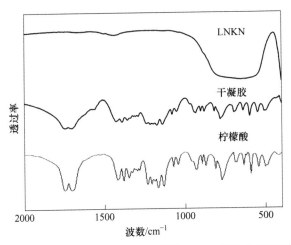

图 4-18 柠檬酸、干凝胶和 500℃ 煅烧 LNKN 粉体的 FTIR 谱

图 4-19 所示为 500℃ 煅烧 LNKN 粉体的 TEM 照片。粉体分散性良好, 形貌呈四方片状, 平均晶粒尺寸约为 30nm。此外, SAED 图呈现清晰的衍射斑点, 对应四方结构。图 4-20 给出了对比实验中通过常规固相法 850℃ 合成 LNKN 粉体的

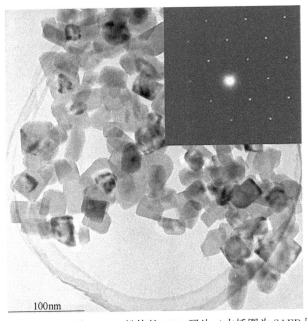

图 4-19 500℃ 煅烧 LNKN 粉体的 TEM 照片 (内插图为 SAED 图)

图 4-20   常规固相法 850℃ 合成 LNKN 粉体的 SEM 照片

SEM 照片。固相法合成粉体硬团聚严重，形貌不均一，尺寸分布范围大，一些大颗粒尺寸甚至超过 2μm。对比图 4-19 和图 4-20 可以明确，溶胶凝胶法相对于固相法有明显技术优势，合成的 LNKN 粉体不仅团聚程度弱，而且形貌均一，这可归因于干凝胶煅烧过程具有离子短程扩散优势，有利于低温成相与纳米晶形貌控制。

4.3.2   LNKN 纳米粉体的正交四方相变行为解析

以上实验揭示在低温 500℃ 即可以合成出纯钙钛矿相的 LNKN 纳米粉体。进一步分析图 4-17 中 XRD 谱衍射峰形变化可以发现，随煅烧温度升高，特征衍生峰的半峰宽逐渐变窄，这可归因于颗粒尺寸和微观应变发生变化所致。根据谢乐公式（2-1），基于采集的 XRD 数据，计算出不同煅烧温度合成粉体的平均颗粒尺寸，结果如图 4-21 所示。同时，通过 Topas 2P 软件进行数据处理，得到与煅烧温度相关的不同颗粒尺寸粉体的微应变，结果如图 4-22 所示。

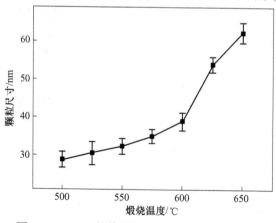

图 4-21   LNKN 粉体颗粒尺寸随煅烧温度的变化

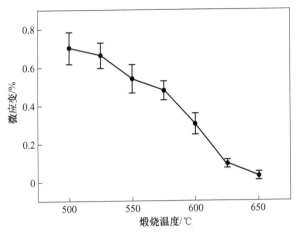

图 4-22 LNKN 粉体微应变随煅烧温度的变化

由图 4-21 和图 4-22 可见，升高煅烧温度有利于增大颗粒尺寸和释放微应变。在研究的温度范围内，随煅烧温度由 500℃ 增大到 650℃，LNKN 粉体的平均颗粒尺寸由 28.9nm 增大到 62.2nm，同时微应变由 0.70% 减小到 0.03%。此外，由图 4-21 可以看到，对于煅烧温度与颗粒尺寸增长的关系，600℃ 是转折点。低于 600℃，随煅烧温度升高，颗粒尺寸增长较缓；高于 600℃，随煅烧温度升高，颗粒尺寸增长变快。

通常情况下，与温度相关的颗粒尺寸增长遵循如下关系式[39]：

$$d = d_0 \exp(-E_a/k_B T) \tag{4-2}$$

式中，d 为颗粒尺寸；d_0 为常数；E_a 为激活能；k_B 为波尔兹曼常数；T 为绝对温度。

根据图 4-21 数据，通过式（4-2）可以计算出 LNKN 粉体颗粒尺寸增大过程中的激活能数值。图 4-23 给出了 LNKN 粉体平均颗粒尺寸的自然对数 $\ln d$ 与绝对温度倒数 $1/T$ 的关系。由图可以明显看出，LNKN 颗粒的长大过程分为两个阶段，通过对两个阶段数据分别进行线性拟合得到相应的激活能数值，其中，600℃ 以下的激活能 E_{a1} 为 1.44eV，600℃ 以上的激活能 E_{a2} 为 6.56eV。本实验中，不同煅烧温度颗粒的生长过程可分为两个阶段：（1）第一阶段主要与低温区域界面结构松弛和微应变释放相关；（2）第二阶段主要与高温区域颗粒的长大过程相关。由于与界面结构松弛及微应变释放相关的激活能一般小于颗粒长大的激活能，所以在低温区域（本实验为 600℃ 以下），随着煅烧温度的升高，颗粒生长比较缓慢，而在高温区域（本实验为 600℃ 以上），随着煅烧温度的升高，颗粒迅速长大。

根据文献报道，在 (Na, K)NbO$_3$ 即 NKN 体系中观察到的正交-四方相变与

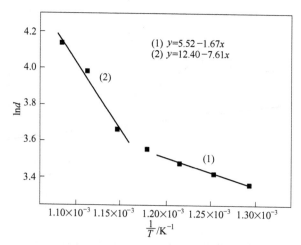

图 4-23   LNKN 粉体颗粒尺寸自然对数与绝对温度倒数的关系

$KNbO_3$ 中的正交-四方相变本质上是相同的[13,38]。LNKN 体系中 Li 的引入只是把 NKN 体系的正交-四方相变温度向室温附近迁移，并不对正交-四方相变的本质造成影响。因此，与 $KNbO_3$ 粉体一样，LNKN 粉体的尺寸效应主要与正交-四方相转变行为相关，而与正交相和四方相的相对含量变化无关。图 4-24 所示为 2θ 在 43.5°~47.5°范围内不同颗粒尺寸 LNKN 粉体的 XRD 精细扫描图谱及洛伦兹曲线拟合结果。

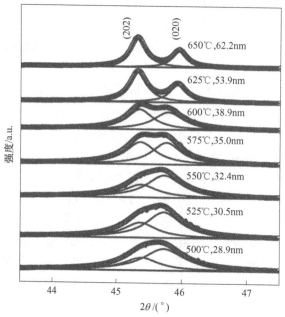

图 4-24   不同颗粒尺寸 LNKN 粉体 XRD 精细扫描图谱及 Lorentz 曲线拟合结果

由图 4-24 可以看出，随着颗粒尺寸的减小，根据（202）和（020）峰的劈裂程度和相对强度比变化可以判断出 LNKN 粉体的相结构由正交转变为四方，其中晶粒尺寸为 35nm 的 LNKN 粉体结构可以看作是正交相向四方相转变的中间状态。为了深入研究颗粒尺寸变化对 LNKN 粉体相结构的影响，需要对不同颗粒尺寸 LNKN 粉体的晶格常数进行计算。图 4-25a 和图 4-25b 分别给出正交相和四方相 LNKN 体系的钙钛矿结构示意图。由图可见，正交相 LNKN 的 ABO$_3$ 型钙钛矿晶胞具有单斜对称性，晶格常数 $a_m = c_m > b_m$，其中 b_m 轴垂直于 $a_m c_m$ 平面并且 β 角略大于 90°，而四方相 LNKN 的 ABO$_3$ 型钙钛矿晶胞的晶格常数 $a_t = b_t < c_t$[38,40,41]。

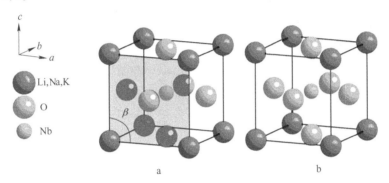

图 4-25　LNKN 钙钛矿结构示意图
a—正交相；b—四方相

对于正交相 LNKN 粉体，首先，参考正交相 KNbO$_3$ 的标准衍射卡片（JCPDS #71-2171），依据粉体实测 XRD 数据，可以计算得到正交相 LNKN 的晶格常数 a_o、b_o 和 c_o。为了保证晶格常数计算的精确度，选取信噪比高的衍射峰进行最小二乘法计算，如（101）、（010）、（002）、（200）、（111）、（202）以及（020）等衍射峰。进一步，正交相 LNKN 钙钛矿晶胞单斜对称性的晶格常数 a_m、b_m 和 c_m 以及 β 角可以分别用式（4-3），式（4-4）和式（4-5）计算：

$$a_m = c_m = \frac{1}{2}\sqrt{a_o^2 + c_o^2} \tag{4-3}$$

$$b_m = b_o \tag{4-4}$$

$$\beta = 180 - 2a\tan\left(\frac{a_o}{c_o}\right) \tag{4-5}$$

另一方面，四方相 LNKN 钙钛矿晶胞为四方对称性，其晶格常数 $a_t = b_t < c_t$。参考四方相 KNbO$_3$ 的标准衍射卡片（JCPDS#71-0945），依据粉体实测 XRD 数据，可以计算得到四方相 LNKN 的晶格常数 a_t、b_t 和 c_t。为了保证晶格常数计算的精确性，同样选取信噪比较高的衍射峰进行最小二乘法计算，如（001）、

（100）、（101）、（110）、（002）和（200）等衍射峰。

　　图 4-26 所示为计算得到的室温下 LNKN 粉体晶格常数随晶粒尺寸的变化。由于本实验合成的 LNKN 粉体每一个颗粒即为一个小单晶，所以此处可以将颗粒等同于晶粒。由图 4-26 可以看出，随着晶粒尺寸的减小，LNKN 粉体的相结构由正交相转变为四方相，其中正交-四方相变的临界尺寸位于 35nm 左右，即图中阴影部分所示。这一结果说明晶粒尺寸大小对 LNKN 粉体的相结构演变有着重要影响，也就是说除了化学组成和温度因素之外，晶粒尺寸也是影响铌酸钾钠基材料相结构变化的重要因素。此外，本实验中当 LNKN 粉体晶粒尺寸为 28.9nm 时，其四方度（c_t/a_t）为 1.008，表明体系仍呈现四方对称性，由此可以推断，如果室温下 LNKN 粉体存在高对称的立方结构，那么其晶粒尺寸将小于 28.9nm。为了证实该推断，实验上需制备更小颗粒尺寸的纳米粉体进行结构验证。

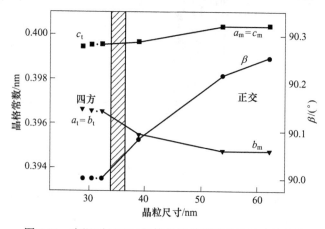

图 4-26　室温下 LNKN 粉体晶格常数随晶粒尺寸的变化

　　Raman 光谱对晶体结构畸变极为敏感，是一种十分有效的解析钙钛矿氧化物相变行为的分析技术。已有一些研究揭示 NKN 体系中 NbO_6 八面体的 Raman 振动模式变化与相变行为相关[42~44]。基于此，进一步测试不同晶粒尺寸 LNKN 粉体的 Raman 光谱，结果如图 4-27 所示。

　　图 4-27 中，在不同晶粒尺寸 LNKN 粉体的 Raman 图谱中未发现除 NbO_6 八面体振动模式外的其他振动模式，说明实验合成的不同晶粒尺寸 LNKN 粉体均为纯钙钛矿相结构，这与前面 XRD 分析结果一致。在 NbO_6 八面体内部振动模式中，位于 $610cm^{-1}$ 附近的带状峰是 NbO_6 八面体的 ν_1 伸缩振动模式，位于 $260cm^{-1}$ 附近的带状峰是 NbO_6 八面体的 ν_5 弯曲振动模式。图 4-28 所示为室温下 ν_1 模的波数随晶粒尺寸的变化关系。可以看出，ν_1 模的波数随着 LNKN 粉体的晶粒尺寸减小而降低，由 62.2nm 时的 $612.0cm^{-1}$ 降低到 28.9nm 时的 $604.7cm^{-1}$。此外，可以观察到 ν_5 模的波数变化趋势与 ν_1 模相同。以上从 Raman 光谱中观测到的 ν_1 模和 ν_5

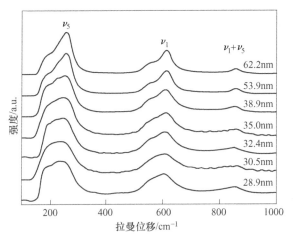

图 4-27　不同晶粒尺寸 LNKN 粉体的 Raman 光谱

模的软化现象揭示晶粒尺寸减小诱导 LNKN 粉体相结构发生从低对称性正交结构向高对称性四方结构的转变，这与 NKN 体系中观测到的热力学相变序列相似[44]。此外，图 4-27 的 Raman 光谱中所有样品在 $860cm^{-1}$ 附近均出现 $\nu_1 + \nu_5$ 模，证实在研究的晶粒尺度范围内，LNKN 体系均属于非对称结构。这也就是说，即使晶粒尺寸小到 28.9nm，由于仍有极弱的 $\nu_1 + \nu_5$ 模存在，

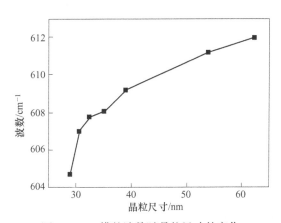

图 4-28　ν_1 模的波数随晶粒尺寸的变化

LNKN 粉体结构仍然没有转变为高对称性的立方相，这与前面 XRD 计算出的晶格常数变化结果是一致的（如图 4-26 所示）。

在 ABO_3 型钙钛矿铁电体中，BO_6 八面体的中心 B 位离子与配位 O 离子产生 d 轨道杂化作用，从而减弱了 B—O 键的排斥力。对于 LNKN 体系，钙钛矿 B 位 Nb 原子的外层电子构型为 $4d^4 5s^1$，NbO_6 八面体中 Nb 离子与 O 离子能够通过 $d^2 sp^3$ 杂化减弱 Nb—O 键的排斥力，有利于 LNKN 铁电态的稳定。随着 LNKN 粉体晶粒尺寸的减小，颗粒表面原子数显著增加，引起体系微应变增大（如图 4-22 所示），导致 Nb—O 键强度发生变化，促使 LNKN 体系由低对称度相（正交相）向高对称度相（四方相）转变，以降低系统能量。

本节主要介绍 LNKN 纳米粉体溶胶凝胶法合成与尺寸诱导相变。研究揭示，

以可溶性铌溶液为铌源，采用水基溶胶凝胶法能够制备出纯钙钛矿相 LNKN 纳米粉体。在研究的煅烧温度范围内，LNKN 粉体平均晶粒尺寸从 500℃的约 30nm 增长到 650℃的约 60nm。晶粒尺寸相关的晶体结构解析揭示 LNKN 粉体的正交-四方相转变临界尺寸约为 35nm，分析确认相变行为与晶粒尺寸减小引起的微应变增强相关。基于理论认知 NKN 基体系在正交-四方相变区一般会获得优异压电性能，因此本研究结果可为新型 LNKN 纳米器件的设计与应用提供最优晶粒尺寸参考范围。

4.4 NKN 复合形貌纳米粉体合成与异常晶粒生长行为

PZT 基压电陶瓷以其优异的压电性能广泛用于致动器，换能器和传感器等压电器件制造，然而由于其主成分含有毒性强的重金属铅元素，因而研究和开发环境友好的无铅压电陶瓷替代商用 PZT 基压电陶瓷是电子陶瓷领域的一项紧迫任务。目前，无铅压电陶瓷的研究热点主要集中于具有钙钛矿结构的铌酸钾钠（NKN），钛酸铋钠（NBT）和锆钛酸钡钙（BCZT）等体系，这些材料在 MPB 或 PPT 相界附近通常具有较为优异的压电性能[36,37,45~47]。2004 年，无铅压电陶瓷研究取得重要进展，Y. Saito 等人通过模板法成功构建致密的 NKN 基织构陶瓷，一些压电性能指标几乎能与商用 PZT 基陶瓷相媲美[48]。相对于晶粒取向排列的织构陶瓷，单晶体的畴结构特征与结晶取向优势使其具有更为优异的压电性能。但是，一些常规单晶生长技术存在生产工艺复杂且制造成本高昂等问题，使得此类技术很难用于量大面广的普通商用 NKN 单晶生产[49,50]。

固态单晶生长法广泛地应用于金属和 $BaTiO_3$ 等单晶材料的制备[51~54]，其中异常晶粒生长（Abnormal grain growth，AGG）技术作为一类重要的固态单晶生长法特别适合于高熔点，含有挥发性元素以及异成分熔融单晶材料的制备[55]。因此，如果工艺设计合理，有可能通过异常晶粒生长技术制备得到 NKN 单晶，这样将可以大幅降低制造成本。近年来，一些文献报道在 NKN 陶瓷烧结中观察到 AGG 现象[56,57]，但是这些研究中由于所使用的前驱氧化物粉体均为传统固相法制备，高温煅烧条件导致产物粉体硬团聚严重，烧结活性差，因而难以基于 AGG 机制低温烧结制备出毫米级尺度以上的大尺寸 NKN 单晶，不具备实用价值。与微米级的前驱氧化物粉体相比，纳米粉体比表面积大，烧结活性高，有望通过工艺技术优化，基于 AGG 机制低温烧结制备出较大尺寸的 NKN 单晶材料。

在上一节中，主要介绍了钙钛矿结构 LNKN 纳米粉体的水基溶胶凝胶法合成与粉体的尺寸诱导相变行为，在本节中仍以可溶性铌溶液为铌源，通过调控溶胶凝胶法相关工艺参数，构建具有粒棒复合形貌的 NKN 纳米粉体。在此基础上，利用纳米棒与纳米颗粒晶粒生长驱动力的差异，通过异常晶粒生长方法制备毫米尺度的 NKN 单晶并分析相关 AGG 机制。

4.4.1　NKN 复合粉体溶胶凝胶法合成与 AGG 现象

本实验所要合成的目标化合物为钙钛矿结构的 $(Na_{0.5}K_{0.5})NbO_3(NKN)$。原料包括前期自制的可溶性铌溶液，$Na_2CO_3$，$K_2CO_3$，$CH_3COOH$ 和 $C_6H_8O_7 \cdot H_2O$（柠檬酸）。首先根据 NKN 计量比，定量量取可溶性铌溶液，并与 Na_2CO_3 和 K_2CO_3 混溶于稀释的柠檬酸水溶液中，加入 CH_3COOH 调节 pH 值。加热搅拌混合溶液 2h 即得到均匀透明的溶胶。之后，溶胶经过陈化干燥，制得干凝胶。为了合成具有复合形貌的钙钛矿相 NKN 纳米粉体用于 AGG 法生长晶体，将干凝胶在 500℃ 煅烧 5h，升温速率控制在 5℃/min。使用合成的复合形貌纳米粉体为前驱体，通过常规无压烧结技术路线制备 AGG 样品，进行异常晶粒生长行为研究，烧结温度范围为 750~950℃。合成材料的物性测试方法见 1.4.2 节。

图 4-29a 所示为干凝胶 500℃ 煅烧粉体的 XRD 图谱。由图可以看出，合成产物为 NKN 纯钙钛矿相，无第二相存在。图 4-29b 所示为 NKN 粉体的 TEM 照片。

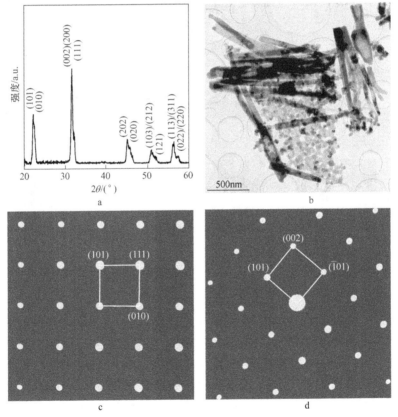

图 4-29　NKN 粉体物性表征和不同形貌粉体 SAED 图

a—XRD 图谱；b—TEM 照片；c—纳米颗粒；d—纳米棒

由图可见，粉体呈现复合形貌特征，在观察范围内包括纳米颗粒和纳米棒两种不同形貌，其中纳米颗粒的粒径约为 30nm，纳米棒的直径在 100nm 左右，长度约为 2μm。该实验结果与上一节中水基溶胶凝胶工艺合成的 LNKN 纳米粉体所具有的均一颗粒形貌完全不同，说明通过改变溶胶凝胶工艺中干凝胶的煅烧工艺参数，特别是调整升温速率，可以有效实现产物形貌的差异化调制。此外，选取典型的纳米颗粒和纳米棒，进行选区电子衍射测试，结果分别在图 4-29c 和图 4-29d 中给出。参照正交相 $KNbO_3$ 的标准衍射卡片（JCPDS#71-2171），能够确定纳米颗粒和纳米棒的电子衍射斑点都对应于正交结构，说明二者虽然形貌不同，但是组成相同，而且晶体对称性一致，即本实验制备的纳米颗粒和纳米棒均为正交结构的 NKN 钙钛矿相。

以复合形貌纳米粉体为前驱体，进一步于不同温度烧结 NKN 陶瓷。图 4-30 给出了不同烧结温度下制得 NKN 陶瓷表面不同放大倍数的光学照片。当烧结温度为 750℃ 和 800℃ 时，样品表面光洁，颜色均一。烧结温度升至 850℃ 时，陶瓷表面出现一定数量的黑斑，且随着烧结温度继续升高，黑斑尺寸逐渐变大，数量也明显增多。

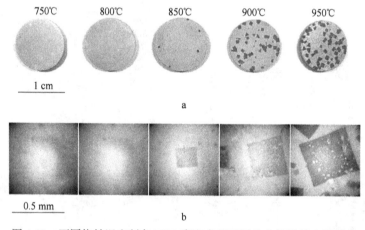

图 4-30   不同烧结温度制备 NKN 陶瓷表面不同放大倍数的光学照片

a—低放大倍数；b—高放大倍数

为了进一步确定黑斑结构，应用偏光显微镜观察 950℃ 烧结样品的表面，拍摄的光学照片如图 4-31 所示。由图可以看到，黑斑区域具有相同的亮度，说明晶体取向一致，即黑斑为异常长大的晶粒。对于钙钛矿结构 NKN，平衡条件下生长的晶体外形近立方，呈现（001）面。如果沿立方晶体的（001）面看，视觉上应呈现正方形。然而，从图 4-30 可以看到，异常长大的晶粒具有多种外形，包括正方形、长方形以及三角形等，该现象说明这些大尺寸晶粒在陶瓷样品表面显露出不同的取向面，如（001）、（110）和（111）等。

图 4-31 950℃烧结样品表面偏光显微镜照片

图 4-32 所示为 950℃烧结陶瓷中异常长大晶粒经离子减薄后所观测的 TEM 照片，同时给出样品相应的 SAED 图。根据测试结果，可以确定所选异常长大晶粒为单晶体，衍射斑点符合正交对称结构。

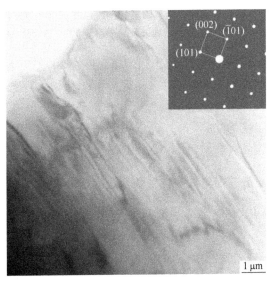

图 4-32 950℃烧结样品中异常长大晶粒的 TEM 照片（内插图为 SAED 图）

根据图 4-30a，采用 Photoshop 软件计算得到不同烧结温度陶瓷样品中异常长大晶粒的平均晶粒尺寸和每平方厘米内大晶粒的数量（统计大于 0.1mm 的晶粒）。采用软件计算得到的是二维晶粒尺寸，将结果除以 0.76 可以得到等价颗粒的三维晶粒尺寸[58]。图 4-33a 和图 4-33b 分别给出了不同烧结温度下异常长大晶粒的平均晶粒尺寸和每平方厘米内大晶粒的数量。

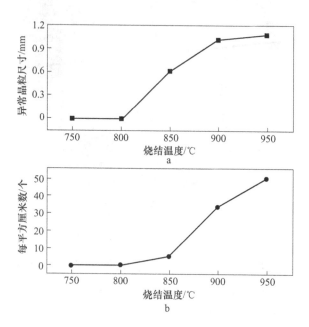

图 4-33　不同烧结温度下异常长大晶粒的平均晶粒尺寸和每平方厘米内大晶粒的数量
a—异常长大晶粒的平均晶粒尺寸与烧结温度关系；b—每平方厘米内大晶粒数量与烧结温度关系

由图 4-33a 和图 4-33b 可以看出，当烧结温度在 800℃以下时，未出现异常晶粒长大现象。当烧结温度为 850℃时，出现异常晶粒长大现象，且随着烧结温度进一步升高，异常长大晶粒的平均晶粒尺寸和每平方厘米内大晶粒的统计数量都逐渐增大。当烧结温度为 950℃时，异常长大晶粒的平均晶粒尺寸达到 1.08mm，同时每平方厘米内大晶粒数量最多，为 50 个。

4.4.2　NKN 晶体制备过程异常晶粒生长机理解析

图 4-34 所示为 950℃烧结样品经机械分离所得较大 NKN 晶体的光学照片。由图 4-34 可以看出，与 PZT 陶瓷中的异常晶粒长大现象相似[59]，本实验中得到的 NKN 晶体都是以孪晶形式由两个或三个异常长大的晶粒结合而成，最大的 NKN 晶体尺寸约 3mm。与文献报道相比[56,57]，本实验以纳米复合形貌粉体为前驱体，通过异常晶粒长大方法可以很容易地制备出毫米级较大尺寸的 NKN 晶体。此外，从图 4-34 还可以看出，NKN 晶体具有清晰的棱角，说明其生长受二维形核机制控制[58]。

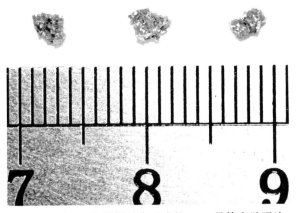

图 4-34　950℃烧结样品中形成的 NKN 晶体光学照片

对于二维形核机制下的晶粒生长，其驱动力可由下式确定[58]：

$$\Delta G = \sigma_{gb}\Omega\left(\frac{1}{r} - \frac{1}{\bar{r}}\right) \tag{4-6}$$

式中，ΔG 为晶粒生长驱动力；σ_{gb} 为平均晶界能；Ω 为摩尔体积；r 为生长晶粒的半径；$\bar{r}$ 通常指平均晶粒半径。由式（4-6）可知，当平均晶粒半径为固定值时，在晶粒尺度分布范围内，不同尺寸的晶粒具有大小不同的生长驱动力，其中较大尺寸的晶粒，其生长驱动力也大。

晶粒的生长通常可以分为两个阶段：较低驱动力下非常缓慢的晶粒生长阶段以及当驱动力大于临界值时晶粒的异常快速长大阶段。临界驱动力可由下式确定[58]：

$$\Delta G_C = \frac{\Omega\varepsilon^2}{3hk_BT} \tag{4-7}$$

式中，ΔG_C 为临界驱动力；ε 为晶核边界自由能；h 为晶核生长阶跃高度；k_B 为波兹曼常数；T 为绝对温度。

由上式可以看出，ΔG_C 与温度成反比，即温度越高，ΔG_C 越小。根据临界驱动力 ΔG_C 与驱动力 ΔG 的相对大小关系，晶粒存在不同的生长方式。当 $\Delta G \leqslant \Delta G_C$ 时，晶粒生长缓慢；当 $\Delta G > \Delta G_C$ 时，晶粒生长快速。在本实验中，当在较低温度（低于850℃）烧结时，临界驱动力 ΔG_C 值较大，所有晶粒的驱动力 ΔG 均小于临界驱动力 ΔG_C。在这种情况下，没有异常晶粒长大现象发生，所有晶粒均正常生长。但是，由于纳米颗粒和纳米棒的晶粒尺寸不同，纳米颗粒和纳米棒具有不同的晶粒生长驱动力。与纳米颗粒相比，纳米棒的晶粒尺寸更大，因此纳米棒拥有比纳米颗粒更大的生长驱动力，这也造成了陶瓷体内部晶粒尺寸分布不均。图 4-35 所示为750℃烧结所得 NKN 样品的断面 SEM 照片。由图 4-35 可以看出，陶瓷体内大小晶粒尺寸分布差异很大，小晶粒尺寸在几百纳米，而大晶粒其尺寸甚

至超过了 $2\mu m$。当烧结温度升高
到 850℃ 时，由于临界驱动力
ΔG_C 降低，有一些纳米棒的生长
驱动力 ΔG 大于临界驱动力
ΔG_C，这些纳米棒能够快速生长
形成异常长大的晶粒。随着烧结
温度进一步升高，临界驱动力
ΔG_C 继续降低，生长驱动力 ΔG
大于临界驱动力 ΔG_C 的纳米棒数
量增多，因而异常长大晶粒的平
均晶粒尺寸和每平方厘米内大晶
粒的数量都进一步增加。

图 4-35　750℃烧结所得 NKN 样品的断面 SEM 照片

　　本节主要介绍 NKN 复合形
貌纳米粉体合成与异常晶粒生长
行为。研究揭示，通过对溶胶凝
胶法制备工艺中煅烧阶段升温速率参数进行调控，可控制备出纳米颗粒和纳米棒
复合形貌的 NKN 钙钛矿相纳米粉体。以复合形貌 NKN 纳米粉体为前驱体，基于
常规无压烧结技术，成功制备毫米级 NKN 大尺寸晶体。其中，烧结温度为 950℃
时，晶体尺寸最大达 3mm 左右。通过对烧结过程中异常晶粒长大机理分析，确
认纳米棒的生长驱动力远大于纳米颗粒，当烧结温度高于 850℃ 时，纳米棒更容
易快速生长为毫米级的 NKN 晶体。本实验中采用的 AGG 法生长晶体成本低廉，
简单易行，有望推广到其他碱金属铌酸盐体系晶体的生长。

4.5　NKN 掺杂陶瓷溶胶凝胶法合成与能量收集特性

　　利用压电材料的机电能量转换效应进行发电，有望实现无线传感器，可穿戴
电子器件和植入式医疗器件的自供电，大幅提升相关器件服役寿命，具有广阔的
应用前景[60]。目前，压电能量收集材料的研究仍主要集中于铅基 PZT 基陶瓷，
但是铅的环保问题与相关立法限制迫切需要发展可替代的无铅压电能量收集材
料。近年来，通过组成与相界设计，NKN 基无铅压电陶瓷的性能已经有了较大
提升[36,37]，然而，与具有优良烧结特性和电学性能的 PZT 基压电陶瓷相比，高
致密度的 NKN 基压电陶瓷仍难以制备，这主要是碱金属元素的易挥发性和 NKN
体系自身的低熔点所致。为了解决这一难题，采用放电等离子烧结（SPS）技
术，基于温度场效应，热压效应和脉冲直流形成的等离子活化效应，有望实现
NKN 基陶瓷的低温快速致密化。此外，如果选用纳米粉体作为烧结前驱体，通
过 SPS 技术还有望制备出细晶陶瓷，这对于改善材料力学特性，提升压电能量收

集器的工作稳定性至关重要[61]。

在本节中，选用（$Na_{0.5}K_{0.5}$）NbO_3（NKN）为基体，为了提升材料功率特性，引入 Mn^{3+} 离子进行掺杂改性。材料制备技术方面将溶胶凝胶纳米粉体制备技术与放电等离子烧结技术相结合，尝试构建具有优良力学特性与压电能量收集性能的 Mn 掺杂 NKN 细晶陶瓷。

4.5.1 Mn 掺杂 NKN 细晶陶瓷的溶胶凝胶法合成

本实验目标化合物为钙钛矿结构的（$Na_{0.5}K_{0.5}$）NbO_3（NKN）$+x$ mol% Mn^{3+}（$x=0$，1 和 2，注：关于 Mn 离子价态为 +3 价的确认将在后续 XPS 分析中介绍）。原料包括前期自制的可溶性铌溶液，Na_2CO_3，K_2CO_3，$Mn(CH_3COO)_2$，CH_3COOH 和 $C_6H_8O_7 \cdot H_2O$（柠檬酸）。Mn 掺杂 NKN 溶胶的具体制备工艺流程同上节中 NKN 溶胶的制备，此处不再复述。制备好的 Mn 掺杂 NKN 溶胶经陈化干燥，得到干凝胶。将干凝胶置于马弗炉中，在 600℃ 煅烧 5h，获得 Mn 掺杂 NKN 纳米粉体。进一步以该纳米粉体为前驱体，通过放电等离子烧结技术制备陶瓷烧结体，具体 SPS 工艺如下：将 Mn 掺杂 NKN 纳米粉体置于内径 15mm 的圆柱形石墨模具中，采用 SPS 系统对样品施加脉冲直流并辅以 30MPa 的压力，升温速率为 120℃/min，烧结温度范围 810~930℃，保温时间为 3min。烧结完成后，使用线切割技术将陶瓷柱切成直径 15mm，厚度 1.2mm 的圆片，并在氧气氛中于 800℃ 退火 2h，以消除残留碳与氧空位等缺陷。合成粉体与陶瓷样品的物性测试方法见 1.4.2 节，其中无铅压电陶瓷的发电特性采用悬臂梁振动模式进行评价，具体压电能量收集器制作与测试系统如图 1-42 所示。

图 4-36a 给出了溶胶凝胶法合成 Mn 掺杂 NKN 粉体的 XRD 图谱。由图可见，不同掺锰量样品均呈现钙钛矿结构。但是，与纯 NKN 相比，Mn 掺杂 NKN 的衍射峰略微向低角度方向迁移，说明晶格出现膨胀，这一现象与 Mn 掺杂效应相关。本实验中，Mn 离子以 +3 价形式存在（具体价态确认见下面 XPS 分析），由于 Mn^{3+} 的离子半径 0.065nm 略微大于 Nb^{5+} 的离子半径 0.064nm，其进入钙钛矿晶格 B 位取代 Nb^{5+} 离子会引起晶胞微弱程度的膨胀。图 4-36b 示出 1.0mol% Mn-NKN 粉体的 TEM 照片。合成粉体分散性良好，具有四方片状形貌，平均颗粒尺寸约为 39nm（内插图）。图 4-36c 进一步给出了 1.0mol% Mn-NKN 粉体的 HRTEM 照片，清晰的晶格条纹证实溶胶凝胶法合成的纳米粉体具有良好的结晶性。图 4-36d 为 1.0mol% Mn-NKN 粉体的 EDS 图，根据该图数据可以确定合成样品中包含 K、Na、Nb 和 O 元素，需要说明的是 Mn 元素由于含量过低，超出检测限范围而未能被 EDS 分析到。对于掺杂体系，XPS 技术是确认掺杂元素价态的有效手段。因而，为了明确 Mn 离子在 NKN 体系中的具体价态，对 1.0mol% Mn-NKN 粉体进行 XPS 测试，结果如图 4-36e 所示。作为参考，图中同时给出未

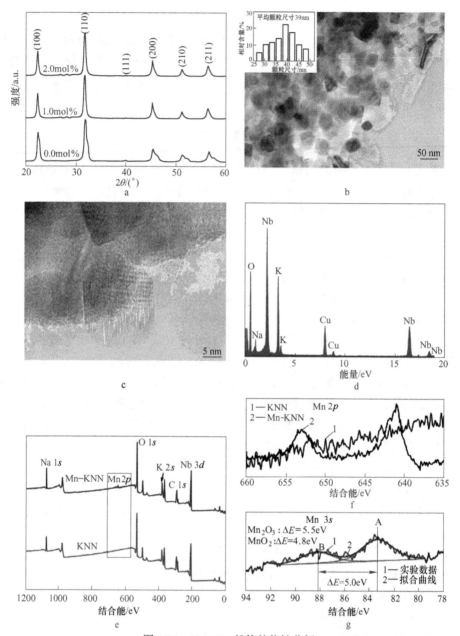

图 4-36 Mn-NKN 粉体的物性分析

a—不同 Mn 掺杂量 NKN 粉体的 XRD 图谱；b—1.0mol% Mn-NKN 粉体的 TEM 照片（内插图为颗粒尺寸分布图）；

c—1.0mol% Mn-NKN 粉体的 HRTEM 照片；d—EDS 图；e—纯 NKN 与 1.0mol% Mn-NKN 粉体的 XPS 谱；

f—1.0mol% Mn-NKN 粉体 Mn 2p XPS 放大谱图；g—1.0mol% Mn-NKN 粉体 Mn 3s XPS 放大谱图

掺杂 NKN 粉体的 XPS 谱。Mn 掺杂 NKN 粉体中不仅包含 K、Na、Nb 和 O 元素（C 元素来自内标），而且通过 XPS 技术能够检测出 Mn 掺杂元素的存在，如图 4-36f 所示。图 4-36g 给出了 Mn3s 的 XPS 谱放大图。通过对图谱进行峰位拟合，得到掺杂样品的键能差 ΔE 为 5.0eV，接近 MnO_2 和 Mn_2O_3 相应的 ΔE 数值，初步说明 Mn 掺杂离子有可能以+4 或+3 价态存在。但是，对于本实验，可以排除 Mn^{4+} 离子存在的可能性，主要是因为其离子半径（0.053nm）较小，如取代半径 0.064nm 的 Nb^{5+} 离子将必定引起晶格收缩，而这与 XRD 测试结果相悖。因而，同时参考 XRD 与 XPS 测试结果，可以明确 Mn 掺杂 NKN 体系中 Mn 离子的价态为+3 价。

为了获得致密且具有细晶结构的 Mn 掺杂 NKN 陶瓷，采用特种陶瓷烧结工艺——放电等离子烧结技术对纳米粉体进行快速致密化，烧结温度范围设定为 810~930℃，保温时间 3min。图 4-37 所示为 1.0mol% Mn-NKN 陶瓷的相对密度与烧结温度的关系。由图可见，随烧结温度增高，样品相对密度呈现快速增大趋势，在 870℃处获得最大相对密度数值 98.5%。进一步升高烧结温度，陶瓷相对密度又出现缓慢降低，这主要是高温下 NKN 样品中含有的碱金属元素钾和钠的挥发性增强所致。

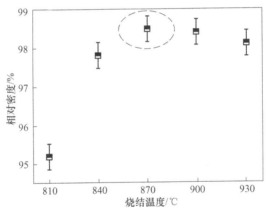

图 4-37　1.0mol% Mn-NKN 陶瓷相对密度与烧结温度的关系

图 4-38 给出了不同烧结温度 1.0mol% Mn-NKN 陶瓷的断面 SEM 照片。由图 4-38 可以看到，以纳米粉体为前驱体，应用放电等离子烧结技术制备的陶瓷样品呈现出致密的显微组织结构，且晶粒尺寸随烧结温度增加而增大，这一现象遵循普适的晶粒生长规律[62,63]。

图 4-39a 所示为不同烧结温度 1.0mol% Mn-NKN 陶瓷的 XRD 图谱。由图可见，不同烧结温度制备的样品均为正交结构，未出现晶粒尺寸诱导相变现象。为了观察样品的电畴形貌，采用化学腐蚀法处理陶瓷新鲜断面，使用的腐蚀液为 HCl-HF 混合酸。图 4-39b 所示为 870℃烧结且未极化处理的 1.0mol% Mn 掺杂 NKN 陶瓷的 SEM 照片。样品内部结构致密，平均晶粒尺寸约为 3.5μm。由于 Mn 掺杂 NKN 陶瓷具有正交对称性，因而理论上存在四种畴壁类型，即 180°，90°，

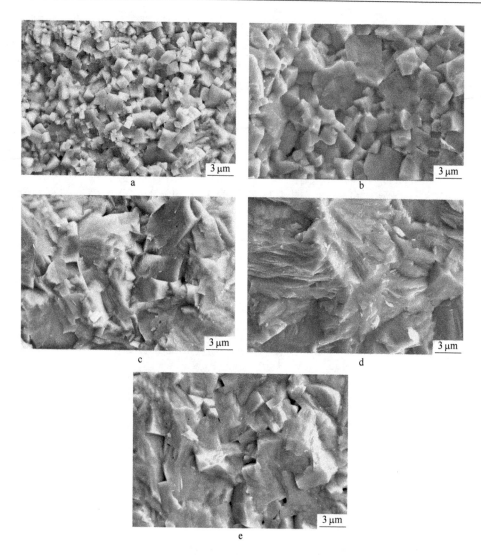

图 4-38　不同烧结温度 1.0mol% Mn-NKN 陶瓷的断面 SEM 照片

a—810℃；b—840℃；c—870℃；d—900℃；e—930℃

60°和 120°畴壁[64]。从图 4-39b 可以清晰地观察到丰富的电畴花样，一些晶粒仅显示在腐蚀面上有贯穿整个晶粒的平行带状畴（180°畴壁），但在另一些晶粒中可以观察到两种或更多的畴结构（90°、60° 和 120°畴壁）。对 870℃ 烧结的 1.0mol% Mn-NKN 陶瓷样品测试了电滞回线，结果如图 4-39c 所示。样品的电滞回线呈现饱和特征，其中剩余极化 $P_r = 19.5\mu C/cm^2$，矫顽场 $E_c = 8.6kV/cm$。基于丰富的畴类型和优良的铁电特性，可以预测 870℃ 烧结的 1.0mol% Mn-NKN 陶瓷应具有优良的压电性能，这部分相关研究将在 4.5.2 节中做详细介绍。图 4-

39d 所示为 870℃烧结的 1.0mol% Mn-NKN 陶瓷不同频率下测试得到的介温谱图。从图中可以看到没有频率色散现象发生，介电常数温度谱中 190℃和 410℃附近有两个介电峰，前者对应于正交-四方相变，后者对应于四方-立方相变。此外，在室温到 250℃温度区间，介电常数变化较小，同时介电损耗仍保持较低的数值（小于 0.06），说明样品在宽温区范围内有稳定的介电性能。

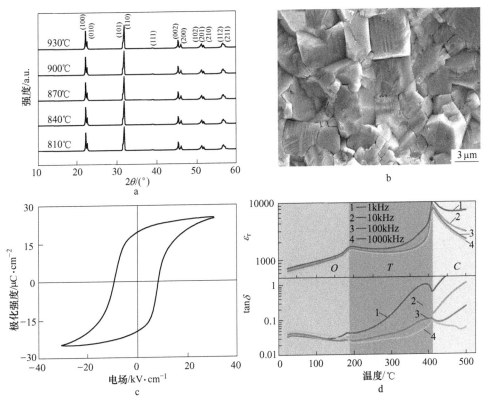

图 4-39　1.0mol% Mn-NKN 陶瓷的物性分析
a—不同烧结温度样品 XRD 图谱；b—870℃烧结样品 SEM 照片；
c—870℃烧结样品电滞回线；d—870℃烧结样品介温谱图

4.5.2　掺杂细晶陶瓷的力电性能与能量收集特性

Mn³⁺是典型的受主掺杂离子，其取代改性通常能使压电陶瓷电学性能变"硬"，特别是可以有效减小机械损耗，提升机械品质因数 Q_{m}[65,66]。从图 4-40 可以看出，不同烧结温度制备的 1.0mol% Mn-NKN 陶瓷均具有较高的 Q_{m} 值（>100），这非常有利于压电能量收集器件在大功率状态下稳定工作。此外，对于压电陶瓷能量收集能力，很难用单一压电参数指标进行评价。因而，此处引入两个综合性能参数，即谐振条件下的能量转换效率 η 和无量纲品质因数 DFOM 用于评价压电陶瓷能量收集特性，具体计算公式分别如下[60,67]：

$$\eta = \frac{1}{2} \cdot \frac{k^2}{1-k^2} \bigg/ \left(\frac{1}{Q_m} + \frac{1}{2} \cdot \frac{k^2}{1-k^2} \right) \tag{4-8}$$

$$\text{DFOM} = \left(\frac{d \times g}{\tan\delta} \right)_{\text{非谐振}} \times \left(\frac{k^2 \cdot Q_m}{s^E} \right)_{\text{谐振}} \tag{4-9}$$

式中，k 是机电耦合系数；Q_m 是机械品质因数；d 是压电应变常数；g 是压电电压常数；$\tan\delta$ 是介电损耗；s^E 是弹性模量。从图 4-40 可以看到，在研究的烧结温度区间内，当烧结温度低于 870℃时，随烧结温度增加，η 和 DFOM 均快速增大，之后变化较小。与现有文献报道的 NKN 基体系相比较[68~70]，本实验 870℃烧结制备的 1.0mol% Mn-NKN 陶瓷机电转换性能较为优异，η 和 DFOM 分别高达 0.92 和 300，有利于制作高品质无铅压电能量收集器。

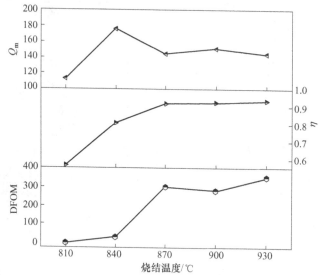

图 4-40　1.0mol% Mn-NKN 陶瓷 Q_m、η 和 DFOM 与烧结温度的关系

　　由于 SPS 特种陶瓷烧结技术可以在低温短时间内实现陶瓷致密化，能够显著抑制烧结过程中的异常晶粒生长，因而选用该技术构建 1.0mol% Mn-NKN 陶瓷有利于获得优良的力学性能，这对于在振动状态下工作的压电能量收集器可靠性提升极为有益。从图 4-37 和图 4-38 可以看到，1.0mol% Mn-NKN 陶瓷同时具有高致密度与均匀的微观组织结构。为了评价材料力学特性，采用压痕法对样品进行测试。图 4-41a 为 870℃烧结制备的 1.0mol% Mn-NKN 陶瓷维氏压痕的低倍 SEM 照片。维氏硬度 H_v 值在 9.8N 保压 10s 条件下测试，材料断裂韧性 K_{IC} 可以使用下式计算[71]：

$$K_{\text{IC}} = 0.0624 P / d l^{1/2} \tag{4-10}$$

式中，P 为所加载荷；d 是压痕对角线长度；l 是裂纹尖端距压痕尖端的垂直距离。

图 4-41b 给出了不同烧结温度制备的 1.0mol% Mn-NKN 陶瓷的力学测试结果。可以看到,样品的维氏硬度 H_v 和断裂韧性 K_{IC} 均随烧结温度的不同而发生变化。然而,在中间烧结温度区间 840~900℃,H_v 和 K_{IC} 均保持了较高的数值,分别为 3.25~3.5GPa 和 1.8~1.95MPa·m$^{1/2}$。对于应用于压电能量收集器的陶瓷材料,器件工作时材料需要经历反复的机械振动,在一些特殊情况下,振动幅值甚至很高,这就对压电陶瓷的力学特性,特别是断裂韧性提出了很高的要求。铅基压电陶瓷的 K_{IC} 数值一般接近 1.0 MPa·m$^{1/2}$ 的水平[61,72],很明显,本实验制备的 1.0mol% Mn-NKN 陶瓷具有更为优异的断裂韧性,K_{IC} 几乎提高一倍。基于以上实验结果,SPS 烧结的 1.0mol% Mn-NKN 陶瓷不仅具有高压电活性,而且具有极为优异的力学特性,因而该体系非常适宜作为压电能量收集材料使用。

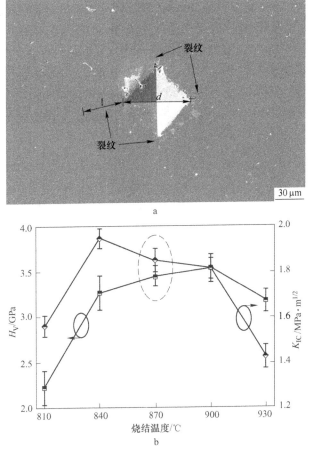

图 4-41 1.0mol%Mn-NKN 陶瓷的物性

a—870℃烧结 1.0mol% Mn-NKN 陶瓷维氏压痕的低倍 SEM 照片;

b—1.0mol% Mn-NKN 陶瓷的维氏硬度和断裂韧性与烧结温度的关系

为了直观评价 SPS 烧结的 1.0mol% Mn-NKN 陶瓷发电特性，构建了悬臂梁型压电能量收集器，具体器件结构及测试线路如图 1-42 所示。以微型振台为振动源施加连续振动激励，压电能量收集器通过正压电效应将采集的振动能转化为电能，在输出端连接数字示波器检测输出电压，以评价 Mn 掺杂 NKN 陶瓷的发电效果。测试结果显示，采用 870℃ 烧结的 1.0mol% Mn-NKN 陶瓷制作的压电能量收集器相对于其他温度烧结陶瓷制作的压电能量收集器输出电压最大，这可归结于 870℃ 烧结样品的综合性能最优，同时具有较高的 η、DFOM 和最大相对密度。图 4-42 给出了 870℃ 烧结陶瓷制作的压电能量收集器在不同加速度下（10m/s²、20m/s²、30m/s²、40m/s²）输出电压和电流随时间的变化。测试是在阻抗匹配负载 380kΩ 和共振频率 90Hz 条件下完成的。从图中可以看到，输出电压和电流随着加速度值的增大而显著增加。当加速度值为 10m/s² 时，峰-峰电压为 7V，峰-峰电流为 4.5μA。在加速度高达 40m/s² 时，压电能量收集器仍能够稳定发电而不失效，峰-峰电压和峰-峰电流分别高达 16V 和 11μA。依据以上检测数据，计算出 1.0mol% Mn-NKN 基压电能量收集器在加速度 10m/s² 时，输出功率为 16μW，而当加速度增大至 40m/s² 时，输出功率提升至 85μW。根据悬臂梁型压电能量收集器性能测试结果，可以看到本实验制备的掺锰无铅压电陶瓷具有优异的发电特性。在低频 90Hz 时，Mn-NKN 基压电能量收集器输出功率显著优于文献报道数值[73~80]。

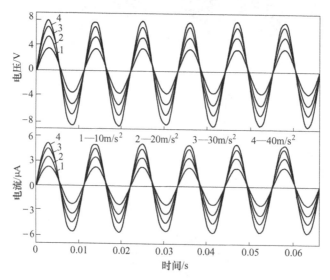

图 4-42   不同加速度下 1.0mol% Mn-NKN 基压电能量收集器
输出电压和电流随时间的变化

对于压电能量收集器的工业应用，不仅需要器件有高发电功率，而且需要其有优良的循环工作稳定性，即抗疲劳特性。在加速度 $10m/s^2$ 条件下，测试 1.0mol% Mn-NKN 基压电能量收集器的开路电压循环疲劳特性，结果在图 4-43 中给出。由图 4-43 可以看到，在循环 10^6 后，压电能量收集器的开路电压仅有 5% 的衰减，说明器件工作可靠性高。压电能量收集器抗疲劳能力突出与材料自身的高致密度和较大的断裂韧性相关，这非常有利于此类能量收集器件的实用化。

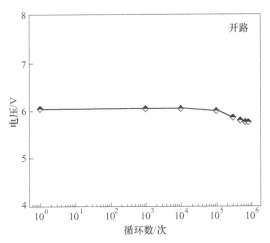

图 4-43　1.0mol% Mn-NKN 基压电能量收集器开路电压循环疲劳特性

本节主要介绍 NKN 掺杂陶瓷溶胶凝胶法合成与能量收集特性。研究揭示，将溶胶凝胶纳米粉体合成技术与放电等离子快速烧结技术相结合，可以构建出高致密度且力电性能优异的 1.0mol% Mn-NKN 无铅压电陶瓷。用该材料制作悬臂梁型压电能量收集器并在不同振动激励环境下测试器件发电特性，结果显示，压电能量收集器在 $10m/s^2$ 加速度激励条件下，输出功率为 $16\mu W$，而当加速度增至 $40m/s^2$ 时，输出功率增大约 5 倍，提升至 $85\mu W$。此外，1.0mol% Mn-NKN 基压电能量收集器的抗振动疲劳工作稳定性也极为优异，在循环 10^6 后，开路电压衰减仅有 5%。本工作基于溶胶凝胶技术发展的无铅压电材料力电性能均衡，不仅可用于陶瓷体压电能量收集器构建，而且由于溶胶凝胶技术与半导体器件工艺有良好的兼容性，还有望用于发展新一代的以掺 Mn 铌酸盐材料为核心的薄膜型压电能量收集器。

4.6　本章小结

本章主要围绕溶胶凝胶法合成电子陶瓷与物性这一主题，分别介绍 $(K_{0.5}Bi_{0.5})TiO_3$ 陶瓷溶胶凝胶法合成与电学性能，TTB-$K_2Nb_4O_{11}$ 陶瓷溶胶凝胶法合成与介电性能，LNKN 纳米粉体溶胶凝胶法合成与尺寸诱导相变，NKN 复合形貌纳米粉体合成与异常晶粒生长行为和 NKN 掺杂陶瓷溶胶凝胶法合成与能量收集特性。小结如下：

（1）$(K_{0.5}Bi_{0.5})TiO_3$ 陶瓷溶胶凝胶法合成与电学性能。以 $Ti(OC_4H_9)_4$ 为钛源，采用溶胶凝胶工艺可于 700℃合成 KBT 超细粉体，$Bi_2Ti_2O_7$ 焦绿石相是形成 KBT 钙钛矿相的中间体。以超细粉体为前驱体制备的 KBT 弛豫铁电陶瓷电学性能优于常规固相法制备的 KBT 陶瓷。

（2）TTB-$K_2Nb_4O_{11}$ 陶瓷溶胶凝胶法合成与介电性能。以可溶性铌为铌源，采用水基溶胶凝胶工艺可合成 $K_2Nb_4O_{11}$ 超细粉体，Nb-O 八面体共顶方式连接的 $K_2Nb_4O_{11}$ 是由共边方式连接的 $K_4Nb_6O_{17}$ 和 KNb_3O_8 转化而成，致密化的$K_2Nb_4O_{11}$ 陶瓷具有低温介电弛豫行为。

（3）LNKN 纳米粉体溶胶凝胶法合成与尺寸诱导相变。采用水基溶胶凝胶工艺可合成纯钙钛矿相 LNKN 纳米粉体，平均颗粒尺寸从 500℃的约 30nm 增长到 650℃的约 60nm。微结构解析揭示颗粒尺寸减小引起微应变增强，诱发正交-四方相变，临界尺寸约为 35nm。

（4）NKN 复合形貌纳米粉体合成与异常晶粒生长行为。通过调控溶胶凝胶工艺中煅烧阶段升温速率，制备出纳米颗粒与纳米棒复合形貌 NKN 钙钛矿相纳米粉体。以复合形貌纳米粉体为前驱体，基于异常晶粒长大机理，采用陶瓷工艺可低成本制备 NKN 毫米尺寸晶体。

（5）NKN 掺杂陶瓷溶胶凝胶法合成与能量收集特性。将溶胶凝胶纳米粉体合成技术与放电等离子快速烧结技术相结合，可以制备力电性能优异的 Mn 掺杂 NKN 压电陶瓷。该材料构建的悬臂梁型压电能量收集器具有优异的发电能力与抗疲劳特性及潜在的工业应用价值。

参 考 文 献

[1] Hou Y D, Zhu M K, Hou L, et al. Synthesis and characterization of lead-free $K_{0.5}Bi_{0.5}TiO_3$ ferroelectrics by sol-gel technique [J]. J. Crystal Growth, 2005, 273: 500~503.

[2] Zhu M K, Liu L Y, Hou Y D, et al. Microstructure and electrical properties of MnO-doped $(Na_{0.5}Bi_{0.5})_{0.92}Ba_{0.08}TiO_3$ lead-free piezoceramics [J]. J. Am. Ceram. Soc., 2007, 90: 120~124.

[3] Liu L Y, Zhu M K, Hou Y D, et al. Abnormal piezoelectric and dielectric behavior of $0.92Na_{0.5}Bi_{0.5}TiO_3$-$0.08BaTiO_3$ induced by La doping [J]. J. Mater. Res., 2007, 22: 1188~1192.

[4] Lei N, Zhu M K, Yang P, et al. Effect of lattice occupation behavior of Li^+ cations on microstructure and electrical properties of $(Bi_{1/2}Na_{1/2})TiO_3$-based lead-free piezoceramics [J]. J. Appl. Phys., 2011, 109: 054102.

[5] Wada T, Fukui A, Matsuo Y. Preparation of $(K_{0.5}Bi_{0.5})TiO_3$ ceramics by polymerized complex method and their properties [J]. Jpn. J. Appl. Phys., 2002, 41: 7025~7028.

［6］ Zaremba T. Application of thermal analysis to study of the synthesis of $K_{0.5}Bi_{0.5}TiO_3$ ferroelectric ［J］. J. Therm. Anal. Calorimetr. , 2003, 74: 653~658.

［7］ Zhu M K, Hou L, Hou Y D, et al. Lead-free $(K_{0.5}Bi_{0.5})TiO_3$ powders and ceramics prepared by a sol-gel method ［J］. Mater. Chem. Phys. , 2006, 99: 329~332.

［8］ Jones G O, Kreisel J, Jennings V, et al. Investigation of a peculiar relaxor ferroelectric: $Na_{0.5}Bi_{0.5}TiO_3$ ［J］. Ferroelectrics, 2002, 270: 191~196.

［9］ Kreisel J, Glazer A M, Jones G, et al. An X-ray diffraction and Raman spectroscopy investigation of A-site substituted perovskite compounds: the $(Na_{1-x}K_x)_{0.5}Bi_{0.5}TiO_3$ $(0 <x< 1)$ solid solution ［J］. J. Phys. : Condens. Matter, 2000, 12: 3267~3280.

［10］ Hou L, Hou Y D, Zhu M K, et al. Formation and transformation of $ZnTiO_3$ prepared by sol-gel process ［J］. Mater. Lett. , 2005, 59: 197~200.

［11］ 侯育冬, 高峰, 崔斌, 等. ZTM 陶瓷六方钛铁矿结构热稳定性研究 ［J］. 西北工业大学学报, 2002, 20 (4): 603~606.

［12］ Zhong T, Tang J L, Zhu M K, et al. Synthesis and characterization of layered niobate $K_4Nb_6O_{17}$ thin films by niobium-chelated precursor ［J］. J. Crystal Growth, 2005, 285: 201~207.

［13］ Ge H Y, Hou Y D, Rao X, et al. The investigation of depoling mechanism of densified $KNbO_3$ piezoelectric ceramic ［J］. Appl. Phys. Lett. , 2011, 99: 032905.

［14］ Zhang L N, Hou Y D, Zheng M P, et al. Microstructure and low-temperature relaxor behavior of dense $K_2Nb_4O_{11}$ ceramics derived from sol-gel route ［J］. Mater. Chem. Phys. , 2015, 149~150: 418~423.

［15］ Hornebecqa V, Elissaldea C, Porokhonskyyb V, et al. Dielectric relaxation in tetragonal tungsten bronze ceramics ［J］. J. Phys. Chem. Solids, 2003, 64: 471~476.

［16］ Zhang G K, Zou X, Gong J, et al. Characterization and photocatalytic activity of Cu-doped $K_2Nb_4O_{11}$ ［J］. J. Mol. Catal. A Chem. , 2006, 255: 109~116.

［17］ Zhen Y H, Li J F. Normal sintering of $(K, Na)NbO_3$-based ceramics: influence of sintering temperature on densification, microstructure, and electrical properties ［J］. J. Am. Ceram. Soc. , 2006, 89: 3669~3675.

［18］ Tang J L, Zhu M K, Zhong T, et al. Synthesis of fine $Pb(Fe_{0.5}Nb_{0.5})O_3$ perovskite powders by coprecipitation method ［J］. Mater. Chem. Phys. , 2007, 101: 475~479.

［19］ Wang C, Hou Y D, Ge H Y, et al. Sol-gel synthesis and characterization of lead-free LNKN nanocrystalline powder ［J］. J. Crystal Growth, 2008, 310: 4635~4639.

［20］ Bokov A A, Ye Z G. Recent progress in relaxor ferroelectrics with perovskite structure ［J］. J. Mater. Sci. , 2006, 41: 31~52.

［21］ Wu N N, Hou Y D, Wang C, et al. Effect of sintering temperature on dielectric relaxation and Raman scattering of $0.65Pb(Mg_{1/3}Nb_{2/3})O_3$-$0.35PbTiO_3$ system ［J］. J. Appl. Phys. , 2009, 105: 084107.

［22］ Cui L, Hou Y D, Wang S, et al. Relaxor behavior of $(Ba, Bi)(Ti, Al)O_3$ ferroelectric ceramic ［J］. J. Appl. Phys. , 2010, 107: 054105.

[23] Ravez J, Simon A. Some solid state chemistry aspects of lead-free relaxor ferroelectrics [J]. J. Solid State Chem. , 2001, 162: 260~266.

[24] Shvartsman V V, Lupascu D C. Lead-free relaxor ferroelectrics [J]. J. Am. Ceram. Soc. , 2012, 95: 1~26.

[25] Esquivel-Elizondo J R, Hinojosa B B, Nino J C. $Bi_2Ti_2O_7$: It is not what you have read [J]. Chem. Mater. , 2011, 23: 4965~4974.

[26] Ang C, Yu Z, Jing Z. Impurity-induced ferroelectric relaxor behavior in quantum paraelectric $SrTiO_3$ and ferroelectric $BaTiO_3$ [J]. Phys. Rev. B, 2000, 61: 957~961.

[27] Si M J, Hou Y D, Ge H Y, et al. Bismuth-induced ferroelectric relaxor behavior in paraelectric $LaAlO_3$ [J]. J. Appl. Phys. , 2011, 110: 094107.

[28] Neurgaonkar R R, Cory W K, Oliver J R, et al. Growth and ferroelectric properties of tungsties bronze $Sr_{2-x}Ca_xNaNb_5O_{15}$ single-crystals [J]. Mater. Res. Bull. , 1988, 23: 1459~1467.

[29] Ko J H, Kojima S, Lushnikov S G, et al. Low-temperature transverse dielectric and pyroelectric anomalies of uniaxial tungsten bronze crystals [J]. J. Appl. Phys. , 2002, 92: 1536~1543.

[30] Ikegami S, Ueda I. Piezoelectricity in ceramics of ferroelectric bismuth compound with layer structure [J]. Jpn. J. Appl. Phys. , 1974, 13: 1572~1577.

[31] Subbarao E C. A family of ferroelectric bismuth compounds [J]. J. Phys. Chem. Solids, 1962, 23: 665~676.

[32] 张发强, 李永祥. 铋层状结构铁电体的研究进展 [J]. 无机材料学报, 2014, 29 (5): 449~460.

[33] Shrout T R, Zhang S J. Lead-free piezoelectric ceramics: alternatives for PZT? [J]. J. Electroceram. , 2007, 19: 111~124.

[34] Wang K, Li J F, Liu N. Piezoelectric properties of low-temperature sintered Li-modified (Na, K)NbO_3 lead-free ceramics [J]. Appl. Phys. Lett. , 2008, 93: 092904.

[35] Guo Y P, Kakimoto K, Ohsato H. Phase transitional behavior and piezoelectric properties of $(Na_{0.5}K_{0.5})NbO_3$-$LiNbO_3$ ceramics [J]. Appl. Phys. Lett. , 2004, 85: 4121~4123.

[36] Li J F, Wang K, Zhu F Y, et al. (K, Na)NbO_3-based lead-free piezoceramics: fundamental aspects, processing technologies, and remaining challenges [J]. J. Am. Ceram. Soc. , 2013, 96: 3677~3696.

[37] Wu J G, Xiao D Q, Zhu J G. Potassium-sodium niobate lead-free piezoelectric materials: past, present, and future of phase boundaries [J]. Chem. Rev. , 2015, 115: 2559~2595.

[38] Wang C, Hou Y D, Ge H Y, et al. Crystal structure and orthorhombic-tetragonal phase transition of nanoscale $(Li_{0.06}Na_{0.47}K_{0.47})NbO_3$ [J]. J. Eur. Ceram. Soc. , 2009, 29: 2589~2594.

[39] Ishikawa K, Okada N, Takada K, et al. Crystallization and growth process of lead titanate fine farticles from alkoxide-prepared powders [J]. Jpn. J. Appl. Phys. , 1994, 33: 3495~3499.

[40] Tennery V J, Hang K W. Thermal and X-ray diffraction studies of the $NaNbO_3$-$KNbO_3$ system [J]. J. Appl. Phys. , 1968, 39: 4749~4753.

[41] Wang K, Li J F. Analysis of crystallographic evolution in (Na, K)NbO_3-based lead-free piezo-

ceramics by X-ray diffraction [J]. Appl. Phys. Lett. , 2007, 91: 262902.

[42] Klein N, Hollenstein E, Damjanovic D, et al. A study of the phase diagram of (K, Na, Li) NbO$_3$ determined by dielectric and piezoelectric measurements, and Raman spectroscopy [J]. J. Appl. Phys. , 2007, 102: 014112.

[43] Kakimoto K, Akao K, Guo Y P, et al. Raman scattering study of piezoelectric (Na$_{0.5}$K$_{0.5}$) NbO$_3$-LiNbO$_3$ ceramics [J]. Jpn. J. Appl. Phys. , 2005, 44: 7064~7067.

[44] Dai Y J, Zhang X W, Zhou G Y. Phase transitional behavior in K$_{0.5}$Na$_{0.5}$NbO$_3$-LiTaO$_3$ ceramics [J]. Appl. Phys. Lett. , 2007, 90: 262903.

[45] Chu B J, Chen D R, Li G R, et al. Electrical properties of Na$_{1/2}$Bi$_{1/2}$TiO$_3$-BaTiO$_3$ ceramics [J]. J. Eur. Ceram. Soc. , 2002, 22: 2115~2121.

[46] Liu W F, Ren X B. Large piezoelectric effect in Pb-free ceramics [J]. Phys. Rev. Lett. , 2009, 103: 257602.

[47] Yan X D, Zheng M P, Hou Y D, et al. Composition-driven phase boundary and its energy harvesting performance of BCZT lead-free piezoelectric ceramic [J]. J. Eur. Ceram. Soc. , 2017, 37: 2583~2589.

[48] Saito Y, Takao H, Tani T, et al. Lead-free piezoceramics [J]. Nature, 2004, 432: 84~87.

[49] Chen K, Xu G S, Yang D F, et al. Dielectric and piezoelectric properties of lead-free 0.95 (K$_{0.5}$Na$_{0.5}$) NbO$_3$-0.05LiNbO$_3$ crystals grown by the Bridgman method [J]. J. Appl. Phys. , 2007, 101: 044103.

[50] Lin D B, Li Z R, Zhang S Z, et al. Dielectric/piezoelectric properties and temperature dependence of domain structure evolution in lead free (K$_{0.5}$Na$_{0.5}$)NbO$_3$ single crystal [J]. Solid State Commun, 2009, 149: 1646~1649.

[51] Holden A N. Preparation of metal single crystals [J]. Trans. Am. Soc. Met, 1950, 42: 319~346.

[52] Chen N K, Maddin R, Pond R B. Growth of molybdenum single crystals [J]. J. Met. , 1951, 3: 461~464.

[53] Yamamoto T, Sakuma T. Fabrication of barium titanate single crystals by solid-state grain growth [J]. J. Am. Ceram. Soc. , 1994, 77: 1107~1109.

[54] Yoo Y S, Kang M K, Han J H, et al. Fabrication of BaTiO$_3$ single crystals by using the exaggerated grain growth method [J] . J. Eur. Ceram. Soc. , 1997, 17: 1725~1727.

[55] Lee H Y, Kim J S, Kim D Y. Fabrication of BaTiO$_3$ single crystals using secondary abnormal grain growth [J]. J. Eur. Ceram. Soc. , 2000, 20: 1595~1597.

[56] Zhen Y H, Li J F. Abnormal grain growth and new core-shell structure in (K, Na) NbO$_3$-based lead-free piezoelectric ceramics [J]. J. Am. Ceram. Soc. , 2007, 90: 3496~3502.

[57] Wang Y L, Damjanovic D, Klein N, et al. High-temperature instability of Li- and Ta-modified (K, Na) NbO$_3$ piezoceramics [J]. J. Am. Ceram. Soc. , 2008, 91: 1962~1970.

[58] Wang C, Hou Y D, Ge H Y, et al. Growth of (Na$_{0.5}$K$_{0.5}$) NbO$_3$ single crystals by abnormal grain growth method from special shaped nano-powders [J]. J. Eur. Ceram. Soc. , 2010, 30:

1725~1730.

[59] Kim K W, Jo W, Jin H R, et al. Abnormal grain growth of lead zirconium titanate (PZT) ceramics induced by the penetration twin [J]. J. Am. Ceram. Soc., 2008, 91: 1962~1970.

[60] 郑木鹏, 侯育冬, 朱满康, 等. 能量收集用压电陶瓷材料研究进展 [J]. 硅酸盐学报, 2016, 44 (3): 359~366.

[61] Zheng M P, Hou Y D, Yan X D, et al. A highly dense structure boosts energy harvesting and cycling reliabilities of a high-performance lead-free energy harvester [J]. J. Mater. Chem. C, 2017, 5: 7862~7870.

[62] Wagner S, Kahraman D, Kungl H, et al. Effect of temperature on grain size, phase composition, and electrical properties in the relaxor-ferroelectric-system Pb($Ni_{1/3}Nb_{2/3}$)O_3-Pb(Zr, Ti)O_3 [J]. J. Appl. Phys., 2005, 98: 024102.

[63] Chang L M, Hou Y D, Zhu M K, et al. Effect of sintering temperature on the phase transition and dielectrical response in the relaxor-ferroelectric-system 0.5PZN-0.5PZT [J]. J. Appl. Phys., 2007, 101: 034101.

[64] Qin Y L, Zhang J L, Gao Y, et al. Study of domain structure of poled (K, Na)NbO_3 ceramics [J]. J. Appl. Phys., 2013, 113: 204107.

[65] Hou Y D, Zhu M K, Gao F, et al. Effect of MnO_2 addition on the structure and electrical properties of Pb($Zn_{1/3}Nb_{2/3}$)$_{0.20}$($Zr_{0.50}Ti_{0.50}$)$_{0.80}O_3$ ceramics [J]. J. Am. Ceram. Soc., 2004, 87: 847~850.

[66] Yue Y G, Hou Y D, Zheng M P, et al. High power density in a piezoelectric energy harvesting ceramic by optimizing the sintering temperature of nanocrystalline powders [J]. J. Eur. Ceram. Soc., 2017, 37: 4625~4630.

[67] Priya S. Criterion for material selection in design of bulk piezoelectric energy harvesters [J]. IEEE Trans. Ultrason. Ferroelectr., 2010, 57: 2610~2612.

[68] Seo I T, Choi C H, Song D, et al. Piezoelectric properties of lead-free piezoelectric ceramics and their energy harvester characteristics [J]. J. Am. Ceram. Soc., 2013, 96: 1024~1028.

[69] Park B C, Hong I K, Jang H D, et al. Highly enhanced mechanical quality factor in lead-free ($K_{0.5}Na_{0.5}$)NbO_3 piezoelectric ceramics by co-doping with $K_{5.4}Cu_{1.3}Ta_{10}O_{29}$ and CuO [J]. Mater. Lett., 2010, 64: 1577~1579.

[70] Pang X, Qiu J, Zhu K, et al. Effect of ZnO on the microstructure and electrical properties of ($K_{0.5}Na_{0.5}$)NbO_3 lead-free piezoelectric ceramics [J]. J. Mater. Sci.: Mater. Electron., 2012, 23: 1083~1086.

[71] Zheng M P, Hou Y D, Ge H Y, et al. Effect of NiO additive on microstructure, mechanical behavior and electrical properties of 0.2PZN-0.8PZT ceramics [J]. J. Eur. Ceram. Soc., 2013, 33: 1447~1456.

[72] Zheng M P, Hou Y D, Wang S, et al. Identification of substitution mechanism in group VIII metal oxides doped Pb($Zn_{1/3}Nb_{2/3}$)O_3-$PbZrO_3$-$PbTiO_3$ ceramics with high energy density and mechanical performance [J]. J. Am. Ceram. Soc., 2013, 96: 2486~2492.

[73] Zhou Z, Bowland C C, Malakooti M H, et al. Lead-free 0.5Ba ($Zr_{0.2}$ $Ti_{0.8}$) O_3-0.5($Ba_{0.7}Ca_{0.3}$)TiO_3 nanowires for energy harvesting [J]. Nanoscale, 2016, 8: 5098～5105.

[74] Yang Q, Wang D, Zhang M, et al. Lead-free ($Na_{0.83}K_{0.17}$)$_{0.5}$ $Bi_{0.5}$ TiO_3 nanofibers for wearable piezoelectric nanogenerators [J]. J. Alloys Compd. , 2016, 688: 1066～1071.

[75] Kim B Y, Seo I T, Lee Y S, et al. High-performance ($Na_{0.5}K_{0.5}$)NbO_3 thin film piezoelectric energy harvester [J]. J. Am. Ceram. Soc. , 2015, 98: 119～124.

[76] Kanno I, Ichida T, Adachi K, et al. Power-generation performance of lead-free (K, Na) NbO_3 piezoelectric thin-film energy harvesters [J]. Sens. Actuators A, 2012, 179: 132～136.

[77] Oh Y, Noh J, Yoo J, et al. Dielectric and piezoelectric properties of CeO_2-added nonstoichiometric ($Na_{0.5}K_{0.5}$)$_{0.97}$($Nb_{0.96}Sb_{0.04}$)O_3 ceramics for piezoelectric energy harvesting device applications [J]. IEEE Trans. Ultrason. Ferroelectr. , 2011, 58: 1860～1866.

[78] Kwon Y H, Shin D J, Koh J H. $(1-x)$(Bi, Na)TiO_3-x(Ba, Sr)TiO_3 lead-free piezoelectric ceramics for piezoelectric energy harvesting [J]. J. Korean Phys. Soc. , 2015, 66: 1067～1071.

[79] Kang W S, Koh J H. $(1-x)$ $Bi_{0.5}$ $Na_{0.5}$ TiO_3-$x$$BaTiO_3$ lead-free piezoelectric ceramics for energy-harvesting applications [J]. J. Eur. Ceram. Soc. , 2015, 35: 2057～2064.

[80] Wu J, Shi H, Zhao T, et al. High-temperature $BiScO_3$-$PbTiO_3$ piezoelectric vibration energy harvester [J]. Adv. Funct. Mater. , 2016, 26: 7186～7194.

5 水热法合成电子陶瓷与物性

水热法属于一类人工高压合成方法，通过在高压反应釜内构建高温高压的极端环境，加速原料溶解与化合反应进行。水热法易于制备结晶性优、分散性好、粒径和形貌可控的电子陶瓷粉体，在电子陶瓷与元器件制造领域有着广泛应用。与共沉淀法和溶胶凝胶法等化学法相比，水热法的主要优势是产物于密闭反应釜内直接合成，省去高温煅烧步骤，因而产物团聚程度轻，且节能环保。本章主要介绍水热法在合成铋基钙钛矿型铁电体方面的应用，特别是通过将溶胶凝胶法与水热法结合，发展了新颖的溶胶凝胶水热联用技术用于 KBT、KBT-BT 和 KBT-NBT 等多种一维纳米铁电材料的合成，并解析了水热环境中胶体模板的原位结晶机制及纳米线的烧结特性与陶瓷体的电学性能。此外，以可与贱金属镍内电极匹配的抗还原瓷料设计制备为例，介绍 $BaTiO_3$ 水热粉体的掺杂烧结，陶瓷微结构演化与介电温度稳定性调制。

5.1 $(K_{0.5}Bi_{0.5})TiO_3$ 陶瓷常规水热法合成与电学性能

$(K_{0.5}Bi_{0.5})TiO_3$（KBT）是一类重要的高居里温度 A 位复合钙钛矿型铁电体，在无铅压铁电器件领域有潜在的重要应用[1~3]。在第 4 章 4.1 节中，介绍了 KBT 的溶胶凝胶制备技术，研究揭示以 $Ti(OC_4H_9)_4$ 为钛源，采用溶胶凝胶工艺可于 700℃合成粒径 100~200nm 的 KBT 超细粉体。与溶胶凝胶法相比，水热法通过在密闭反应釜内形成相对高温高压的水热环境，促使难溶或不溶的物质溶解并加速反应进行，有利于免煅烧一步低温（这里的低温是相对于固相法和溶胶凝胶法煅烧温度而言）合成结晶完整、尺寸均匀、活性高的目标化合物粉体。在本节中，将介绍水热法在 KBT 纳米粉体合成方面的应用，重点讨论不同水热反应条件，如温度和矿化剂浓度等因素对产物成相的影响，分析相关水热合成机制及陶瓷烧结体电学性能。

5.1.1 水热温度和矿化剂浓度对 KBT 合成影响

实验选用聚四氟乙烯内衬的高压水热反应釜进行 KBT 合成。以分析纯的 $Bi(NO_3)_3 \cdot 5H_2O$、TiO_2 和 KOH 为原料，去离子水为溶剂。为了减少引入产物中杂质离子的种类，实验同时以 KOH 作为水热反应的原料和矿化剂。首先，按计量比称量 $Bi(NO_3)_3 \cdot 5H_2O$ 和 TiO_2，并置于高压水热反应釜中，按 80%反应容器填充度加入去离子水和矿化剂 KOH，KOH 浓度分别设定为 0.5mol/L、2.0mol/L、6.0mol/L、8.0mol/L、12.0mol/L 和 16.0mol/L。加热反应釜至 200℃，水热处理 48h。此外，改变实验条件，固定 KOH 矿化剂浓度为 12.0mol/L，将 Bi(NO$_3$)$_3$·5H$_2$O 和 TiO$_2$ 在不同的反应温度 160℃、180℃ 和 200℃ 下水热反应 48h。反应结束后，用去离子水对产物进行洗涤，离心沉淀分离后于 80℃ 烘干。将所得纯相 KBT 纳米粉体经成型后于 1040℃ 保温烧结 2h 得到陶瓷体。合成材料的物性测试方法见 1.4.2 节。

图 5-1 所示为 200℃、48h，不同 KOH 浓度下水热产物的 XRD 图谱。由图可见，KOH 浓度为 0.5mol/L 时，产物主要是立方相 Bi$_{12}$TiO$_{20}$（JCPDS#34-0097）和正交相 Bi$_4$Ti$_3$O$_{12}$（JCPDS#35-0795），同时，体系中存在锐钛矿相 TiO$_2$（JCPDS#21-1272）和 Bi$_2$O$_3$·CO$_2$（JCPDS#50-1088）等。KOH 浓度增至 2mol/L 时，产物主要为 Bi$_4$Ti$_3$O$_{12}$ 和 TiO$_2$，Bi$_{12}$TiO$_{20}$ 的衍射峰已经基本消失。此外，32° 附近出现一个弱衍射峰，表明有少量钙钛矿相 KBT（JCPDS#36-0339）生成。继续提高 KOH 浓度至 6~8mol/L，出现立方相 Bi$_2$Ti$_2$O$_7$（JCPDS#32-0118），而 TiO$_2$ 含量减少。当 KOH 浓度达到 12mol/L 时，实验获得纯钙钛矿相 KBT，无其他杂相。研究表明，矿化剂浓度提升有利于制备纯 KBT 晶相，且证实 Bi$_2$Ti$_2$O$_7$ 相是形成钙钛矿相 KBT 的前期中间相，这与溶胶凝胶过程中相结构演化有相似之处[2]。

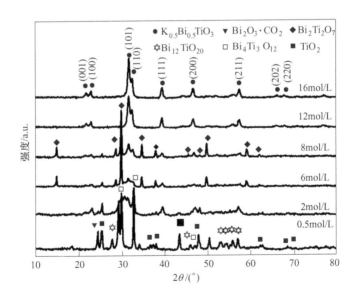

图 5-1　不同矿化剂浓度下水热产物 XRD 图谱

表 5-1 列出了水热合成过程中各物相晶格常数标准值与实测值对比。

表 5-1   水热产物各物相晶格常数

晶相	晶系	标准值/nm				测量值/nm		
		JCPDS No.	a	b	c	a	b	c
$K_{0.5}Bi_{0.5}TiO_3$	四方	36-0339	0.3918	—	0.4013	0.3898	—	0.4057
$Bi_{12}TiO_{20}$	立方	34-0097	1.0188	—	—	1.0200	—	
$Bi_4Ti_3O_{12}$	正交	35-0795	0.5448	3.281	0.5410	0.5435	3.2763	0.5410
$Bi_2Ti_2O_7$	立方	32-0118	2.0680	—	—	2.0758	—	
TiO_2	锐钛矿	21-1272	0.3785	—	0.9514	0.3808	—	0.9502

　　从表 5-1 可以看到，水热合成实验产物中各物相晶格常数与 JCPDS 标准衍射卡片报道的数据基本一致。其中，KBT 相晶格常数的实测值为 $a = 0.3898$nm，$c = 0.4057$nm，与标准值（$a = 0.3918$nm，$c = 0.4013$nm）接近，表明水热实验获得的 KBT 粉体有良好的结晶性。

　　图 5-2 所示为水热时间 48h，矿化剂 KOH 浓度 12mol/L，水热温度分别为 160℃、180℃和 200℃的产物 XRD 图谱。由图可见，合成温度为 160℃时，产物主要由 $Bi_{12}TiO_{20}$ 和 TiO_2 组成，而当温度升到 180℃时，生成钙钛矿相 KBT，但仍存有少量杂相。当温度进一步升高到 200℃，杂相消失，得到纯钙钛矿相 KBT。这一实验结果说明提升水热温度有利于制备纯 KBT 晶相。

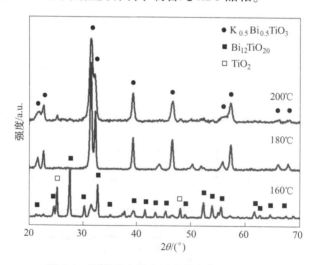

图 5-2   不同反应温度下水热产物 XRD 图谱

5.1.2   KBT 常规水热合成机理与陶瓷电学性能

　　从以上实验结果可以看到矿化剂浓度和反应温度对 KBT 钙钛矿相的水热合成过程有重要影响：提高反应温度或矿化剂浓度，均有利于促进 KBT 钙钛矿相的生成和结晶度的提高[4]。从水热结晶学的角度分析，水热温度的高低决定了结晶活化能、前驱体的溶解度和离子聚集体的过饱和状态。提高水热温度可提供更多的离子能量，有利于克服物质转化的能垒，促进水热产物的结晶生长；而矿化剂浓度的提高，增大了体系的碱度，不仅提升了反应物的溶解度，有利于推进结晶反应的进行，而且也能够提供更多的 OH$^-$，有利于形成更多金属离子羟基络合物，促进缩聚反应的发生。因此，较高的矿化剂浓度和反应温度可加快 TiO$_2$ 等反应物的溶解和提升离子反应能力，增加成核和晶体生长的驱动力，促进 KBT 晶相的生成[5,6]。

对于结晶物质体系，在相变驱动力的推动下，亚稳相会转变成稳定相，即当溶液达到过饱和时就会析出晶体。在晶体生长初期，溶液中形成许多大小不等、与结晶相结构类似的基元团，这种基元团并不稳定，称之为晶胚；晶胚不断吸收溶液中的溶质离子而长大，形成具有一定临界大小的晶核，继而发育成完整的晶体，这就是成核过程。从反应机理方面分析，KBT 的成核生长符合水热反应的溶解-结晶机理。在水热条件下，前驱体或原料微粒在水热介质中逐渐溶解，通过水解或缩聚反应生成不同的离子聚集体。如果离子聚集体的浓度相对于溶解度更小的结晶相过饱和，此时开始析出晶核。随着结晶过程的进行，水热介质中离子聚集体的浓度又变得低于前驱物的溶解度，使得前驱物溶解继续进行。如此反复，只要水热反应时间足够长，前驱物将完全溶解，同时生成相应的结晶颗粒。

根据实验结果，推测本实验中水热反应具体过程如下：首先，KOH 和 Bi（NO$_3$）$_3$·5H$_2$O 解离，成为配离子，同时 TiO$_2$ 粒子表面开始溶解，并发生"溶剂化"过程。由于 TiO$_2$ 在水热溶液中的溶解比较困难，在较低矿化剂 KOH 浓度下，TiO$_2$ 水解生成的 Ti（OH）$_x^{4-x}$ 数量较少，体系中仍有很多未解离的 TiO$_2$ 存在。大量 Bi 离子吸附在少量 Ti（OH）$_x^{4-x}$ 胶状物表面，形成 Bi$_{12}$TiO$_{20}$、Bi$_4$Ti$_3$O$_{12}$ 或 Bi$_2$Ti$_2$O$_7$。而当水热体系中的矿化剂浓度升高，使得 TiO$_2$ 完全水解，前驱物浓度达到饱和成核密度时，K$^+$ 也参与到反应中来，KBT 晶核开始析出，最终长大形成晶粒。另一方面，随着水热反应温度升高，反应釜内压力不断增大，促进溶质水解和缩聚反应进行，从而推进水热产物结晶生长。水热温度为 160℃ 时，还不足以使 TiO$_2$ 充分水解，因此体系中残留有 TiO$_2$，部分水解产生的 Ti（OH）$_x^{4-x}$ 与 Bi 离子结合析出 Bi$_{12}$TiO$_{20}$。当温度升至 180℃ 时，TiO$_2$ 水解程度提高，体系溶液饱和度达到 KBT 成核条件，因此有 KBT 晶粒析出。随着温度进一步升高至 200℃，水热反应趋于完全，制备得到纯钙钛矿相 KBT 晶粒。

化学计量比控制是水热合成化学中的一个重要问题。针对 KOH 浓度 12mol/L，200℃ 和 48h 实验条件制备得到的钙钛矿相 KBT 粉体，采用 X 射线荧光光谱技术（XRF）分析成分比例，结果显示产物中 K∶Bi∶Ti∶O ＝1∶1.04∶2.05∶6.25，接近于 KBT 的理论化学计量比。

图 5-3 所示为不同水热条件合成产物的 TEM 照片。图 5-3a 中，200℃ 和 8mol/L 矿化剂浓度条件下，样品呈现大量絮状物与纳米颗粒的团聚体形貌，表明此时水热反应并未完全。图 5-3b 中，水热温度仍设定为 200℃，提高矿化剂浓度到 12mol/L，实验获得 KBT 立方纳米颗粒，晶型较为规整，平均粒径在 40nm 左右。KBT 属于 ABO_3 复合钙钛矿结构，在该结构中，A 位由 K^+ 和 Bi^{3+} 复合占据，B 位由 Ti^{4+} 占据，Ti^{4+} 与邻近的 6 个 O^{2-} 构成 $[TiO_6]$ 八面体基元。标准的钙钛矿晶胞结构呈立方对称性，在非受限的自由水热生长环境下，容易生长成立方形貌颗粒。但是，如果改变水热自由生长环境，引入模板则有可能实现钙钛矿晶体的形貌调控，在下一节中将介绍基于凝胶骨架模板诱导机制合成一维 KBT 纳米结构的溶胶凝胶水热法[7,8]。

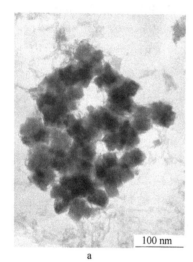

100 nm

40 nm

a

b

图 5-3　不同水热条件合成产物的 TEM 照片

a—200℃，8mol/L；b—200℃，12mol/L

为了研究 KBT 陶瓷材料的电学性能，选用纯钙钛矿相 KBT 纳米粉体，在 1040℃ 烧结制备 KBT 陶瓷样品。实验获得的 KBT 陶瓷呈现赝立方特征的钙钛矿结构，晶胞参数 $a=0.3928nm$，$c=0.3955nm$。介电性能测试表明，基于水热法粉体制备的 KBT 陶瓷室温相对介电常数 $\varepsilon_r=700$，介电损耗 $\tan\delta=0.048$，优于溶胶凝胶法制备 KBT 陶瓷的介电性能（$\varepsilon_r=690$，$\tan\delta=0.052$）。水热法合成的 KBT 粉体平均粒径仅为 40nm，小于前文中溶胶凝胶法合成的粉体粒径（100~200nm），因而烧结活性更高。此外，水热法不用煅烧成相，粉体团聚度轻，形貌规则度高，这些都有利于获得高致密度的陶瓷烧结体。采用阿基米德法测试基于水热法粉体制备的 KBT 陶瓷相对密度为 94%，高于溶胶凝胶法制备样品的相对密度 91%，因而可以确定高致密的样品组织结构减少了气孔等缺陷对介电性能的劣化影响。

本节主要介绍（K$_{0.5}$Bi$_{0.5}$）TiO$_3$陶瓷常规水热法合成与电学性能。研究揭示，以 Bi（NO$_3$）$_3$·5H$_2$O、TiO$_2$ 和 KOH 为反应物，在水热实验条件——KOH 浓度 12mol/L，温度 200℃，时间 48h 下，可以合成出纯钙钛矿相且符合化学计量比的 KBT 立方纳米颗粒，平均粒径约 40nm。常规水热反应过程中 KBT 的成核生长符合溶解-结晶机理，升高反应温度或增加矿化剂浓度均有利于促进 KBT 钙钛矿相生成和结晶度提升。采用 KBT 纳米粉体可于 1040℃烧结获得相对密度为 94%的致密陶瓷体，室温下样品介电性能稍优于溶胶凝胶法制备的 KBT 陶瓷。

5.2 （K$_{0.5}$Bi$_{0.5}$）TiO$_3$陶瓷溶胶凝胶水热法合成与机制

在上一节中，主要介绍了（K$_{0.5}$Bi$_{0.5}$）TiO$_3$陶瓷的常规水热法制备与物性，在非受限的水热反应环境下，钙钛矿相（K$_{0.5}$Bi$_{0.5}$）TiO$_3$自由结晶易生长成立方形貌的纳米颗粒。另一方面，以铁电纳米线为代表的一维铁电纳米结构因其与小尺寸相关的介电、压电和电光性能而在微纳电子器件，如微型传感器、微型换能器和微型致动器等方面具有重要应用。同时，纳米线等一维结构因具有强烧结活性也可用来构建高致密度电子陶瓷，有利于发展高品质片式电子元器件[8]。但是，一维铁电纳米结构自身的小尺寸和各向异性等特点，使得采用化学法控制其成核与生长仍然具有很大的挑战性。目前，有关（K$_{0.5}$Bi$_{0.5}$）TiO$_3$纳米线的合成报道极少。

在本节中介绍一类新的水热合成技术——溶胶凝胶水热法，该方法结合了溶胶凝胶法与水热法各自的优点，可于低温水热环境下基于凝胶骨架模板诱导机制合成高质量的一维铁电纳米结构。文中以（K$_{0.5}$Bi$_{0.5}$）TiO$_3$纳米线合成为例，首先介绍溶胶凝胶水热法中矿化剂浓度对 KBT 纳米线合成的影响，在此基础上，解析合成过程中一维纳米结构的原位结晶机制。

5.2.1 胶体水热法矿化剂浓度对 KBT 合成影响

以分析纯的 Bi（NO$_3$）$_3$·5H$_2$O、KNO$_3$ 和 Ti（OC$_4$H$_9$）$_4$ 为初始原料，CH$_3$CH$_2$OH、CH$_3$COOH 和 H$_2$O 为溶剂，KOH 为矿化剂。本实验设计的溶胶凝胶水热法合成步骤包含两步：第一步，KBT 干凝胶的制备。此步骤详见 4.1.1 节。第二步，KBT 干凝胶的水热处理。将溶胶凝胶工艺合成的 KBT 干凝胶置于水热反应釜中，以 H$_2$O 为溶剂，KOH 为矿化剂，浓度分别设定为 0.5mol/L、2.0mol/L、4.0mol/L、6.0mol/L、8.0mol/L 和 10.0mol/L，然后将反应釜加热至 200℃，水热处理 48h。反应结束后，用去离子水对产物进行洗涤，离心沉淀分离后烘干，进行物性分析。合成粉体的物性测试方法见 1.4.2 节。

图 5-4 所示为不同矿化剂浓度下水热产物的 XRD 图谱。由图可见，当 KOH

矿化剂浓度为 0.5mol/L 时，仅能观察到立方焦绿石相 $Bi_2Ti_2O_7$（JCPDS#32-0118），XRD 谱中未出现钙钛矿相 KBT 对应的特征峰。当 KOH 浓度升至 2mol/L 时，钙钛矿相 KBT 的结晶峰开始出现，但同时仍伴有大量立方焦绿石相 $Bi_2Ti_2O_7$。进一步提升 KOH 浓度，KBT 相含量逐渐增高且结晶度变强，同时 $Bi_2Ti_2O_7$ 相含量降低。当 KOH 浓度为 6mol/L 时，实验获得纯钙钛矿相 KBT（JCPDS#36-0339），解析晶体结构证实产物具有四方对称性，实测晶格常数 $a = 0.3915$nm，$c = 0.4006$nm，与标准衍射卡片数据（$a = 0.3918$nm，$c = 0.4013$nm，JCPDS#36-0339）相近。以上实验结果表明，KOH 矿化剂的使用对于 KBT 钙钛矿相的溶胶凝胶水热合成有重要作用，矿化剂浓度提升有利于制备纯 KBT 晶相。分析 KOH 矿化剂的作用原因是因为其能够同时实现 KBT 钙钛矿结构 A 位离子补偿剂和反应体系 pH 调节剂的双重功能。进一步改变溶胶凝胶水热工艺实验条件（包括改变水热温度与矿化剂浓度），还发现，在 120℃、矿化剂浓度 12mol/L 或 160℃、矿化剂浓度 6mol/L 时，均可以获得纯钙钛矿相 KBT。需要说明的是，相对于前述常规水热法，溶胶凝胶水热法在相对较低温度或矿化剂浓度下就可合成出纯 KBT 相，分析溶胶凝胶水热法的优势主要是由于该方法采用 $Ti(OC_4H_9)_4$ 为钛源预先合成出水热反应的干凝胶前驱体。在先期溶胶凝胶化过程中，包括 $Ti(OC_4H_9)_4$ 在内的各种原料能够在分子或原子尺度均匀混合，发生水解、醇解和缩聚反应形成三维空间网络结构，进而在凝胶干燥形成干凝胶的过程中产生晶化结合，这种干凝胶前驱体有利于后续水热反应中相转化能垒的降低，从而实现 KBT 相在相对温和的实验条件（低温和低矿化剂浓度）下高效制备。

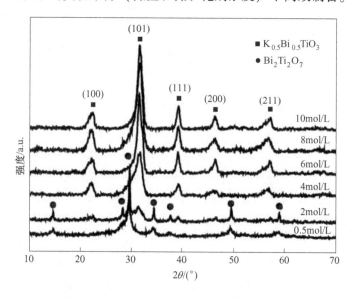

图 5-4　不同矿化剂浓度下水热产物 XRD 图谱

图 5-5a 和图 5-5b 分别为溶胶凝胶水热法在矿化剂 KOH 浓度为 6mol/L，200℃水热反应 48h 制备 KBT 粉体的 TEM 照片和相应的 SAED 图。由图 5-5 可以看到，溶胶胶凝水热法合成的 KBT 粉体为大量形貌规则的纳米线。这些纳米线结晶性良好，尺度较为均一，平均直径约为 4nm，平均长度约为 100nm，长径比约为 25。该产物形貌与前文通过常规水热法合成的 KBT 立方纳米颗粒形貌截然不同。此外，SAED 图显示 KBT 纳米线为单晶结构，衍射斑点对应（110）、（200）和（1$\bar{1}$0）晶面，证实 KBT 纳米线具有四方对称性。

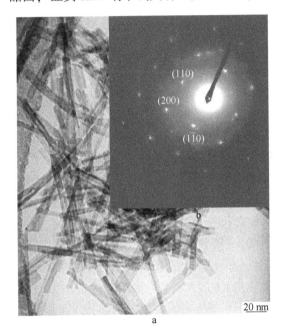

图 5-5　溶胶凝胶水热法制备 KBT 粉体的 TEM 照片和相应的 SAED 图

a—TEM 照片；b—SAED 图

本实验中，成功通过溶胶凝胶水热法制备出高长径比的 KBT 纳米线。与文献报道的一些合成纳米线的复杂特种技术相比[8,9]，溶胶凝胶水热法简单易行，不使用昂贵的合成装置，且反应条件较为温和，因而在相关一维纳米功能材料合成方面具备实用推广价值。

5.2.2　胶体水热合成一维纳米结构原位结晶机制

根据前文实验结果可以看到，通过溶胶凝胶法（4.1.1 节）、水热法（5.1.1 节）和溶胶凝胶水热法（5.2.1 节）均可以合成出纯钙钛矿相 KBT 粉体，但三种化学方法在合成产物形貌和机理上又有很大的不同。溶胶凝胶过程中，化学原料在液态下于分子/原子尺度上均匀混合，通过水解、醇解和缩聚过程，Ti—O—

Ti 键不断形成，构成三维空间网状结构，K^+ 和 Bi^{3+} 离子以及其他有机溶剂充满在网状结构的孔隙中。具有三维网状结构的凝胶在后续干燥过程中不断收缩、断裂和坍塌，最终得到链状干凝胶前驱物。前驱物在高温热处理即煅烧过程中，通过固相扩散机制，发生晶粒长大及成相，但同时由于颗粒之间不可避免地出现烧结现象而形成烧结颈，从而导致产物 KBT 粉体有一定硬团聚且颗粒度较大。相比而言，在常规水热制备过程中，KBT 成核生长符合溶解-结晶机理。水热反应时，TiO_2 粒子溶解发生"溶剂化"过程并进一步与 K^+ 和 Bi^{3+} 离子反应，生成 KBT 结晶相。但是，由于 TiO_2 的溶解较为困难，故要生成纯钙钛矿相 KBT 晶粒需要较高的水热条件，即需要高矿化剂浓度和高水热温度。此外，在非受限的常规水热环境中，KBT 钙钛矿相很容易生长成对称性较高的立方形貌颗粒。

溶胶凝胶水热法将溶胶凝胶工艺和水热法有机结合起来，充分体现了二者的优势[6,9]。从分子化学角度看，溶胶凝胶水热法极有发展前途，因为该方法将分子结构与一维纳米结构很好地进行了关联。图 5-6 给出了溶胶凝胶法和溶胶凝胶水热法合成 KBT 粉体的形成机理图。由图 5-6 可以看到，溶胶凝胶水热法以链状干凝胶为前驱物模板，利用原位结晶机制，通过在前驱物模板上离子原位重排而形成 KBT 纳米线。因此，链状干凝胶实际作为软模板或自牺牲模板，起到成核中心和纳米反应器的作用[8]。KBT 为钙钛矿结构，根据负离子配位多面体生长基元模型，这种结构化合物的水热生长基元为钛氧八面体 TiO_6，而凝胶的空间网络也是由钛氧八面体 TiO_6 所组成。因此，链状前驱物并不需要溶解重新生成 TiO_6 结构，反应物可以在低受限度的水热条件下通过在链状干凝胶结构基础上离子原位重排获得钙钛矿相 KBT 纳米线。而溶胶凝胶法是在空气中高温煅烧干凝胶前驱体热解结晶，成相主要依靠短距离内的固相扩散控制，因而容易出现晶粒尺度较大及团聚现象。一维纳米线具有重要的光、电、输运等特性，相关合成工艺一直是材料化学领域的研究热点。相比其他一维纳米线制备方法，溶胶凝胶水热法合成温度低，工艺简单，且不需要催化剂和昂贵的实验设备，因而是一种非常有发展前景的化学合成方法。需要说明的是，以上介绍的胶体水热合成一维纳米结构原位结晶机制仅是简单的推测模型和此类研究工作的开端，由于晶体生长是一个相当复杂的过程，与热力学、动力学和晶体生长环境等多个因素相关，因而确切解析该过程还需深入的理论与实验工作。

本节主要介绍 $(K_{0.5}Bi_{0.5})TiO_3$ 陶瓷溶胶凝胶水热法合成与机制。研究揭示，将溶胶凝胶技术与水热技术联用的新方法——溶胶凝胶水热法，能够在相对温和的实验条件（低温和低矿化剂浓度）下高效制备高长径比的 KBT 铁电纳米线。溶胶凝胶水热合成纳米线的机理属于原位结晶机制，其中链状干凝胶起自牺牲模板作用。溶胶凝胶水热法工艺较为简单，不需要使用催化剂以及复杂昂贵的合成设备，因而在高纯一维功能材料制备方面极具发展前途。

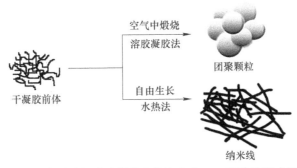

图 5-6 溶胶凝胶法和溶胶凝胶水热法合成 KBT 粉体的形成机理图

5.3 KBT-BT 陶瓷溶胶凝胶水热法合成与介电性能

作为重要的铁电陶瓷，$BaTiO_3$ 在电子工业中有广泛应用，是构建多层陶瓷电容器等多种片式电子元器件的基础材料。与简单钙钛矿结构的 $BaTiO_3$ 相比，$(K_{0.5}Bi_{0.5})TiO_3$ 具有复合钙钛矿结构和更高的居里温度，因而将 $BaTiO_3$ 与 $(K_{0.5}Bi_{0.5})TiO_3$ 复合，有望构建出介温特性优良的新型二元系钙钛矿型介电陶瓷 $(K_{0.5}Bi_{0.5})TiO_3$-$BaTiO_3$。但是此类材料目前还鲜有报道，一个重要原因是制备高致密度的介电陶瓷首先要合成出高烧结活性且符合化学计量比的前驱粉体，这对于含有易挥发性元素的 $(K_{0.5}Bi_{0.5})TiO_3$-$BaTiO_3$ 化合物来说，仍有一定技术难度。

前文中已揭示，结合溶胶凝胶法和水热法二者优势的溶胶凝胶水热法可以在相对温和的反应条件下构建 $(K_{0.5}Bi_{0.5})TiO_3$ 铁电纳米线，考虑到高比表面积的纳米线具有强烧结活性，在本节中将采用溶胶凝胶水热法合成 $(K_{0.5}Bi_{0.5})TiO_3$-$BaTiO_3$ 铁电纳米线，研究纳米线制备过程中的水热温度影响因素，进一步对纳米线进行致密化烧结并分析陶瓷体的介电弛豫行为。

5.3.1 胶体水热法合成温度对 KBT-BT 成相影响

目标化合物为 $(K_{0.5}Bi_{0.5})_{0.4}Ba_{0.6}TiO_3$，缩写成 KBT-BT。以分析纯的 $Bi(NO_3)_3 \cdot 5H_2O$、KNO_3、$Ba(CH_3COO)_2$ 和 $Ti(OC_4H_9)_4$ 为初始原料，CH_3CH_2OH、CH_3COOH 和 H_2O 为溶剂，KOH 为矿化剂。本实验溶胶凝胶水热法合成步骤包含两步：第一步，KBT-BT 干凝胶的制备。此步骤详见前文溶胶凝胶工艺，此处不再复述。第二步，KBT-BT 干凝胶的水热晶化处理。将前一步骤溶胶凝胶工艺合成的 KBT-BT 干凝胶置于水热反应釜中，以 H_2O 为溶剂，KOH 为矿化剂，浓度设定为 10.0mol/L。将装有反应物的高压釜在不同温度（80~200℃）水热处理 48h，反应结束后，用去离子水对产物进行洗涤，分离烘干后进行物性分析。同时，将部分干凝胶在 700℃煅烧 2h 以进行相结构对比。为了进一步研究 KBT-BT 陶瓷的电学行为，将所得纯相 KBT-BT 纳米线经成型后于 1150℃保温烧结 2h。合成材料的物性测试方法见 1.4.2 节。

图 5-7 所示为相同矿化剂浓度（10.0mol/L）、不同反应温度下所得的水热产物 XRD 图谱。图中同时给出常规溶胶凝胶工艺 700℃煅烧产物的 XRD 图谱作为对比。由图可见，采用溶胶凝胶水热法，在低温 80℃就已经合成出有一定结晶度的 KBT-BT 纯钙钛矿相产物，在衍射谱中未观察到 $Bi_2Ti_2O_7$、TiO_2 和 Ba_2TiO_4 等杂相。与该结果相比，采用常规溶胶凝胶法需要高达 700℃的煅烧温度才能够制备出 KBT-BT 纯钙钛矿相，因而溶胶凝胶水热法节能降耗效果显著。此外，随着水热温度升高，KBT-BT 钙钛矿结构呈现出由赝立方向四方转变的趋势，这可以从（002）和（200）衍射峰的劈裂演变清楚判断出。200℃时，制备得到的产物具有典型的四方结构特征，根据 XRD 数据计算得到的晶格常数 $a=0.3921nm$，$c=0.4060nm$，四方度 $c/a=1.035$，大于纯 $BaTiO_3$ 四方度 $c/a=1.010$（$a=0.3994nm$，$c=0.4033nm$，JCPDS#83-1880），这可归结于 $(K_{0.5}Bi_{0.5})TiO_3$ 对 $BaTiO_3$ 的复合作用增强体系晶格畸变所致。此外，XRF 分析结果显示 200℃合成的产物中各元素比率为 K∶Bi∶Ba∶Ti=1∶1∶3∶5，证明产物为符合化学计量比的 $(K_{0.5}Bi_{0.5})_{0.4}Ba_{0.6}TiO_3$[10]。

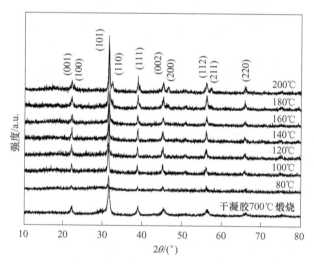

图 5-7　溶胶凝胶水热法不同温度合成产物 XRD 图谱
（以干凝胶 700℃煅烧产物 XRD 图谱作为对比）

图 5-8 给出了相同水热条件（200℃，48h，KOH 浓度 10.0mol/L），合成 $(K_{0.5}Bi_{0.5})_{0.4}Ba_{0.6}TiO_3$ 和 $BaTiO_3$ 两种粉体的 Raman 图谱。

由图 5-8 可见，两化合物的 Raman 谱均呈现出四方结构特征[11]。对于

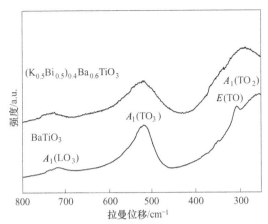

图 5-8 溶胶凝胶水热合成 $(K_{0.5}Bi_{0.5})_{0.4}Ba_{0.6}TiO_3$ 和 $BaTiO_3$ 粉体的 Raman 图谱

$BaTiO_3$，在 $250 \sim 800cm^{-1}$ 范围内，出现 4 个 Raman 峰，分别位于 $258cm^{-1}$、$306cm^{-1}$、$520cm^{-1}$ 和 $718cm^{-1}$，对应 $A_1(TO_2)$、$E(TO)$、$A_1(TO_3)$ 和 $A_1(LO_3)$ 模式。对于 $(K_{0.5}Bi_{0.5})_{0.4}Ba_{0.6}TiO_3$，$A_1(TO_3)$ 和 $A_1(LO_3)$ 模式仍位于相同位置，但是 $A_1(TO_2)$ 和 $E(TO)$ 两模式对应的 Raman 峰重合成 $288cm^{-1}$ 位置处的宽峰。这主要是由于 ABO_3 型钙钛矿结构化合物 $(K_{0.5}Bi_{0.5})_{0.4}Ba_{0.6}TiO_3$，即 KBT-BT 中，12 配位的 A 位同时被 Bi^{3+}、K^+ 和 Ba^{2+} 占据，三种离子排布的无序性造成低频区域不同拉曼模式的重叠。

图 5-9 给出了溶胶凝胶水热法在矿化剂 KOH 浓度为 10mol/L，200℃ 水热反应 48h 制备 KBT-BT 粉体的 TEM 照片和相应的 SAED 图。由图 5-9 可以看到，产物为结晶良好和形貌规则的纳米线，平均直径约为 40nm，平均长度约为 800nm，长径比约为 20。单根纳米线的 SAED 图显示 KBT-BT 纳米线为单晶结构，衍射斑点对应 (001)、(101) 和 (100) 晶面，具有四方对称性。从以上结构与形貌分析可以确定，本实验通过溶胶凝胶水热法成功制备出 KBT-BT 单晶纳米线。与前文 KBT 纳米线生成机理分析一致，溶胶凝胶水热合成 KBT-BT 纳米线的过程中，链状干凝胶起到自牺牲模板作用，基于原位结晶机制，诱导生成一维 KBT-BT 纳米结构[10]。

5.3.2 KBT-BT 纳米线的致密化与介电弛豫行为

选用 KBT-BT 纳米线，经 200MPa 干压成型后于 1150℃ 保温烧结 2h 获得陶瓷体。采用阿基米德法测试陶瓷的相对密度大于 97%，说明以纳米线为前驱粉体有利于烧结获得高致密度的陶瓷体。根据陶瓷烧结理论，烧结体的相对密度与压片素坯体的相对密度密切相关，而后者又受前驱氧化物粉体形貌的影响。纳米线具有很高的填充效率，在本实验中，利用 KBT-BT 纳米线干压成型的素坯体呈现高

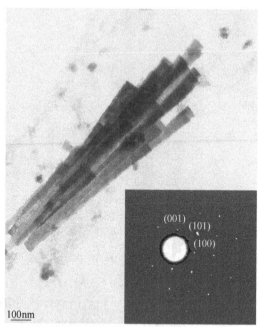

图 5-9   溶胶凝胶水热法制备 KBT-BT 粉体的 TEM 照片和相应的 SAED 图

达 65%的相对密度，这对于后续烧结阶段陶瓷致密度的提升做出重要贡献。初步推测素坯体较高的相对密度应与轴向加压条件下纳米线增强的塑性变形相关，为了确证该推测，仍然需要系统分析纳米线的原位塑性变形过程及相关原子尺度机理[8]。此外，氧化物纳米线的空位缺陷特征也是有利于陶瓷致密化烧结的重要因素。具有高比表面积的纳米线通常含有大量表面氧空位，这类缺陷结构已经为 XPS 和 PL 测试所证实[8,12]。大量氧空位的存在能够显著加速烧结过程中的物质输运和能量转移，大幅提升陶瓷的致密化程度。

图 5-10 所示为不同测试频率下 KBT-BT 陶瓷的相对介电常数 ε_r 与介电损耗 $\tan\delta$ 的温度谱。由图可以看到，KBT-BT 样品呈现典型的弛豫铁电体特征，具有弥散相变和频率色散现象。

对于弛豫铁电体，相对介电常数倒数与温度的关系一般遵循 UN 方程式 (2-2)。依据实测介温谱数据，可以通过 UN 方程计算出弥散因子 γ 用于表征铁电体介电弛豫程度，该数值为 1 时是正常铁电体特征，取值 2 时是完全弛豫体特征。图 5-11 给出了 100kHz 条件下测试 KBT-BT 陶瓷的 $\ln(1/\varepsilon_r - 1/\varepsilon_m)$ 与 $\ln(T - T_m)$ 关系图。根据 UN 方程拟合结果显示 $\gamma = 1.65$，说明基于纳米线构建的 KBT-BT 致密陶瓷体具有较强的介电弛豫特性。$(K_{0.5}Bi_{0.5})TiO_3$ 本身是一种弛豫铁电体，对于其与 $BaTiO_3$ 复合形成的 $(K_{0.5}Bi_{0.5})_{0.4}Ba_{0.6}TiO_3$ 二元体系，也可以写成另一种形式：$(K_{0.2}Bi_{0.2}Ba_{0.6})TiO_3$，即钙钛矿结构等同 A 位同时存在三种不同电价和半

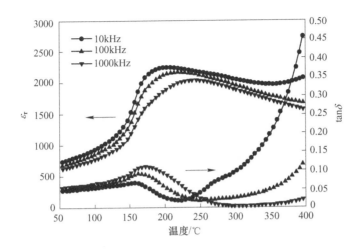

图 5-10　不同测试频率下 KBT-BT 陶瓷的介温谱图

径的离子(K^+、Ba^{2+}、Bi^{3+})共同占据的情况，由此产生的离子排布有序与无序性引起复合体系呈现出介电弛豫现象[13, 14]。

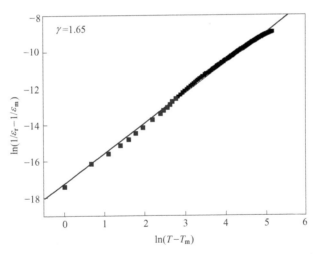

图 5-11　KBT-BT 陶瓷 100kHz 的 $\ln(1/\varepsilon_r - 1/\varepsilon_m)$ 与 $\ln(T-T_m)$ 关系图

本节主要介绍 KBT-BT 陶瓷溶胶凝胶水热法合成与介电性能。研究揭示，采用溶胶凝胶水热法，基于凝胶模板原位结晶机制，水热环境下能够制备出高长径比的 KBT-BT 铁电纳米线。高比表面的纳米线具有优良的烧结特性，在 1150℃ 能够烧结制备出相对密度大于 97% 的致密 KBT-BT 陶瓷。介电性能测试表明样品具有较强的介电弛豫特性，介温谱呈现出典型的弥散相变与频率色散特征，这与二元体系钙钛矿结构中 A 位不同的离子占据相关。

5.4   KBT-NBT 陶瓷溶胶凝胶水热法合成与压电性能

PZT 基压电陶瓷以其优异的烧结特性与综合压电性能到目前为止仍然占据着商业压电陶瓷材料的主体地位。但是 PZT 基材料的主成分是重金属铅，在材料制备及废弃处理过程中会污染环境和人类健康，因此从经济和社会可持续发展的角度，迫切需要发展可替代铅基压电陶瓷的环境友好型无铅压电陶瓷。钛酸铋钠 $(Na_{0.5}Bi_{0.5})TiO_3$，即 NBT，是 20 世纪中叶由苏联科学家 Smolenskii 等人首次合成的一种复合钙钛矿结构弛豫铁电体，居里温度为 320℃[15]。NBT 室温下呈现三方结构（$a = 0.389nm$，$\alpha = 89.6°$），具有较高的剩余极化强度，$P_r = 38\mu C/cm^2$。然而，纯 NBT 室温下矫顽场极高，$E_c = 7.3kV/mm$，且铁电相区电导率也高，使其难以被充分人工极化而获得满意的压电性能。此外，NBT 的化学物理稳定性也较差，烧结温度范围窄，不易获得致密陶瓷体，这些都限制了 NBT 陶瓷器件的实用化。对 NBT 陶瓷的改性方法之一是将其与第二组元复合构建准同型相界 MPB 结构。众所周知，PZT 基压电陶瓷具有高压电活性的起因即主要来自 MPB 结构，这主要是由于该结构附近三方相与四方相共存能够显著增加自发极化取向数，导致机电性能获得大幅提升。通过复合方法构建具有 MPB 结构的 NBT 基二元体系不仅有利于此类材料有效完成人工极化过程，而且可以显著改善材料的烧结特性，这使得该方法近年来引起极大关注[16~18]。在 NBT 基二元体系中，以结构与 NBT 相似的 KBT 为第二组元复合而成的 $(Na_{0.8}K_{0.2})_{0.5}Bi_{0.5}TiO_3$（KBT-NBT）位于 MPB 附近，可以在相对较低的电场 4~5kV/mm 完成人工极化，具有较好的压电性能，是一类有发展前途的无铅压电陶瓷体系。但是，KBT-NBT 粉体通常采用常规固相法合成[19~21]，该方法中的起始原料是亚微米或微米尺度的 Bi、Na、K 和 Ti 的氧化物或碳酸盐，需要 800℃ 以上高温煅烧促进固相反应完全，这导致粉体在形成钙钛矿相的同时，颗粒尺寸也较大（微米级）且有硬团聚现象，降低了烧结活性从而影响高压电性能陶瓷的获得。与传统固相法相比，溶胶凝胶法有诸多优点，如在液相环境中成分易于精确控制，成相温度低等，然而常规溶胶凝胶工艺过程仍需要煅烧成相以获得结晶产物，这使得粉体形貌不易调控且无法避免团聚现象。在前文中，介绍通过溶胶凝胶水热法直接对干凝胶进行水热处理，可以免煅烧实现温和环境下具有取向形貌的 KBT 和 KBT-BT 纳米线的高效合成。考虑到 KBT 与 NBT 具有相似的复合钙钛矿结构，选用溶胶凝胶水热法低温合成 KBT-NBT 一维纳米结构具有可行性。

在本节中，介绍采用溶胶凝胶水热法合成 KBT-NBT 铁电纳米线，并通过与常规溶胶凝胶法合成过程作比较，分析溶胶凝胶水热合成粉体的技术特点与优势，进一步对纳米线进行致密化烧结并分析陶瓷体的显微结构，介电行为与压电性能。

5.4.1 不同化学方法合成 KBT-NBT 的对比研究

目标化合物为 $(Na_{0.8}K_{0.2})_{0.5}Bi_{0.5}TiO_3$，缩写为 KBT-NBT。以分析纯的 $Bi(NO_3)_3 \cdot 5H_2O$、$NaNO_3$、KNO_3 和 $Ti(OC_4H_9)_4$ 为初始原料，CH_3CH_2OH、CH_3COOH 和 H_2O 为溶剂，NaOH 为矿化剂。本实验溶胶凝胶水热法合成步骤包含两步：第一步，KBT-NBT 干凝胶的制备。该步骤同前文溶胶凝胶工艺，此处不再复述。第二步，KBT-NBT 干凝胶的水热处理。将溶胶凝胶法合成的 KBT-NBT 干凝胶置于水热反应釜中，以 H_2O 为溶剂，NaOH 为矿化剂，浓度设定为 10.0mol/L。将装有反应物的反应釜在不同温度下水热处理48h，反应结束后，用去离子水对产物进行洗涤，离心沉淀分离后烘干，进行物性分析。为了与常规溶胶凝胶法做对比，将部分干凝胶在 300~800℃ 温度区间煅烧 2h。分析 KBT-NBT 陶瓷的电学行为之前，将所得纯相 KBT-NBT 粉体经成型后以 50℃ 间隔在 1000~1200℃ 温度区间保温烧结 2h。合成材料的物性测试方法见 1.4.2 节。

图 5-12 所示为相同矿化剂浓度（10.0mol/L），不同反应温度所得溶胶凝胶水热产物 XRD 图谱。从图中可以看到，水热温度为 100℃ 时，产物中已经出现钙钛矿相特征峰，但此时峰强较弱，说明结晶度低。随水热温度升高，钙钛矿相衍射峰逐渐增强，在 160℃ 及以上温度时，实验获得结晶性良好的 KBT-NBT 粉体。内插图给出相同水热温度 160℃ 合成的 NBT、KBT-NBT 和 KBT 三种粉体在 $2\theta =$

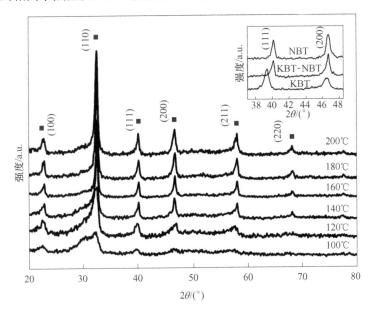

图 5-12 溶胶凝胶水热法不同反应温度合成产物 XRD 图谱

（■为钙钛矿相，内插图：相同水热条件合成 NBT、KBT-NBT 和 KBT 三种粉体的局部 XRD 对比图）

37°～48°范围内的精细 XRD 图谱。由图可见，与纯 KBT 相比，KBT-NBT 的
（111）和（200）衍射峰位置均向高角度方向发生偏移，这主要是由于钙钛矿结
构 A 位 Na⁺的离子半径（0.102nm）小于 K⁺的离子半径（0.133nm），其复合占
位引起晶胞收缩所致[18]。

作为比较，采用常规溶胶凝胶工艺，将干凝胶于 300～800℃区间选取不同温
度煅烧，随后测试产物的 XRD 图谱，结果如图 5-13 所示。由图可见，煅烧温度
在 400℃以下时，产物呈现非晶相特征。当煅烧温度提升到 450℃，对应 $Bi_2Ti_2O_7$
焦绿石相的衍射峰出现。升高煅烧温度到 550℃，XRD 图谱中发生明显变化，对
应 KBT-NBT 钙钛矿相的特征峰出现。进一步升高煅烧温度到 650℃以上时，实验
获得 KBT-NBT 纯钙钛矿相，在检测限内未观察到第二相。以上实验结果揭示，
常规溶胶凝胶工艺中需要高达 650℃的高温热处理以实现焦绿石相向钙钛矿相的
完全转化，这相对于溶胶凝胶水热合成纯钙钛矿相的温度高出约 500℃。

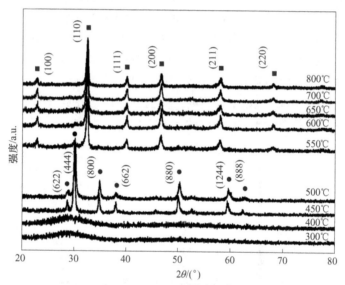

图 5-13　干凝胶不同温度煅烧产物 XRD 图谱

（■为钙钛矿相；●为焦绿石相）

图 5-14a 和图 5-14b 分别给出溶胶凝胶水热法和常规溶胶凝胶法合成 KBT-
NBT 产物的微结构照片。

从图 5-14a 可以看到，溶胶凝胶水热法 160℃合成的样品呈现分散性良好的
纳米线形貌，彼此间未出现熔接现象。KBT-NBT 纳米线直径约为 50～80nm，长
度约为 1.5～2μm。图 5-14a 中的内插图为单根纳米线及其 SAED 图。所测衍射斑
点与 KBT-NBT 钙钛矿相晶面相对应，证实生成单晶结构的 KBT-NBT 纳米线。与
溶胶凝胶水热法合成的一维纳米结构相对比，从图 5-14b 可见，常规溶胶凝胶法

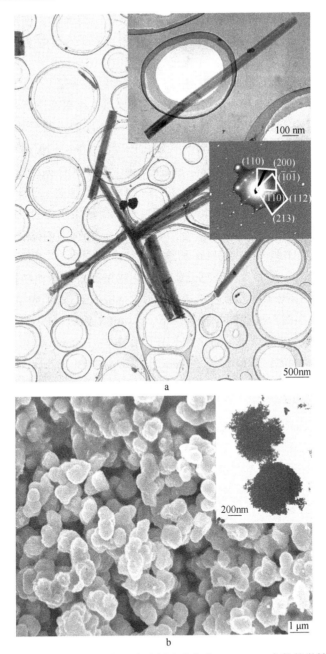

图 5-14　溶胶凝胶水热法和常规溶胶凝胶法合成 KBT-NBT 产物的微结构照片
a—溶胶凝胶水热法合成 KBT-NBT 产物的 TEM 照片（内插图：单根纳米线及其 SAED 图）；
b—常规溶胶凝胶法合成 KBT-NBT 产物的 SEM 照片（内插图：颗粒 TEM 照片）

650℃合成的 KBT-NBT 粉体呈现球形颗粒状形貌，平均粒径约为 1μm。但是，进
一步从内插图的放大 TEM 照片可以清晰看出，KBT-NBT 球形颗粒实际上是由许

多平均粒径仅为 20~40nm 的初级小尺寸颗粒聚集组装而成。该形貌的形成主要与干凝胶前驱体的开孔结构特征相关，由于开孔结构减少了颗粒间的接触点，导致煅烧热解结晶过程中多孔团聚粉体的生成。

为了进一步分析溶胶凝胶水热合成过程中的微结构演变，分别测试了干凝胶和 160℃溶胶凝胶水热合成 KBT-NBT 纳米线的 FTIR 谱，结果在图 5-15 中给出。对于干凝胶，FTIR 谱中 1630cm^{-1} 附近的吸收峰属于 H-O-H 的弯曲振动模式，1541cm^{-1} 附近的吸收峰属于 COO 振动，1390cm^{-1} 附近的强吸收峰与 NO$_3^-$ 离子的存在相关，而位于 1037cm^{-1}，920cm^{-1} 和 830cm^{-1} 位置的弱吸收峰与 CO 振动相关。此外，位于低波数区域的吸收峰（450~650cm^{-1}）与 Ti—O 键振动相关。当干凝胶于 160℃水热处理后，所得纳米线产物 FTIR 谱中与 NO$_3^-$ 和含 C 基团相关的吸收峰均消失，同时在 600cm^{-1} 附近出现一个宽吸收谱带，该谱带属于 Ti-O 八面体的特征振动，说明采用溶胶凝胶水热工艺合成出钙钛矿相结构的氧化物[22]。

Raman 光谱是一种有效研究钙钛矿相氧化物短程有序和相结构特征的表征技术手段。图 5-16 给出了溶胶凝胶水热法 160℃合成 KBT-NBT 粉体的 Raman 光谱。对比起见，图中同时给出相同实验条件下，于 160℃溶胶凝胶水热法合成 KBT 粉体的 Raman 光谱。由图可见，对于纯 KBT，在 200~700cm^{-1} 测试范围内，有 4 个特征峰出现，分别位于 273cm^{-1}、330cm^{-1}、529cm^{-1} 和 632cm^{-1} 附近，与文献报道相一致[23]。而对于 KBT-NBT，位于 273cm^{-1} 的 Raman 强峰仍然可见，该特征峰与 Ti-O 振动相关。然而，与 KBT 相比，KBT-NBT 的 Raman 谱具有明显的弥散宽化特征。由于 Na$^+$ 离子半径（0.102nm）小于 K$^+$ 离子半径（0.133nm），对于 KBT 钙钛矿结构，在 A 位引入 Na$^+$ 形成 KBT-NBT 二元体系将导致晶胞发生收缩畸变，同时在 12 配位的 A 位出现三种不同电价和半径的离子 Bi^{3+}、K$^+$ 和 Na$^+$ 的

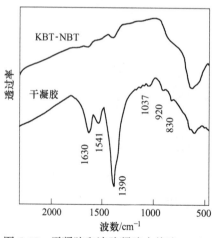

图 5-15　干凝胶和溶胶凝胶水热法 160℃
合成 KBT-NBT 粉体的 FTIR 谱

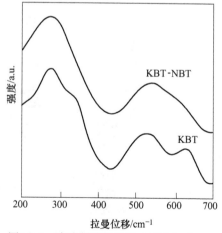

图 5-16　溶胶凝胶水热法 160℃合成 KBT
和 KBT-NBT 粉体的 Raman 光谱

有序-无序排布，引起不同 Raman 模式相互重叠，从而导致 Raman 谱的弥散宽化特征。

　　根据以上实验结果，可以看到，采用溶胶凝胶水热法可以于低温条件下合成出具有纯钙钛矿相的 KBT-NBT 纳米线，相对于常规溶胶凝胶法，不仅粉体合成温度大幅降低，而且有效实现一维纳米结构的可控构建。同时，与前文中 KBT 和 KBT-BT 纳米线的生成机理分析一致，采用溶胶凝胶水热法合成 KBT-NBT 纳米线主要也是基于水热环境下链状干凝胶的原位结晶机制，诱导一维纳米结构定向生成。

5.4.2　KBT-NBT 纳米线的致密化与高压电性能

　　纳米线具有优良的烧结活性，有利于制备高致密度的陶瓷体[10]。选用前文中溶胶凝胶水热法合成的 KBT-NBT 纳米线，经 150MPa 干压成型后置于密闭的氧化铝坩埚中，于 1000～1200℃ 保温烧结 2h。作为对比，将溶胶凝胶法合成的纯相 KBT-NBT 粉体在相同的烧结工艺条件下进行致密化。图 5-17 所示为以不同方法合成 KBT-NBT 粉体为前驱体烧结制备陶瓷的相对密度与烧结温度的关系。由图可见，利用两种方法

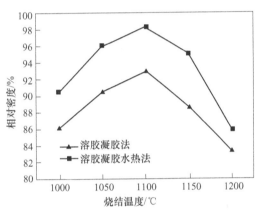

图 5-17　不同方法合成粉体所制备陶瓷的相对密度与烧结温度的关系

合成粉体所烧结得到的陶瓷其相对密度与烧结温度的变化关系具有相似性，但是在整个烧结温度区间，以溶胶凝胶水热法合成纳米线为前驱体制备陶瓷的相对密度均大于以溶胶凝胶法合成粉体为前驱体制备陶瓷的相对密度。当烧结温度为 1100℃ 时，两种粉体烧结的陶瓷均获得最大相对密度，其中以纳米线烧结的陶瓷最为致密，相对密度高达 98%。根据陶瓷烧结理论，陶瓷烧结体的相对密度与成型素坯体的相对密度密切相关，而成型素坯体的相对密度又受前驱粉体形貌的影响。从图 5-14a 可以看到，溶胶凝胶水热法合成的粉体为分散性良好的 KBT-NBT 纳米线，由于纳米线具有较高的填充效率，利用其成型的素坯体相对密度高达 60%。而与其相比，从图 5-14b 可以看到，溶胶凝胶法合成的粉体为多孔结构的团聚颗粒，其成型效率低于纳米线，利用其成型的素坯体相对密度仅为 50%。以上分析数据确证利用纳米线可成型获得高相对密度的素坯体，进一步低气孔率的素坯体促进高致密度陶瓷烧结体的获得。

　　图5-18给出了以溶胶凝胶水热法合成KBT-NBT纳米线为前驱体于不同烧结温度制备陶瓷的XRD图谱。由图可见，在1000~1100℃烧结温区，所有衍射峰均对应于KBT-NBT钙钛矿相。然而，当烧结温度上升到1150℃，对应于$Bi_2Ti_2O_7$焦绿石相的衍射峰开始出现，且峰强随烧结温度的升高而进一步增强。分析认为$Bi_2Ti_2O_7$相的出现与高温下KBT-NBT陶瓷中碱金属离子的挥发性增强相关，碱金属离子的流失不仅导致计量比失配，杂相出现，而且引起陶瓷相对密度的快速下降（如图5-17所示）。

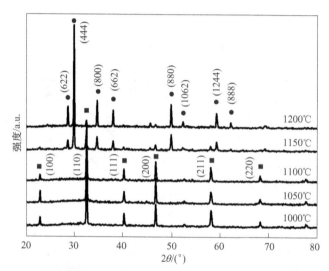

图5-18　溶胶凝胶水热法合成纳米线于不同烧结温度制备陶瓷的XRD图谱
（■为钙钛矿相；●为焦绿石相）

　　不同粉体技术制备陶瓷的显微结构差异可以通过SEM进行分析。图5-19a给出了以溶胶凝胶法合成粉体为前驱体于1100℃烧结陶瓷的SEM照片。由图5-19a可以看到，微观组织中有明显的晶粒间气孔存在，晶粒形状不规则且晶粒尺寸分布不均匀。与其相对比，从图5-19b可以看到，在相同的烧结温度下，以溶胶凝胶水热法合成纳米线为前驱体制备的陶瓷显示出致密均匀的微观组织结构，晶粒发育良好，晶界清晰。该结果与阿基米德法测试的陶瓷具有高的相对密度98%相一致。但是，分析图5-19c可以发现，升高烧结温度到1200℃，基于纳米线致密化的陶瓷其微观形貌发生明显变化：显微组织不均匀且表面晶粒出现熔融现象，呈现非晶相特征。类似的非晶相特征在非铅气氛保护烧结PZT基陶瓷的微观组织观测中也曾看到[24]。研究发现，应用稀硝酸进行腐蚀可以完全去除非晶相。分析认为，非晶相的形成可归结于高温下碱金属离子的挥发破坏了陶瓷烧结过程的有效进行，具体机制仍有待于深入的微结构解析。

　　从前面实验中可以看到，溶胶凝胶水热法合成的纳米线具有高烧结活性，在

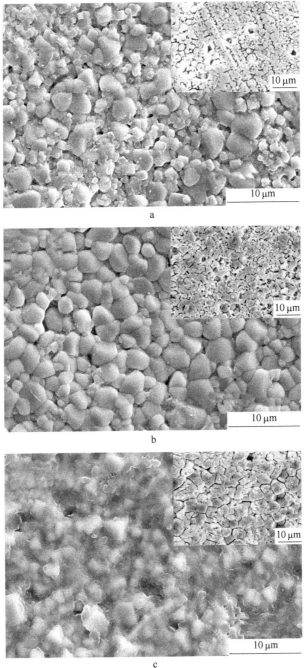

图 5-19　不同方法合成 KBT-NBT 粉体所制备陶瓷的表面 SEM 照片
（内插图：陶瓷抛光断面的热蚀 SEM 照片）
a—溶胶凝胶法粉体、1100℃烧结；b—溶胶凝胶水热法粉体、1100℃烧结；
c—溶胶凝胶水热法粉体、1200℃烧结

1100℃烧结的陶瓷具有极高的相对密度 98% 和均匀的微观组织结构，有利于获得优良的电学性能。因而，进一步选取 1100℃ 制备的 KBT-NBT 陶瓷样品进行介电与压电性能表征。图 5-20 所示为 1100℃ 烧结的 KBT-NBT 陶瓷在不同测试频率下相对介电常数与温度的关系。由图可见，介温谱中出现与测试频率相关的两个介电异常峰，分别位于 180℃ 和 320℃ 附近，分析确证这两个峰对应于 T_d 和 T_m。由于钙钛矿结构 A 位中存在 Na^+、K^+ 和 Bi^{3+} 三种不同离子的有序无序分布和微区组成波动，因而引起 KBT-NBT 陶瓷介温谱出现弥散相变现象。依据 10kHz 频率下实测介温谱数据，根据 UN 方程式（2-2）进行拟合，结果如图 5-21 所示。拟合得到表征陶瓷介电弛豫程度的弥散因子 $\gamma = 1.51$，说明基于纳米线构建的 KBT-NBT 致密陶瓷体具有较强的介电弛豫特性。

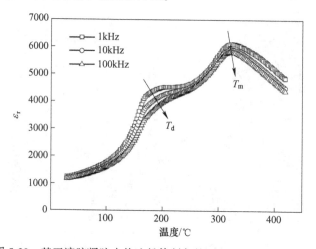

图 5-20　基于溶胶凝胶水热法粉体制备的 KBT-NBT 陶瓷介温谱

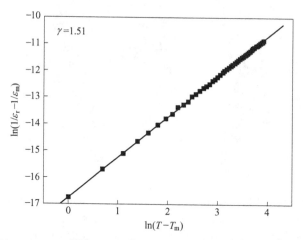

图 5-21　KBT-NBT 陶瓷 10kHz 的 $\ln(1/\varepsilon_r - 1/\varepsilon_m)$ 与 $\ln(T-T_m)$ 关系图

基于溶胶凝胶水热法粉体构建的 KBT-NBT 陶瓷的介电与压电性能列于表 5-2 中。为了进行对比，基于溶胶凝胶法粉体和常规固相法粉体构建的 KBT-NBT 陶瓷电学性能也列于表中作为参考。本实验中，KBT-NBT 陶瓷样品在硅油浴中完成人工极化，具体工艺为极化温度 120℃，极化电场 5kV/mm，极化时间 30min。从表 5-2 可以看到，与文献报道的常规固相法和溶胶凝胶法粉体构建陶瓷的性能数据相比[19,21,25]，基于溶胶凝胶水热法构建的 KBT-NBT 陶瓷具有极为优异的电学性能，室温条件下 $d_{33} = 156\mathrm{pC/N}$，$k_\mathrm{p} = 0.35$，$Q_\mathrm{m} = 165$，$\varepsilon_\mathrm{r} = 1220$ 和 $\tan\delta = 0.022$。此外，该样品还具有较高的退极化温度，$T_\mathrm{d} = 180℃$，这对于 KBT-NBT 材料的器件化应用具有重要的意义[26]。本实验中采用溶胶凝胶水热法合成纳米线所烧结的陶瓷具有优良的电学性能，高压电品质的获得可归结于优化工艺下 KBT-NBT 样品具有高致密度与均匀的微观组织结构[27]。

表 5-2　不同方法制备 KBT-NBT 陶瓷的介电与压电性能对比

方　法	ε_r （1kHz）	$\tan\delta$（1kHz）	k_p	Q_m	d_{33} /pC·N⁻¹	T_d /℃	文献
溶胶凝胶水热法	1220	0.022	0.35	165	156	180	本工作
溶胶凝胶法	1100	0.030	0.30	120	125	160	本工作
常规固相法	1030	—	0.27	109	—	—	[19]
常规固相法	1200	0.050	—	—	—	150	[21]
常规固相法	760	0.033	0.28	105	120	130	[25]

本节主要介绍 KBT-NBT 陶瓷溶胶凝胶水热法合成与压电性能。研究揭示，采用溶胶凝胶水热法，能够于 160℃ 低温合成出高分散性的 KBT-NBT 铁电纳米线，相比于常规溶胶凝胶法，钙钛矿成相温度降低约 500℃。纳米线具有优良的烧结活性，以其为前驱体在 1100℃ 能够制备出相对密度达到 98% 的致密 KBT-NBT 陶瓷。样品介温谱呈现弥散型弛豫铁电体特征，此外，室温介电与压电性能优于常规固相法和溶胶凝胶法制备的陶瓷。

5.5　BaTiO₃水热粉体稀土掺杂与 X7R 电容器陶瓷

BaTiO₃是电子陶瓷中使用最为广泛的材料之一，被誉为"电子陶瓷工业的支柱"。与常规固相法相比，水热法无须高温煅烧处理，合成的 $BaTiO_3$ 粉体具有纯度高、结晶性好、粒度分布窄、团聚程度弱等诸多优点，尤其适用于量大面广的多层陶瓷电容器（MLCC）制造。近年来，随着 MLCC 向微型化、大容量、高可靠性等方向的快速发展，介质层的薄层化要求越来越高，而高结晶度、粒径均匀的纳米 $BaTiO_3$ 粉体是实现薄层化技术的关键[28~30]。另一方面，出于降低制造成本的需要，选用价格便宜的 Ni 代替昂贵的 Ag-Pd 作为内电极构建贱金属多层陶瓷电容器（BME-MLCC）是多层陶瓷电容器领域的一个重要发展趋势[31,32]。但是，Ni 容易氧化失效，以其为内电极的 BME-MLCC 烧结必须在还原气氛下进行，因此，需要在 $BaTiO_3$ 纳米粉体的基础上进行掺杂改性，以实现瓷料的抗还原烧结特性。一些研究揭示掺杂稀土元素（如 Dy，Y，Ho 和 Er）可以于还原气氛烧结过程中在 $BaTiO_3$ 基陶瓷体内构建出新颖的"芯壳"结构，从而确保陶瓷体优良的电容温度稳定性和绝缘性能[31,33]。需要说明的是，在稀土氧化物中，Y_2O_3 相对于 Ho_2O_3、Er_2O_3 和 Dy_2O_3 具有价格优势，因而 Y_2O_3 是最适于构建 BME-MLCC 瓷料的稀土氧化物。尽管已有一些 Y_2O_3 掺杂 $BaTiO_3$ 的研究报道[34,35]，但是由于取代机制的复杂性和实验条件的限制，Y_2O_3 在 $BaTiO_3$ 基抗还原烧结陶瓷中的固溶限位置与掺杂占位规律仍未被很好地解析。

在现代电子装备制造业中，高可靠性的 X7R 标准 BME-MLCC 用量极大。X7R 是美国电子工业协会（EIA）设定的陶瓷电容器温度特性标准，特指在 $-55\sim125℃$ 的温度范围内，电容温度系数（TCC）不超过 $\pm15\%$，同时介电损耗要求小于 2%。在本节中，将以发展具有 X7R 标准的 $BaTiO_3$ 基 BME-MLCC 瓷料为目标，选用水热法合成的 $BaTiO_3$ 纳米粉体为基料，系统进行 Y_2O_3 的掺杂改性研究，重点关注 Y_2O_3 掺杂对还原气氛烧结陶瓷的微结构演化、阻抗特性、储能与介电温度稳定性影响，并明确相关掺杂调控机制。

5.5.1 水热粉体稀土掺杂烧结与"芯壳"结构

目标化合物为 $BaTiO_3$ + 2mol% MgO + 1mol% $BaSiO_3$ +$x Y_2O_3$，其中 $x = 0 \sim$ 3mol%。为了获得细晶陶瓷，实验选用水热法合成的 $BaTiO_3$ 纳米粉体为基料。图 5-22a 和图 5-22b 分别给出了水热法合成 $BaTiO_3$ 粉体的 XRD 图谱和 SEM 照片。XRD 图谱显示水热法合成的粉体具有纯四方钙钛矿结构，XRD 实测衍射数据与 $BaTiO_3$ 标准衍射卡片（JCPDS#76-0744）符合良好。同时，从 SEM 照片可以看到，水热法合成的 $BaTiO_3$ 粉体分散性好，团聚程度弱，颗粒大小均匀，平均粒径在 300nm 左右。

此外，设计瓷料配方时在 $BaTiO_3$ 基体中引入 MgO 和 Y_2O_3 作为掺杂物，并引入 $BaSiO_3$ 作为烧结助剂，其中 Y_2O_3 含量为变量。由于本实验设计配方要求是与镍电极匹配的抗还原瓷料，因而陶瓷烧结制备采用工业还原气氛烧结炉完成。陶

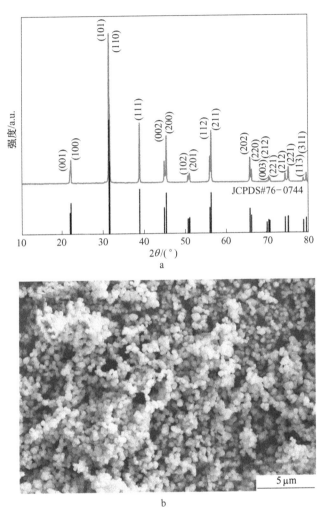

图 5-22　水热法合成 BaTiO₃ 粉体的物性及表征

a—XRD 图谱；b—SEM 照片

瓷具体制备工艺流程如下：首先，根据目标化合物计量比精确称量以水热法合成 BaTiO₃ 纳米粉体为基料的多种原料，将原料球磨混料后成型得到素坯体。随后，将经过排胶处理的素坯体于工业气氛烧结炉中在还原气氛下于 1260℃ 进行烧结，保温时间 2h。还原烧结过程中，P_{O_2} 控制在 $10 \sim 13$atm，H_2、N_2 和 H_2O 的体积比为 $1：85：60$，气体流速为 85L/min。烧结完成后，将陶瓷样品在弱氧环境中（O_2 含量 10×10^{-6}）于 1050℃ 退火 7.5h。合成材料的物性测试方法见 1.4.2 节。

图 5-23 所示为不同 Y_2O_3 掺杂量陶瓷的 XRD 图谱。

由图 5-23a 可见，在实验研究的 Y_2O_3 掺杂量范围内（$0 \sim 1.50$mol%），所有

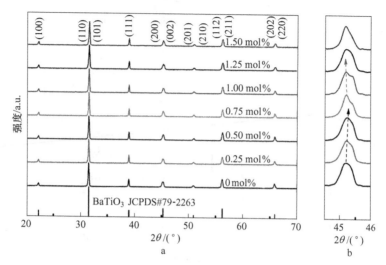

图 5-23　不同 Y_2O_3 掺杂量陶瓷的 XRD 图谱

a—宽角度范围；b—45°附近衍射峰

样品均呈现纯钙钛矿相，检测限内未观察到第二相。进一步，对 45°附近衍射峰进行精细扫描以分析与稀土 Y_2O_3 掺杂相关的晶格畸变。如图5-23b所示，随 Y_2O_3 掺杂量增加，在 44.9°~45.3°范围内的衍射峰位置首先向高角度方向偏移，说明晶胞收缩；然而，当 Y_2O_3 掺杂量高于 0.50mol%时，相应的峰位又开始逐渐向低角度方向偏移，显示晶胞膨胀[36]。

为了精确分析 Y_2O_3 掺杂对陶瓷晶格畸变的作用规律，根据 XRD 测试数据计算得出不同掺杂量陶瓷样品的晶格常数 c、a 以及相应的晶胞体积，结果如图5-24 所示。由图可见，晶格常数随 Y_2O_3 掺杂量增加而发生变化，计算所得陶瓷晶

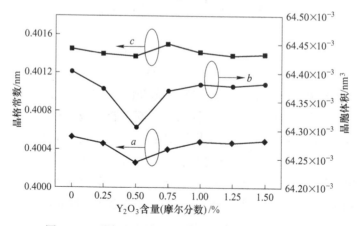

图 5-24　不同 Y_2O_3 掺杂量陶瓷的晶格常数与晶胞体积

胞体积与 Y_2O_3 掺杂量的关系曲线可以划分为三段：第一段，Y_2O_3 掺杂量 0～0.50mol%，随 Y_2O_3 掺杂量增加，晶胞体积呈现快速减小趋势；第二阶段，Y_2O_3 掺杂量 0.50mol%～1.00mol%，随 Y_2O_3 掺杂量增加，晶胞体积呈现持续增大趋势；第三阶段，Y_2O_3 掺杂量 1.00mol%～1.50mol%，晶胞体积几乎不随 Y_2O_3 掺杂量增加而发生变化。根据目标化合物设计组成，$BaTiO_3$ 基陶瓷体系中已经包含起受主掺杂作用的 2.00mol% MgO，由于 Mg^{2+} 离子优先占据 $BaTiO_3$ 晶格中 B 位取代 Ti^{4+} 离子，迫使外掺 Y^{3+} 离子先取代 Ba^{2+} 离子直至其在钙钛矿结构的 A 位占位达到饱和[37]。ABO_3 型钙钛矿结构中 A 位和 B 位离子的配位数分别为 12 和 6。在等同的 12 配位情况下，Y^{3+} 的离子半径为 0.1234nm，远小于 Ba^{2+} 的离子半径 0.1610nm，因而 Y^{3+} 离子对 A 位 Ba^{2+} 离子的取代导致晶胞体积出现收缩。然而，当 Y_2O_3 掺杂量达到 0.50mol%时，Y^{3+} 离子取代 A 位已经饱和，随后继续掺入的 Y^{3+} 离子开始转向取代 B 位。由于在等同的 6 配位情况下，Y^{3+} 的离子半径 0.090nm 大于 Ti^{4+} 的离子半径 0.0605nm，因而 Y^{3+} 在 B 位的取代又引起晶胞体积出现膨胀[38]。当 Y_2O_3 掺杂量超过 1.00mol%时，晶胞体积变化已经不再明显，说明过量掺杂的 Y^{3+} 离子开始在晶界聚集，对晶胞体积影响减弱。根据以上分析，可以初步预判 Y_2O_3 在 MgO 掺杂 $BaTiO_3$ 基体中的固溶限接近 1.00mol%。

与掺杂量相关的不同 Y^{3+} 离子取代占位形式必然影响陶瓷的显微结构演化[39]。图 5-25 示出不同 Y_2O_3 掺杂量 $BaTiO_3$ 基陶瓷的 SEM 照片。

很明显，所有样品烧结良好，均呈现出均匀致密的细晶结构，晶粒发育完整，测试的相对密度大于 96%。这一结果说明，以水热法合成的 $BaTiO_3$ 纳米粉体为前驱体，有利于烧结制备适宜于构建薄层结构的细晶陶瓷体。进一步，根据 SEM 照片，通过软件统计计算得到不同 Y_2O_3 掺杂量 $BaTiO_3$ 基陶瓷的平均晶粒尺寸，结果如图 5-26 所示。从图中可以发现，平均晶粒尺寸变化随 Y_2O_3 掺杂量增加也可以划分为三个阶段，两个转变点分别位于 0.50mol% 和 1.00mol%，这与图 5-24 中样品晶胞体积随 Y_2O_3 掺杂量的变化趋势一致。因而，可以确定 Y^{3+} 离子对于 $BaTiO_3$ 晶格中 A 位或 B 位的不同取代影响陶瓷显微形貌发生相应变化。当 Y_2O_3 掺杂量低于 0.50mol%时，Y^{3+} 离子对 A 位 Ba^{2+} 离子的不等价取代导致阳离子空位生成以进行电价补偿，空位的出现有利于加速物质与能量传输，引起晶粒尺寸持续增大。但是，当 Y_2O_3 掺杂量增大到 0.50mol% 以上时，Y^{3+} 离子由于在 A 位占位饱和转而取代 B 位，即取代钙钛矿八面体中心的 Ti^{4+} 离子，并由此导致氧空位生成。已有文献报道氧空位的生成也有利于促进烧结，提升氧化物陶瓷的晶粒尺寸[40]。有趣的是，本实验中的观察结果不同于先前报道，呈现相反变化趋势。推测主要原因是当 Y_2O_3 掺杂量大于 0.50mol%时，同时存在 Y^{3+} 离子在钙钛矿结构中 A 位和 B 位的复合占位取代情况，基于电价补偿效应，会有大量施

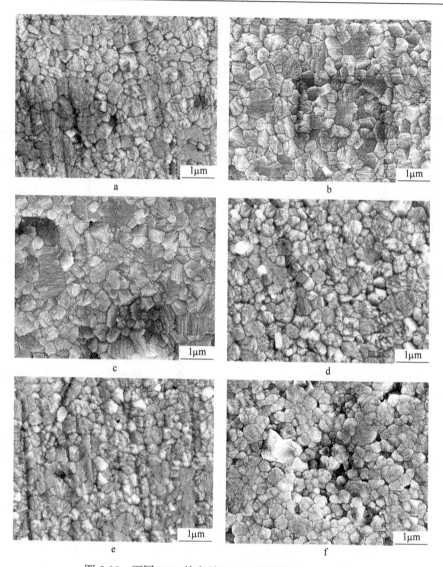

图 5-25   不同 Y_2O_3 掺杂量 $BaTiO_3$ 基陶瓷的 SEM 照片

a—0mol%；b—0.25mol%；c—0.50mol%；d—0.75mol%；e—1.00mol%；f—1.50mol%

受主复合缺陷（$Y'_{Ti} - Y'_{Ba}$）生成[37]。这些复合缺陷形成势垒阻碍氧空位有效迁移，因而抑制晶粒生长，导致在 Y_2O_3 高掺杂量时晶粒尺寸呈现减小趋势。另一个可能的原因是带正电的氧空位很容易被带负电的占据 Ti^{4+} 位的 Y^{3+} 离子所捕获[41]，由于缺陷偶极子（$2Y'_{Ti} - V^{\cdot\cdot}_O$）的生成束缚住大量 $V^{\cdot\cdot}_O$，因而也对物质输运和晶粒生长造成影响。进一步，当 Y_2O_3 掺杂量超过固溶限 1mol%，陶瓷晶粒尺寸依旧呈现减小趋势，但是幅度明显变缓。这一现象可归因于杂质拖拽机理，即过量 Y^{3+} 离子富集于晶界，起到晶粒生长抑制剂的作用[42,43]。

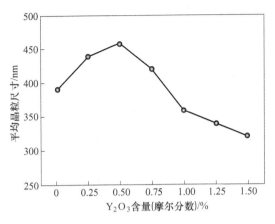

图 5-26 不同 Y$_2$O$_3$掺杂量 BaTiO$_3$基陶瓷的平均晶粒尺寸

为了进一步在纳米尺度明确 Y^{3+}离子在 BaTiO$_3$基陶瓷中的占位情况与固溶限位置，采用 TEM 与 EDS 技术对 Y$_2$O$_3$掺杂样品的显微组织与元素分布进行精确分析。图 5-27a 所示为未掺杂 Y$_2$O$_3$的 BaTiO$_3$基陶瓷 TEM 照片，从中可以清晰看到晶粒中存在 180°畴壁，且晶粒尺寸在 400nm 左右，与此前 SEM 观测结果一致。尽管 BaTiO$_3$陶瓷基体中已含有 2mol% MgO，但是在未掺杂 Y$_2$O$_3$的情况下陶瓷体内并没有观测到"芯壳"结构。与此相对比，从图 5-27b 可以看到，1mol% Y$_2$O$_3$掺杂的 BaTiO$_3$基陶瓷中出现典型的"芯壳"结构，"芯核"与"壳层"界面清晰可辨，其中"芯核"区域内含有大量 90°畴壁，这是四方 BaTiO$_3$铁电体的典型特征。此外，分别在不同区域——"芯核""壳层"和"晶界"选择 A、B 和 C 三点进行 EDS 分析，结果如图 5-27c 所示。由图 5-27c 可以看到，除了 Y^{3+}离子，其他元素在不同区域均呈现均匀分散。Y^{3+}离子较为特殊，在"壳层"中的含量远高于"芯核"，说明还原气氛烧结过程中稀土 Y^{3+}离子富集于"壳层"。Y^{3+}离子自身的梯度扩散特征有利于"芯壳"特征结构的形成，而这对于获得温度稳定型的电容器陶瓷至关重要。此外，在"晶界"处也能够检测到极少量的 Y^{3+}离子，说明 Y$_2$O$_3$在 BaTiO$_3$基陶瓷中的固溶限接近 1mol%，这也同时证实此前基于晶格畸变趋势和晶粒尺寸变化推测的 Y$_2$O$_3$固溶限位置是准确的。图 5-27d 为 Y$_2$O$_3$高掺杂量 2.00mol%～3.00mol% 时 BaTiO$_3$基陶瓷的 XRD 图谱。从图中可以看到，对于 Y$_2$O$_3$掺杂量远超固溶限的陶瓷样品，除钙钛矿相外，样品中出现第二相——Y$_2$Ti$_2$O$_7$焦绿石相。推测第二相产生的原因是超过固溶限，过量的 Y$_2$O$_3$会与体系中的 TiO$_2$发生反应，生成 Y$_2$Ti$_2$O$_7$[44,45]。然而，要准确地给出第二相的反应生成过程，还需要基于热力学与动力学理论，并结合精细微结构分析给出明确论证。

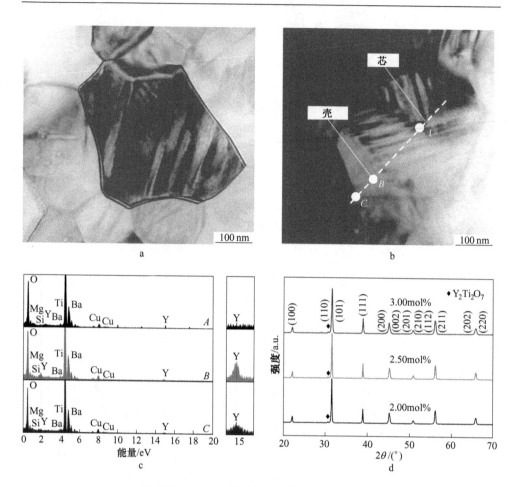

图 5-27　BaTiO₃ 基陶瓷的显微组织与元素分布

a—未掺杂 Y₂O₃ 的 BaTiO₃ 基陶瓷 TEM 照片；b—掺杂 1mol%Y₂O₃ 的 BaTiO₃ 基陶瓷 TEM 照片

（A、B 和 C 分别位于"芯核""壳层"和"晶界"位置）；c—A、B、C 不同位置的 EDS 谱；

d—Y₂O₃ 掺杂量 2.00mol%，2.50mol% 和 3.00mol% 的 BaTiO₃ 基陶瓷 XRD 图谱

5.5.2　BaTiO₃基陶瓷的电学性能与温度稳定性

交流阻抗谱是研究陶瓷材料微结构与电性能关系的一种十分有效的无损检测方法，通过构建合理的等效电路模型，能够基于阻抗谱测试数据拆分出晶粒、晶界以及缺陷界面等特征结构对陶瓷电学性能的贡献[46~48]。为了更深入地解析 Y₂O₃ 的掺杂机制，测试了不同 Y₂O₃ 掺杂量 BaTiO₃ 基陶瓷的交流阻抗谱，结果如图5-28a~g 所示。

从图5-28 中可以看到，所有的阻抗谱均呈现出畸变的半圆形状，说明有晶粒和晶界的共同贡献。为了获得可靠的不同掺杂量陶瓷样品的晶粒与晶界电阻

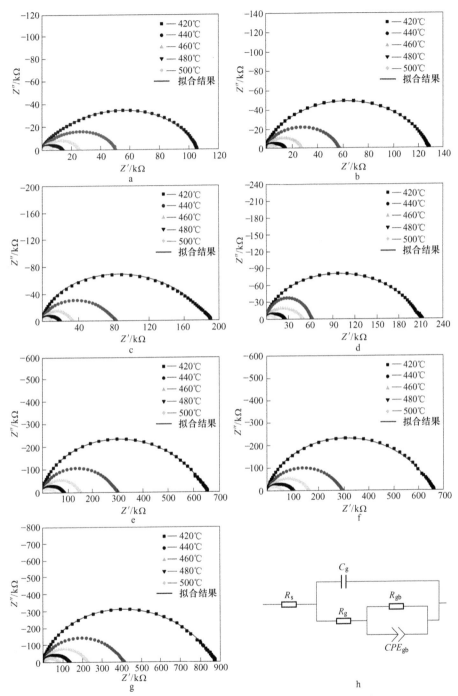

图 5-28 不同 Y_2O_3 掺杂量 BaTiO₃基陶瓷变温交流阻抗谱

a—0mol%; b—0.25mol%; c—0.50mol%; d—0.75mol%;
e—1.00mol%; f—1.25mol%; g—1.50mol%; h—等效电路分析模型

值，采用如图 5-28h 所示的等效电路模型对阻抗数据进行分析拟合[49,50]。在等效电路模型中，C_g 代表与电畴和偶极子转向相关的晶粒电容（方便起见，模型中"芯核"和"壳层"作为一个整体处理），R_g 代表晶粒电阻，CPE_{gb} 代表晶界电容，R_{gb} 代表晶界电阻。此外，电路模型中加入 R_s 作为补偿电阻，如来自导体等的贡献。根据实验数据拟合拆分出不同温度下样品的晶粒与晶界电阻，可以看出拟合曲线与实测数据符合很好。拟合所得的不同温度和 Y_2O_3 掺杂量对应的 R_g 和 R_{gb} 数值列于表 5-3 中。由表 5-3 可以看到，随 Y_2O_3 掺杂量增加，样品的晶粒电阻 R_g 起初呈现快速增大趋势，但是当掺杂量超过 1.00mol%，R_g 的变化不明显。另一方面，对于样品的晶界电阻 R_{gb}，起初随 Y_2O_3 掺杂量增加变化不大，但是当掺杂量达到 1.00mol%，R_{gb} 突然大幅增加，之后继续增加 Y_2O_3 掺杂量，R_{gb} 保持在较高数值。根据以上交流阻抗谱分析结果，可以明确 Y_2O_3 在 MgO 掺杂 $BaTiO_3$ 基体中的固溶限位于 1.00mol% 附近，这与通过 XRD，SEM 和 TEM 技术分析得到的固溶限位置完全一致。

表 5-3　不同 Y_2O_3 掺杂量 $BaTiO_3$ 基陶瓷的晶粒与晶界电阻

掺杂量（摩尔分数）/%	温度/℃	晶粒电阻/kΩ	晶界电阻/kΩ
0.00	420	3.25	105.50
	440	1.61	49.60
	460	0.91	25.27
0.25	420	14.30	114.40
	440	6.24	51.10
	460	2.82	25.74
0.50	420	20.13	172
	440	8.42	75.66
	460	3.98	35.82
0.75	420	34.57	185.50
	440	14.91	82.27
	460	6.41	41.76
1.00	420	79.28	580.10
	440	39.12	265.10
	460	19.91	136.60
1.25	420	66.27	607.10
	440	33.32	269.20
	460	17.37	154.50
1.50	420	87.35	794.50
	440	41.30	373.40
	460	22.82	209.60

在以上工作基础上，进一步解析 Y$_2$O$_3$ 掺杂对还原气氛烧结 BaTiO$_3$ 基陶瓷铁电与介电性能的影响。图 5-29 给出了不同 Y$_2$O$_3$ 掺杂量 BaTiO$_3$ 基陶瓷的室温 *P-E* 电滞回线。由图 5-29 可以看到，未掺稀土 Y$_2$O$_3$ 样品的 *P-E* 回线呈现出瘦长形回线特征，而并非常见的正常铁电体矩形回线特征，这可归因于 BaTiO$_3$ 基体中已经存在的 2.00mol% Mg^{2+} 离子的受主掺杂作用所致。随着 Y$_2$O$_3$ 的不断引入，剩余极化 P_r 逐渐增大，并在 Y$_2$O$_3$ 掺杂量为 0.50mol% 时获得最大值。随后，继续增加 Y$_2$O$_3$ 含量又引起 P_r 降低，特别是当 Y$_2$O$_3$ 含量超过固溶限时，*P-E* 回线呈现顺时针方向旋转，同时 P_r 降低幅度增大。

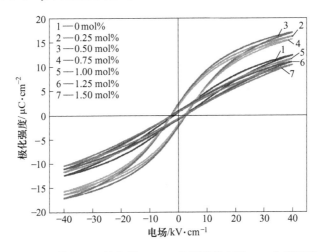

图 5-29　不同 Y$_2$O$_3$ 掺杂量 BaTiO$_3$ 基陶瓷的室温 *P-E* 电滞回线

根据图 5-29 测试所得 *P-E* 回线数据，依据如下公式计算陶瓷电容器的储能密度（*J*）[51,52]。

$$J = \int E dP \qquad (5-1)$$

式中，*E* 为施加电场强度；*P* 为极化强度。

图 5-30a 和图 5-30b 分别示出 BaTiO$_3$ 基陶瓷储能密度和相对介电常数与 Y$_2$O$_3$ 掺杂量的关系。

由图 5-30a 可见，适量的 Y$_2$O$_3$ 掺杂能够有效提升陶瓷样品的储能密度，其中最大储能密度 0.285J/cm^3 在 Y$_2$O$_3$ 掺杂量 0.50mol% 时获得，该数值优于相同电场强度 40kV/cm 条件下文献报道的 BaTiO$_3$-Bi(Mg$_{2/3}$Nb$_{1/3}$)O$_3$ 基陶瓷体系的储能密度（0.20J/cm^3）[53]。然而，继续升高 Y$_2$O$_3$ 掺杂量，储能密度又持续减小。对于高介电常数介电体，电位移 *D* 近似等于极化强度 *P*，由于 $D = \varepsilon_0 \varepsilon_r E$，上述储能密度的计算公式可以表达成另一种形式 $J = \int \varepsilon_0 \varepsilon_r E dE$。显然，与掺杂相关的相对介

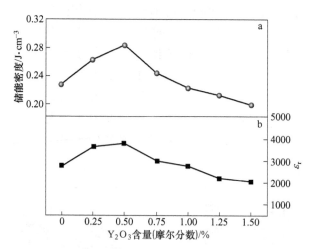

图 5-30　不同 Y_2O_3 掺杂量 $BaTiO_3$ 基陶瓷的储能密度和相对介电常数

a—储能密度；b—相对介电常数

电常数变化对储能密度大小有重要影响。图 5-30b 给出了 $BaTiO_3$ 基陶瓷相对介电常数与 Y_2O_3 掺杂量的关系。可以看到，在本实验研究的 Y_2O_3 掺杂量范围内，样品相对介电常数的变化趋势与储能密度的变化趋势相一致，二者起先均随 Y_2O_3 掺杂量的增加而增大，在 Y_2O_3 掺杂量为 0.50mol% 时出现拐点，转向持续减小。对于样品相对介电常数随 Y_2O_3 含量的变化关系，可以从与掺杂相关的内因和外因两方面进行解释。外因主要源于畴壁运动的贡献，当 Y_2O_3 加入 $BaTiO_3$ 基体中，Y^{3+} 离子优先取代 Ba^{2+} 位，起施主掺杂作用，促进畴壁运动，引起相对介电常数增加；然而，当 Y_2O_3 含量大于 0.50mol%，Y^{3+} 离子转向取代 Ti^{4+} 位，起受主掺杂作用，抑制畴壁运动从而导致相对介电常数减小[54]。另一方面，与晶体结构相关的内因也起一定作用。$BaTiO_3$ 的自发极化源自 TiO_6 八面体中 Ti^{4+} 离子的偏心位移，当 Y_2O_3 含量大于 0.50mol% 时，Y^{3+} 离子进入 Ti^{4+} 位，降低基体自发极化并减小四方度（如图 5-24 所示），结果也引起相对介电常数降低[55]。当 Y_2O_3 含量超过固溶限 1.00mol%，还原气氛烧结的 $BaTiO_3$ 基陶瓷相对介电常数仍呈下降趋势，该现象主要与晶粒尺寸减小对介电常数的影响相关[56]。

　　对于 BME-MLCC 瓷料，最为重要的性能衡量标准是烧结陶瓷的介电性能温度稳定性。图 5-31a 和图 5-31b 分别给出了不同 Y_2O_3 掺杂量 $BaTiO_3$ 基陶瓷与测试温度相关的介电常数、介电损耗和电容温度系数 TCC，其中 TCC 的计算公式如下：

$$TCC = \frac{\Delta C}{C_{25℃}} \times 100\% = \frac{C_T - C_{25℃}}{C_{25℃}} \times 100\% \tag{5-2}$$

式中，$C_{25℃}$ 为基准温度 25℃ 的电容值；C_T 为特定温度下的电容值。

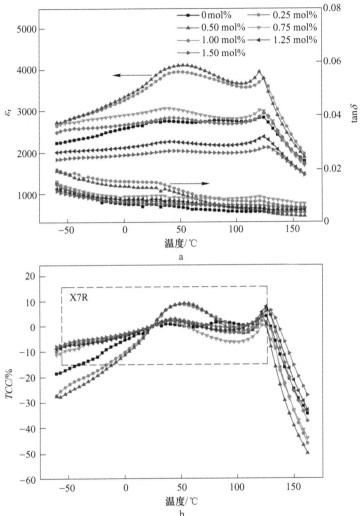

图 5-31　不同 Y_2O_3 掺杂量 $BaTiO_3$ 基陶瓷介电性能温度稳定性

a—介电常数和介电损耗的温度关系曲线；b—电容温度系数 *TCC* 的温度关系曲线

　　从图 5-31a 可以看出，Y_2O_3 掺杂陶瓷样品的介电常数温度谱呈现双峰现象，可以确定两个介电峰的出现源于 Y_2O_3 掺杂诱导陶瓷晶粒内生成特殊的"芯壳"结构所致，其中靠近室温的低温介电峰与"壳层"贡献相关，而 125℃附近的高温介电峰是居里峰，与"芯核"贡献相关[38,50]。当 Y_2O_3 掺杂量超过 0.50mol%，居里峰被压降的同时整个介温曲线变得更为平坦。此外，从介电损耗的温度关系曲线可以看到，所有样品介电损耗在−60~160℃的宽温区范围内均小于 2%。由于材料介电损耗与电容器工作时的电能消耗及发热量相关，本实验所制备的介电陶瓷具有较低的介电损耗，对于 BME-MLCC 应用极为有利。进一步，从图 5-31b 可以看到，尽管在低 Y_2O_3 掺杂范围内（≤0.50mol%），样品相对介电常数提升明显，但是电容温度稳定性并不满足商用 X7R 标准（−55～125℃，*TCC* ≤ ±15%）。当 Y_2O_3 掺杂量超过 0.50mol%，陶瓷样品的电容温度稳定性得到显著改善（特别是在低温区域），高 Y_2O_3 掺杂量 $BaTiO_3$ 基陶瓷的 *TCC* 曲线变得平坦且均满足 X7R 标准。

图 5-32 给出了 $BaTiO_3$ 基陶瓷的居里温度 T_c 与 Y_2O_3 掺杂量的变化关系。

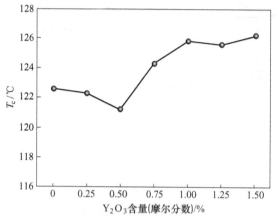

图 5-32　不同 Y_2O_3 掺杂量 $BaTiO_3$ 基陶瓷的居里温度 T_c

由图 5-32 可见，当 Y_2O_3 掺杂量超过 0.50mol%，样品居里温度 T_c 随 Y_2O_3 含量增加向高温方向迁移，这一变化趋势有利于介电温度稳定性的提升。根据相关研究报道[37,50]，对于具有"芯壳"结构的稀土改性 $BaTiO_3$ 基陶瓷，居里温度 T_c 的变化与"壳层"和"芯核"间的内应力大小相关。在本工作中，当 Y_2O_3 掺杂量超过 0.50mol%，引入的 Y^{3+} 离子部分占据"壳层"中的 Ti^{4+} 位置，由于 Y^{3+} 的离子半径大于 Ti^{4+} 的离子半径，这种取代导致"壳层"体积膨胀，由此增强的作用于"芯核"的拉应力促使 $BaTiO_3$ 基陶瓷居里温度 T_c 增大。另一方面，在高掺杂量下由于 Y_2O_3 改性"壳层"具有弱化的铁电特征，低温区域 *TCC* 曲线变得较为平坦。在所有满足 X7R 标准的样品中，Y_2O_3 掺杂量 0.75mol% 的样品室温下具有最大的相对介电常数（ε_r>3000）和较低的介电损耗（tanδ<1.5%）。此外，值得注意的是尽管 Y_2O_3 掺杂量 1.50mol% 的样品相对介电常数最低（接近 2000），但是其电容温度稳定性最优，甚至满足严格的 X8R 标准（−55～150℃，*TCC* ≤ ±15%）。研究还发现，在 Y_2O_3 含量低于 1.50mol% 的掺杂范围，所有样品的电阻率保持在 $10^{13}\Omega\cdot cm$ 数量级且击穿场强均大于 60kV/cm，说明改性的 $BaTiO_3$ 基陶瓷具有优良的绝缘特性和介电强度。但是，当 Y_2O_3 含量高于 1.50mol%，由于 $BaTiO_3$ 基体中出现 $Y_2Ti_2O_7$ 焦绿石相（如图 5-27d 所示），导致电绝缘性能发生劣化[44,50]。

本节主要介绍 $BaTiO_3$ 水热粉体稀土掺杂与 X7R 电容器陶瓷。研究揭示，以

水热合成的 $BaTiO_3$ 纳米粉体为前驱体，结合稀土 Y_2O_3 掺杂改性，可以构建出满足 X7R 标准的 BME-MLCC 瓷料。Y_2O_3 掺杂有利于在陶瓷体内形成"芯壳"结构，掺杂固溶限约为 1.00mol%。在低于固溶限的掺杂量范围内，以 0.50mol% 为转折点，低于该含量，Y^{3+} 离子优先占据 Ba^{2+} 位，而高于该含量，Y^{3+} 离子转向占据 Ti^{4+} 位。当 Y_2O_3 含量高于固溶限 1.00mol%，过量的 Y^{3+} 离子富集于晶界，引起晶粒尺寸持续减小和晶界电阻升高。通过调控 Y_2O_3 含量，可以显著改善以水热粉体为前驱体的 $BaTiO_3$ 基陶瓷电容温度稳定性，其中 Y_2O_3 掺杂量范围 0.75mol%~1.50mol% 的样品满足商用 X7R 标准，可应用于高品质 BME-MLCC 的制造。

5.6 本章小结

本章主要围绕水热法合成电子陶瓷与物性这一主题，分别介绍 $(K_{0.5}Bi_{0.5})TiO_3$ 陶瓷常规水热法合成与电学性能，$(K_{0.5}Bi_{0.5})TiO_3$ 陶瓷溶胶凝胶水热法合成与机制，KBT-BT 陶瓷溶胶凝胶水热法合成与介电性能，KBT-NBT 陶瓷溶胶凝胶水热法合成与压电性能和 $BaTiO_3$ 水热粉体稀土掺杂与 X7R 电容器陶瓷。小结如下：

（1）$(K_{0.5}Bi_{0.5})TiO_3$ 陶瓷常规水热法合成与电学性能。常规水热反应过程中 KBT 的成核生长符合溶解-结晶机理，KOH 浓度 12mol/L，温度 200℃，时间 48h，可合成纯钙钛矿相且平均粒径约 40nm 的 KBT 立方纳米颗粒，烧结陶瓷的介电性能优于溶胶凝胶法制备的 KBT。

（2）$(K_{0.5}Bi_{0.5})TiO_3$ 陶瓷溶胶凝胶水热法合成与机制。将溶胶凝胶技术与水热技术联用的溶胶凝胶水热法能够在低温和低矿化剂浓度下高效制备出高长径比的 KBT 铁电纳米线。溶胶凝胶水热合成纳米线的机理属于原位结晶机制，其中链状干凝胶起到自牺牲模板作用。

（3）KBT-BT 陶瓷溶胶凝胶水热法合成与介电性能。采用溶胶凝胶水热法合成高长径比的 KBT-BT 铁电纳米线。基于纳米线优良的烧结特性，1150℃制备出相对密度大于 97% 的 KBT-BT 陶瓷。样品具有较强介电弛豫特性，这与钙钛矿结构 A 位不同的离子占据相关。

（4）KBT-NBT 陶瓷溶胶凝胶水热法合成与压电性能。溶胶凝胶水热法能够于 160℃ 低温合成 KBT-NBT 铁电纳米线，相比常规溶胶凝胶法钙钛矿成相温度降低约 500℃。以纳米线烧结的致密 KBT-NBT 陶瓷室温介电与压电性能优于常规固相法和溶胶凝胶法制备陶瓷。

（5）$BaTiO_3$ 水热粉体稀土掺杂与 X7R 电容器陶瓷。以水热法合成的钙钛矿相 $BaTiO_3$ 纳米粉体为基料，结合稀土 Y_2O_3 掺杂改性，在还原气氛烧结环境中构建出具有"芯壳"结构，且电容温度稳定性满足商用 X7R 标准的细晶陶瓷，相关瓷料可用于 BME-MLCC 制造。

参 考 文 献

[1] Hiruma Y, Aoyagi R, Nagata H, et al. Ferroelectric and piezoelectric properties of $(Bi_{1/2}K_{1/2})$ TiO_3 ceramics [J]. Jpn. J. Appl. Phys., 2005, 44 (7A): 5040~5044.

[2] Hou Y D, Zhu M K, Hou L, et al. Synthesis and characterization of lead-free $K_{0.5}Bi_{0.5}TiO_3$ ferroelectrics by sol-gel technique [J]. J. Crystal Growth, 2005, 273: 500~503.

[3] Guo J J, Zhu M K, Li L, et al. Normal-relaxor ferroelectric modulation of a-site complex perovskite ferroelectric $(K_{1/2}Bi_{1/2})TiO_3$ by post-annealing [J]. J. Appl. Phys., 2017, 121: 014101.

[4] 施尔畏，陈之战，元如林，等. 水热结晶学 [M]. 北京：科学出版社，2004.

[5] 侯磊，侯育冬，宋雪梅，等. 水热法合成 $K_{0.5}Bi_{0.5}TiO_3$ 纳米陶瓷粉体 [J]. 无机化学学报，2006，22 (3): 563~566.

[6] 侯育冬，侯磊，杨建锋，等. 三种化学方法合成 $K_{0.5}Bi_{0.5}TiO_3$ 粉体的机理比较 [J]. 化学学报，2007，65 (10): 950~954.

[7] Liu J B, Wang H, Hou Y D, et al. Low-temperature preparation of $Na_{0.5}Bi_{0.5}TiO_3$ nanowhiskers by a sol-gel-hydrothermal method [J]. Nanotechnology, 2004, 15: 777~780.

[8] Hou Y D, Hou L, Zhao J L, et al. Lead-free Bi-based complex perovskite nanowires: Sol-gel-hydrothermal processing and the densification behavior [J]. J. Electroceram., 2011, 26: 37~43.

[9] Hou L, Hou Y D, Song X M, et al. Sol-gel-hydrothermal synthesis and sintering of $K_{0.5}Bi_{0.5}TiO_3$ nanowires [J]. Mater. Res. Bull., 2006, 41: 1330~1336.

[10] Hou Y D, Hou L, Zhu M K, et al. Synthesis of $(K_{0.5}Bi_{0.5})_{0.4}Ba_{0.6}TiO_3$ nanowires and ceramics by sol-gel-hydrothermal method [J]. Appl. Phys. Lett., 2006, 89: 243114.

[11] Deng X Y, Wang X H, Wen H, et al. Phase transitions in nanocrystalline barium titanate ceramics prepared by spark plasma sintering [J]. J. Am. Ceram. Soc., 2006, 89: 1059~1064.

[12] Hu Y M, Gu H S, Sun X C, et al. Photoluminescence and Raman scattering studies on $PbTiO_3$ nanowires fabricated by hydrothermal method at low temperature [J]. Appl. Phys. Lett., 2006, 88: 193120.

[13] Cui L, Hou Y D, Wang S, et al. Relaxor behavior of $(Ba, Bi)(Ti, Al)O_3$ ferroelectric ceramic [J]. J. Appl. Phys., 2010, 107: 054105.

[14] Si M J, Hou Y D, Ge H Y, et al. Bismuth-induced ferroelectric relaxor behavior in paraelectric $LaAlO_3$ [J]. J. Appl. Phys., 2011, 110: 094107.

[15] Smolenskii G A, Isupov V A, Agranovskaya A I, et al. New ferroelectrics of complex composition [J]. Sov. Phys. Solid State, 1961, 2: 2651~2654.

[16] Ishii H, Nagata H, Takenaka T. Morphotropic phase boundary and electrical properties of bismuth sodium titanate-potassium niobate solid-solution ceramics [J]. Jpn. J. Appl. Phys., 2001, 40: 5660~5663.

[17] Chu B J, Chen D R, Li G R, et al. Electrical properties of $Na_{1/2}Bi_{1/2}TiO_3$-$BaTiO_3$ ceramics [J]. J. Eur. Ceram. Soc., 2002, 22: 2115~2121.

［18］ Zhao S C, Li G R, Ding A L, et al. Ferroelectric and piezoelectric properties of (Na, K)$_{0.5}$Bi$_{0.5}$TiO$_3$ lead free ceramics ［J］. J. Phys. D, 2006, 39: 2277~2281.

［19］ Sasaki A, Chiba T, Mamiya Y, et al. Dielectric and piezoelectric properties of (Bi$_{0.5}$Na$_{0.5}$)TiO$_3$-(Bi$_{0.5}$K$_{0.5}$)TiO$_3$ systems ［J］. Jpn. J. Appl. Phys. , 1999, 38: 5564~5567.

［20］ Li Y M, Chen W, Zhou J, et al. Dielectric and ferroelectric properties of lead-free Na$_{0.5}$Bi$_{0.5}$TiO$_3$-K$_{0.5}$Bi$_{0.5}$TiO$_3$ ferroelectric ceramics ［J］. Ceram. Int. , 2005, 31: 139~142.

［21］ Jiang X P, Li L Z, Zeng M, et al. Dielectric properties of Mn-doped (Na$_{0.8}$K$_{0.2}$)$_{0.5}$Bi$_{0.5}$TiO$_3$ ceramics ［J］. Mater. Lett. , 2006, 60: 1786~1790.

［22］ Kim C Y, Sekino T, Niihara K. Synthesis of bismuth sodium titanate nanosized powders by solution/sol-gel process ［J］. J. Am. Ceram. Soc. , 2003, 86: 1464~1467.

［23］ Kreisel J, Glazer A M, Jones G, et al. An X-ray diffraction and Raman spectroscopy investigation of A-site substituted perovskite compounds: the (Na$_{1-x}$K$_x$)$_{0.5}$Bi$_{0.5}$TiO$_3$ (0 ≤ x ≤ 1) solid solution ［J］. J. Phys. : Condens. Matter, 2000, 12: 3267~3280.

［24］ Hou Y D, Zhu M K, Wang H, et al. Effects of atmospheric powder on microstructure and piezoelectric properties of PMZN-PZT quaternary ceramics ［J］. J. Eur. Ceram. Soc. , 2004, 24: 3731~3737.

［25］ Li Y M, Chen W, Xu Q, et al. Dielectric and piezoelectric properties of (Na$_{0.8}$K$_{0.2}$)$_{0.5}$Bi$_{0.5}$TiO$_3$ ceramics ［J］. J. Inorg. Mater. , 2004, 19: 817~822.

［26］ Wang X X, Tang X G, Chan H L W. Electromechanical and ferroelectric properties of (Bi$_{1/2}$Na$_{1/2}$)TiO$_3$-(Bi$_{1/2}$K$_{1/2}$)TiO$_3$-BaTiO$_3$ lead-free piezoelectric ceramics ［J］. Appl. Phys. Lett. , 2004, 85: 91~93.

［27］ Hou Y D, Hou L, Zhang T T, et al. (Na$_{0.8}$K$_{0.2}$)$_{0.5}$Bi$_{0.5}$TiO$_3$ nanowires: low-temperature sol-gel-hydrothermal synthesis and densification ［J］. J. Am. Ceram. Soc. , 2007, 90: 1738~1743.

［28］ Pan M J, Randall C A. A brief introduction to ceramic capacitors ［J］. IEEE Electr. Insul. Mag. , 2010, 26: 44~50.

［29］ 梁力平, 赖永雄, 李基森. 片式叠层陶瓷电容器 (MLCC) 的制造与材料 ［M］. 广州: 暨南大学出版社, 2008.

［30］ 梁瑞林. 贴片式电子元件 ［M］. 北京: 科学出版社, 2008.

［31］ Kishi H, Mizuno Y, Chazono H. Base-metal electrode-multilayer ceramic capacitors: past, present and future perspectives ［J］. Jpn. J. Appl. Phys. , 2003, 42: 1~15.

［32］ Hennings D F K. Dielectric materials for sintering in reducing atmospheres ［J］. J. Eur. Ceram. Soc. , 2001, 21: 1637~1642.

［33］ Kim C H, Park K J, Yoon Y J, et al. Role of yttrium and magnesium in the formation of core-shell structure of BaTiO$_3$ grains in MLCC ［J］. J. Eur. Ceram. Soc. , 2008, 28: 1213~1219.

［34］ Chan N H, Smyth D M. Defect chemistry of donor-doped BaTiO$_3$ ［J］. J. Am. Ceram. Soc. , 1984, 67: 285~288.

［35］ Kim J H, Yoon S H, Han Y H. Effects of Y$_2$O$_3$ addition on electrical conductivity and dielectric properties of Ba-excess BaTiO₃ [J]. J. Eur. Ceram. Soc. , 2007, 27: 1113~1116.

[36] Li L X, Yu J Y, Liu Y R, et al. Synthesis and characterization of high performance CaZrO₃-doped X8R BaTiO₃-based dielectric ceramics [J]. Ceram. Int. , 2015, 41: 8696~8701.

[37] Yao G F, Wang X H, Li L T. Study on occupation behavior of Y₂O₃ in X8R nonreducible BaTiO₃-based dielectric ceramics [J]. Jpn. J. Appl. Phys. , 2011, 50: 121501.

[38] Park K J, Kim C H, Yoon Y J, et al. Doping behaviors of dysprosium, yttrium and holmium in BaTiO₃ ceramics [J]. J. Eur. Ceram. Soc. , 2009, 29: 1735~1741.

[39] Kishi H, Kohzu N, Sugino J, et al. The effect of rare-earth (La, Sm, Dy, Ho and Er) and Mg on the microstructure in BaTiO₃ [J]. J. Eur. Ceram. Soc. , 1999, 19: 1043~1046.

[40] Zheng M P, Hou Y D, Ge H Y, et al. Effect of NiO additive on microstructure, mechanical behavior and electrical properties of 0.2PZN-0.8PZT ceramics [J]. J. Eur. Ceram. Soc. , 2013, 33: 1447~1456.

[41] Gong H L, Wang X H, Zhang S P, et al. Electrical and reliability characteristics of Mn-doped nano BaTiO₃-based ceramics for ultrathin multilayer ceramic capacitor application [J]. J. Appl. Phys. , 2012, 112: 114119.

[42] Hou Y D, Chang L M, Zhu M K, et al. Effect of Li₂CO₃ addition on the dielectric and piezoelectric responses in the low-temperature sintered 0.5PZN-0.5PZT systems [J]. J. Appl. Phys. , 2007, 102: 084507.

[43] Hu H C, Zhu M K, Xie F Y, et al. Effect of Co₂O₃ additive on structure and electrical properties of 85(Bi₁/₂Na₁/₂)TiO₃-12(Bi₁/₂K₁/₂)TiO₃-3BaTiO₃ lead-free piezoceramics [J]. J. Am. Ceram. Soc. , 2009, 92: 2039~2045.

[44] Yoon S H, Park Y S, Hong J O, et al. Effect of the pyrochlore (Y₂Ti₂O₇) phase on the resistance degradation in yttrium-doped BaTiO₃ ceramic capacitors [J]. J. Mater. Res. , 2007, 22: 2539~2543.

[45] Yao G F, Wang X H, Yang Y, et al. Effects of Bi₂O₃ and Yb₂O₃ on the Curie temperature in BaTiO₃-based ceramics [J]. J. Am. Ceram. Soc. , 2010, 93: 1697~1701.

[46] Irvine J T S, Sinclair D C, West A R. Electroceramics: characterization by impedance spectroscopy [J]. Adv. Mater. , 1990, 2: 132~138.

[47] Zheng M P, Hou Y D, Fu J, et al. Effects of cobalt doping on the microstructure, complex impedance and activation Energy in 0.2PZN-0.8PZT ceramics [J]. Mater. Chem. Phys. , 2013, 138: 358~365.

[48] Zheng M P, Hou Y D, Wang S, et al. Identification of substitution mechanism in group Ⅷ metal oxides doped Pb(Zn₁/₃Nb₂/₃)O₃-PbZrO₃-PbTiO₃ ceramics with high energy density and mechanical performance [J]. J. Am. Ceram. Soc. , 2013, 96: 2486~2492.

[49] Gong H L, Wang X H, Zhang S P, et al. Grain size effect on electrical and reliability characteristics of modified fine-grained BaTiO₃ ceramics for MLCCs [J]. J. Eur. Ceram. Soc. , 2014, 34: 1733~1739.

[50] Zhang J, Hou Y D, Zheng M P, et al. The occupation behavior of Y₂O₃ and its effect on the

microstructure and electric properties in X7R dielectrics [J]. J. Am. Ceram. Soc. , 2016, 99: 1375~1382.

[51] Ogihara H, Randall C A, Trolier-McKinstry S. High-energy density capacitors utilizing 0. 7BaTiO$_3$-0. 3BiScO$_3$ ceramics [J]. J. Am. Ceram. Soc. , 2009, 92: 1719~1724.

[52] Toprak A, Tigli O. Piezoelectric energy harvesting: state-of-the-art and challenges [J]. Appl. Phys. Rev. , 2014, 1: 031104.

[53] Wang T, Jin J, Li C C, et al. Relaxor ferroelectric BaTiO$_3$-Bi(Mg$_{2/3}$Nb$_{1/3}$)O$_3$ ceramics for energy storage application [J]. J. Am. Ceram. Soc. , 2014, 98: 559~566.

[54] Zheng M P, Hou Y D, Xie F Y, et al. Effect of valence state and incorporation site of cobalt dopants on the microstructure and electrical properties of 0. 2PZN-0. 8PZT ceramics [J]. Acta Mater. , 2013, 61: 1489~1498.

[55] Cui L, Hou Y D, Wang S, et al. Relaxor Behavior of (Ba, Bi)(Ti, Al)O$_3$ ferroelectric ceramic [J]. J. Appl. Phys. , 2010, 107: 054105.

[56] Arlt G, Hennings D, With de G. Dielectric properties of fine-grained barium titanate ceramics [J]. J. Appl. Phys. , 1985, 58: 1619~1625.

6 熔盐法合成电子陶瓷与物性

熔盐法是近年来发展较快的一类新型粉体化学合成工艺，该方法通过熔盐给反应体系提供液相环境，从而增强反应物的溶解性、流动性和扩散速率，有利于控制产物形貌尺度并降低合成温度。与水热法和溶胶凝胶法等化学法相比，熔盐法工艺流程相对简单，与固相法相似，易于与工业接轨，且熔盐一般选取水溶性无机盐，可以用水洗方式除去并经重结晶后循环使用，有利于环保和降低生产成本。本章主要介绍熔盐法合成几类重要的钙钛矿型电子陶瓷，包括 $KNbO_3$、$Na_{0.9}K_{0.1}NbO_3$、$La_{0.9}Bi_{0.1}AlO_3$ 和 $BaTiO_3$，重点解析熔盐法合成机理，致密化陶瓷与复相材料的构建及相关介电、铁电与压电性能。

6.1 $KNbO_3$陶瓷熔盐法合成与高温退极化性能

高温压电陶瓷在航空航天、军事武器、石油勘探和汽车电子等领域有着重要应用，特殊的高温环境通常需要压电陶瓷的工作温度高于 200℃，甚至 300℃。以往，铅基压电陶瓷以其优异的温度稳定性在高温压电器件领域得到广泛应用，但是由于铅的环境问题迫切需要发展高品质的无铅高温压电陶瓷进行替代。现有无铅压电材料体系中，$KNbO_3$单晶具有高居里温度 435℃ 和良好的压电性能，引起人们的关注[1~3]。但是，单晶制造成本高，通过常规固相法还难以制备出高致密性，不潮解且符合化学计量比的 $KNbO_3$ 陶瓷，限制了人们对其本征压电性能的认知和无铅压电器件应用。由于压电陶瓷的体积密度、化学均匀性及电学性能与前驱粉体物性有重要的关联性，因而，制备高性能 $KNbO_3$ 压电陶瓷的关键点之一是合成高活性的 $KNbO_3$ 超细粉体。熔盐法是一种简便易行的化学合成方法，熔盐形成的特殊液相环境在便于目标化合物低温制备与形貌调控的同时，也有利于提升产物颗粒的分散性[4~7]。在本节中，将介绍熔盐法在 $KNbO_3$ 纳米立方颗粒合成与高性能压电陶瓷制备方面的应用，重点讨论与煅烧温度相关的 $KNbO_3$ 晶形演化过程，熔盐合成粉体的烧结特性及高致密压电陶瓷体的高温退极化行为与相关机理。

6.1.1 $KNbO_3$超细粉体的熔盐法合成与致密化

实验采用 K_2CO_3 和 Nb_2O_5 为原料，以 KCl 为熔盐。选取 KCl 作为熔盐主要是因为其具有较低的熔点（770℃）且不引入杂质阳离子。首先，将 K_2CO_3、Nb_2O_5

和 KCl 按摩尔比 1∶1∶6 精确配料，以乙醇为介质球磨混料 24h。将混合物在
120℃烘干 6h 后，置于氧化铝坩埚中煅烧，升温速率控制在 8℃/min，煅烧温度
分别为 600℃、700℃、800℃和 900℃，保温时间 4h。冷却至室温后，用去离子
水多次洗涤产物以去除 KCl，直至滤液用 AgNO₃检测无白色沉淀。随后，选取适
宜粒度的 KNbO₃超细粉体，经成型后采用常规无压烧结工艺制备陶瓷，其中最佳
烧结工艺为烧结温度 1060℃，保温时间 2h，在该条件下获得的 KNbO₃陶瓷相对
密度高达 97%。合成材料的物性测试方法见 1.4.2 节。

　　图 6-1 所示为熔盐法不同煅烧温度产物的 SEM 照片。由图可见，低温 600℃
和 700℃煅烧产物颗粒尺寸较小，且存在明显的烧结颈现象，硬团聚较为严重。
相比而言，高温 800℃和 900℃煅烧产物分散性好，具有棱角清晰的立方块状形
貌。分析不同煅烧温度产物晶形差异的原因主要是因为 KCl 的熔点为 770℃，在
该温度以下煅烧熔盐混合物，难以生成大量液相促进熔盐反应有效进行，仍以固
相反应为主的机制导致产物形貌不规整，硬团聚现象严重。但是，当煅烧温度升
高到 KCl 熔点以上时，由于熔盐溶解，体系中出现大量液相，加速了原料的溶解
与扩散反应，从而实现了产物的规则结晶与分散性的提升[8]。

图 6-1　熔盐法不同煅烧温度产物的 SEM 照片
a—600℃；b—700℃；c—800℃；d—900℃

图 6-2 所示为不同煅烧温度产物的颗粒尺寸分布图。由图 6-2 可以看到，随着煅烧温度升高，产物平均颗粒尺寸逐渐增大。煅烧温度 600℃、700℃、800℃和 900℃对应的产物平均颗粒尺寸分别为 100nm、200nm、300nm 和 500nm。电子陶瓷的致密性以及显微组织结构的均匀性与前驱粉体的形貌和粒度等因素密切相关，通常分散性优良、结晶性好的超细粉体有利于高品质电子陶瓷的烧结制备。因而，根据以上实验结果，综合粒径尺寸大小与粉体形貌的规整度，在后续烧结实验中选取 800℃合成的 KNbO$_3$ 超细粉体制备压电陶瓷材料。

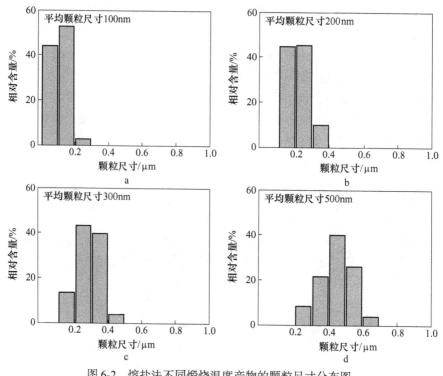

图 6-2　熔盐法不同煅烧温度产物的颗粒尺寸分布图

a—600℃；b—700℃；c—800℃；d—900℃

图 6-3 进一步给出了 800℃煅烧粉体的物相与微结构分析。

样品的室温 XRD 测试数据与 Rietveld 精修结果如图 6-3a 所示。结果显示样品结晶性优良，所有的衍射峰均对应于正交相 KNbO$_3$ 标准衍射卡片（JCPDS#32-0822），精修晶胞参数 $a = 0.5693$nm、$b = 0.5720$nm、$c = 0.3973$nm。图 6-3b 所示为产物的低倍 SEM 照片。由图可以看到，产物分散性良好，呈现立方块状形貌，平均颗粒尺寸约为 300nm。图 6-3c 所示为代表性的单一 KNbO$_3$ 颗粒 TEM 照片。产物呈现清晰的立方体外形，棱角分明，相关立方体结构示意图以内插图形式给出作为参考。同时，对 KNbO$_3$ 立方块样品进行 SAED 标定，结果如图 6-3d 所示。

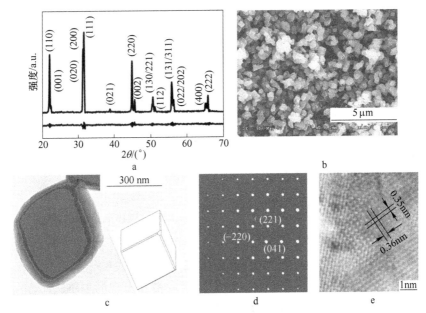

图 6-3 熔盐法 800℃煅烧粉体的物相与微结构分析

a—室温 XRD 图与 Rietveld 精修结果；b—低倍 SEM 照片；c—单一颗粒 TEM 照片

（内插图为作为比较的立方体示意图）；d—SAED 图；e—HRTEM 照片

标定结果表明产物为正交钙钛矿相，与 XRD 分析结果一致。此外，HRTEM 照片（如图 6-3e 所示）显示颗粒具有单晶结构，其中 0.36nm 和 0.35nm 的晶面间距分别对应于（130）和（112）。对样品还进行了 XRF 元素分析，结果显示 K∶Nb∶O 原子比为 1∶1∶3，同时残留 Cl⁻含量低于 0.2‰，确证熔盐法合成出符合化学计量比的高纯 KNbO₃超细粉体。

在本实验熔盐法制备过程中，低熔点 KCl 形成的熔盐液相环境能够显著增加反应物的扩散速率，提升反应活性，因而可在 800℃这一较低温度下实现结晶性优良的 KNbO₃超细立方块状粉体合成。在具体反应过程中，相对于 Nb₂O₅，K₂CO₃ 在 KCl 熔盐液相中的溶解度更高，导致易溶的 K₂CO₃ 扩散至难溶的 Nb₂O₅ 表面发生化合反应，生成 KNbO₃钙钛矿相产物，因而这里 Nb₂O₅实际起到自牺牲模板作用。此外，需要特别说明的是熔盐法还具有一些独特的技术优势：熔盐提供的高温离子液体环境，除了有利于加速化合反应进行，还能够有效抑制挥发性元素的缺失，这对于含碱金属元素的电子陶瓷粉体合成尤为重要。反应结束后，熔盐贯穿于产物颗粒间，很好地起到分散介质的作用，能够有效防止团聚现象发生。

从以上实验结果可以看到熔盐法 800℃合成的 KNbO₃超细粉体分散性良好且形貌规整，适合作为前驱粉体进一步烧结制备陶瓷体。图 6-4 所示为选用 800℃

合成粉体，采用常规无压烧结工艺于不同烧结温度制备的 $KNbO_3$ 陶瓷的相对密度变化。

由图 6-4 可见，样品最佳烧结温度为 1060℃，该温度下获得的 $KNbO_3$ 陶瓷相对密度最高，达到 97%。此外，需要说明的是由于 $KNbO_3$ 熔点低，导致陶瓷的致密化窗口较窄，因而在烧结制备过程中需要精确控制烧结温度，实验发现当烧结温度升至 1065℃ 时陶瓷已出现部分熔融现象。

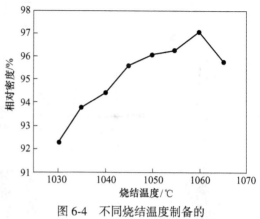

图 6-4   不同烧结温度制备的
$KNbO_3$ 陶瓷的相对密度变化

一些文献揭示，$KNbO_3$ 陶瓷烧结过程中 K_2O 的高挥发性导致难以获得高致密度且符合化学计量比的陶瓷烧结体，同时陶瓷中极易出现的 $K_4Nb_6O_{17}$ 杂相会引起高湿环境下 $KNbO_3$ 陶瓷的潮解现象[9,10]。为了研究基于熔盐法合成的 $KNbO_3$ 陶瓷的耐潮性，对样品进行浸水实验。图 6-5a 和图 6-5b 分别给出了基于传统固相法和熔盐法制备的陶瓷烧结体浸水实验光学照片。对比可见，相对密度仅为 90% 的传统固相法制备的 $KNbO_3$ 陶瓷吸湿性强，置于水中呈现出快速分解现象，而相对密度高达 97% 的熔盐法制备的 $KNbO_3$ 陶瓷在水中则极为稳定，未出现分解。

a   b

图 6-5 $KNbO_3$ 陶瓷浸水实验光学照片

a—传统固相法；b—熔盐法

图 6-6 进一步给出了熔盐法制备 $KNbO_3$ 陶瓷的 SEM 照片。由图 6-6 可以看到，样品断面为沿晶断裂模式，具有均匀致密的显微组织结构，平均晶粒尺寸约

为 4μm。以上实验结果说明熔盐法在制备耐潮型高致密度 KNbO₃ 陶瓷中具有重要作用，该方法也有望推广于其他类型高致密度碱金属铌酸盐电子陶瓷的可靠制备。

图 6-6 熔盐法制备 KNbO₃ 陶瓷的 SEM 照片

6.1.2 KNbO₃陶瓷高温退极化行为及相关机理

选用熔盐法制备的高致密 KNbO₃ 陶瓷进行电学性能测试。图 6-7 所示为 KNbO₃ 陶瓷的直流电导率与温度的关系。

从图 6-7 中可以看到直流电导率随温度的变化趋势在 688K（415℃）和 498K（225℃）出现两个转变点，分别对应于居里温度 T_c 和正交-四方相变温度 T_{O-T}。两个转变点将关系曲线划分为三段，其中低温段、中温段和高温段拟合得到的活化能分别为

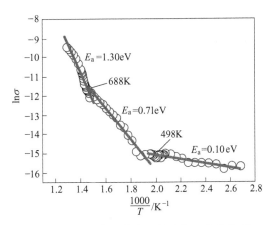

图 6-7 KNbO₃陶瓷直流电导率与温度的关系

0.10eV、0.71eV 和 1.30eV，说明测试温度范围内 KNbO₃ 陶瓷的导电机理与氧空位的一次电离、二次电离和定向迁移相关[11,12]。此外，室温测得 KNbO₃ 陶瓷的直流电阻率数量级大于 $10^{10}\Omega\cdot cm$，较高的电阻率确保在人工极化环节能够对样品施加高极化电场有效提升电畴定向程度，进而获得优良的压电性能。

为了表征基于熔盐法制备的 KNbO₃ 陶瓷的压电性能，对样品在硅油浴中进行人工极化，具体工艺为：极化温度 200℃，极化电场 3kV/mm，极化时间 30min。

室温老化 24h 后，测试样品的频率阻抗谱，结果如图 6-8 所示。由图 6-8 可见，KNbO$_3$ 陶瓷极化充分，谐振和反谐振频率区间的最大相位角 θ_{max} = 81°。充分极化的 KNbO$_3$ 陶瓷压电性能优良，压电应变常数 d_{33} = 105pC/N，机电耦合系数 k_p = 0.34。

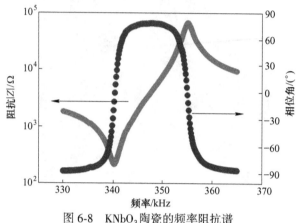

图 6-8　KNbO$_3$ 陶瓷的频率阻抗谱

　　表 6-1 列出了一些文献报道的 KNbO$_3$ 陶瓷压电性能数据以与本工作进行对比[9,13~16]。可以看到，现有文献报道的 KNbO$_3$ 陶瓷 d_{33} 最大值为 98pC/N[15]，仍低于本实验得到的 105pC/N。此外，需要特别说明的是，文献所设计的材料体系具体组成为 KNbO$_3$-0.002LaFeO$_3$，因而实际获得的 98pC/N 也并非纯 KNbO$_3$ 陶瓷的压电常数。因而，本工作具有重要的研究价值，基于熔盐法技术成功获得纯钙钛矿相的高致密 KNbO$_3$ 陶瓷，并实现该材料本征压电性能的可靠表征。

表 6-1　本实验与文献报道 KNbO$_3$ 陶瓷压电性能对比数据

组成	参考文献	d_{33}/pC·N^{-1}	k_p	烧结工艺
KNbO$_3$	本实验	105	0.34	常规烧结
KNbO$_3$	[9]	—	0.25	富氧烧结
KNbO$_3$	[13]	66.4	—	常规烧结
KNbO$_3$	[14]	91.7	0.28	常规烧结
KNbO$_3$-0.002LaFeO$_3$	[15]	98	0.17	富氧烧结
KNbO$_3$-0.01Co	[16]	—	0.16	常规烧结

　　另一方面，压电陶瓷的退极化行为对于压电器件的工作稳定性至关重要。在以上室温陶瓷性能研究的基础上，进一步在宽温区范围内（25～500℃）深入研究 KNbO$_3$ 陶瓷的结构与电学性能变化。图 6-9 所示为 KNbO$_3$ 压电陶瓷的原位变温 XRD 图谱，根据该图谱可以得到与温度相关的 KNbO$_3$ 相变序列。众所周知，正

交相的特征在于 45°附近（220）/（002）峰呈现劈裂态且（220）峰的强度约是
（002）峰的两倍；而四方相的特征在于 45°附近（002）/（200）峰呈现劈裂
态[3,17]。从图 6-9 可以确定钙钛矿结构的 KNbO₃陶瓷室温时为正交对称性（空间
群 Amm^2），到 225℃时转变为四方对称性（空间群 $P4mm$），而当温度升至 425℃
时（002）峰消失，表明此时陶瓷转变为立方对称性（空间群 $Pm3m$）。

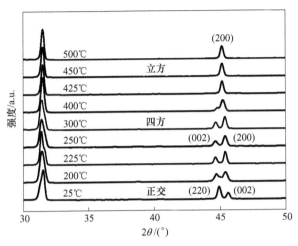

图 6-9　KNbO₃压电陶瓷的原位变温 XRD 图谱

进一步，采用 Raman 光谱技术分析不同温度 KNbO₃陶瓷的结构演变，结果
如图 6-10 所示。

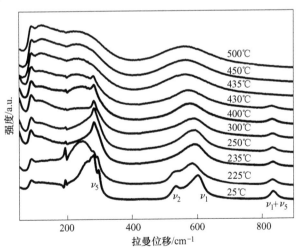

图 6-10　KNbO₃压电陶瓷的原位变温 Raman 光谱

理论上，KNbO₃钙钛矿结构具有 $4A_1 + 4B_1 + 3B_2 + A_2$ 的拉曼活性模式，这些
模式与 K⁺和 NbO₆八面体的拉曼特征振动相关[18,19]。在 NbO₆八面体内部振动模

式中，位于 $610cm^{-1}$ 附近的带状峰是 NbO_6 八面体的 ν_1 伸缩振动模式，位于 $280cm^{-1}$ 附近的带状峰是 NbO_6 八面体的 ν_5 弯曲振动模式。随着测量温度从 25℃ 增加到 225℃，ν_1 模的波数明显减小，对于 ν_5 模也观察到相似的变化趋势，可以确定这些变化与温度诱导的正交-四方相变行为相关[3,19]。此外，$860cm^{-1}$ 附近的 $\nu_1+\nu_5$ 模随测试温度的进一步升高而消失，这主要是高温下晶体结构向高对称性的立方相转变所致。以上拉曼测试结果给出的相变序列与 XRD 分析结果一致。

图 6-11a 所示为 $KNbO_3$ 压电陶瓷的压电应变常数 d_{33} 与退火温度的关系。室温下，$KNbO_3$ 压电陶瓷的 d_{33} 高达 105pC/N，优良的压电品质与熔盐法制备的陶瓷具有均匀致密的组织结构相关[10]。值得注意的是，d_{33} 在低温区域保持稳定的高值，200℃ 时，d_{33} 仍高于 100pC/N。然而，当退火温度接近 225℃ 的相变温度时，d_{33} 下降到 80pC/N，此后该数值仍可维持到 400℃。从以上实验结果可以看出，$KNbO_3$ 压电陶瓷的潜在工作温度范围是 25～225℃，以其为基体进一步改性有望发展可替代 PZT 的宽温区工作无铅压电陶瓷。此外，进一步升高退火温度至 400℃ 以上，d_{33} 呈现快速下降趋势并且在 500℃ 时减小至 0。图 6-11b 给出了 $KNbO_3$ 压电陶瓷不同测试频率的介电常数温度谱。结合先前变温 XRD 和 Raman 光谱分析以及变温直流电导率测试结果，可以确定高温转变点 415℃ 对应于居里温度 T_c，而低温转变点 225℃ 对应于 T_{O-T}[9]。居里温度处尖锐且无频率色散现象的介电峰表明 $KNbO_3$ 陶瓷样品结晶性好，结构致密且内部缺陷少。对比图 6-11a 和图 6-11b 可以看到，在两个相变点附近，压电性能均出现显著劣化现象，说明相变显著影响材料压电性能的温度稳定性。

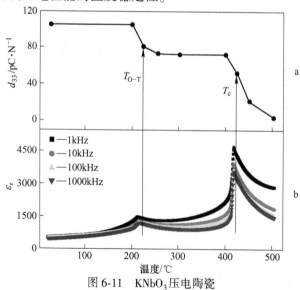

图 6-11　$KNbO_3$ 压电陶瓷

a—压电应变常数 d_{33} 与退火温度的关系；b—不同测试频率的介电常数温度谱

图 6-12 所示为室温 1Hz 测试条件下 KNbO₃压电陶瓷的 *P-I-E* 回线，其中原点附近的 *P-E* 回线以内插图形式给出。由 *P-I-E* 回线可以看出 KNbO₃压电陶瓷具有典型的铁电体特征，剩余极化 P_r 和矫顽场 E_c 分别为 $23\mu C/cm^2$ 和 7.6kV/cm。同时，*P-E* 回线呈现出非对称形状，计算得到的内偏场 $E_i = 0.48$kV/cm，说明材料内部有取向缺陷偶极子存在。

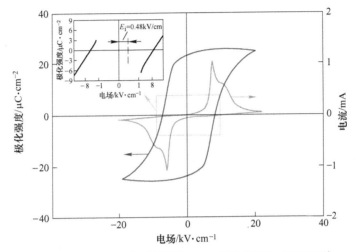

图 6-12   室温 1Hz 测试条件下 KNbO₃压电陶瓷的 *P-I-E* 回线

(内插图：原点附近 *P-E* 回线及内偏场)

近期的一些研究发现可以利用缺陷工程来调制压电材料的机电响应，其中典型的工作为控制氧空位 $V_O^{\cdot\cdot}$ 的迁移行为[20]。此外，由 $V_O^{\cdot\cdot}$ 和负电阳离子空位组成的缺陷偶极子 D 能够与电畴内的自发极化 P_s 相互作用，并导致大的电场诱导应变[21]。对于 KNbO₃陶瓷，由于高温烧结时不可避免地出现 K⁺挥发，将会在陶瓷体内形成一定量的阳离子空位 V_K'，同时 $V_O^{\cdot\cdot}$ 也会出现以平衡电价[22]。已有工作揭示大多数铁电体在通过铁电-铁电相变点（如 T_{O-T}）的热循环过程中，铁电极化能够得到一定程度的保留，这通常与内偏场对电畴取向的稳定作用相关。对于本实验制备的 KNbO₃陶瓷，经过人工极化，由 V_K' 和 $V_O^{\cdot\cdot}$ 构成的缺陷偶极子 D 将沿极化方向定向，由此产生的内偏场起到稳定铁电极化的作用[3]。因而，可以得到以下结论：KNbO₃陶瓷的退极化行为与相变导致的 P_s 旋转相关，同时缺陷偶极子 D 在稳定压电性能方面也起到重要作用。在相变温度附近的两相共存区域，由于与相结构相关的不同电畴之间具有相似的能量态，P_s 取向旋转较容易发生，而在非相变的温度区间，由于 D 与 P_s 的相互作用，将有利于稳定 P_s 使压电性能保持不变。

本节主要介绍 KNbO₃陶瓷熔盐法合成与高温退极化性能。研究揭示，采用熔盐法可以合成高分散性的 KNbO₃立方块状超细粉体，以其为前驱体烧结的陶瓷相对密度高达97%，室温压电应变常数 d_{33} 和机电耦合系数 k_p 分别为 105pC/N 和 0.34。进一步，高温退极化行为研究揭示缺陷偶极子 D 与自发极化 P_s 的相互作用有利于稳定 $KNbO_3$ 陶瓷的压电性能。

6.2 $Na_{0.9}K_{0.1}NbO_3$ 陶瓷熔盐法合成与电学性能

在上一节中，介绍了采用熔盐法，以 KCl（熔点 770℃）为熔盐，K_2CO_3 和 Nb_2O_5 为原料，于 800℃ 可以合成高分散的 $KNbO_3$ 立方块状超细粉体。与 $KNbO_3$ 相似，$NaNbO_3$ 也属于碱金属铌酸盐钙钛矿化合物。本课题组先前选用 NaCl 为熔盐（熔点 801℃），Na_2CO_3 和 Nb_2O_5 为原料，于 800℃ 也成功合成出高分散的 $NaNbO_3$ 立方块状超细粉体（注：由于 NaCl 熔盐体系中含有一定量氧化物和碳酸盐，实际体系熔点有所降低，因而 800℃ 已经能够形成熔盐液相）[23]。$(Na,K)NbO_3$ 是由 $NaNbO_3$ 和 $KNbO_3$ 构成的二元钙钛矿结构铌酸盐体系，以其优异的压电性能成为当前无铅压电陶瓷领域的研究热点之一[24,25]。但是，已有的此类材料研究多关注于钠钾比例 1∶1 的 $Na_{0.5}K_{0.5}NbO_3$ 体系，而对富钠 $Na_{0.9}K_{0.1}NbO_3$ 体系的研究报道相对较少，影响了人们对富钠体系本征电学性能的认知。基于熔盐法在 $KNbO_3$ 和 $NaNbO_3$ 合成中的成功应用，在本节中，将介绍采用熔盐法合成富钠 $Na_{0.9}K_{0.1}NbO_3$ 体系，重点解析与碱金属离子扩散速率相关的熔盐合成机制以及致密化陶瓷的介电与铁电性能。

6.2.1 $Na_{0.9}K_{0.1}NbO_3$ 纳米粉体的熔盐合成机制

实验采用 Na_2CO_3、K_2CO_3 和 Nb_2O_5 为原料，以等摩尔比的 NaCl-KCl 为熔盐（熔点 657℃）。首先，将 Na_2CO_3、K_2CO_3、Nb_2O_5 和 NaCl-KCl 熔盐按摩比 1∶1∶2∶12 精确配料，以乙醇为介质球磨混料 24h。将混合物在 120℃ 烘干 3h 后，置于氧化铝坩埚中煅烧，升温速率控制在 8℃/min，煅烧温度为 700℃，保温时间 4h。冷却至室温后，用去离子水多次洗涤产物以去除熔盐。本实验熔盐法工艺具有良好的重复性，可以量产 $Na_{0.9}K_{0.1}NbO_3$ 纳米粉体。进一步，以熔盐法合成的 $Na_{0.9}K_{0.1}NbO_3$ 纳米粉体为前驱体，经成型后采用常规无压烧结工艺制备陶瓷，具体烧结工艺为烧结温度 1250℃，保温时间 2h。为抑制碱金属元素挥发，烧结在同组成 $Na_{0.9}K_{0.1}NbO_3$ 粉体形成的保护气氛中完成。该条件下烧结获得的 $Na_{0.9}K_{0.1}NbO_3$ 陶瓷相对密度可达 96%。此外，采用传统固相法工艺制备 $Na_{0.9}K_{0.1}NbO_3$ 陶瓷以进行电学性能对比。合成材料的物性测试方法见 1.4.2 节。

图 6-13 所示为熔盐法合成粉体产物的 XRD 图谱。

从图 6-13a 可以看到，所有的衍射峰均对应于空间群 $Pbma$ 的正交钙钛矿相，在检测限内未发现第二相。为了便于比较，图 6-13b 和图 6-13c 分别给出了对应

于 $KNbO_3$ 标准衍射卡片（JCPDS# 32-0822）和 $NaNbO_3$ 标准衍射卡片（JCPDS#33-1270）的 XRD 数据。分析可见，熔盐法合成产物的衍射峰位于 $NaNbO_3$ 和 $KNbO_3$ 标准衍射峰之间，但更靠近 $NaNbO_3$。因而，可以初步推测产物成分接近于 $NaNbO_3$，为富钠（Na，K）NbO_3 体系，其中少量 K^+ 占据 $NaNbO_3$ 钙钛矿晶格 A 位。由于在等同的 A 位 12 配位环境下，K^+ 离子半径（0.164nm）大于 Na^+ 离子半径（0.139nm），因而 K^+ 离子部分占据 A 位会引起体系晶

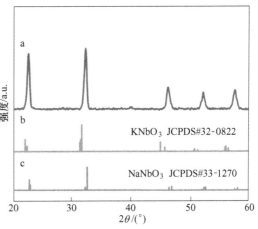

图 6-13　熔盐法合成粉体产物的 XRD 图谱
a—熔盐法合成产物的 XRD 图谱；b—$KNbO_3$ 标准
衍射数据；c—$NaNbO_3$ 标准衍射数据

格膨胀，衍射峰位相对于纯 $NaNbO_3$ 出现向低角度方向偏移现象。此外，精修得到产物的晶胞参数 $a = 0.55732nm$、$b = 1.56250nm$、$c = 0.55422nm$，低于 $Na_{0.5}K_{0.5}NbO_{3[26]}$，更接近于纯 $NaNbO_3$ 粉体（$a = 0.55625nm$、$b = 1.55495nm$、$c = 0.55138nm$），这一结果进一步说明合成产物中 Na^+ 含量高于 $Na_{0.5}K_{0.5}NbO_3$ 中的 0.5。

根据已报道的 $KNbO_3$-$NaNbO_3$ 二元体系相图[24,27]（如图 6-14 所示），推测本实验熔盐法合成的富钠固溶体系有可能是 $Na_{0.9}K_{0.1}NbO_3$。为了明确产物中钾钠元素计量比，采用 XRF 方法进行产物元素分析，结果显示 K：Na：Nb：O 摩尔比接近于 1：9：10：30，即产物确定为 $Na_{0.9}K_{0.1}NbO_3$。这一实验结果与此前文献报道的水热合成（Na,K）NbO_3 相似，尽管在该实验中使用等摩尔比的 NaOH 和 KOH 作为原料，但是实际得到的产物为富钠铌酸盐粉体，而非 $Na_{0.5}K_{0.5}NbO_3$[28]。熔盐法合成过程中，不同原料的溶解度差异对于反应速率和产物形貌有重要影响[29]。在本工作中，由于选用的 NaCl-KCl 熔盐的低共熔点为 657℃，因而在 700℃ 煅烧温度下反应体系中已有大量熔融液相生成。在碱金属氯化物熔盐液相环境中，相对于 Nb_2O_5、Na_2CO_3 和 K_2CO_3 具有更高的溶解度[30]。因而，易于分解形成的 Na^+ 和 K^+ 两种离子扩散至难溶 Nb_2O_5 颗粒的表面并与之发生扩散反应，生成碱金属铌酸盐钙钛矿相化合物。同时，对于合成含有多种金属阳离子的复杂氧化物来说，不同阳离子在熔盐液相中的扩散速率也需要考虑。与 K^+ 离子相比，Na^+ 离子在熔盐中的扩散速率要高出一个数量级[31]，因此，尽管本实验使用等摩尔比的钠钾碳酸盐作为原料，实际熔盐合成过程中由于高扩散速率的 Na^+ 离子会优先占据钙钛矿结构的 A 位，导致富钠 $Na_{0.9}K_{0.1}NbO_3$ 产物的生成。

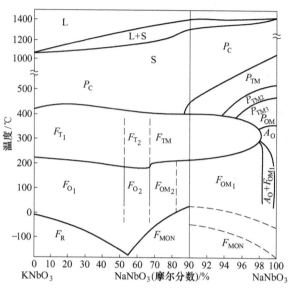

图 6-14　$KNbO_3$-$NaNbO_3$ 二元体系相图

使用 TEM 技术分析熔盐法合成 $Na_{0.9}K_{0.1}NbO_3$ 产物的形貌与颗粒尺寸，相关照片如图 6-15a 所示。由图可见，合成产物形貌为纳米片状，呈正方形，平均颗粒尺寸约为 40nm。图 6-15b 进一步给出样品的 SAED 图，分析确认衍射环分别对

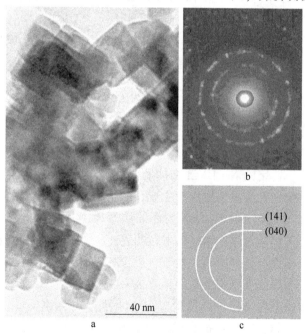

图 6-15　熔盐法合成产物

a—TEM 照片；b—SAED 图；c—SAED 标定结果示意图

应于（040）和（141）（如图 6-15c 所示），说明熔盐法制备出空间群为 *Pbma*（No. 57）的正交钙钛矿相。

6.2.2　不同方法制备陶瓷介电与铁电性能对比

以熔盐法合成的 Na$_{0.9}$K$_{0.1}$NbO$_3$ 纳米粉体为前驱体进一步烧结陶瓷材料，其断面 SEM 照片如图 6-16 所示。由图可见，基于熔盐法技术制备的陶瓷具有致密的显微组织结构，未见明显的气孔存在，晶界清晰，晶粒发育良好，晶粒尺寸范围为 1~10μm。同时，采用阿基米德法测试陶瓷的体积密度，计算得到样品的相对密度高达 96%。此外，XRF 元素分析结果确认陶瓷体内的各元素组成比例与使用的前驱粉体保持一致，证实烧结获得符合化学计量比的 Na$_{0.9}$K$_{0.1}$NbO$_3$ 陶瓷。在本工作中成功制备出高致密度的 Na$_{0.9}$K$_{0.1}$NbO$_3$ 陶瓷，技术方面主要归结于以下两点原因：一是因为熔盐法合成的纳米粉体具有较高的烧结活性，有利于促进陶瓷的致密化；二是由于无压烧结过程中采用同组成的 Na$_{0.9}$K$_{0.1}$NbO$_3$ 粉体构建保护气氛，有效抑制陶瓷体所含碱金属元素的挥发[32]。

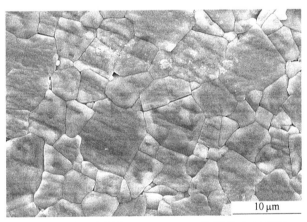

图 6-16　熔盐法制备 Na$_{0.9}$K$_{0.1}$NbO$_3$ 陶瓷的 SEM 照片

图 6-17a 所示为熔盐法制备 Na$_{0.9}$K$_{0.1}$NbO$_3$ 陶瓷的介电常数和介电损耗的温度关系曲线，对比起见，图 6-17b 给出了相同测试温度范围的传统固相法制备 Na$_{0.9}$K$_{0.1}$NbO$_3$ 陶瓷的介电常数和介电损耗的温度关系曲线。可以看到，不同方法制备的样品介温谱中均出现有两个明显的介电峰，其中位于 240℃ 的介电峰对应于正交-四方结构相变，而位于 400℃ 的介电峰对应于四方-立方居里相变。此外，增加测试频率，未观察到居里温度移动现象，说明制备的 Na$_{0.9}$K$_{0.1}$NbO$_3$ 陶瓷没有介电弛豫行为。值得注意的是，熔盐法制备的 Na$_{0.9}$K$_{0.1}$NbO$_3$ 陶瓷在测试温区内相对于传统固相法制备的同组分陶瓷具有更高的相对介电常数和更低的介电损耗，其中前者居里温度处的相对介电常数极值 ε_m 为 11790，几乎是后者 ε_m

值 5174 的二倍。该分析结果说明熔盐法制备的 $Na_{0.9}K_{0.1}NbO_3$ 陶瓷具有极为优异的介电性能。

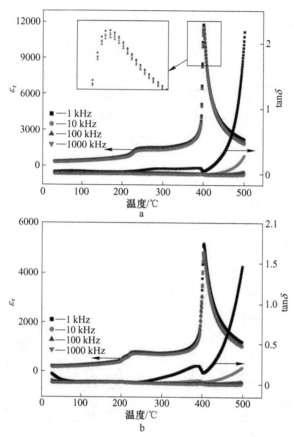

图 6-17　不同方法制备 $Na_{0.9}K_{0.1}NbO_3$ 陶瓷的介电常数和介电损耗的温度关系曲线

a—熔盐法（内插图为居里温度附近介温谱放大图）；b—传统固相法

图 6-18a 和图 6-18b 分别给出了熔盐法和传统固相法制备 $Na_{0.9}K_{0.1}NbO_3$ 陶瓷的 P-I-E 回线，测试条件为室温 1Hz。

从图 6-18a 和图 6-18b 可以看到，不同方法制备的两个陶瓷样品均显示出饱和电滞回线特征，说明 $Na_{0.9}K_{0.1}NbO_3$ 为正常铁电体，其中熔盐法制备陶瓷的剩余极化 P_r 值为 $17\mu C/cm^2$，优于传统固相法制备陶瓷的 P_r 值 $12\mu C/cm^2$，说明熔盐法制备的陶瓷铁电性更强。

本节主要介绍 $Na_{0.9}K_{0.1}NbO_3$ 陶瓷熔盐法合成与电学性能。研究揭示，采用熔盐法可以合成片状 $Na_{0.9}K_{0.1}NbO_3$ 纳米粉体。尽管引入反应体系的碳酸盐原料间钠钾摩尔比相同，但由于在熔盐液相环境中，Na^+ 离子相对于 K^+ 离子具有更高的扩散速率，导致最终熔盐反应生成富钠 $Na_{0.9}K_{0.1}NbO_3$ 产物。此外，对比不同

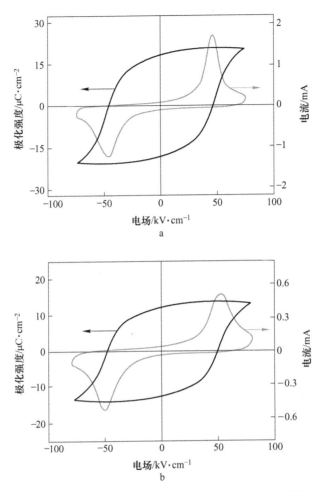

图 6-18 不同方法制备 Na$_{0.9}$K$_{0.1}$NbO$_3$陶瓷的 *P-I-E* 回线

a—熔盐法；b—传统固相法

方法制备 Na$_{0.9}$K$_{0.1}$NbO$_3$陶瓷的电学性能揭示，相对于传统固相法，熔盐法制备的陶瓷具有更为优异的介电和铁电性能，其中室温 P_r 和 ε_m 分别为 17μC/cm^2 和 11790。

6.3 La$_{0.9}$Bi$_{0.1}$AlO$_3$低温熔盐法合成与介电性能

高性能介电器件的快速发展对氧化物电介质的性能提出更高的要求，需要其在具有优良介电品质的同时，兼具良好的热学与化学稳定性[33~35]。在众多无铅氧化物材料中，LaAlO$_3$因具有宽带隙（5.6eV），相对较高的介电常数（20~27）和可达 2100℃ 的热稳定性而引起人们的广泛关注[36~38]。Bi^{3+}离子具有与 Pb^{2+}离子相似的 6s^2孤电子对构型，已有研究揭示在 LaAlO$_3$基体中引入强极性的 Bi^{3+}离子有利于提升材料介电性能[39]。近期，本课题组采用传统固相法制备 $LaAlO_3$-$BiAlO_3$ 二元系陶瓷，研究发现组成为 $La_{0.9}Bi_{0.1}AlO_3$ 的体系具有典型的介电弛豫行为[40]。尽管有关 $La_{0.9}Bi_{0.1}AlO_3$ 体系中铁电极性的起源问题仍存争议，但是该材料显著优于 $LaAlO_3$ 的介电性能使其在无铅介电器件应用方面极具发展潜力。然而，为了获得 $La_{0.9}Bi_{0.1}AlO_3$ 纯钙钛矿相，传统固相法需要高达 1100℃ 的煅烧温度以使原料混合物有足够能量克服离子扩散势垒，完成固相反应。但是传统固相法的高煅烧温度不仅耗能严重，而且会导致产物粉体颗粒尺寸较大且硬团聚严重。与传统固相法相比，熔盐法提供的熔融液相环境能够加速原料离子的扩散速率，有利于在降低反应温度和缩短反应时间的同时，获得亚微米，甚至纳米尺度的高活性氧化物粉体，并进一步促进高性能致密陶瓷体的烧结制备[3~5]。在本节中，将介绍低温合成纯钙钛矿相 $La_{0.9}Bi_{0.1}AlO_3$ 纳米晶的两步熔盐法新技术及相关反应机理。进一步，基于纳米晶的高烧结活性，制备致密的 $La_{0.9}Bi_{0.1}AlO_3$ 陶瓷并分析其介电行为。

6.3.1　$La_{0.9}Bi_{0.1}AlO_3$ 纳米粉体的低温合成机制

实验采用两步熔盐法制备 $La_{0.9}Bi_{0.1}AlO_3$ 纳米晶，包括：第一步，机械球磨诱导置换反应；第二步，低温熔盐煅烧反应。首先，根据目标化合物 $La_{0.9}Bi_{0.1}AlO_3$ 的化学计量比精确称量原料 $Al(NO_3)_3 \cdot 9H_2O$，$Bi(NO_3)_3 \cdot 5H_2O$ 和 $La(NO_3)_3 \cdot 6H_2O$。接着，将上述原料与适量 NaOH 置于尼龙球磨罐中，以锆球为磨介，采用行星式球磨机球磨混料 12h，球磨转速设定为 400r/min。为了获得合适的熔盐平衡条件而不产生过量 NaOH，根据式（6-1），配料时 NaOH 与全部硝酸盐原料的摩尔比控制在 3：1。

$$xBi(NO_3)_3 \cdot 5H_2O + (1-x)La(NO_3)_3 \cdot 6H_2O + Al(NO_3)_3 \cdot 9H_2O + 6NaOH \rightarrow$$
$$Bi_xLa_{(1-x)}AlO_3 + 6NaNO_3 + (18-x)H_2O \quad (x=0.1) \qquad (6-1)$$

将球磨后的活化前驱体转移至氧化铝坩埚中进行煅烧，升温速率控制在 5℃/min，煅烧温度设定为 270~550℃，保温时间 3h。冷却至室温后，用去离子水多次洗涤产物以去除 $NaNO_3$ 副产物。该熔盐法工艺具有良好的重复性，可以量产 $La_{0.9}Bi_{0.1}AlO_3$ 纳米晶。进一步，以熔盐法合成的 $La_{0.9}Bi_{0.1}AlO_3$ 纳米晶为前驱体，经成型后采用常规无压烧结工艺制备陶瓷，具体烧结工艺为烧结温度 1300℃，保温时间 4h。该条件下烧结获得的 $La_{0.9}Bi_{0.1}AlO_3$ 陶瓷相对密度大于97%。此外，以 Bi_2O_3、La_2O_3 和 Al_2O_3 为原料，采用传统固相法工艺制备 $La_{0.9}Bi_{0.1}AlO_3$ 粉体和陶瓷以进行性能对比。合成材料的物性测试方法见 1.4.2 节。

图 6-19a 为 Bi、Al、La 的水合硝酸盐和 NaOH 的混合物经球磨处理后产物的 XRD 图谱，同时图中给出 $NaNO_3$ 衍射卡片（JCPDS#72-1213）标准数据作为参考。由图可见，球磨阶段发生机械化学诱导的置换反应，其中 $NaNO_3$ 是唯一可确

认的结晶化合物，而 Bi、Al、La 则是以非晶相形式存在。这一现象在此前报道的熔盐法合成 $LaAlO_3$ 实验中也曾出现[41]。分析认为在高速球磨过程中，基于机械化学原理，反应物之间出现离子置换，从而导致 $NaNO_3$ 原位结晶，同时生成含Bi、Al 和 La 的前驱非晶物相。需要说明的是，球磨阶段生成 $NaNO_3$ 不仅为后续熔盐反应提供非水低温熔盐助剂，而且作为 Lux-Flood 碱为化合反应提供氧离子[41]。此外，尽管通过现有 XRD 技术难以解析含 Bi、Al 和 La 的非晶物相结构，但是可以确定的是此类非晶相具有很高的反应活性，有利于在 $NaNO_3$ 熔盐液相中生成 $La_{0.9}Bi_{0.1}AlO_3$。图 6-19b 给出了不同温度煅烧产物的 XRD 图谱。在进行物相表征前，已经将水溶性的 $NaNO_3$ 通过水洗方法从产物中去除。由于没有$La_{0.9}Bi_{0.1}AlO_3$ 物相对应的 JCPDS 衍射卡片，这里采用 $LaAlO_3$ 的衍射卡片（JCPDS#70-4095）标准数据作为参考[40]。从图 6-19b 可以看到，270℃煅烧产物中未出现 Al 或 Bi 的结晶相，仅能观测到对应于 La_2O_3 的低强度衍射峰，该结晶相应来自活性前驱物的分解。当煅烧温度升高到 $NaNO_3$ 的熔点（308℃）以上时，从产物 XRD 图谱中可以看到一些新的衍射峰出现，分析确认这些衍射峰归属于$La_{0.9}Bi_{0.1}AlO_3$ 钙钛矿相。当煅烧温度升高至 550℃，反应完全生成$La_{0.9}Bi_{0.1}AlO_3$纯钙钛矿相，未检测到第二相。

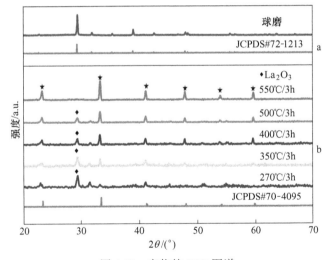

图 6-19　产物的 XRD 图谱

a—Bi、Al、La 的水合硝酸盐和 NaOH 的球磨产物 XRD 图谱；b—不同温度煅烧产物的 XRD 图谱，
其中菱形和星形符号分别代表 La_2O_3 和 $La_{0.9}Bi_{0.1}AlO_3$特征峰，同时
图中给出 $NaNO_3$（JCPDS#72-1213）和 $LaAlO_3$（JCPDS#70-4095）标准数据作为参考

作为对比，图 6-20 给出了传统固相法不同温度煅烧产物的 XRD 图谱。

当煅烧温度设定为 550℃时，产物中没有检测到 $La_{0.9}Bi_{0.1}AlO_3$钙钛矿相的特征峰，所有出现的衍射峰仍归属于 Bi_2O_3、La_2O_3 和 Al_2O_3原料。只有当煅烧温度

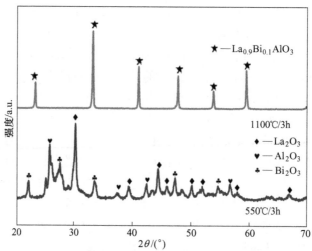

图 6-20　传统固相法不同温度煅烧产物的 XRD 图谱

升高到 1100℃，实验才获得 $La_{0.9}Bi_{0.1}AlO_3$ 纯钙钛矿相[40]。以上实验结果揭示传统固相法需要高温来推进固相反应完成，而与其相比，采用新颖的两步熔盐法在 550℃ 低温就能够合成出 $La_{0.9}Bi_{0.1}AlO_3$ 纯钙钛矿相，降低合成温度超过 500℃，节能优势极为明显。因此，低温熔盐法是一类极有发展前途的绿色化学合成方法[4,41]。

图 6-21 所示为熔盐法 550℃ 合成 $La_{0.9}Bi_{0.1}AlO_3$ 粉体的室温 XRD 图谱和 Rietveld 精修结果，同时 $La_{0.9}Bi_{0.1}AlO_3$ 的晶体结构示意图也以内插图形式给出。熔

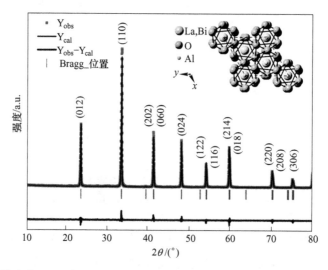

图 6-21　熔盐法 550℃ 合成 $La_{0.9}Bi_{0.1}AlO_3$ 粉体的室温 XRD 图谱和 Rietveld 精修结果

（内插图：沿 z 轴方向 $La_{0.9}Bi_{0.1}AlO_3$ 晶体结构投影图）

盐法合成的 $La_{0.9}Bi_{0.1}AlO_3$ 具有三方钙钛矿结构，空间群为 R-$3C$，精修得到的晶胞参数 a = 0.53661nm，c = 1.31208nm。

采用 TEM 与 EDS 技术进一步分析熔盐法 550℃ 合成 $La_{0.9}Bi_{0.1}AlO_3$ 粉体的形貌与成分组成，结果在图 6-22 中给出。

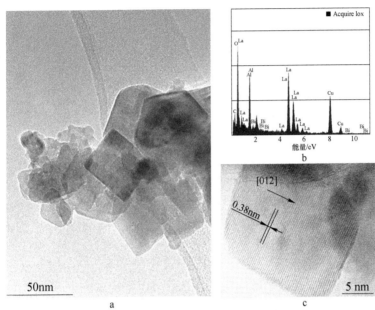

图 6-22　熔盐法 550℃ 合成 $La_{0.9}Bi_{0.1}AlO_3$ 粉体的结构

a—TEM 照片；b—EDS 图；c—HRTEM 照片

图 6-22a 所示为 $La_{0.9}Bi_{0.1}AlO_3$ 粉体的低倍 TEM 照片。由图可见，产物粉体呈现片状形貌，平均颗粒尺寸约为 50nm。图 6-22b 所示为 $La_{0.9}Bi_{0.1}AlO_3$ 纳米颗粒的 EDS 分析结果，可以看到产物包含 La、Bi、Al 和 O 元素，而检测到的 Cu 和 C 元素主要来源于载网支持膜，与样品组成无关。图 6-22c 进一步给出了纳米颗粒的 HRTEM 照片。清晰的二维晶格条纹表明样品结晶良好，无缺陷结构，图中晶面间距为 0.38nm，对应于（012）。

作为对比，图 6-23 给出了传统固相法合成的 $La_{0.9}Bi_{0.1}AlO_3$ 粉体的 SEM 照片。由于固相反应受限于界面扩散作用，反应势垒高，需要高达 1100℃ 的煅烧温度以实现 $La_{0.9}Bi_{0.1}AlO_3$ 纯钙钛矿相的合成。

图 6-23　传统固相法 1100℃ 合成 $La_{0.9}Bi_{0.1}AlO_3$ 粉体的 SEM 照片

因而，从图中可以看到极高的煅烧温度导致产物粉体硬团聚严重，颗粒尺寸较大且分布不均匀。因而，可以确定传统固相法合成的粉体烧结活性差，不适于构建组织结构均匀致密的高品质介电陶瓷材料。

6.3.2　$La_{0.9}Bi_{0.1}AlO_3$陶瓷的微结构与介电性能

纳米粉体具有高比表面积，烧结活性大，有利于构建高致密的陶瓷体。在前期两步熔盐法成功合成$La_{0.9}Bi_{0.1}AlO_3$纳米粉体的基础上，进一步选取550℃合成的纳米粉体为前驱体，烧结制备介电陶瓷材料。实验结果显示在烧结温度1300℃，保温4h可以制备出相对密度高达97%的致密$La_{0.9}Bi_{0.1}AlO_3$陶瓷中，其断面SEM照片在图6-24中给出。可以看到，陶瓷断面呈现沿晶断裂模式，晶界清晰，晶粒发育良好，显微组织结构致密均匀。

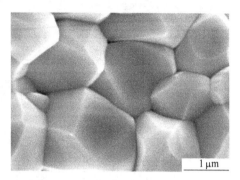

图6-24　基于熔盐法合成纳米粉体烧结制备的$La_{0.9}Bi_{0.1}AlO_3$陶瓷的SEM照片

图6-25所示为室温宽频范围内$La_{0.9}Bi_{0.1}AlO_3$陶瓷的介电常数和介电损耗变化曲线。与先前文献报道数据相比[39]，本实验制备的$La_{0.9}Bi_{0.1}AlO_3$陶瓷呈现更强的介电频率色散现象，说明由纳米粉体致密化获得的陶瓷具有强弛豫体特征。测试频率50Hz时$La_{0.9}Bi_{0.1}AlO_3$样品的相对介电常数ε_r为37.5，优于文献报道的$LaAlO_3$顺电体ε_r数值（20~27）[38,42]。分析认为，对于$La_{0.9}Bi_{0.1}AlO_3$陶瓷，具

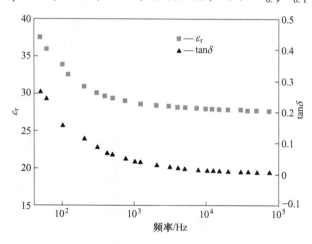

图6-25　室温宽频范围内$La_{0.9}Bi_{0.1}AlO_3$陶瓷的介电常数和介电损耗变化曲线

有 $6s^2$ 孤电子对的强极性 Bi^{3+} 离子部分取代钙钛矿结构 A 位的 La^{3+} 离子，诱导体系内部形成极性纳米簇，在外电场作用下，这些极性纳米簇的极化响应及相互作用导致材料出现介电弛豫行为以及增强的介电性能[43~46]。

本节主要介绍 $La_{0.9}Bi_{0.1}AlO_3$ 低温熔盐法合成与介电性能。研究揭示，采用新颖的两步熔盐法可以于低温 550℃ 合成纯钙钛矿相 $La_{0.9}Bi_{0.1}AlO_3$ 纳米晶，该合成温度是已知此类材料的最低合成温度。两步熔盐法中，第一步中粉体高速球磨处理可以实现两个目的：获得含 La、Bi 和 Al 元素的活化前驱物和原位置换反应合成低熔点 $NaNO_3$ 熔盐。与 $LaAlO_3$ 相比，以熔盐法合成的纳米晶烧结制备的 $La_{0.9}Bi_{0.1}AlO_3$ 陶瓷介电性能更为优异。本实验发展的两步熔盐法操作简单，能耗低且不使用添加剂，有望推广于其他电子陶瓷材料的低温高效制备。

6.4 BaTiO₃一维纳米结构熔盐拓扑合成与稳定性

一维铁电纳米结构在纳米光电器件领域有重要应用，其高质量合成是当前材料化学领域的研究热点。基于局部化学反应思路，将熔盐法与拓扑化学法相结合，发展出一类重要的功能材料形貌取向控制合成方法——熔盐拓扑化学法[7,47]。目前，该方法已成功用于片状和棒状等多种特殊形貌氧化物功能材料的制备[48~50]。钙钛矿结构氧化物 $BaTiO_3$ 具有自发极化特性，在介电与压铁电器件领域获得广泛应用。然而，由于 ABO_3 型钙钛矿结构本征的高对称性，一般液相法制备中 $BaTiO_3$ 很容易生长成立方块状形貌，因而合成高取向度的一维 $BaTiO_3$ 纳米结构仍具技术挑战性。如果能找到合适的非对称取向模板，采用熔盐拓扑化学法有望制备出一维 $BaTiO_3$ 纳米结构。依据 $BaO\text{-}TiO_2$ 相图（如图 6-26 所

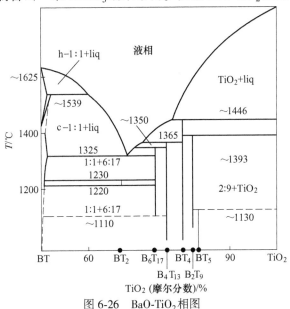

图 6-26 BaO-TiO₂相图

示)[51]，分析发现亚稳化合物 BaTi₂O₅（BT2）是合适的模板候选材料，因为该化合物不仅容易自发生长成一维取向结构，而且具有与目标化合物 BaTiO₃ 相似的 [TiO₆] 八面体基元。在本节中，将介绍熔盐拓扑化学法合成一维 BaTiO₃ 纳米结构，详细分析一维 BaTi₂O₅ 前驱模板的生成过程及 BaTi₂O₅ 与 BaTiO₃ 间的拓扑转变机理。

6.4.1　一维 BaTi₂O₅ 模板的熔盐法合成与结构

熔盐拓扑化学法合成一维 BaTiO₃ 纳米结构的技术路线主要包括两步。第一步，合成一维 BaTi₂O₅ 前驱模板。将原料 BaCO₃ 和 TiO₂ 与 NaCl-KCl 复合熔盐按照 1∶2∶20 的摩尔比称量，球磨混合 30min。然后，将球磨混合物置于氧化铝坩埚中，于 850℃、875℃ 和 900℃ 煅烧 1h、5h 和 9h。在该阶段，反应物于 NaCl-KCl 熔盐中分解、扩散与重组，生成 BaTi₂O₅ 前驱模板。反应结束后，通过水洗方法去除产物中的熔盐，直至滤液用 AgNO₃ 试剂检验无白色沉淀为止。第二步，拓扑构建一维 BaTiO₃ 纳米结构。将第一步合成的 BaTi₂O₅ 前驱模板与 BaCO₃ 和 NaCl-KCl 复合熔盐球磨混合，摩尔比控制在 1∶1∶40。在煅烧热处理前，先对球磨混合物进行热分析以制定合理的工艺制度，测试所得的 TG-DSC 曲线如图 6-27 所示。对比起见，同时对纯 NaCl-KCl 复合熔盐进行热分析，结果也如图 6-27 所示。分析发现，纯 NaCl-KCl 复合熔盐的熔点为 657℃，而包含熔盐的球磨混合物熔点有所降低，为 643℃，这主要是由于熔盐体系成分复杂化引起低共熔点降低。根据热分析实验结果，为了系统研究反应体系实际熔点前后温度驱动的产物形貌演化规律，分别设定煅烧温度为 600℃、650℃、700℃、800℃、900℃ 和 1000℃，保温时间 5h。反应结束后，以水洗方式去除产物中的 NaCl-KCl 复合熔盐。合成材料的物性测试方法见 1.4.2 节。

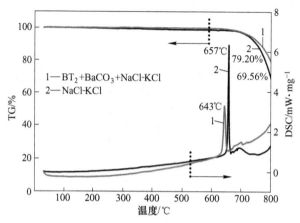

图 6-27　球磨混合物的 TG-DSC 热分析曲线

图 6-28 给出了熔盐法合成 $BaTi_2O_5$ 模板不同煅烧工艺条件下的 XRD 相结构演化。当煅烧条件为 850℃/5h 和 875℃/1h 时，尽管已经生成 $BaTi_2O_5$ 主相，但是 XRD 图谱中仍可以看到未反应的 $BaCO_3$ 和 TiO_2。升高煅烧温度或延长保温时间均有助于合成纯 $BaTi_2O_5$。当煅烧条件为 875℃/5h，875℃/9h 或 900℃/5h 时，产物均为 $BaTi_2O_5$ 纯相，在检测限内未发现其他杂相。实验合成的 $BaTi_2O_5$ 为空间群 $A2/m$ 的单斜相（JCPDS#70-1188）。

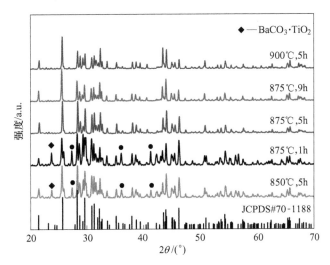

图 6-28　熔盐法不同工艺条件下合成 $BaTi_2O_5$ 的 XRD 图谱

为了分析不同煅烧工艺条件下产物的形貌演化，测试了样品的 SEM 照片，结果如图 6-29 所示。

从图 6-29 可以看到，煅烧条件为 875℃/1h 和 850℃/5h 时，产物主要呈现棒状形貌，但是仍可以观察到少量块状颗粒。延长保温时间或升高煅烧温度，这些块状形貌的颗粒物消失，得到分散均匀的 $BaTi_2O_5$ 纳米棒。这主要是由于优化反应条件，熔盐中原料的溶解，扩散和反应能力加强，有利于获得纯相产物。作为合适的前驱模板，要求氧化物具有高取向且均匀的组织形貌。基于上述不同实验条件产物 SEM 照片对比分析，在后续熔盐拓扑合成 $BaTiO_3$ 实验中，选取 875℃/5h 制备的具有最优一维取向形貌的 $BaTi_2O_5$ 作为模板。此外，对该样品进行 XRF 组成分析，结果显示 Ba：Ti：O 的原子比为 1：2：5，确证纳米棒为符合化学计量比的 $BaTi_2O_5$。同时，XRF 分析显示残留 Cl^- 含量低于 0.2‰，说明熔盐已基本从产物中分离干净[23]。

图 6-30a 给出了 875℃/5h 制备的 $BaTi_2O_5$ 模板的 TEM 照片。从图中可以看到，纳米棒具有清晰光滑的表面，没有表面非晶层出现。图 6-30b 进一步给出了 $BaTi_2O_5$ 纳米棒的 HRTEM 照片，从中可以观察到模板更多的微观结构细节。纳米

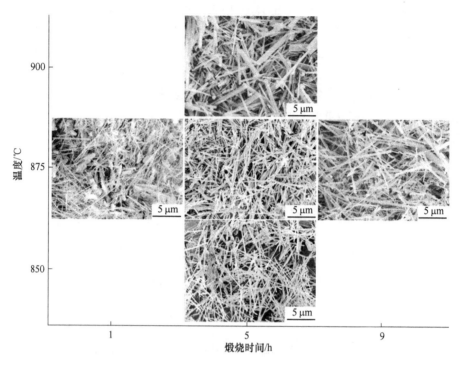

图 6-29   熔盐法不同煅烧工艺条件合成 BaTi$_2$O$_5$的 SEM 照片

棒的局部放大区域呈现单晶组织形态，0.8270nm 的晶面间距与 *c*/2 完全匹配，对应于 BaTi$_2$O$_5$的（002）晶面（内插图给出 BaTi$_2$O$_5$沿 *a* 方向投影的晶体结构示意图作为参考）。图 6-30c 和图 6-30d 为不同入射方向的 SAED 图，根据实验结果可以确定 BaTi$_2$O$_5$纳米棒的生长方向为［020］。

图 6-31a 示出单斜 BaTi$_2$O$_5$的晶体结构。BaTi$_2$O$_5$晶体结构中存在两类 Ba 位和三类 Ti 位，其中 Ba1 和 Ba2 位于（002）面和（001）面附近，而 Ti1、Ti2 和 Ti3 形成两种［TiO$_6$］八面体，即［Ti1O$_6$］和［Ti2O$_6$］，以及一种［Ti3O$_5$］五面体[52]。表 6-2 列出了不同［TiO$_n$］多面体间的连接模式，包括共边连接的［Ti1O$_6$］-［Ti2O$_6$］，［Ti2O$_6$］-［Ti2O$_6$］和［Ti2O$_6$］-［Ti3O$_5$］，共角连接的［Ti1O$_6$］-［Ti1O$_6$］，［Ti1O$_6$］-［Ti3O$_5$］和［Ti3O$_5$］-［Ti3O$_5$］。由于 BaTi$_2$O$_5$具有如此丰富的［TiO$_n$］多面体振动模式，其 Raman 谱图也比 BaTiO$_3$钙钛矿相的 Raman 谱图要复杂一些（如图 6-31b 所示）[53,54]。［TiO$_n$］多面体间不同的连接模式，特别是共边连接模式，导致 BaTi$_2$O$_5$很难获得稳定的单斜结构，只能存在于有限的温度范围内[51]。然而，需要特别指出的是如果 BaTi$_2$O$_5$亚稳结构具有一维形貌，它就非常适合作为自牺牲模板用于熔盐拓扑化学法合成一维 BaTiO$_3$纳米结构。

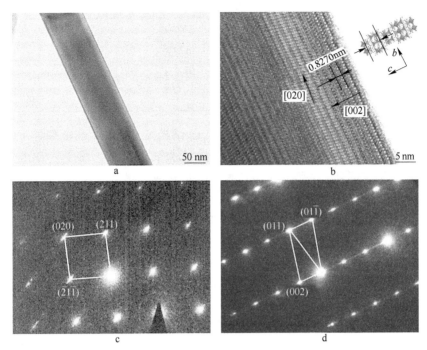

图 6-30 875℃/5h 制备的 BaTi₂O₅ 模板

a—TEM 照片；b—HRTEM 照片（内插图：与 HRTEM 方向一致的
BaTi₂O₅ 晶体结构示意图）；c，d—不同入射方向的 SAED 图

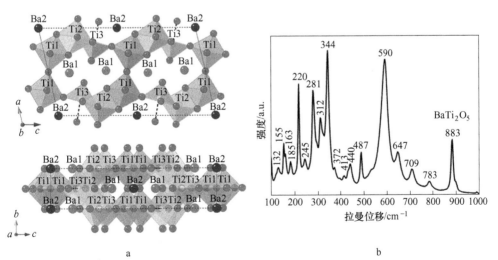

图 6-31 单斜 BaTi₂O₅ 晶体结构及 875℃/5h 制备的 BaTi₂O₅ 的 Raman 谱图

a—单斜 BaTi₂O₅ 晶体结构；b—875℃/5h 制备的 BaTi₂O₅ 的 Raman 谱图

表 6-2 $BaTi_2O_5$ 中不同 [TiO_n] 多面体间的连接模式

类型	$Ti1O_6$	$Ti2O_6$	$Ti3O_5$
$Ti1O_6$	共角连接	共边连接	共角连接
$Ti2O_6$	—	共边连接	共边连接
$Ti3O_5$	—	—	共角连接

根据以上实验结果与分析，提出 $BaTi_2O_5$ 纳米棒模板的生长机理如下：在初始态，$BaCO_3$、TiO_2 和 NaCl-KCl 熔盐通过机械球磨混合均匀。随后，当煅烧温度高于熔盐混合物熔点时，整个反应体系进入熔融液相状态。在高温液相环境中，$BaTi_2O_5$ 籽晶开始形核并沿一维方向生长，最终形成纳米棒模板。由于在 $BaTi_2O_5$ 晶体结构中，所有沿 b 轴（y）的原子坐标并不是准确位于 0.0 和 0.5，与 $A2/m$ 镜面间小的位移导致极轴（b 轴）形成[55]。因而，可以确定在熔盐环境下晶体生长的特定阶段，各向同性破缺将会发生，聚集的籽晶将沿 Ti^{4+} 和 O^{2-} 离子相对位移形成的极轴取向生长，即沿极性 b 轴确定的 [020] 方向生长[56]。另一方面，根据图 6-31a 所示 $BaTi_2O_5$ 晶体结构图，可以看到沿 b 轴方向键合的 [TiO_6] 八面体以共角模式连接，而沿 a 轴和 c 轴方向的 [TiO_6] 八面体间存在共边连接模式。根据鲍林规则，共角模式连接的 [TiO_6] 八面体结构更为稳定，因此 $BaTi_2O_5$ 易于沿极性 b 轴方向生长成纳米棒形貌。

6.4.2   一维 $BaTiO_3$ 纳米棒拓扑合成与稳定性

以 $BaTi_2O_5$ 纳米棒作为模板和反应物，进一步在 NaCl-KCl 复合熔盐中拓扑合成一维 $BaTiO_3$ 纳米棒。图 6-32 所示为不同煅烧温度拓扑合成 $BaTiO_3$ 的产物 XRD 图谱。由图可见，煅烧温度为 600℃时产物中有杂质出现，这主要是因为该煅烧温度未超过反应体系熔点（643℃），熔盐反应不完全所致。当煅烧温度升高到 650℃ 及以上时，产物均为纯 $BaTiO_3$ 钙钛矿相，同时，$2\theta = 45°$ 附近衍射峰劈裂程度增强说明升高煅烧温度诱导晶格发生畸变，四方度变大。

图 6-33 给出了不同煅烧温度拓扑合成 $BaTiO_3$ 产物的 SEM 照片。由图可见，升高煅烧温度引起产物的形貌发生变化。煅烧温度在 700℃ 以下时，实验成功拓扑合成出 $BaTiO_3$ 纳米棒，$BaTi_2O_5$ 模板的一维形貌得到很好的继承。选取 650℃ 煅烧产物进行 XRF 成分分析，结果显示 Ba：Ti：O 的摩尔比为 1：1：3，确证纳米棒为符合化学计量比的 $BaTiO_3$。然而，升高煅烧温度到 700℃ 以上时，纳米棒出现逐渐裂解现象。

为了更清晰地观察纳米棒的裂解现象，进一步拍摄了不同煅烧温度合成产物的表面形貌放大照片，结果在图 6-34 中给出。从图中可以看到，650℃ 合成的产物具有规整的纳米棒形貌（如图 6-34a 和图 6-34b 所示）；700℃ 时，产物形貌发

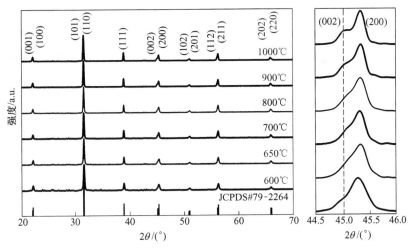

图 6-32　不同煅烧温度拓扑合成 BaTiO₃ 产物的 XRD 图谱

生变化，有不同界面的块状颗粒组装结构出现（如图 6-34c 和图 6-34d 所示）；煅烧温度升高到 800℃和 900℃时，块状颗粒组装结构更加明显，平直的晶体表面变得粗糙起伏（如图 6-34e~g 所示）；最终，当煅烧温度升高至 1000℃时，纳米棒完全分解成颗粒（如图 6-34h 所示）。以上实验结果说明熔盐拓扑化学法合成产物的最终形貌不仅与前驱模板形貌相关，而且受煅烧温度影响，只有在合适的煅烧温度下，产物才能够很好的继承模板的特殊形貌。

根据以上实验结果与晶体学数据，推测 BaTiO₃ 纳米棒的拓扑合成机制如下（如图 6-35 所示）：首先，升高煅烧温度，NaCl-KCl 熔盐形成液相，BaCO₃ 溶入熔盐液相中，扩散并包覆于一维 BaTi₂O₅ 模板表面，进一步通过界面反应生成 BaTiO₃ 壳层。相对于 BaTi₂O₅，BaCO₃ 更快的分解速率能够有效阻止一维模板的分解。最终，当剩余 BaCO₃ 扩散穿过 BaTiO₃ 壳层并与 BaTi₂O₅ 反应完全，生成纯钙钛矿相 BaTiO₃，并很好地继承了 BaTi₂O₅ 模板的一维形貌。拓扑反应能够完成的关键在于组装反应仅发生在局部区域，不涉及大范围的晶体结构重组，而归根结底，这主要源于产物 BaTiO₃ 与模板 BaTi₂O₅ 具有相似的八面体结构基元。

图 6-36 给出了拓扑过程中模板与产物的晶体结构转变示意图。

从图 6-36 可以看到，在 BaTi₂O₅ 模板的晶体结构中，Ti⁴⁺ 离子周边有 6 个 O²⁻ 离子。然而，由于一些 Ti—O 键的键长较长以至于难以成键，因而，BaTi₂O₅ 晶体实际上是由［TiO₅］五面体和［TiO₆］八面体组合而成，而 Ba²⁺ 填于间隙位置[52]。在拓扑转变过程中，［Ti3O₅］五面体通过从邻近共边连接的［Ti2O₆］八面体中获取一个 O²⁻ 离子而转变为［TiO₆］八面体。同时，为了获得较低的能量态，拓扑反应过程中所有共边连接的［TiO₆］八面体均转变为共角连接模式。结果，这些基元在局部范围内的有序组装促进产物有效继承模板的一维形貌，最

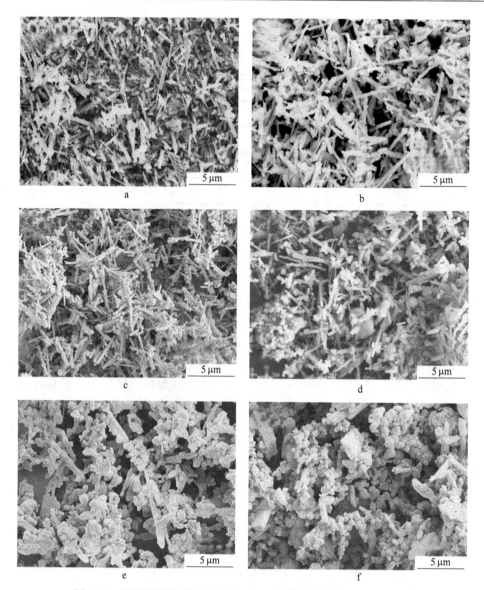

图 6-33　不同煅烧温度拓扑合成 BaTiO₃产物的形貌演化 SEM 照片

a—600℃；b—650℃；c—700℃；d—800℃；e—900℃；f—1000℃

终通过熔盐拓扑化学路线成功合成出 BaTiO₃纳米棒。另一方面，在稳定的钙钛矿晶体结构中，［TiO₆］八面体以 180°共角模式相互连接，任何对于该角度的偏离将会减小 Ti⁴⁺离子间的间距，引起其相互间排斥力的增加和来自负电荷 O²⁻屏蔽作用的减小[57]。因而，这种扭曲构型的自由能较大，结构不稳定。仔细观察 BaTi₂O₅的晶体结构（如图 6-31a 所示），可以看到 BaTi₂O₅从 b 轴方向看呈现扭曲的［TiO₆］八面体连接，共角八面体 Ti-O-Ti 的夹角小于 180°。因此，在拓扑

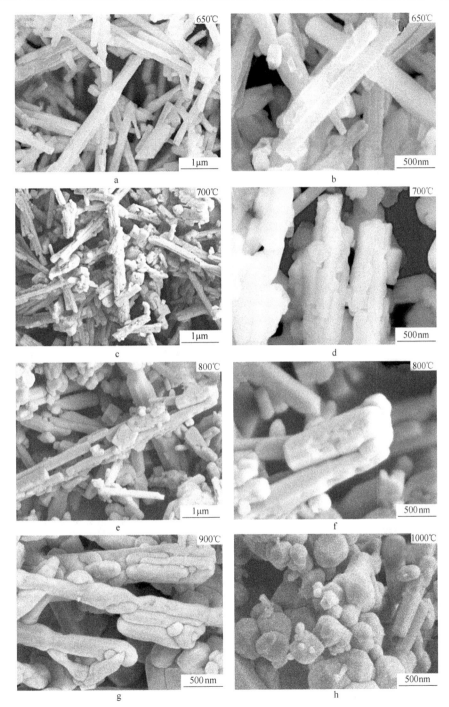

图 6-34 拓扑合成 BaTiO$_3$产物的不同放大倍数 SEM 照片

a, b—650℃；c, d—700℃；e, f—800℃；g—900℃；h—1000℃

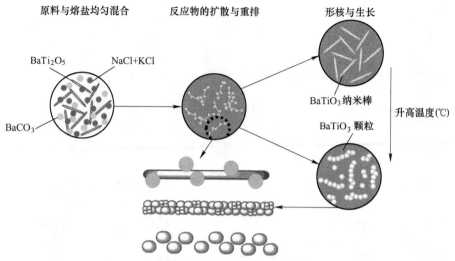

图 6-35　熔盐拓扑合成机制

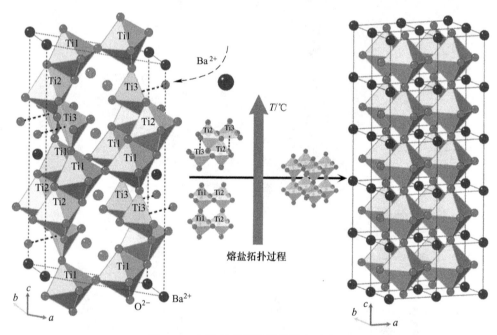

图 6-36　拓扑过程晶体结构转变示意图

（左：BaTi$_2$O$_5$，右：BaTiO$_3$）

化学反应过程中，具有扭曲 [TiO$_6$] 八面体连接模式的 BaTi$_2$O$_5$ 易于转变为能量更为稳定的钙钛矿相 BaTiO$_3$[58]。

　　但是，实验揭示在熔盐拓扑实验中，模板的一维形貌仅能在较低的煅烧温度下得到继承，高煅烧温度会引起纳米棒裂解成颗粒（如图 6-33 ~ 图 6-35 所示）。

分析认为，在熔盐液相环境中，与离子交换和扰动相关的反应过程极为复杂，本工作中推测温度驱动产物形貌演化的机理主要有两个：一个是与高温熔盐腐蚀作用相关的不稳度因素，另一个是四方度增强引起的内应力释放效应。前者曾用于解释一些纳米线的瓦解现象[59,60]。从图 6-34 可以看到，提升煅烧温度，样品表面呈现从光滑向粗糙转变的趋势，同时较深的槽纹逐渐形成，这些都可归因于高温熔盐的腐蚀作用所致。当煅烧温度足够高时，纳米棒完全破解成颗粒，而这些颗粒基于集成沉淀过程仍继续长大[57,61]。此外，从图 6-32 可以看到，高温下合成的样品具有较大的四方度。因此，有理由推测在降温过程中当通过居里温度时，具有较大四方度的样品由于内部较强内应力的释放，导致棒状形貌难以维持并最终裂解成颗粒。

本节主要介绍 BaTiO₃ 一维纳米结构熔盐拓扑合成与稳定性。研究揭示，具有一维取向的单斜 BaTi₂O₅ 可作为自牺牲模板使用，在由 BaTi₂O₅ 拓扑 BaTiO₃ 的过程中，共边连接的 [TiO₆] 八面体转变为共角连接模式以降低能量，这一转变不会破坏一维结构，因而模板的棒状形貌在产物中得到很好的继承。然而，BaTiO₃ 纳米棒只能在适宜的低温下合成。当煅烧温度较高时，增强的熔盐腐蚀作用和通过居里温度时内应力的释放效应引起纳米棒裂解成颗粒。

6.5　BaTiO₃颗粒熔盐法合成与复相材料介电性能

将有机介电聚合物与无机陶瓷颗粒复合而成的复相材料兼具优良的电学、力学与加工性能，在柔性电子器件，嵌入式电容器和储能元器件等领域都有着重要应用[62,63]。在复相材料中，以聚偏氟乙烯（PVDF）为基体的 BaTiO₃/PVDF（BT/PVDF）是研究最为广泛的体系之一。然而，为了大幅提升 BT/PVDF 的介电品质，尚有一些技术问题需要解决，如填料的介电性能优化和两相的界面相容性等。因此，深入研究 BaTiO₃ 填料与颗粒尺寸相关的铁电极化特性和与界面相容性相关的无机颗粒表面改性对于发展高性能 BT/PVDF 复相材料极为重要。在本节中，首先基于熔盐化学工艺通过改变煅烧温度合成不同颗粒尺寸的 BaTiO₃ 填料，详细分析填料的铁电尺寸效应。在此基础上，应用聚乙烯吡咯烷酮（PVP）对优选的强极性 BaTiO₃ 填料进行表面包覆，构建"芯壳"结构以改善界面相容性。进一步，应用热压工艺制备 PVDF 基复相材料，系统研究与填料含量、温度和频率等因素相关的电学性能。

6.5.1　不同尺寸 BaTiO₃ 颗粒合成与极化特性

熔盐法中煅烧温度是调节产物颗粒尺寸的重要技术手段，这主要是因为温升一般会引起熔盐黏度降低，这对于产物形核、扩散与生长都有重要影响。因此，为了研究 BaTiO₃ 颗粒的铁电尺寸效应，进而优选出强极性填料，本工作将通过大幅度改变煅烧温度以实现不同颗粒尺寸 BaTiO₃ 填料的高效合成。首先，将原料 BaCO₃ 和 TiO₂ 与 NaCl-KCl 复合熔盐按照 1∶1∶20 的摩尔比称量，球磨混合 30min。之后，将球磨混合物置于氧化铝坩埚中，在 600~1000℃ 温度区间以 50℃ 为温度间隔煅烧 5h。在该阶段，反应物于 NaCl-KCl 熔盐中分解、扩散与重组，生成 BaTiO₃ 产物。反应结束后，通过水洗方法去除产物中的熔盐，直至滤液用 AgNO₃ 试剂检验无白色沉淀为止。合成粉体的物性测试方法见 1.4.2 节。

图 6-37a 示出了熔盐法于不同煅烧温度合成 BaTiO₃ 粉体的 XRD 图谱。可以看到，在 600℃ 低温下有微量杂相生成，而在 650~950℃ 的宽广温区内熔盐法均能够合成出纯钙钛矿相 BaTiO₃ 粉体。纯 NaCl-KCl 复合熔盐的熔点为 657℃，包含熔盐的球磨混合物的熔点会因低共熔体的形成而进一步降低[58]。在熔盐液相环境中，由于反应物溶解性增强，扩散速率增加，相对于传统固相法，BaTiO₃ 的合成温度大幅降低[64,65]。然而，煅烧温度高于 1000℃，产物中出现 BaTi₂O₅ 杂相，这主要是高温下熔盐的挥发性增强所致[66]。进一步观察 XRD 图谱可以发现 2θ = 45° 附近的衍射峰形有明显变化，说明煅烧温度升高引起粉体晶格畸变[8]。为了细致分析 BaTiO₃ 粉体的相结构演化，对 2θ = 44.5°~46° 范围进行精细 XRD 扫描，结果如图 6-37b 所示。清晰可见，熔盐法合成 BaTiO₃ 粉体的相结构随煅烧温度升高呈现从赝立方向四方转变的趋势。特别是当煅烧温度高于 750℃ 时，双峰结构特征更为明显。

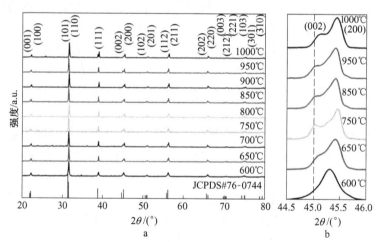

图 6-37　熔盐法不同煅烧温度合成 BaTiO₃ 产物的 XRD 图谱

a—宽衍射角范围；b—2θ = 44.5°~46°

对于不同煅烧温度合成的 BaTiO₃ 产物，应用扫描电镜技术观察粉体形貌特征与粒度分布情况。图 6-38 所示为 600~1000℃ 温度范围熔盐法合成粉体的 SEM 照片。

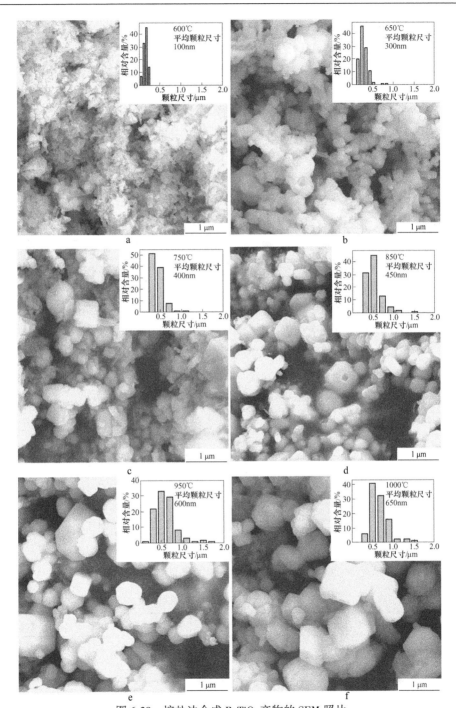

图 6-38   熔盐法合成 BaTiO$_3$ 产物的 SEM 照片

(内插图：合成粉体的颗粒尺寸分布图)

a—600℃；b—650℃；c—750℃；d—850℃；e—950℃；f—1000℃

　　由图可见，熔盐法合成产物均为分散性良好的固态结晶颗粒，无硬团聚现象。进一步根据 SEM 照片，采用图像处理软件分析不同煅烧温度合成样品的粒度分布情况，结果以内插图形式在图 6-38 中给出。可以看到，BaTiO$_3$产物的平均粒径随煅烧温度升高而逐渐增大，如：600℃时 BaTiO$_3$ 粉体的平均粒径仅为100nm，而 950℃时 BaTiO$_3$粉体的平均粒径已增大到 600nm。高温下熔盐黏度降低，促进晶体生长加速，导致晶粒尺寸出现增大现象[8]。

　　理论分析认为，BaTiO$_3$粉体的极化特性与颗粒尺寸和电畴构型密切相关，自发极化强度 P_s 与四方度 c/a 的关系可以用下式表达[67,68]：

$$P_s \sim (c/a)^{0.5} \tag{6-2}$$

　　在上式中，自发极化强度 P_s 正比于四方度 c/a，而后者受颗粒尺寸大小影响。为了系统比较不同颗粒尺寸粉体的微结构差异，分别选取 850℃、900℃ 和950℃煅烧温度合成的平均粒径 450nm、550nm 和 600nm 的三种 BaTiO$_3$ 粉体，应用 XRD 数据处理软件进行 Rietveld 精修（空间群为 $P4mm$）[8]。图 6-39 给出了三种粒径 BaTiO$_3$ 粉体的 XRD 测试图谱与 Rietveld 精修结果。表 6-3 进一步列出了不同产物的晶体学数据和结构精修参数。

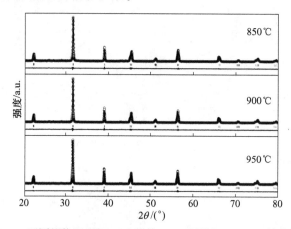

图 6-39　不同煅烧温度 BaTiO$_3$ 粉体 XRD 图谱与 Rietveld 精修结果

表 6-3　不同煅烧温度合成产物的晶体学数据和结构精修参数

煅烧温度/℃		850	900	950
晶体结构		四方晶	四方晶	四方晶
空间群		$P4mm$	$P4mm$	$P4mm$
晶胞参数	a/nm	0.399749（16）	0.399728（16）	0.399596（10）
	b/nm	0.399749（16）	0.399728（16）	0.399596（10）
	c/nm	0.402270（20）	0.402252（20）	0.402347（13）

续表 6-3

煅烧温度/℃		850	900	950
四方度	c/a	1.00630	1.00631	1.00688
晶胞体积	V/nm^3	64.282×10^{-3}	64.273×10^{-3}	64.245×10^{-3}
误差因子	$R_{wp}/\%$	11.9	13.1	13.6
	$R_p/\%$	8.60	9.49	10.1
	$R_{exp}/\%$	5.56	5.67	5.69
	χ^2	4.61	5.38	5.71

由表 6-3 可以看到，随煅烧温度升高，粉体四方度 c/a 逐渐增大。对于钙钛矿型铁电体，其铁电活性主要源于中心离子沿极轴的位移，因而四方度增大有利于铁电极性的增强。

此外，将钙钛矿型氧化物作为纯离子型晶体处理，可以根据下式估算自发极化强度 P_s 数值[69]：

$$P_s = \frac{e}{V} \sum_i Z_i'' \Delta i \qquad (6-3)$$

式中，V 为晶胞体积；Δi 为第 i 个离子沿铁电极轴的位移；Z_i'' 为表观电荷。

根据表 6-4 所给出的离子位移数据，可以通过式（6-3）计算出不同颗粒尺寸粉体的自发极化强度数值。图 6-40a 和图 6-40b 分别给出了四方度 c/a 和自发极化强度 P_s 与煅烧温度（颗粒尺寸）的关系。很明显，随颗粒尺寸从 450nm（850℃）增大到 600nm（950℃），自发极化强度 P_s 显著增大，这与表征晶格畸变度的四方度 c/a 的变化趋势相一致，其中 600nm 粒径的粉体具有最大 P_s 值（30μC/cm²），自发极化强度最强。以上研究结果说明 BaTiO₃ 粉体的自发极化强度与颗粒尺寸具有强关联性，且与文献报道的最大介电常数通常在 0.5~0.7μm 粒径范围内获得相一致[70~72]。因而，在后续实验中，将选取熔盐法合成的 600nm 粒径的强极性 BaTiO₃ 粉体作为填料构建 PVDF 基复相材料。

表 6-4 不同煅烧温度合成产物的离子位移 　　　　　　（nm）

煅烧温度/℃	850	900	950
$\Delta z(\text{Ti})$	0.000229	0.000669	0.002905
$\Delta z(O_I)$	0.005834	0.006423	0.007631
$\Delta z(O_{II})$	0.001620	0.001967	0.006116

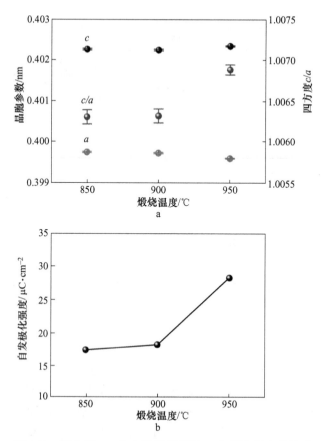

图 6-40　四方度 c/a 和自发极化强度 P_s 与煅烧温度的关系

a—晶胞参数 c、a 和四方度 c/a 与煅烧温度的关系；b—自发极化强度 P_s 与煅烧温度的关系

6.5.2　填料表面改性与复相材料的介电性能

选取熔盐法合成的自发极化强度最大的 600nm 粒径 $BaTiO_3$ 粉体构建 PVDF 基复相材料。复相材料的基本制备流程和 $BaTiO_3$ 填料的表面改性机理分别如图 6-41a 和图 6-41b 所示。

本实验中，PVDF 基复相材料的基本制备流程主要包括两步。第一步是采用聚乙烯吡咯烷酮（PVP）对 $BaTiO_3$ 填料表面进行包覆改性。选择 PVP 是因为其具有与蛋白质相似的结构特征，毒性较低[73,74]。首先，将 $BaTiO_3$ 颗粒加入到乙醇试剂中超声分散 1h，然后将 1wt%PVP 加入溶液中，继续超声 1h。将混合均匀的溶液置于离心机中，以 5000r/min 转速离心 3min，随后将沉淀物在 100℃烘干 24h，获得具有"芯壳"结构的 BT@PVP 填料颗粒。第二步是制备填充 BT@PVP 填料的 PVDF 基复相材料。首先，将粉状 PVDF 聚合物溶于 N,N-二甲基甲

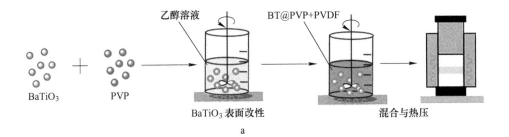

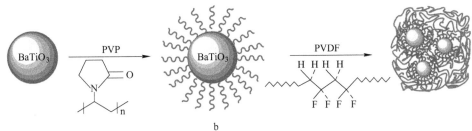

图 6-41　复相材料的基本制备流程和 BaTiO₃ 填料的表面改性机理

a—复相材料基本制备流程；b—BaTiO₃填料表面改性机理

酰胺（DMF）溶剂中。随后，将功能化的 BT@PVP 颗粒加入到溶解 PVDF 的溶液中，超声 1h 并在 50℃搅拌 4h。之后，在 100℃加热 24h 去除 DMF 溶剂。最后，采用热压技术实现 BaTiO₃体积分数 0~80vol% 的复相材料成型与致密化，设置工艺参数为：190℃，20MPa，10min。经过热压工序，实验获得致密的 BT@PVP-PVDF 复相材料。合成材料的物性测试方法见 1.4.2 节。

通常，复相材料中陶瓷填料的介电性能会影响外加电场在复相材料中的分布，从而影响复相材料的宏观介电性能。根据一些理论研究[75]，作用在复相材料中陶瓷颗粒上的平均电场 $E_{r,cera}$ 可以用下式描述：

$$E_{r,cera} = \frac{3\varepsilon_{r,poly}}{2\varepsilon_{r,poly} + \varepsilon_{r,cera} + f_{cera}(\varepsilon_{r,poly} - \varepsilon_{r,cera})} E_{app} \qquad (6-4)$$

式中，f_{cera} 为陶瓷颗粒的体积分数；$\varepsilon_{r,poly}$ 和 $\varepsilon_{r,cera}$ 分别为聚合物和陶瓷颗粒的介电常数；E_{app} 为外加电场强度。然而，值得注意的是，外加电场不仅作用于 BaTiO₃陶瓷颗粒以及聚合物基体上，也会作用在两者的界面以及产生的缺陷（比如孔洞）上。因此，式（6-4）也应该包括界面介电常数 $\varepsilon_{r,interface}$ 和孔洞介电常数 $\varepsilon_{r,voids}$，这也说明改善复相材料陶瓷填料与聚合物基体的界面相容性对于提高复相材料介电性能的重要性。

由于结构差异大，无机陶瓷填料与有机聚合物基体通常显示较差的界面相容性。尽管加入高介电常数铁电陶瓷颗粒对提升复相材料整体介电性能有益，但是同时也易诱导孔洞等界面缺陷出现形成畸变点，造成不均匀的电场分布，不仅会导致复相材料平均抗击穿强度下降，也会分散施加于铁电陶瓷颗粒上的电场，减弱其极化响应[76,77]。此外，高表面能的纳米尺度陶瓷填料的添加也极易造成复相材料内部出现相分离和团聚等问题，从而降低复相材料力学性能与介电品质等。通常，分散剂、表面活性剂以及偶联剂等的使用被认为能够有效增强纳米颗粒在聚合物基体中的分散性并改善界面相容性。在本实验中，选择了水溶性且环境友好的 PVP 作为表面改性剂，对 BaTiO₃ 填料进行表面修饰，以构建"芯壳"结构提升无机颗粒与有机基体的界面相容性。

图 6-42a 所示为熔盐法合成的未经表面处理的 BaTiO₃ 颗粒 TEM 照片。可以看出，熔盐法制备得到的 BaTiO₃ 颗粒结晶性良好，形貌规则，表面光滑。测量所得晶面间距 0.2843nm 和 0.2891nm 分别对应（110）和（101）晶面。图 6-42b 所示为经过 PVP 表面包覆改性后的 BaTiO₃ 颗粒 TEM 照片。可以清晰看到，在 BaTiO₃ 颗粒表面生成一层致密，尺度约为 6nm 的 PVP 包覆层，证明表面修饰实

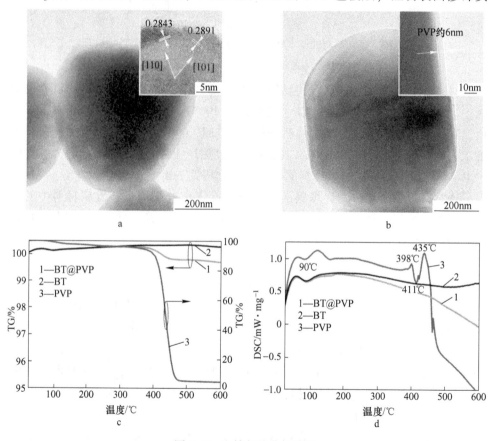

图 6-42　电镜与热分析表征

a—BaTiO₃ 的 TEM 照片；b—BaTiO₃@PVP 的 TEM 照片（内插图为样品表面 HRTEM 照片）；

c—BaTiO₃、BaTiO₃@PVP 以及纯 PVP 对应的 TG 曲线；d—DSC 曲线

验成功构建出"核壳"结构的 PVP 改性 BaTiO₃颗粒。同时，为进一步证明 PVP 成功接枝到 BaTiO₃颗粒表面，对未处理和经 PVP 处理 BaTiO₃颗粒以及纯 PVP 做 TG 和 DSC 分析，结果如图 6-42c 和图 6-42d 所示。对于表面改性的 BaTiO₃颗粒，TG 曲线显示在 380~480℃温度区间有明显失重，这主要是由于 PVP 分解造成的失重现象[78]。纯 PVP 的 DSC 曲线在 398℃、411℃和 435℃三个温度附近存在吸放热特征峰，其中 398℃处的放热峰对应 PVP 的结晶过程，411℃处的吸热峰对应于 PVP 的脱氢、碳化以及分解过程，更高温度 435℃的放热峰对应于积碳的燃烧消耗过程。相较于未经表面处理的 BaTiO₃颗粒，经 PVP 改性的 BaTiO₃颗粒的 DSC 曲线吸热过程较为明显，这主要是由于 PVP 的分解所造成的。基于以上电镜与热分析表征结果，可以确证 PVP 已经成功包覆至 BaTiO₃颗粒表面。

　　以 PVP 表面改性的 BaTiO₃粉体为填料，以铁电聚合物 PVDF 为基体，通过热压工艺制备出 BT@ PVP-PVDF 复相材料。同时，以未经 PVP 表面改性的 BaTiO₃为填料制备复相材料作为对比。图 6-43a 和图 6-43b 分别给出了以纯 BaTiO₃粉体和 PVP 表面包覆 BaTiO₃粉体为填料的复相材料液氮淬断断面 SEM 照片，其中，BaTiO₃填料体积分数均为 40%。相对于未表面改性的 BaTiO₃填料，应用 PVP 表面改性填料构建的复相材料显示出均匀的显微组织结构和良好的界面相容性，在淬断过程中，能够保持陶瓷颗粒与聚合物基体的紧密结合，并未出现分离现象。作为一种生物相容性的聚合物材料，PVP 在乙醇溶液中通过超声与搅拌能够与无机陶瓷颗粒 BaTiO₃建立键合作用[79,80]。另一方面，由于 PVDF 的含氟基团（C＝F₂）与 PVP 的羰基（C＝O）产生较强的偶极相互作用，使得 BT@ PVP 与 PVDF 基体间形成紧密结合的界面，从而显著改善界面相容性[81,82]。

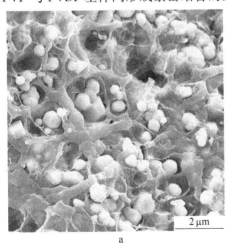

图 6-43　复相材料液氮淬断断面 SEM 照片

a—未表面改性 BaTiO₃填料；b—PVP 表面改性 BaTiO₃填料

因此，均匀分散的 BT@ PVP 颗粒，良好的界面相容性以及复相材料中极少的缺陷与孔洞，都有利于界面处电荷的累积，产生更强的界面极化以及能够显著增强作用在 $BaTiO_3$ 颗粒上的电场强度，从而提升复相材料整体介电性能。

图 6-44 所示为纯 $BaTiO_3$ 填料、纯 PVDF 粉体、热压后的 PVDF 片以及不同填料体积分数的 BT@ PVP-PVDF 复相材料的 XRD 图谱。由图可见，相较于钙钛矿相 $BaTiO_3$ 填料的强衍射峰，热压前后纯 PVDF 均呈现典型的非晶宽化特征峰。但是，对于复相材料，难以观察到 PVDF 特征峰，这主要是由于钙钛矿相无机填料强衍射峰的屏蔽效应所致。此外，原料 PVDF 粉体为 α 相，经过热压处理后，部分 α 相转变成 β 相。已知 PVDF 存在四种结晶结构[80,83,84]，其中 β 相是极化性能最强的铁电相，因此，热压以后形成的 β 相也有利于增强复相材料介电性能。

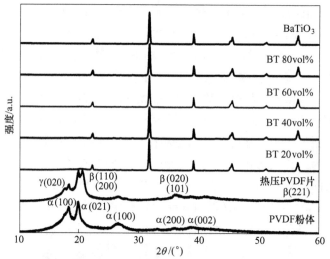

图 6-44　纯 $BaTiO_3$ 填料、热压前后 PVDF 以及

不同填料体积分数 BT@ PVP-PVDF 复相材料的 XRD 图谱

图 6-45 所示为室温（25℃）和 1kHz 测试条件下，不同填料体积分数复相材料的介电性能。在初始阶段，随着填料体积分数增加，BT@ PVP-PVDF 复相材料的介电常数快速增大。当复相材料中 $BaTiO_3$ 体积分数由 0 增大到 60%时，其介电常数由 11 显著增大到 115。与此同时，在相同填料体积分数范围内，BT@ PVP-PVDF 复相材料的室温介电损耗保持在较低水平（<0.02），这主要得益于 PVP 改性填料在 PVDF 基体中的均匀分散和界面结合紧密，缺陷较少所致。对于介电器件用复相材料，需要具有低介电损耗，以确保在电路使用中产热少，保证器件的工作稳定性。但是，从图 6-45 中可以看到，当填料体积分数进一步达到 80%时，介电常数又出现降低，同时介电损耗增加，这主要是由于复相材料中缺陷增多所导致[85]。

图 6-46a 和图 6-46b 所示为纯 PVDF 以及不同填料体积分数复相材料介电常

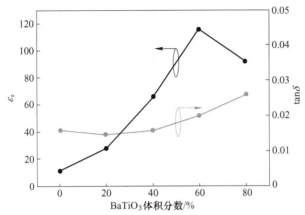

图 6-45　室温 1kHz 下不同填料体积分数复相材料的介电性能

数与损耗的频率依赖关系，测试条件为室温（25℃）和 0.1Hz～10MHz。从图 6-46a 中可以看出，各组分复相材料的介电常数在频率范围 1Hz～100kHz 中保持稳定。然而，在高于 100kHz 的频率范围时，随着测试频率增加，复相材料介电常数呈现下降趋势，尤其是高填料体积分数（>40%）的复相材料更为明显。高频下复相材料介电常数减小主要是由于 Maxwell-Wagner-Sillars（MWS）极化及空间电荷极化跟不上频率响应造成的，这在高填料体积分数复相材料中表现尤为突出[86,87]。此外，从图 6-46b 可以看出，相比于介电常数，复相材料的介电损耗随频率的变化趋势截然不同。在频率范围 0.1Hz～100Hz，出现高介电损耗值，这主要是由于陶瓷填料与聚合物基体之间较大的介电常数差异引起强界面极化所致[88]。80vol%BT@PVP-PVDF 复相材料相对于其他样品显示较高的介电常数和介电损耗，这主要源于该体系内部缺陷较多所致。同时，介电损耗频率曲线在 100Hz～100kHz 范围内保持稳定，当频率继续增加到 10MHz 时，介电损耗突然增大，这是基体 PVDF 聚合物的玻璃转化弛豫过程的典型特征[80,89]。

　　图 6-47 所示为不同填料体积分数的复相材料介电常数与介电损耗在 10Hz、100Hz、1kHz、10kHz、100kHz 和 1MHz 测试频率下的温度依赖关系。从图中可以看出，相对于纯 PVDF，BT@PVP-PVDF 复相材料显示更高的介电常数和更低的介电损耗。介电常数的增大主要源于 BaTiO₃ 陶瓷颗粒引入后增强的自发极化与界面极化贡献，而介电损耗的降低主要是由于相对于纯 PVDF 样品，复相材料由于无机填料的引入使得单位体积内聚合物含量减少，分子偶极极化减弱所致。同时，PVP 表面改性 BaTiO₃ 填料的引入限制了聚合物基体中空间电荷的迁移，也有利于介电损耗的降低。此外，从图 6-47 中还可以看出，BT@PVP-PVDF 复相材料继承了纯 PVDF 聚合物的弛豫特性，即使填料体积分数高达 80% 的样品也呈现这种特性。弛豫行为的主要特征是在低温段 −50～10℃ 和高温段 90～130℃，介电常数和介电损耗的增大趋势随着频率升高（10Hz～1MHz）逐渐向高温方向移

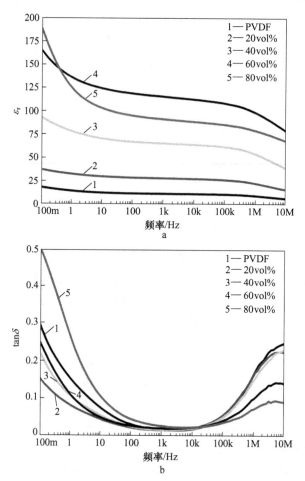

图 6-46　室温和 0.1Hz~10MHz 测试条件下纯 PVDF 和不同
填料体积分数复相材料介电常数与损耗的频率依赖关系
a—介电常数；b—介电损耗频率谱

动。PVDF 聚合物是典型的有机弛豫体，而 BaTiO$_3$ 属于正常无机铁电体，后者并没有类似 Pb（Mg$_{1/3}$Nb$_{2/3}$）O$_3$ 和 Pb（Zn$_{1/3}$Nb$_{2/3}$）O$_3$ 的弛豫特性[90,91]。由于无机 BaTiO$_3$ 填料与有机 PVDF 基体结构上巨大的差异，相比而言，PVDF 的介电响应更容易受外界条件（频率，温度等）变化的作用，即由两者构成的复相材料介电弛豫特性主要源于 PVDF 中的偶极子扭转及旋转运动受外场调制的影响[80,92]。对于图 6-47，可以看到，所有介温曲线在 90~130℃ 和 -50~10℃ 两个温度区间存在明显的介电峰，这两个峰被认为分别对应于 α 和 β 弛豫过程[92,93]。其中，β 弛豫源于 PVDF 非晶结构中的偶极子基团旋转，这些偶极子基团的旋转在低温下会被冻结以至于无法跟上外加电场的频率变化[94]。因此，β 弛豫过程中复相材料的介电常数较小。另一方面，对于高温段的 α 弛豫机制，存在几种不同观点，

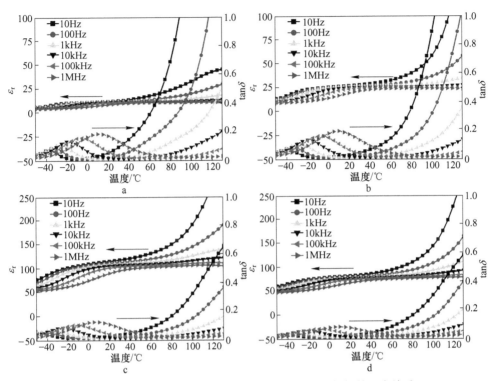

图 6-47　不同填料含量复相材料介电常数和介电损耗的温度关系
a—0vol%；b—20vol%；c—60vol%；d—80vol%

一种解释认为是 PVDF 聚合物中结晶区域主链上偶极子的广角振荡所引起。偶极子单元在高温下活性高，易于运动[92]。另一种解释则认为这一过程是由 PVDF 聚合物的铁电-顺电转变引起[95]。不过，无论是这两种机制哪个在起作用，其结果都一样，即复相材料在高温段介电常数出现增大现象。

　　近年来，以 BaTiO$_3$为填料的复相材料研究取得许多重要进展，但是与已有工作报道相比，本研究仍具有突出特点，包括基于铁电尺寸效应研究优选强极性的 BaTiO$_3$颗粒为填料和通过 PVP 表面改性技术包覆 BaTiO$_3$颗粒改善无机有机界面相容性，因而，设计构建的 BT@PVP-PVDF 复相材料具有极为优异的介电性能。表 6-5 给出了在相同填料体积分数 40% 时，本实验与文献报道的 BT-PVDF 复相材料间的介电性能对比。由于过高含量的无机填料会引起复相材料力学性能的劣化，因而实用化的复相材料中无机填料体积分数一般控制在 40% 以内以实现力学性能与电学性能的平衡。从表 6-5 可以看到，本实验制备得到的复相材料介电常数高达 65，优于其他文献报道数值，同时，其介电损耗仍然保持在一个较低水平（0.02）。特别需要说明的是，本实验与文献报道最大的不同是基于铁电尺寸效应研究，应用熔盐法合成出 600nm 粒径的强极性 BaTiO$_3$粉体，并以其为填料构建复相材料，而大多数研究报道选取的是100nm粒径的商业BaTiO₃粉体作为填料。从表6-5所列数据可以看到，在相同填料体积分数下，复相材料的介电常数随BaTiO₃颗粒尺寸增大而增加[72,80]。因而，可以得到如下结论：引入具有强自发极化特性的粗晶颗粒，其对复相材料介电常数的提升效果要明显高于引入细晶颗粒带来的界面极化增强作用。此外，即使同样选择PVP作为表面改性剂，本实验由于采用粗晶颗粒作填料，复相材料的介电性能明显优于文献报道的以细晶颗粒为填料的复相材料[99]。

表6-5 本实验与文献报道的填料体积分数同为40%的BT-PVDF复相材料介电性能对比

复相材料	填料尺寸	表面改性	介电常数	介电损耗	参考文献
BaTiO₃+PVDF	100nm	无	50	0.03	[96]
BaTiO₃+P(VDF-HFP)	100nm	PHFDA	37	0.02	[97]
BaTiO₃+P(VDF-HFP)	100nm	PTFEA	36	0.02	[97]
BaTiO₃+PVDF	100nm	NXT-105	42	0.04	[98]
BaTiO₃+PVDF	100nm	无	45	0.03	[99]
BaTiO₃+PVDF	100nm	PVP	50	0.09	[99]
BaTiO₃+PVDF	100nm	无	43	0.03	[100]
BaTiO₃+PVDF	100nm	四氟邻苯二甲酸	35	0.04	[100]
BaTiO₃+P(VDF-HFP)	100nm	海因环氧树脂	32	0.06	[101]
BaTiO₃+PVDF	100nm	无	41	0.04	[72]
BaTiO₃+PVDF	500nm	无	48	0.03	[72]
BaTiO₃+PVDF	700nm	无	51	0.03	[72]
BaTiO₃+PVDF	600nm	PVP	65	0.02	本实验

为了深入研究BT@PVP-PVDF复相材料的储能特性，在不同电场下测试样品的 P-E 曲线。图6-48a给出了不同填料体积分数BT@PVP-PVDF复相材料的典型 P-E 曲线，同时，图6-48b给出了不同电场强度和填料体积分数下复相材料的饱和极化强度值。由图可见，随电场强度增大和填料体积分数增加，复相材料的饱和极化强度值显著升高，其中电场强度10kV/mm和填料体积分数80%时，复相材料获得最大饱和极化强度值1.89μC/cm²。基于实验测试的 P-E 曲线数据，根据式（5-1），可以计算出复相材料的储能密度。相对于其他类型的高介电材料，由于复相材料自身的介电常数并不高，因而提升其储能密度的主要技术手段是增大电场强度，通常报道的外加电场强度达到50kV/mm甚至更高[100,102]。虽然在一些工作中复相材料获得了很高的储能密度，但问题是在实际电路中施加高的电场强度并不利于器件的可靠性与稳定性。因而，本实验主要关注于低电场条

件下（不超过 10kV/mm）复相材料储能密度的提升，这更有利于此类材料获得实际应用[80,103,104]。图 6-48c 给出了 BT@ PVP-PVDF 复相材料在不同电场强度下的储能密度。可以看出，样品储能密度随着外加电场强度增加而逐渐增大，例如，对于填料体积分数为 40% 的复相材料，当外加电场强度从 2kV/mm 增大到 10kV/mm 时，储能密度从 $1.3×10^{-3}J/cm^3$ 增大到 $30×10^{-3}J/cm^3$，此结果高于相同填料体积分数以及相同测试条件下文献报道的数据（$26×10^{-3}J/cm^3$，10kV/mm，10Hz，25℃）[101]。同时，本实验中填料体积分数 40% 的复相材料储能密度也优于另一文献报道的同为"核壳结构"的复相材料，该材料在填料体积分数为 60% 时储能密度也仅为 $21×10^{-3}J/cm^3$（10kV/mm）[105]，而从图 6-48d 可以看到，如设定在相同 60% 填料体积分数，本实验制备的 BT@ PVP-PVDF 复相材料的储能密度将高达 $45.8×10^{-3}J/cm^3$（10kV/mm），约为纯 PVDF 的 7 倍（$6.7×10^{-3}J/cm^3$，10kV/mm）。

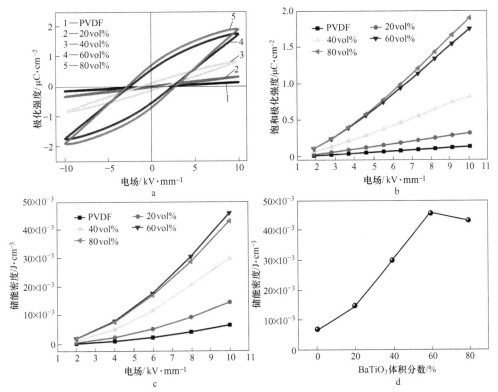

图 6-48 不同填料体积分数 BT@ PVP-PVDF 复相材料的介电储能特性

a—典型 P-E 曲线；b—饱和极化强度与电场强度关系；

c—储能密度与电场强度关系；d—10kV/mm 时储能密度与填料体积分数关系

本节主要介绍 BaTiO₃颗粒熔盐法合成与复相材料介电性能。研究揭示，通过调节熔盐工艺中的煅烧温度，可以合成出不同颗粒尺度且高分散的 $BaTiO_3$ 填料。基于铁电尺寸效应研究，选取强极性的 600nm 粒径 $BaTiO_3$ 为最优填料，并应用 PVP 表面修饰以改善有机无机的界面相容性，结合热压技术构建出具有优异介电与储能特性的 BT@PVP-PVDF 复相材料，有望用于柔性电子器件。

6.6　本章小结

本章主要围绕熔盐法合成电子陶瓷与物性这一主题，分别介绍 $KNbO_3$ 陶瓷熔盐法合成与高温退极化性能，$Na_{0.9}K_{0.1}NbO_3$ 陶瓷熔盐法合成与电学性能，$La_{0.9}Bi_{0.1}AlO_3$ 低温熔盐法合成与介电性能，$BaTiO_3$ 一维纳米结构熔盐拓扑合成与稳定性和 $BaTiO_3$ 颗粒熔盐法合成与复相材料介电性能。小结如下：

（1）$KNbO_3$ 陶瓷熔盐法合成与高温退极化性能。采用熔盐法可以合成高分散性的 $KNbO_3$ 超细立方块粉体，进一步烧结的陶瓷具有高致密度和优良的压电性能。变温退极化行为研究揭示内部缺陷偶极子与自发极化的相互作用有利于稳定高温下 $KNbO_3$ 陶瓷的压电性能。

（2）$Na_{0.9}K_{0.1}NbO_3$ 陶瓷熔盐法合成与电学性能。采用熔盐法可以合成片状 $Na_{0.9}K_{0.1}NbO_3$ 纳米粉体，尽管原料钠钾摩尔比相同，但由于熔盐液相环境中，Na^+ 离子的扩散速率高于 K^+ 离子，导致生成富钠产物。此外，相对于传统固相法，熔盐法制备的陶瓷电学性能更为优异。

（3）$La_{0.9}Bi_{0.1}AlO_3$ 低温熔盐法合成与介电性能。基于球磨诱导硝酸盐置换反应，采用新颖的两步熔盐法可以于低温 550℃ 合成纯钙钛矿相 $La_{0.9}Bi_{0.1}AlO_3$ 纳米晶，节能效果显著。与 $LaAlO_3$ 相比，以熔盐法合成的纳米晶烧结制备的 $La_{0.9}Bi_{0.1}AlO_3$ 陶瓷具有提升的介电性能。

（4）$BaTiO_3$ 一维纳米结构熔盐拓扑合成与稳定性。以一维取向的单斜 $BaTi_2O_5$ 作为自牺牲模板构建钙钛矿相 $BaTiO_3$ 纳米棒，在低温拓扑合成过程中，共边连接的 $[TiO_6]$ 八面体转变为共角连接模式，模板形貌得到继承。但是高温下，纳米棒形貌难以维持，产物裂解成颗粒。

（5）$BaTiO_3$ 颗粒熔盐法合成与复相材料介电性能。调节煅烧温度，通过熔盐法可以合成出不同颗粒尺度的 $BaTiO_3$ 填料。铁电尺寸效应研究揭示 600nm 粒径的 $BaTiO_3$ 具有强极性，结合 PVP 表面修饰和热压技术，制备出具有优异介电与储能特性的 BT@PVP-PVDF 复相材料。

参 考 文 献

[1] Nakamura K, Tokiwa T, Kawamura Y. Domain structures in $KNbO_3$ crystals and their piezoelectric properties [J]. J. Appl. Phys., 2002, 91: 9272~9276.

[2] Wada S, Seike A, Tsurumi T. Poling treatment and piezoelectric properties of potassium niobate

ferroelectric single crystals [J]. Jpn. J. Appl. Phys. , 2001, 40: 5690~5697.

[3] Ge H Y, Hou Y D, Rao X, et al. The investigation of depoling mechanism of densified KNbO₃ piezoelectric ceramic [J]. Appl. Phys. Lett. , 2011, 99: 032905.

[4] Mao Y B, Park T J, Zhang F, et al. Environmentally friendly methodologies of nanostructure synthesis [J]. Small, 2007, 3 (7): 1122~1139.

[5] Yang J F, Hou Y D, Wang C, et al. Relaxor behavior of (K₀.₅ Bi₀.₅) TiO₃ ceramics derived from molten salt synthesized single-crystalline nanowires [J] . Appl. Phys. Lett. , 2007, 91: 023118.

[6] Liu X F, Fechler N, Antonietti M. Salt melt synthesis of ceramics, semiconductors and carbon nanostructures [J]. Chem. Soc. Rev. , 2013, 42: 8237~8265.

[7] Li L H, Deng J X, Chen J, et al. Topochemical molten salt synthesis for functional perovskite compounds [J]. Chem. Sci. , 2016, 7: 855~865.

[8] Ge H Y, Huang Y Y, Hou Y D, et al. Size dependence of the polarization and dielectric proper-ties of KNbO₃ nanoparticles [J]. RSC Adv. , 2014, 4: 23344~23350.

[9] Birol H, Damjanovic D, Setter N. Preparation and characterization of KNbO₃ ceramics [J]. J. Am. Ceram. Soc. , 2005, 88: 1754~1759.

[10] Ge H Y, Hou Y D, Zhu M K, et al. Facile synthesis and high d_{33} of single-crystalline KNbO₃ nanocubes [J]. Chem. Commun. , 2008, 41: 5137~5139.

[11] Zhao L Y, Hou Y D, Wang C, et al. The enhancement of relaxation of 0. 5PZN-0. 5PZT an-nealed in different atmospheres [J]. Mater. Res. Bull. , 2009, 44: 1652~1655.

[12] Ge H Y, Hou Y D, Wang C, et al. Synthesis and piezoelectric properties of KNbO₃ ceramics by molten-salt synthetic method [J]. Jpn. J. Appl. Phys. , 2009, 48: 041405.

[13] Matsumoto K, Hiruma Y, Nagata H, et al. Piezoelectric properties of pure and Mn-doped po-tassium niobate ferroelectric ceramics [J]. Jpn. J. Appl. Phys. , 2006, 45: 4479~4483.

[14] Nagata H, Matsumoto K, Hirosue T, et al. Fabrication and electrical properties of potassium niobate ferroelectric ceramics [J]. Jpn. J. Appl. Phys. , 2007, 46: 7084~7088.

[15] Kakimoto K, Masuda I, Ohsato H. Lead-free KNbO₃ piezoceramics synthesized by pressure-less sintering [J]. J. Eur. Ceram. Soc. , 2005, 25: 2719~2722.

[16] Wada T, Suzuki A, Saito T. Fabrication of lead-free piezoelectric KNbO₃ ceramics by modified solid state reaction method [J]. Jpn. J. Appl. Phys. , 2006, 45, 7431~7434.

[17] Du H L, Zhou W C, Luo F, et al. Design and electrical properties' investigation of (K₀.₅Na₀.₅) NbO₃-BiMeO₃ lead-free piezoelectric ceramics [J]. J. Appl. Phys. , 2008: 104: 034104.

[18] Shen Z X, Hu Z P, Chong T C, et al. Pressure-induced strong mode coupling and phase tran-sitions in KNbO₃ [J]. Phys. Rev. B, 1995, 52: 3976~3980.

[19] Baier-Saip J A, Ramos-Moor E, Cabrera A L. Raman study of phase transitions in KNbO₃[J]. Solid State Commun. , 2005, 135: 367~372.

[20] Feng Z Y, Ren X B. Aging effect and large recoverable electrostrain in Mn-doped KNbO₃-based

ferroelectrics [J]. Appl. Phys. Lett. , 2007, 91: 032904.

[21] Teranishi S, Suzuki M, Noguchi Y, et al. Giant strain in lead-free ($Bi_{0.5}Na_{0.5}$) TiO_3-based single crystals [J]. Appl. Phys. Lett. , 2008, 92: 182905.

[22] Wang K, Li J F. Domain engineering of lead-free Li-modified (K, Na) NbO_3 polycrystals with highly enhanced piezoelectricity [J]. Adv. Funct. Mater. , 2010, 20: 1924~1929.

[23] Ge H Y, Hou Y D, Xia C, et al. Preparation and piezoelectricity of $NaNbO_3$ high-density ceramics by molten salt synthesis [J]. J. Am. Ceram. Soc. , 2011, 94: 4329~4334.

[24] Li J F, Wang K, Zhu F Y, et al. (K, Na) NbO_3-based lead-free piezoceramics: fundamental aspects, processing technologies, and remaining challenges [J]. J. Am. Ceram. Soc. , 2013, 96: 3677~3696.

[25] Wu J G, Xiao D Q, Zhu J G. Potassium-sodium niobate lead-free piezoelectric materials: past, present, and future of phase boundaries [J]. Chem. Rev. , 2015, 115: 2559~2595.

[26] Wang Z, Gu H S, Hu Y M, et al. Synthesis, growth mechanism and optical properties of (K, Na) NbO_3 nanostructures [J]. CrystEngComm, 2010, 12: 3157~3162.

[27] Jaffe B, Cook W R, Jaffe H. Piezoelectric Ceramics [M]. Academic Press, New York, 1971.

[28] Zhang F, Han L, Bai S, et al. Hydrothermal synthesis of (K, Na) NbO_3 particles [J]. Jpn. J. Appl. Phys. , 2008, 47: 7685~7688.

[29] Li Z S, Lee W E, Zhang S W. Low-temperature synthesis of $CaZrO_3$ powder from molten salts [J]. J. Am. Ceram. Soc. , 2007, 90: 364~368.

[30] Picard G, Bocage P. The niobium chemistry in molten LiCl + KCl eutectic [J]. Mater. Scie. Forum, 1991, 73: 505~512.

[31] Galamba N, Nieto de Castro C A, Ely J F. Shear viscosity of molten alkali halides from equilibrium and nonequilibrium molecular-dynamics simulations [J]. J. Chem. Phys. , 2005, 122: 224501.

[32] Ge H Y, Hou Y D, Yang J F, et al. Fabrication and properties of $Na_{0.9}K_{0.1}NbO_3$ nanostructures by molten salt synthesis [J]. Powder Technol. , 2013, 246: 144~147.

[33] Fratello V J, Brandle C D. Calculation of dielectric polarizabilities of perovskite substrate materials for high-temperature superconductors [J]. J. Mater. Res. , 1994, 9: 2554~2560.

[34] Yan L, Lu H B, Tan G T, et al. High quality, high-k gate dielectric: amorphous $LaAlO_3$ thin films grown on Si (100) without Si interfacial layer [J]. Appl. Phys. A, 2003, 77: 721 ~724.

[35] Jia W X, Hou Y D, Zheng M P, et al. High-temperature dielectrics based on (1 − x) (0. 94$Bi_{0.5}Na_{0.5}TiO_3$-0. 06$BaTiO_3$)-$x$$NaNbO_3$ system [J]. J. Alloy. Compd. , 2017, 724: 306~315.

[36] Elsebrock R, Makovicka C, Meuffels P, et al. Preparation and characterisation of high density, high purity lanthanum aluminate bulk ceramics [J]. J. Electroceram. , 2003, 10: 193~202.

[37] Kintaka Y, Kuretake S, Hayashi T, et al. Crystal structures and optical properties of

transparent ceramics based on LaAlO₃-Sr (Al, Ta) O₃ solid solution [J]. J. Am. Ceram. Soc. , 2011, 94: 4399~4403.

[38] Park B E, Ishiwara H. Formation of LaAlO₃ films on Si(100) substrates using molecular beam deposition [J]. Appl. Phys. Lett. , 2003, 82: 1197~1199.

[39] Zylberberg J, Ye Z G. Improved dielectric properties of bismuth-doped LaAlO₃ [J]. J. Appl. Phys. , 2006, 100: 086102.

[40] Si M J, Hou Y D, Ge H Y, et al. Bismuth-induced ferroelectric relaxor behavior in paraelectric LaAlO₃ [J]. J. Appl. Phys. , 2011, 110: 094107.

[41] Mendoza-Mendoza E, Montemayor S M, Escalante-García J I, et al. A "Green Chemistry" approach to the synthesis of rare-earth aluminates: perovskite-type LaAlO₃ nanoparticles in molten nitrates [J]. J. Am. Ceram. Soc. , 2012, 95: 1276~1283.

[42] Lu X B, Lu H B, Chen Z H, et al. Field-effect transistors with LaAlO₃ and LaAlOₓNᵧ gate dielectrics deposited by laser molecular-beam epitaxy [J]. Appl. Phys. Lett. , 2004, 85: 3543~3545.

[43] Chen J I L, Kumar M M, Ye Z G. A new ferroelectric solid solution system of LaCrO₃-BiCrO₃ [J]. J. Solid State Chem. , 2004, 177: 1501~1507.

[44] Bridges C A, Allix M, Suchomel M R, et al. A pure bismuth A site polar perovskite synthesized at ambient pressure [J]. Angew. Chem. Int. Ed. , 2007, 46: 8785~8789.

[45] Cui L, Hou Y D, Wang S, et al. Relaxor behavior of (Ba, Bi) (Ti, Al) O₃ ferroelectric ceramic [J]. J. Appl. Phys. , 2010, 107: 054105.

[46] Wang S, Hou Y D, Ge H Y, et al. A two step molten method for low temperature synthesis of La₀.₉Bi₀.₁AlO₃ relaxor nanocrystalline [J]. J. Alloy. Compd. , 2014, 584: 402~405.

[47] Saito Y, Takao H, Tani T, et al. Lead-free piezoceramics [J]. Nature, 2004, 432: 84~87.

[48] Huang K C, Huang T C, Hsieh W F. Morphology-controlled synthesis of barium titanate nanostructures [J]. Inorg. Chem. , 2009, 48: 9180~9184.

[49] Cheng L Q, Wang K, Li J F. Synthesis of highly piezoelectric lead-free (K, Na) NbO₃ one-dimensional perovskite nanostructures [J] . Chem. Commun. , 2013, 49: 4003~4005.

[50] Liu D, Yan Y K, Zhou H P. Synthesis of micron-scale platelet BaTiO₃ [J]. J. Am. Ceram. Soc. , 2007, 90: 1323~1326.

[51] Zhu N, West A R. Formation and stability of ferroelectric BaTi₂O₅ [J]. J. Am. Ceram. Soc. , 2010, 93: 295~300.

[52] Moriyoshi C, Miyoshi S, Kuroiwa Y, et al. Charge density study of metastable state in BaTi₂O₅ with fivefold coordinated Ti [J]. Jpn. J. Appl. Phys. , 2010, 49: 09ME10.

[53] Deng Z, Dai Y, Chen W, et al. Synthesis and characterization of single-crystalline BaTi₂O₅ nanowires [J]. J. Phys. Chem. C, 2010, 114: 1748~1751.

[54] Gao L X, Wu Y J, Li R J, et al. Fabrication and electric-field response of spherical BaTiO₃ particles with high tetragonality [J]. J. Alloy. Compd. , 2015, 648: 1017~1023.

[55] Yashima M, Tu R, Goto T, et al. Crystal structure of the high-temperature paraelectric phase

in barium titanate BaTi$_2$O$_5$ [J]. Appl. Phys. Lett. , 2005, 87: 101909.

[56] Deng H, Qiu Y C, Yang S H. General surfactant-free synthesis of MTiO$_3$ (M=Ba, Sr, Pb) perovskite nanostrips [J]. J. Mater. Chem. , 2009, 19: 976~982.

[57] Maurya D, Petkov V, Kumar A, et al. Nanostructured lead-free ferroelectric Na$_{0.5}$Bi$_{0.5}$TiO$_3$-BaTiO$_3$ whiskers: synthesis mechanism and structure [J]. Dalton Trans. , 2012, 41: 5643~5652.

[58] Fu J, Hou Y D, Zheng M P, et al. Topochemical build-up of BaTiO$_3$ nanorods using BaTi$_2$O$_5$ as the template [J]. Cryst. Eng. Comm. 2017, 19: 1115~1122.

[59] Motohashi T, Kimura T. Formation of homo-template grains in Bi$_{0.5}$Na$_{0.5}$TiO$_3$ prepared by the reactive-templated grain growth process [J]. J. Am. Ceram. Soc. , 2008, 91: 3889~3895.

[60] Karim S, Toimil-Molares M E, Balogh A G, et al. Morphological evolution of Au nanowires controlled by Rayleigh instability [J]. Nanotechnology, 2006, 17: 5954~5959.

[61] Maurya D, Murayama M, Priya S. Synthesis and characterization of Na$_2$Ti$_6$O$_{13}$ whiskers and their transformation to (1−x) Na$_{0.5}$Bi$_{0.5}$TiO$_3$-xBaTiO$_3$ ceramics [J]. J. Am. Ceram. Soc. , 2011, 94: 2857~2871.

[62] Dang Z M, Yuan J K, Zha J W, et al. Fundamentals, processes and applications of high-permittivity polymer-matrix composites [J]. Prog. Mater Sci. , 2012, 57: 660~723.

[63] Fu J, Hou Y D, Wei Q Y, et al. Advanced FeTiNbO$_6$/poly (vinylidene fluoride) composites with a high dielectric permittivity near the percolation threshold [J]. J. Appl. Phys. , 2015, 118: 235502.

[64] Hsiang H I, Chang Y L, Fang J S, et al. Polyethyleneimine surfactant effect on the formation of nano-sized BaTiO$_3$ powder via a solid state reaction [J]. J. Alloys Compd. , 2011, 509: 7632~7638.

[65] Kawashima T, Suzuki Y. High-temperature X-Ray diffraction analysis and reactive sintering of BaTiO$_3$ piezoelectric ceramics [J]. J. Ceram. Soc. Jpn. , 2015, 123: 83~85.

[66] Xing X, Zhang C, Qiao L, et al. Facile preparation of ZnTiO$_3$ ceramic powders in sodium/potassium chloride melts [J]. J. Am. Ceram. Soc. , 2006, 89: 1150~1152.

[67] Adam J, Lehnert T, Klein G, et al. Ferroelectric properties of composites containing BaTiO$_3$ nanoparticles of various sizes [J]. Nanotechnology, 2014, 25: 065704.

[68] Sun W. Size effect in barium titanate powders synthesized by different hydrothermal methods [J]. J. Appl. Phys. , 2006, 100: 083503.

[69] Hewat A W. Cubic-tetragonal-orthorhombic-rhombohedral ferroelectric transitions in perovskite potassium niobate: neutron powder profile refinement of the structures [J]. J. Phys. C: Solid State Phys. , 1973, 6: 2559~2572.

[70] Guo N, DiBenedetto S A, Tewari P, et al. Nanoparticle, size, shape, and interfacial effects on leakage current density, permittivity, and breakdown strength of metal oxide-polyolefin nanocomposites: experiment and theory [J]. Chem. Mater. , 2010, 22: 1567~1578.

[71] Hsiang H I, Lin K Y, Yen F S, et al. Effects of particle size of BaTiO$_3$ powder on the

dielectric properties of BaTiO$_3$/polyvinylidene fluoride composites [J]. J. Mater. Sci., 2001, 36: 3809~3815.

[72] Dang Z M, Wang H Y, Peng B, et al. Effect of BaTiO$_3$ size on dielectric property of BaTiO$_3$/PVDF composites [J]. J. Electroceram., 2008, 21: 381~384.

[73] Dan Z H, Qin F X, Hara N. Polyvinylpyrrolidone macromolecules function as a diffusion barrier during dealloying [J]. Mater. Chem. Phys., 2014, 146: 277~282.

[74] Zheng M P, Gu M Y, Jin Y P, et al. Optical properties of silver-dispersed PVP thin film [J]. Mater. Res. Bull., 2001, 36: 853~859.

[75] Lehnert T, Adam J, Drumm R, et al. Ferroelectric characterization of isolated BaTiO$_3$ particles [J]. Ferroelectrics, 2011, 420: 49~55.

[76] Dang Z M, Yuan J K, Yao S H, et al. Flexible nanodielectric materials with high permittivity for power energy storage [J]. Adv. Mater., 2013, 25: 6334~6365.

[77] Wei X Y, Yan H X, Wang T, et al. Reverse boundary layer capacitor model in glass/ceramic composites for energy storage applications [J]. J. Appl. Phys., 2013, 113: 024103.

[78] Silva M F, Silva da C A, Fogo F C, et al. Thermal and ftir study of polyvinylpyrrolidone/lignin blends [J]. J. Therm. Anal. Calorim., 2005, 79: 367~370.

[79] Kobayashi Y, Kosuge A, Konno M. Fabrication of high concentration barium titanate/polyvinylpyrrolidone nano-composite thin films and their dielectric properties [J]. Appl. Surf. Sci., 2008, 255: 2723~2729.

[80] Fu J, Hou Y D, Zheng M P, et al. Improving dielectric properties of PVDF composites by employing surface modified strong polarized BaTiO$_3$ particles derived by molten salt method [J]. ACS Appl. Mater. Interfaces, 2015, 7: 24480~24491.

[81] El Achaby M, Arrakhiz F E, Vaudreuil S, et al. Nanocomposite films of poly (vinylidene fluoride) filled with polyvinylpyrrolidone-coated multiwalled carbon nanotubes: enhancement of β-polymorph formation and tensile properties [J]. Polym. Eng. Sci., 2013, 53: 34~43.

[82] Layek R K, Samanta S, Chatterjee D P, et al. Physical and mechanical properties of poly (methyl methacrylate)-functionalized graphene/poly (vinylidine fuoride) nanocomposites: piezoelectric β-polymorph formation [J]. Polymer, 2010, 51: 5846~5856.

[83] Li W J, Meng Q J, Zheng Y S, et al. Electric energy storage properties of poly (vinylidene fluoride) [J]. Appl. Phys. Lett., 2010, 96: 192905.

[84] Chen S, Yao K, Tay F E H, et al. Ferroelectric poly (vinylidene fluoride) thin films on Si substrate with the β phase promoted by hydrated magnesium nitrate [J]. J. Appl. Phys., 2007, 102: 104108.

[85] Calame J P. Finite difference simulations of permittivity and electric field statistics in ceramic-polymer composites for capacitor applications [J]. J. Appl. Phys., 2006, 99: 084101.

[86] Chanmal C V, Jog J P. Dielectric relaxations in PVDF/BaTiO$_3$ nanocomposites [J]. EXPRESS Polym. Lett., 2008, 2: 294~301.

[87] Wu W, Huang X, Li S, et al. Novel three-dimensional zinc oxide superstructures for high die-

lectric constant polymer composites capable of withstanding high electric field [J]. J. Phys. Chem. C, 2012, 116: 24887~24895.

[88] Fan B H, Zha J W, Wang D, et al. Size-dependent low-frequency dielectric properties in the BaTiO$_3$/poly (vinylidene fluoride) nanocomposite films [J]. Appl. Phys. Lett., 2012, 100: 012903.

[89] Luo B, Wang X, Wang Y, et al. Fabrication, characterization, properties and theoretical analysis of ceramic/PVDF composite flexible films with high dielectric constant and low dielectric loss [J]. J. Mater. Chem. A, 2014, 2: 510~519.

[90] Wu N N, Hou Y D, Wang C, et al. Effect of sintering temperature on dielectric relaxation and Raman scattering of 0.65Pb(Mg$_{1/3}$Nb$_{2/3}$)O$_3$-0.35PbTiO$_3$ system [J]. J. Appl. Phys., 2009, 105: 084107.

[91] Chang L M, Hou Y D, Zhu M K, et al. Effect of sintering temperature on the phase transition and dielectrical response in the relaxor-ferroelectric-system 0.5PZN-0.5PZT [J]. J. Appl. Phys., 2007, 101: 034101.

[92] Hilczer B, Smogor H, Goslar J. Dielectric response of polymer relaxors [J]. J. Mater. Sci., 2006, 41: 117~127.

[93] Zhao S P, Gao H, Ren X M, et al. A facile and efficient strategy for the design of ferroelectric and giant dielectric hybrids via intercalating polar molecules into noncentrosymmetric layered inorganic compounds [J]. J. Mater. Chem., 2012, 22: 447~453.

[94] Xu H P, Dang Z M, Bing N C, et al. Temperature dependence of electric and dielectric behaviors of Ni/polyvinylidene fluoride composites [J]. J. Appl. Phys., 2010, 107: 034105.

[95] Dang Z M, Wang L, Wang H Y, et al. Rescaled temperature dependence of dielectric behavior of ferroelectric polymer composites [J]. Appl. Phys. Lett., 2005, 86: 172905.

[96] Niu Y, Yu K, Bai Y, et al. Enhanced dielectric performance of BaTiO$_3$/PVDF composites prepared by modified process for energy storage applications [J]. IEEE Trans. Ultrason. Eng., 2015, 62: 108~115.

[97] Yang K, Huang X, Huang Y, et al. Fluoro-Polymer@ BaTiO$_3$ hybrid nanoparticles prepared via raft polymerization: toward ferroelectric polymer nanocomposites with high dielectric constant and low dielectric loss for energy storage application [J]. Chem. Mater., 2013, 25: 2327~2338.

[98] Yu K, Wang H, Zhou Y, et al. Enhanced dielectric properties of BaTiO$_3$/poly (vinylidene fluoride) nanocomposites for energy storage applications [J]. J. Appl. Phys., 2013, 113: 034105.

[99] Yu K, Niu Y J, Zhou Y C, et al. Nanocomposites of surface-modified BaTiO$_3$ nanoparticles filled ferroelectric polymer with enhanced energy density [J]. J. Am. Ceram. Soc., 2013, 96: 2519~2524.

[100] Yu K, Niu Y, Xiang F, et al. Enhanced electric breakdown strength and high energy density of barium titanate filled polymer nanocomposites [J]. J. Appl. Phys., 2013, 114: 174107.

[101] Luo H, Zhang D, Jiang C, et al. Improved dielectric properties and energy storage density of poly (vinylidene fluoride-co-hexafluoropropylene) nanocomposite with hydantoin epoxy resin coated $BaTiO_3$ [J]. ACS Appl. Mater. Interfaces, 2015, 7: 8061~8069.

[102] Wu S, Lin M, Burlingame Q, et al. Meta-aromatic polyurea with high dipole moment and dipole density for energy storage capacitors [J]. Appl. Phys. Lett. , 2014, 104: 072903.

[103] Yue Z, Zhao J, Yang G, et al. Electric field-dependent properties of $BaTiO_3$-based multilayer ceramic capacitors [J]. Ferroelectrics, 2010, 401: 56~60.

[104] Smith N A S, Rokosz M K, Correia T M. Experimentally validated finite element model of electrocaloric multilayer ceramic structures [J]. J. Appl. Phys. , 2014, 116: 044511.

[105] Yang K, Huang X, Zhu M, et al. Combining raft polymerization and thiol-ene click reaction for core-shell structured polymer@ $BaTiO_3$ nanodielectrics with high dielectric constant, low dielectric loss, and high energy storage capability [J]. ACS Appl. Mater. Interfaces, 2014, 6: 1812~1822.